U0548250

THE INKBLOTS

HERMANN RORSCHACH,
HIS ICONIC TEST,
AND THE POWER OF SEEING

Damion Searls

墨 迹

赫尔曼·罗夏、罗夏测验
与视觉的力量

[美] 达米恩·瑟尔斯 著
赵闪 译

图书在版编目（CIP）数据

墨迹：赫尔曼·罗夏、罗夏测验与视觉的力量 /
（美）达米恩·瑟尔斯著；赵闪译 . -- 北京：北京联合
出版公司, 2023.11
　　ISBN 978-7-5596-4836-5

Ⅰ.①墨… Ⅱ.①达… ②赵… Ⅲ.①心理测验—心
理学史 Ⅳ.① B841.7-09

中国版本图书馆 CIP 数据核字（2021）第 037131 号
北京市版权局著作权合同登记　图字：01-2021-1841

Copyright©2017 by DAMION SEARLS
This edition arranged with McCormick Literary
Through Andrew Nurnberg Associates International Limited

Simplified Chinese edition copyright © 2023 by Beijing United Publishing Co., Ltd.
All rights reserved.

本作品中文简体字版权由北京联合出版有限责任公司所有

墨迹：赫尔曼·罗夏、罗夏测验与视觉的力量

作　　者：[美]达米恩·瑟尔斯（Damion Searls）
译　　者：赵　闪
出 品 人：赵红仕
出版监制：刘　凯　赵鑫玮
选题策划：联合低音
责任编辑：马晓茹
封面设计：肖晋兴
内文设计：黄　婷

关注联合低音

北京联合出版公司出版
（北京市西城区德外大街83号楼9层　100088）
北京联合天畅文化传播公司发行
北京美图印务有限公司印刷　新华书店经销
字数340千字　710毫米×1000毫米　1/16　28印张
2023年11月第1版　2023年11月第1次印刷
ISBN 978-7-5596-4836-5
定价：118.00元

版权所有，侵权必究
未经书面许可，不得以任何方式转载、复制、翻印本书部分或全部内容。
本书若有质量问题，请与本公司图书销售中心联系调换。电话：（010）64258472-800

我们的心灵所需极少便能制造出它所设想的一切,并且动用它所有的后备力量使之实现……几滴墨水和一张纸,作为积累与协调瞬间和动作的材料,就足够了。

——保尔·瓦雷里《德加,舞蹈,素描》

在永恒中,一切都是幻象。

——威廉·布莱克

目 录

作者的话　　/001

引言　　茶渣　　/003

第一章　　一切皆为运动的、有生命的　　/014

第二章　　克莱克斯　　/024

第三章　　我想参透人心　　/033

第四章　　非凡的发现与战争中的世界　　/043

第五章　　一条自己的路　　/059

第六章　　形状各异的小墨迹　　/072

第七章　　赫尔曼·罗夏感到他的大脑被切成了片　　/087

第八章　　最黑暗、最复杂的妄想　　/098

第九章　　河床上的鹅卵石　　/113

第十章　　一项简单的实验　　/125

第十一章　　测验令人感到兴奋和震撼　　/139

第十二章　　他看到的心理是他自己的心理　　/165

第十三章	在通往更美好未来的入口处	/177
第十四章	墨迹测验来到美国	/183
第十五章	迷人的、惊人的、创新的与有统治力的	/197
第十六章	测验之最	/216
第十七章	将图像用作听诊器	/227
第十八章	纳粹与罗夏测验	/243
第十九章	形象危机	/260
第二十章	罗夏测验的体系	/272
第二十一章	仁者见仁，智者见智	/286
第二十二章	超越真假	/296
第二十三章	展望未来	/312
第二十四章	罗夏测验不只是罗夏测验	/333

附录　/345

致谢　/351

插图引用来源　/355

注释　/357

索引　/411

作者的话

罗夏测验使用10张且只有10张墨迹图,最初由赫尔曼·罗夏发明,后来被复制在硬纸卡片上。它们可能是20世纪被诠释和分析得最多的画作了。数以百万计的人看到过真正的罗夏墨迹图;我们大多数人也在广告、时尚或艺术作品中看到过各种版本的墨迹图。墨迹随处可见——同时也隐藏着不为人知的秘密。

美国心理学会的伦理准则要求心理学家保证测验材料的安全性。许多使用罗夏测验的心理学家认为,公开墨迹图对测验有损,甚至会降低其作为诊断技术的价值,从而伤害普通大众的利益。因此,出于对心理学界的尊重,大多数我们日常生活中所见的罗夏墨迹图是模仿或重制的。即使在学术期刊或博物馆展览中,墨迹图通常也会以轮廓、模糊形态或修改过的形式出现,只为呈现图片的某些内容,但并不展示全部。

本书的出版商和我慎重考虑了书中是否要呈现真正的墨迹图:哪种选择最能体现对临床心理学家、潜在的病人和读者的尊重。对于这一点,罗夏测验的研究者并没有达成明确的共识——几乎所有测验都涉及这个问题。但是,目前业界使用的最先进的罗夏测验系统手册上说:"仅仅是之前简单接触过墨迹并不会影响评估。"[1] 无论如何,这个问题在很大程度上已经没有意义了，因为这些图片不受版权影响，而且已经出现在互联网上，很容易就能找到——许多反对公开这些图片的心理学家试图忽略这一事实。最终，我们选择在本书中展现部分墨迹图，但并非全部。

然而，必须强调的是，在网上或本书中看到这些图片和在实际测验中使用这些图片是不一样的。卡片大小（约9.5厘米×6.5厘米）、白底横向版本、可以握在手中随意翻转，这些条件对于测验很重要。测验情境也很重要：接受真正有实际意义的测验，过程中你必须向你无论信任与否的某人大声说出你的答案。罗夏测验非常巧妙，技术性很强，受过专业训练后才能弄清楚计分规则。你根本不可能自己对自己进行这项测验，也无法在朋友身上进行测验，更不要说还存在测验对象不愿透露的人格侧面这样的伦理问题。

使用墨迹图来一把室内游戏一直很受欢迎。但是，包括罗夏本人在内所有使用这个测验的专家都坚称，将墨迹图用于游戏和测验根本是两回事。他们是对的。室内游戏，线上或是其他什么地方的墨迹图，都不构成测验。你可以自己观察墨迹图看起来是什么，但不能自己评估它们起作用的方式。

引言
—
茶渣

维克多·诺里斯[1*]申请一份与幼儿相关的工作，进入了最后一轮选拔，但是，这是21世纪与20世纪之交的美国，他还需要接受一次心理评估。11月的两个漫长的下午，诺里斯在卡罗琳·希尔的办公室接受了长达八小时的心理测评，后者是芝加哥的一位评估心理学家。

面谈中，诺里斯似乎是一位完美的应试者：讨人喜欢又友好，有一份适宜的简历和无懈可击的推荐信。希尔很喜欢他。在认知测验中，他得分中等偏高，智商高于平均水平。他还接受了美国最常见的人格测验——明尼苏达多相人格测验（Minnesota Multiphasic Personality Inventory，简称MMPI），包含567个采用"是"与"否"回答的题目。他在测验中表现出合作的态度，精神状态良好。这些结果都显示，诺里斯很正常。

随后，希尔向他出示了一系列没有说明的图片，请他根据每张图片编一个故事，描述发生了什么。这是一项叫作主题统觉测验（Thematic Apperception Test，简称TAT）的标准评估测验。测验中，诺里斯的答案有一些异常，但无伤大雅。他讲的故事令人愉快，没有过激的想法，而且

---

* 这个故事中的人名和关乎身份的细节有所改动。——作者注

罗夏测验卡片 I

罗夏测验卡片 Ⅱ

他在讲述过程中没有表现出焦虑或不适。

第二个下午的评估结束时，芝加哥开始没入黑暗之中。希尔请诺里斯离开办公桌，移步到办公室沙发旁边的矮脚椅上。她坐到对面，拿出一本黄色的便签簿和一个厚厚的文件夹。文件夹中有 10 张硬纸板卡片，每张卡片上都有一片对称的墨水渍。她从文件夹中逐一抽出卡片，一边递给他，一边问"这可能是什么"或"你看到了什么"。

卡片中有 5 张是黑白墨迹，2 张加了红色斑点，另外 3 张为彩色图片。希尔没有要求诺里斯讲故事，也不要他说出自己的感受，只是让他陈述他看到了什么。测验没有时间限制，也没有关于他应该做出多少反应的指示。希尔尽量不干扰诺里斯，让他描述他在墨迹中看到的东西，而且要说出他是怎么看出来的。他可以拿起任意一张图片，随意翻转，远看或近观。对他提出的任何问题[2]，希尔都没有正面作答：

我可以翻转它吗？
——由你决定。

我是不是要尽量观察它的所有方面？
——随你喜欢。不同的人会看到不同的东西。

那是正确答案吗？
——答案各种各样。

当他对 10 张卡片都做出反应后，希尔接着进行第二轮测试："现在我要复述你说的话，请你指给我看，我说的是哪里。"

诺里斯的回答糟透了：详尽的、充斥着暴力的儿童色情场景；墨迹的有些部分被看作遭受惩罚或摧残的女性形象。希尔礼貌地和他告别——他直视着她，坚定地跟她握手，微笑着离开了她的办公室——然后她开始翻看那本扣放在书桌上的便签簿，上面记录着他的反应。她系统地为诺里斯的反应赋以标准方法的代码，并使用手册中长长的清单将他的反应按照正常或异常归类。然后，她根据公式进行计算，将这些分数转换为心理判断，包括支配性的人格指数、自我中心指数、思维灵活性指数和自杀指数。正如希尔所预期的那样，结果表明，诺里斯的得分与他的回答一样极端。

即便其他测验没有检测出来，罗夏测验已经促使诺里斯表现出他本不会让自己表现出来的一面。测验中，他完全能够意识到他正在为了心仪的工作接受评估。他知道自己有多想通过面试，也明白在其他测验中应该给出什么样的妥帖回答。而在罗夏测验中，他的伪装失败了。他自由说出的事实，透露出比他在墨迹图中看到的具体内容还要多的信息。

这就是希尔使用罗夏测验的原因。这是一项看起来很奇怪的开放性任务，根本没有人清楚这些墨迹是什么，也没人知道你应该对墨迹做出何种反应。其中的关键在于，这是一项视觉任务，绕过了你的防御机制，从而能够避免你有意识的自我展现策略。你可以控制你想说的话，但你无法控制你看到的东西。维克多·诺里斯甚至无法控制自己说出他看到的内容。这正是罗夏测验的典型表现。希尔在研究生期间学到了一条她在实践中多次证实的经验法则：一个有人格障碍的人通常可以在智力测验和明尼苏达多相人格测验中保持良好的分数，主题统觉测验也做得很好，而面临墨迹测验时，他的伪装就会瓦解。如果有人假装健康或疾病，或者有意无意压抑他们人格的某些方面，罗夏测验可能是唯一能够引起我们警觉的评估方法。

在希尔的报告中，她没有说诺里斯过去或未来可能是猥亵儿童的人——也没有任何一种心理测验能够这样判定。但她确实做出推断，说诺里斯"现实感极其脆弱"。她的建议是他不能担任幼儿工作，并且建议雇主不要雇用他。雇主采纳了她的建议。

希尔保存了诺里斯的测验结果，记录了他吸引人的外部表现和隐藏的黑暗面之间的反差。这次测试过去11年后，她接到了一通电话，对方声称自己是维克多·诺里斯的治疗师，希望就一些问题得到她的帮助。希尔仍然记得诺里斯的名字，她没有向治疗师透露诺里斯测验结果的细节，但是她提供了主要的测验结果。这位治疗师不禁愕然："您是通过罗夏测验得到的结果吗？这些我花了两年时间约谈才确定下来！我本以为罗夏测验就是茶渣一样没用的垃圾！"

尽管数十年间一直存在争议，但当今在法庭上，还是可以使用罗夏测验举证的，并且罗夏测验享受医疗保险，在全世界广泛应用于工作评估、争取监护权、精神科诊所等领域。对于罗夏测验的支持者来说，这10张墨迹图是一个非常灵敏和精确的工具，可以展现心理运作方式、检测一系列精神状况，甚至揭示其他测验或直接观察不能揭示的潜在问题。而罗夏测验的批评者，有的来自心理学界，也有非心理学界人士。他们认为不应该再继续使用罗夏测验，认为罗夏测验是伪科学的残渣，数年前就应该同吐真剂和尖叫疗法一起被禁止。在他们看来，人们之所以相信罗夏测验的神奇力量，是因为被洗脑了。

公众对罗夏测验持怀疑态度，部分是由于缺乏专业共识，更大程度上是因为对心理测验的普遍怀疑。最近广为人知的"摇晃婴儿"案中的父亲，最终被判对他儿子的死亡不承担责任。他认为他接受的评估是"不正当的"[3]，他尤其对罗夏测验表示"厌恶"。"我看的是图片，是抽象艺术，并告诉他们我在看什么。我看到了一只蝴蝶吗？这就意味着我有侵略性，是个虐待狂？这太愚蠢了！"他坚持认为自己"相信科学"，相信他称之为"本质为男"的世界观,而对他进行评估的社会服务机构持有"本质为女"的世界观,即"关注人际关系和感觉"。实际上,罗夏测验既不是本质为女,也不是对艺术进行解释,但很多人持有这样的态度。罗夏测验不会像智商测验或血液检测那样用生硬的客观数据来描述人性。但没有比罗夏测验更能准确解释人的心理世界的测验了。

术语的广泛使用,使得罗夏测验在诊所和法庭之外也广为人知。根据彭博社报道,政府的公共福利计划便是一项"罗夏测验",今年佐治亚州斗牛犬橄榄球队的赛程(体育博客世界)和西班牙国债收益率也是如此:"一种金融市场的罗夏测验,分析师在测验中看到了他们自己的想法。"(《华尔街日报》)再看看最新的最高法院判决、最新的枪击事件,以及最新的名人走光事件。"对巴拉圭总统费尔南多·卢戈颇有争议的弹劾正在迅速变成针对拉美政治的罗夏测验,"《纽约时报》的一篇文章写道,"对事件的反应比事件本身更加重要。"一位对艺术影片感到不耐烦的电影评论家[4]将《一个法国家庭的性生活年鉴》称作一种罗夏测验,而他没能成功通过这个测验。

最后一个玩笑,利用了公众想象中罗夏测验的精髓:在这个测验中没有失败可言。答案没有对错,你可以看到任何你想看到的。自20世纪60年代以来,大众怀疑权威,致力于尊重所有意见,这个测验是这种文化的完美代表。为什么新闻媒体会说一项弹劾或预算是好还是坏,冒险让半数的读者或观众反对?就当它是罗夏测验吧。

其中的潜台词总是一致的:无论真相如何,你有权拥有自己的看法;无论是在爱好、民意测验,还是购买行为中,你的反应才是最重要的。这种可以自由解释的象征性事物与真正的心理学家给真正的病人、被告或求职者提供的文字测验是并存的。在这些情况下,会有非常真实的正确或错误的答案。

罗夏测验是一种不错的隐喻，而墨迹图看起来也很好看。其流行是出于与心理学或新闻学无关的原因——也许是自20世纪50年代上一次罗夏热以来60年一度的潮流周期，也许是人们偏爱那强有力的黑白配色方案，与20世纪中叶的现代家具相配。几年前，第五大道波道夫·古德曼百货公司的橱窗里展示了罗夏测验。罗夏墨迹风格的T恤衫近期在萨克斯百货公司销售，只卖98美元。"这是我的战略，"《优家画报》（*InStyle*）发布了整个版面的罗夏墨迹报道，"这一季我发现自己非常喜欢那些有对称感的服装和配饰。罗夏墨迹的图案使我着迷，给了我灵感。"恐怖惊悚剧

波道夫·古德曼百货公司橱窗，第五大道，纽约市，2011年

集《铁杉树丛》、克隆题材科幻惊悚剧集《黑色孤儿》，以及一个基于哈莱姆的文身店的真人秀节目《黑人刺青客》(Black Ink Crew) 也在电视上亮相，节目以罗夏测验作为背书。《滚石》杂志 21 世纪头十年最佳单曲，也是有史以来第一首荣登互联网销售榜首的单曲——奈尔斯·巴克利（Gnarls Barkley）的《疯了》(Crazy)，其音乐电视是一部令人着迷的渐变黑白墨迹动画。罗夏墨迹样式的马克杯、盘子、围裙和派对游戏也随处可见。

这些图案大部分是仿制的墨迹图，但那 10 张已有近百年历史的原始墨迹图对此是包容的，它们有着赫尔曼·罗夏认为对"图像质量"非常必要的"空间节奏"[5]。它们诞生于抽象艺术的发源地，其前身可以追溯到 19 世纪，当时现代心理学和抽象艺术兴起，影响力遍及 20 世纪和 21 世纪的艺术与设计。

换句话说，罗夏测验由三段不同的历史相互渗透并最终汇聚而成。

首先，心理测验的所有使用和滥用有其兴起、衰落和重塑的过程。长期以来，人类学、教育、商业、法律和军事方面的专家也一直试图探索未知心灵的奥秘。罗夏测验并不是唯一的人格测验，但数十年中它一直是一项终极测验：其对于行业的意义如同听诊器之于普通内科。纵观罗夏测验的历史，心理学家如何使用它，一直是我们——作为一个社会——期待心理学有何作为的象征。

其次是艺术和设计，从超现实主义绘画到《疯了》，再到 JAY-Z——他在自己回忆录的封面上放了一幅安迪·沃霍尔创作的被称作"罗夏"的金色墨迹画。这段历史似乎与医疗诊断无关——萨克斯百货公司的那些 T 恤衫跟心理学没有关系，但这种标志性的外观与真正的测验是不可分割的。为《疯了》制作罗夏主题视频的机构得到这份工作，是因为歌手席洛·格林记得[6]自己曾作为一个问题儿童接受过这项测验。罗夏测验因备受关注而争议不断。心理评估和文化现象中的墨迹没有明显的界线。

9　　　最后是新闻报道中所有带有隐喻性质的"罗夏测验"文化史：20世纪初，个人主义文化兴起；20世纪60年代以来，对权威的普遍质疑兴起；当今世界，即便是事实，似乎也都要由旁观者的眼睛来抉择。从纽伦堡的审判到越南的丛林，从好莱坞到谷歌，从19世纪以社区为中心的社会结构到21世纪碎片化社会中人们对联结的渴望，罗夏测验的10张墨迹图已经与我们的历史并行或走在了历史的前面。当另一名记者将一些东西称作"罗夏测验"时，可能只是一种方便的说辞，就像艺术家和设计师自然而然也转向醒目、对称的黑白图案一样。在日常生活中，没有任何一个关乎罗夏测验的文化例子需要任何解释，但是"解释"在我们的集体想象中一直是存在的。

　　多年来，罗夏测验被大肆宣传为精神X光片。但它并不是，罗夏测验最初的本意也不是如此，不过它确实为我们理解世界的方式打开了一扇独特的窗户。

　　所有这些方面——心理学、艺术和文化史——都可追溯到墨迹的创造者。1921年出版的《心理诊断法》向世人介绍了罗夏墨迹，该书的前言中写道："创作者的创作方法和其人格是密不可分的。"[7] 罗夏测验的创作者是一位年轻的瑞士精神病学家和业余艺术家，他热衷于孩子们的游戏，喜欢独自工作。他不仅成功地创造了一项伟大的、有影响力的心理测验，而且创造了一块视觉和文化的试金石。

　　赫尔曼·罗夏出生于1884年，是"一个高个子、瘦瘦的金发男子，他动作敏捷，手势和语言富有表现力，表情丰富"[8]。他看起来像布拉德·皮特，可能还有点像罗伯特·雷德福。他的病人非常喜欢他。身着白色医生长袍的他健壮英俊，为人光明磊落、富有同情心、才华横溢且谦逊。他短暂的一生中充满了悲剧、激情和探索精神。

罗夏生在一个现代性爆发的时代，从第一次世界大战的欧洲到俄国革命，以及人类思想本身，现代性无处不在。罗夏独自在瑞士工作的那段时间，阿尔伯特·爱因斯坦创立了现代物理学，弗拉基米尔·列宁在瑞士的钟表厂与劳工组织者一起工作。列宁在苏黎世的邻居——一群达达主义者——开创了现代艺术，勒·柯布西耶开创了现代建筑，鲁道夫·冯·拉班开创了现代舞蹈。赖内·马利亚·里尔克完成了他的《杜伊诺哀歌》，鲁道夫·斯坦纳开办华德福教育，一位名叫约翰内斯·伊顿的艺术家开四季色彩理论（"你是春季型，还是冬季型？"）之先河。在精神病学领域，卡尔·荣格和他的同事创立了现代心理测验。荣格与西格蒙德·弗洛伊德正在争夺对无意识心理研究的主导地位，通过富有的神经症来访病人和人满为患的瑞士医院来探索人类心灵。

这些事件贯穿了赫尔曼·罗夏的一生及其职业生涯，针对罗夏测验的研究成千上万，但从未有人写过关于罗夏的完整传记。精神病学史家亨利·埃伦贝格尔（Henri Ellenberger）在1954年发表了一篇40页的传记作品，成为此后研究罗夏的基础：他是一个具有开创性的天才、笨手笨脚的业余爱好者、狂妄自大的预言家、负责任的科学家，以及介于这几者之间的一切角色。人们围绕着罗夏一生的猜测已经延续了几十年，似乎可以看到任何他们想看到的东西。

这个真实的故事值得讲述，尤其是因为这有助于解释罗夏测验持久的意义，尽管这项测验饱受争议。罗夏自己也预言到了大部分争议。有关这位医生和他的墨迹测验的双重传记始于瑞士，但达于全球各地，并深入我们每一次看与看到的核心。

第一章

一切皆为运动的、有生命的

1910年12月末的一个早上[1]，26岁的赫尔曼·罗夏早早醒来。他穿过冰冷的房间，推开卧室的窗帘，让北方日出之前的苍白光芒照进来——不会惊扰妻子，却又刚好露出她的脸，她浓密的黑发显露出来。正如他所想，头天晚上下了雪。康斯坦茨湖已经冰封了几个星期，还要几个月水才能变蓝。但是这样的世界依然美丽，岸边或他们整洁的两居室公寓前的小路上空无一人。画面里不仅没有人的运动，而且失去了缤纷色彩，像是一分钱的明信片，一幅黑白相间的山水画。

他点燃早晨的第一支烟，煮了咖啡，穿好衣服悄悄离开时，奥莉加还在睡着。圣诞节要到了，这一周诊所比往常更加繁忙。仅仅3名医生，要负责照顾400个病人，还要负责其他工作：员工会议、每天两次查房、组织特别活动。尽管如此，罗夏还是享受着清晨独自在诊所散步的乐趣。他随身携带的笔记本一直放在口袋里。天气很冷，不过跟他4年前在莫斯科度过的圣诞节相比不算什么了。

罗夏特别期待今年的假期：他和奥莉加团聚了；这是他们成为夫妻后第一次共度圣诞节。诊所的庆祝活动将在23日举行；24日，医生将为那些不能参加公共活动的病人带去点着蜡烛的小圣诞树。到25日那天，罗夏就自由了，他要回到童年的家看望继母。他试图不去想这些。

在精神病医院，圣诞节那一周会有3次小组合唱，还会有舞蹈课，是一位男护士带的，他可以在弹吉他、吹口琴的同时踢一个三角铁。罗夏不喜欢跳舞，但是为了奥莉加，他强迫自己去跟人学习。他真正喜欢的圣诞节项目是指导节日游戏。今年，他们策划了3场活动，其中包括一个图片（风景照片和诊所里病人的照片）投影活动。如果病人突然在屏幕上看到自己熟悉的面孔，那将是多么令人惊讶啊！

许多病人病得太重，无法对亲人的圣诞礼物表示感谢，所以罗夏还要代他们写便签，有时一天要写十五张。尽管如此，病人仍然喜欢假期，在他们饱受困扰的灵魂所许可的情况下。罗夏的导师经常讲述一个病人的故事：她非常危险，不守规矩，多年来一直被关在病房里。在严格的、强制住院的临床环境中，可以想见她的敌意有多深。但是，当医护人员把她带到圣诞节庆祝活动现场时，她表现得非常完美。她朗诵了专门为伯克托尔德节而记熟的诗。两周后，她的行为限制解除了。

罗夏希望自己可以在这里将老师教授的课程学以致用。他给病人拍照，不是出于私人目的，也不是为了病人的档案，仅仅是因为对方喜欢摆姿势拍照。他为病人提供各种各样的美术工具：纸和笔、混凝纸浆、造型黏土等。

双脚踩在诊所的雪地上，积雪嘎吱作响。罗夏努力思索着能给病人带来乐趣的新方法。这时，他自然而然地回忆起自己的童年假期和那时候玩的游戏：雪橇比赛、夺取城堡、兔子与猎狗、捉迷藏，以及在纸上洒一些墨水，再把纸对折，看看墨渍像什么。

赫尔曼·罗夏出生于1884年11月，那是光明来临的一年。自由女神像被正式命名为"自由照耀世界"，美国独立日当天，它被赠送给美国驻

13　法国大使。继英国的纽卡斯尔和美国印第安纳州的沃巴什之后，奥匈帝国的泰梅什堡（今蒂米什瓦拉）成为欧洲大陆第一个路灯使用电灯的城市。乔治·伊斯曼为第一卷可拍摄的摄影胶片申请了专利，这将很快让所有人都能用"自然之笔"捕捉光线、拍摄照片。

那些年，摄影术发明不久，电影也是新生事物，在今天的我们看来可能是历史上最艰难的时期：在我们心目中，那个年代的一切看起来都是僵硬的、摇摇晃晃的，除了黑就是白。但是罗夏出生的苏黎世是一座现代的、充满活力的城市，也是瑞士最大的城市。它的火车站始建于1871年，著名的商业街始建于1867年，利马特河边的码头则建于中世纪。灰色的天空下，11月的苏黎世被橡树和榆树叶子的橙黄色冲击着，火红的枫叶在风中沙沙作响。那时的苏黎世，天空是淡蓝色的，深蓝色的龙胆草和雪绒花点缀着明亮的高山草甸。

罗夏并没有出生在他的家人扎根了几个世纪的那个地方——阿尔邦，一个位于康斯坦茨湖以东约50英里*处的城镇。距离阿尔邦4英里，湖岸有一个名叫罗夏的小镇，想必是这个家族的起源地，罗夏家族在阿尔邦的祖先[2]可以追溯到1437年，而"罗夏家族"的历史可以再往前推一千年，到公元496年。人们世世代代居住在一个地方并不罕见，你是这个州、这个城市、这个国家的公民。也有少数先人离开过阿尔邦——一位了不起的叔叔，汉斯·雅各布·罗夏（Hans Jakob Roschach，1764—1837年），人称"里斯本人"，最远到达过葡萄牙，在那里担任设计师，或许他曾为铺满葡萄牙首都的瓷砖创造了一些令人着迷的重复图案。但赫尔曼父母这一代才真正离开阿尔邦。

赫尔曼的父亲乌尔里希是个画家，生于1853年4月11日，比另一位

---

* 1英里约折合1.61千米。——编者注

画家——文森特·凡·高的生日晚了12天。乌尔里希是织工的儿子，15岁就离开家去德国学习艺术，最远到过荷兰。后来，他回到阿尔邦开了一个画家工作室，1882年，他和一个名叫菲利皮内·威登凯勒（Philippine Wiedenkeller）的女人（生于1854年2月9日）结了婚，这与罗夏家族婚后做木匠和船夫的古老传统迥然不同。

这对夫妇的第一个孩子克拉拉出生于1883年，出生后6个星期就夭折了。4个月后，菲利皮内的孪生姐妹也去世了。经历了这些沉重打击之后，这对夫妇卖掉工作室，搬到了苏黎世，乌尔里希于1884年秋天到应用艺术学院就读。他在31岁搬到这座城市，没有稳定收入，这在保守的瑞士并不常见，但他和菲利皮内一直渴望着下一个孩子，希望孩子能生活在快乐的环境中。1884年11月8日晚10点，赫尔曼在苏黎世维蒂孔区（Wiedikon）的哈尔登大街（Haldenstrasse）278号出生[3]。乌尔里希在艺术学校的学业优秀[4]，找到了一份好工作——在往北大约30英里的沙夫豪森的一所中学做绘画老师。赫尔曼两岁生日时，一家人在他将要长大的地方定居下来。

沙夫豪森是一座风景如画的小城，坐落在瑞士北部边境的莱茵河畔，到处是文艺复兴时期的建筑和喷泉。[5] "在莱茵河两岸，草地和森林交错，树木倒映在深绿色的水中，如梦如幻。"[6] 当时的一份旅行指南中这样写道。那时还没有门牌号码，每一栋建筑都有自己的名字——棕榈枝、骑士之家、珍爱泉源，也都有独特的装饰——石狮子、粉彩外墙、巨大的布谷鸟钟一般伸出来的吊窗、滴水兽，或是丘比特画像。

纵然如此，这座城市并没有停滞不前。这里有一座叫作穆诺特（Munot）的圆形城堡，坐落在葡萄园覆盖的小山上，十分壮观，周围有护城河，视野广阔，建于16世纪，为了发展旅游业，19世纪重新修复。铁路可以直达这里，一座新的发电厂拔地而起，利用这条河丰富的水力发电。发源于康斯坦茨湖的莱茵河水形成莱茵瀑布倾泻而下，虽然低，但是很宽，是欧洲第一大瀑布。英国画家约瑟夫·马洛德·威廉·透纳画了40年瀑布，画出了山一般巨大的水流，将迷人的景致融在颜料的旋涡之中；玛丽·雪莱则用文字描述了站在最低平台上看到的情景："浪花溅到我们身上……抬眼望去，我们透过闪闪发光的动人面纱看到了波浪、岩石、云和清澈的天空。这般景象胜过我所见过的一切。"[7]正如旅行指南中所述："沉重的、山峰一般的水流如同黑暗的宿命，猛烈地向你扑过来；它一泻千丈，所有坚固的事物都成了运动的、有生命的。"[8]

赫尔曼的妹妹安娜于1888年8月10日在沙夫豪森出生，之后他们在盖斯贝格山（Geissberg）租了套新房子，出城向西走20分钟陡峭的上坡路就能到达。赫尔曼的弟弟保罗出生在那里（1891年12月10日）。这所房子更加宽敞[9]，窗户更大，而且有双重斜坡的屋顶，更像法式建筑而不是瑞典小木屋，附近还有森林和田野。房东的孩子就是赫尔曼的玩伴。受到詹姆斯·费尼莫尔·库柏《皮袜子故事集》的启迪，赫尔曼和朋友们经常扮演拓荒者和印第安人，偷偷溜进附近的树林，那里有一座砾石采石场，然后把安娜——他们当中唯一的"白人女性"甩掉。

这是孩子们最幸福的回忆。赫尔曼喜欢从贝壳里听他从未见过的大海的咆哮声，那是房东的一个传教士亲戚从国外带回来的。罗夏还给他的宠物白鼠建造了木制迷宫。八九岁时，罗夏患了麻疹，父亲为他剪出漂亮的纸偶，赫尔曼让它们在一个玻璃盖的盒子里跳舞。乌尔里希会在散步途中给孩子们讲述这座城市美丽的古老建筑和喷泉的历史，以及上面的图案的意义；他带他们捉蝴蝶，为他们读书，教他们认识花木的名字。保罗长成了一个活泼的、胖乎乎的小男孩，而赫尔曼，根据他堂兄的描述，"可以很长时间凝视着什么，沉浸在他的想法中。他是一个乖孩子，像他父亲那样安静"[10]。这位堂兄经常给九岁的赫尔曼讲童话故事——汉塞尔与格雷特、长发公主、烂皮儿踩高跷皮儿——"他很喜欢，因为他是个爱做梦的孩子"。

菲利皮内·罗夏热情洋溢，喜欢给孩子们唱古老的民歌，还是个出色的厨师：孩子们最喜欢她做的奶油水果布丁，每年她还会为丈夫的同事做烤猪。乌尔里希的父母吵架很凶，乌尔里希认为他们从未爱过彼此；对他来说，为孩子们打造一个充满爱的家非常重要，这是他从未拥有过的。他和菲利皮内做到了。菲利皮内很随和，可以在她面前随意开玩笑——赫尔曼的堂兄记得，有人曾在她宽大的裙子下点燃了一个爆竹，而她也跟着笑起来。

乌尔里希也得到了同事和学生的尊重与由衷的喜爱。他有轻微的语言障碍，有点儿口齿不清，"但他加以注意就可以克服"。这使得他非常矜持。考试期间，他对学生很仁慈，会给手势提示，或用脑袋发出某种信号，或是低声鼓励。一个学生回忆道："半个多世纪后，我仍然记得那位温和的老师，他是那样的乐于助人，那些情景历历在目。"有时他会花半个小时批改学生的画，耐心地擦去学生画错的地方，"直到最终这幅画返还给我，和模特没有任何不同。他对形状的记忆惊人；画的线条总是非常精确"[11]。

尽管瑞士的艺术家大都没有接受大学的训练，也没有接受过文科教育，但乌尔里希是个涉猎广泛的人。他二十几岁的时候出版了一本小诗集[12]——《野花：心灵与思想的诗》（*Wildflowers: Poems for Heart and Mind*），后来又创作了许多诗歌。女儿安娜说他甚至懂得梵文——也许是在什么时候学过，抑或是骗孩子们的玩笑，自娱自乐说着所谓的"梵文"。

业余时间，乌尔里希写了本《形状理论概述》（*Outline of a Theory of Form*），有100页，并注明"绘画老师乌尔里希·罗夏著"[13]。这不是一本中学讲稿或练习集，而是一篇论文，以"空间和空间分配"与"时间和时间划分"开篇。"光与色"最终进入了"通过浓缩、旋转和结晶形成的最初的形状",接下来,乌尔里希开始"漫谈形状的领域",足足写了30页,堪称视觉世界的百科全书。作品的第二部分涵盖了"形状的法则"——规律、方向和比例,这是乌尔里希从万物中发现的——从音乐、树叶、人体,到希腊雕塑、现代涡轮机和军队。乌尔里希沉思道:"我们当中谁不是经常看着云和雾变幻莫测的形状和运动,再把它们想象成什么东西?"原稿最后讨论了人的心理,乌尔里希写道:"我们的意识也要服从形状的基本法则。"这是一部经过深思熟虑的深刻著作,但没有什么实际用途。

在盖斯贝格居住了三四年,罗夏一家搬回城里,来到靠近孩子们学校的一处新住宅区,在穆诺特堡附近。赫尔曼是个滑冰好手,而在滑雪派对上,孩子们把雪橇连接成长长的一排,沿着穆诺特堡宽阔的街道下山,在汽车变多之前进入市区。乌尔里希曾写过一个剧本,在穆诺特堡的屋顶平台上演出,安娜和赫尔曼则是演员。还有一次,有人委托乌尔里希为沙夫豪森的一家俱乐部设计新的旗帜,孩子们为他寻找野花作为参照。后来,他们很高兴地看到爸爸设计的图案绣在了旗帜上,那是罂粟花和矢车菊。赫尔曼很小的时候就表现出了在风景、植物和人物方面的绘画才能,在其他方面也很具创造力,比如木雕、剪裁和缝纫,小说、戏剧和建筑。

1897年夏天,赫尔曼12岁,母亲菲利皮内患上了糖尿病。那个时代还没有胰岛素治疗,她在弥留的最后4个星期卧床不起,去世前遭受了可怕的、持续的干渴。这个家一下子被摧毁了。乌尔里希先后请过多位管家来帮忙,但没有一个合适的。孩子们尤其鄙视其中一个虔诚的信教妇女,她把所有时间都花在了传教上。

1898年圣诞节前的一个夜晚,乌尔里希走进孩子们的游戏室,宣布他们很快会有一个新妈妈。新妈妈不是陌生人,正是雷吉娜姨妈。乌尔里

乌尔里希·罗夏的炭笔画作品（左）和赫尔曼·罗夏的炭笔画作品（约1903年，右）

希选择了菲利皮内同父异母的妹妹，她也是赫尔曼的教母；赫尔曼和安娜曾与雷吉娜一起在阿尔邦度假，她在那里开了一家卖布料和其他纺织品的小商店。乌尔里希告诉孩子们，她将在圣诞节后来沙夫豪森探望大家。安娜开始尖叫，小保罗泪流满面。14岁的赫尔曼在弟弟妹妹面前保持着冷静和理智。他理解父亲，认为孩子应该为父亲着想：这不像过日子的样子，一天结束后，没有一个温暖的家等着他们。他也不想让管家把孩子们变成道貌岸然的伪君子。赫尔曼说，一切都会好起来的。

婚礼在1899年4月举行。不到一年后，又一个孩子出生了，取名雷吉娜，和她母亲同名，一般叫她雷吉内利（Regineli）。孩子们对小妹妹表示欢迎，用安娜的话说，他们"一起度过了和平、友爱、和谐的几个月……但是只有几个月的时间"。

乌尔里希口齿不清的症状愈发严重[14]，在学校摘下帽子时，他的手甚至会发抖，同事们取笑他，说他中风了。雷吉内利出生后，他开始感到疲劳和头晕，被诊断为铅中毒引起的神经系统疾病，这时他已经是一位老练的画家了。几个月后，他不得不放弃教学，全家最后一次搬家，搬到了桑蒂斯街（Säntisstrasse）5号，在那里，雷吉娜开了一家商店养家，可以在家照顾乌尔里希。赫尔曼开始做拉丁语家庭教师以贴补家用，下课后急匆匆赶回家，帮助继母照顾父亲。

乌尔里希的最后几年遭受了讣告里所称的"无法形容的折磨"：抑郁、妄想和痛苦的、毫无意义的自责。最后的日子里，赫尔曼大部分时间都和父亲在一起，在巨大的压力和过度紧张之下，赫尔曼患上严重的肺部感染。乌尔里希于1903年6月7日凌晨4点去世[15]，那时赫尔曼病得很严重，无法参加葬礼。父亲被安葬在穆诺特堡和赫尔曼学校之间的公墓里，沿着他们的房子向下，有一条漂亮的、绿树成荫的小路，走几步就到。乌尔里希去世时50岁，当时赫尔曼18岁，其他几个孩子分别是14岁、11岁和3岁。赫尔曼眼睁睁看着父亲病死，自此决心成为一名医生，一名神经科医生。但现在的他是个孤儿，继母成了寡妇，也没有养老金，还要养活4个孩子。

19　　安娜对邪恶继母的恐惧很快被证明不无道理。雷吉娜非常严厉，严格到残酷的地步，罗夏的堂兄曾将她描述为一个"只有工作、没有理想"的人，只想着赚钱，她到37岁才结婚，"因为她三十多年里都在开店，什么都不知道"。菲利皮内·罗夏是家中长女，她丈夫的第一任妻子；雷吉娜则是继母的女儿，菲利皮内丈夫的第二任妻子，也是三个个性迥异的孩子的继母。

她经常和保罗吵架，让外向的、充满好奇心的安娜痛苦不堪，安娜觉得这个家"狭小而压抑得几乎令人无法呼吸"。后来，安娜把雷吉娜描述成"一只翅膀短小的不会飞的鸡。她缺乏想象的翅膀"。雷吉娜很吝啬，房间里一直很冷，有时孩子们的手几乎冻紫了。他们没有时间玩耍，空闲时间都要去工作或做家务。

还在上高中的赫尔曼不得不迅速成熟起来。安娜回忆起自己的童年，记得赫尔曼说过，雷吉娜"既是父亲，又是母亲"，他是雷吉娜的主要支持者。赫尔曼成为这个家的男主人，他会坐在厨房里和雷吉娜聊上几个小时。他理解雷吉娜，认为她无法表现出更多的爱，"我担心，她那羞怯的自尊心让她无法爱任何人"[16]。赫尔曼劝安娜和保罗不要对雷吉娜太挑剔，应该尽量宽容，为雷吉娜着想。

这一切让赫尔曼几乎没有时间伤感。他后来向安娜承认："如今，我比以前更常回想起父亲和母亲——我们的亲生母亲；我深切地体验到6年前父亲早逝带来的悲痛，那时我的感受并不这样深刻。"[17]这也使他渴望离开。赫尔曼后来认为，"所有这些争抢、敛财、打扫地板的举动，这一切吞噬生命、扼杀无限活力的行为"，是"沙夫豪森的思维定式"[18]。正如他写给安娜的信中所言："我们没有一个人会考虑和母亲一起生活。她拥有很好的品质，也应该得到最高的赞美，但是——她希望生活得非常平静，而这对于像我们这样渴望自由的人来说太难了。"

最终，乌尔里希和菲利皮内的三个孩子比他们走得更远，赫尔曼第一个离开家。"你们和我都有生存的本能，"赫尔曼对弟弟妹妹说，"我们从父亲那里继承了这种天赋……我们都应该也必须保持这种天赋。在沙夫豪森，这种天赋完全被扼杀了，它挣扎了一阵，然后就死去了。但是，上帝知道，这就是世界存在的原因！总有一个地方能让我们施展自己的才能。"

赫尔曼写下这些的时候，已经离开了沙夫豪森。他在沙夫豪森的岁月虽然跌宕起伏，但这些在他成为思想家和艺术家的成长过程中是非常重要的。

第二章

——

克莱克斯

命运的安排令人感到难以置信，罗夏在学校的绰号是克莱克斯（Klex[*]），在德语中意为"墨渍"。罗夏年轻时就已经在摆弄墨水了，这预示着他的宿命吗？

绰号在德国和瑞士-德国的兄弟会[1]中非常重要，学生在进入被称为高级文理中学（Gymnasium）的六年制精英学术性高中时会加入这些组织。兄弟会的成员要对友谊和忠诚宣誓，会员是终身制的，在兄弟会建立的关系能够对成员的整个职业生涯产生帮助。在沙夫豪森，社交生活是由沙夫西亚（Scaphusia，这个城市的罗马名称）的兄弟会主导的。穿着蓝白相间服装的沙夫西亚兄弟会成员，包括罗夏，满怀骄傲地出现在学校的操场上、酒吧里和登山步道上。他们也会得到一个表明他们新身份的新名字。

沙夫西亚兄弟会入会仪式往往在当地的酒吧举行，除了固定在人类头骨上的一根蜡烛，酒吧里一片漆黑。新入会成员被称为"狐狸"，这次是一个十六七岁的四年级学生，站在装满酒吧的击剑装备的箱子上，两手各拿一杯啤酒，回答一大堆刁钻的问题。这在瑞士是最糟糕的受侮辱的情

---

[*] 德语词klecks（污渍）的相似发音。——编者注

形；在德国的大学里，击剑会用真正的剑，结果是著名的海德堡决斗伤疤在德国精英脸上留下终身印迹。沙夫西亚"狐狸"通过测试后，要接受"啤酒洗礼"——两杯啤酒浇在他的头上，或者像往常一样处置——并被授予一个名字：有些明显的取笑其外表或气质的外号。罗夏的兄弟会担保人是"烟囱"穆勒，因为他吸起烟来就像个烟囱；"烟囱"的担保人是"太阳神"（Baal），一个沉迷女色的阔少。

赫尔曼的新名字克莱克斯意味着他是一个善于运用钢笔和墨水的人，画得又快又好。克莱克斯另一个意思是"涂鸦、画平庸的作品"——罗夏特别喜欢的艺术家之一威廉·布施（Wilhelm Busch），创作了一本名叫《画家克莱克赛尔》（*Maler Klecksel*）的儿童图画书，有点像"粉刷匠"——但是罗夏被称赞是优秀的艺术家，而不是被嘲笑为糟糕的画家。另外一名绰号叫克莱克斯的"狐狸"，大约在同一时期不同的兄弟会，也擅长绘画，后来成了一名建筑师。

因此，"克莱克斯"在沙夫西亚并不意味着"墨渍"，尽管10年后罗夏在精神病院散步时，试图想象和他的精神分裂症患者建立联系的方式，可能更容易想到墨渍。无论如何，重要的是克莱克斯·罗夏是真正的克莱克斯：一位视觉感受性很高的艺术家。

罗夏从1898年到1904年一直就读于沙夫豪森高级文理中学[2]——从他母亲去世后那一年开始，直到他父亲去世后那一年。学校共有170名学生，其中14名来自罗夏的班级。这所学校被誉为当地最好的学校，吸引着来自瑞士其他地区的学生，甚至还有来自意大利和专制的德国的思想开明、有民主倾向的教授。课程要求很高，包括解析几何、球面三角学，以及定性分析和物理学的高级课程。学生们读索福克勒斯、修昔底德、贺拉斯、塔西佗、卡图卢斯、莫里哀、雨果、歌德、莱辛和狄更斯的原著，还要读俄国大师的译著，包括屠格涅夫、托尔斯泰、陀思妥耶夫斯基和契诃夫。

罗夏在学校表现很好，而且似乎并没有非常努力。他所有科目都名列全班第一名，除了母语瑞士方言和标准德语之外，他还学习了英语、法语和拉丁语，后来还自学了意大利语和流利的俄语。社交方面他很矜持，在学校的舞会上是壁花。他宁愿旁观，也不愿意冒险去做那个时代被称作穆诺特塔（Munot Tower）的流行舞蹈的那些复杂动作（"右手、左手、一、二、三"）。他喜欢在安静的环境中工作，讨厌别人打扰他。罗夏在学校最好的朋友叫瓦尔特·伊姆·霍夫（Walter Im Hof），人很外向，后来成为一名律师。霍夫曾回忆道："我的作用是偶尔把他带出来。"也有一些人认为罗夏在和同学的交往中以及饮酒派对上表现很好。赫尔曼和他相对外向的弟弟保罗也会一起搞恶作剧，过后记起来，他都会高兴很长时间。他尽可能地纵情于大自然之中——在山里徒步旅行，在湖里划船、裸泳。

经济上的困扰是一个长期存在的问题。罗夏的大多数同学出身富裕，有些家庭还非常显赫。当地的国际手表公司，今天仍然非常有名的沙夫豪森万国表业，由一个本就很富有的制造商创建。创始人的女儿艾玛·劳中巴赫——卡尔·荣格未来的妻子——是瑞士最富有的女继承人之一。在那般富裕的环境中，赫尔曼·罗夏显然非常贫穷。一个同学误以为罗夏的继母是"洗衣女工"，她"不得不非常辛苦地工作才能让罗夏上学"；这位同学的贵族母亲看不起罗夏和他的家庭，把他们看作下层阶级。另一个同学说罗夏看上去像个乡巴佬，但"至少很聪明"。尽管如此，罗夏没有让环境影响他的独立性。他被免除了兄弟会的会费，并被任命为该组织的图书管理员，这样他就可以在需要的时候购买新书。

他至少还可以接触到一个科学实验课题——他自己。青少年时期的罗夏读到，情绪可以使瞳孔变大或变小，他发现自己可以随意收缩或扩张瞳孔。在一个黑暗的房间里，他想象着寻找电灯开关，他的瞳孔会明显缩小；在室外明亮的午后阳光下，他还可以让瞳孔变大。在另外一个利用精神力量控制物质的实验中，他试图把牙痛[3]的不适转换成音乐，把"抽动"的疼痛转化成低音，把"尖锐"的疼痛转化成高音。有一次，他很想知道在没有食物的情况下，自己能坚持工作多长时间，于是他禁食了24小时，整天都在锯木头、劈木头。他发现如果不干活的话，他可以禁食更长时间。这件事发生在父亲准备再婚那段日子里。

除了获取相关知识，随意扩张自己的瞳孔是得不到任何回报的。这些练习只是在探索：罗夏像他的父亲一样，用意志控制自己；父亲就是这样，只要"努力"，就可以克服口齿不清或震颤的问题。罗夏在测试自己的极限，探究自己不同的"系统"——食物和工作、疼痛和音乐、思想和眼睛是如何相互配合的，而且可以置于意识控制之下。他有过一段他认为发人深省的体验：

> 我的音乐记忆相当差，所以当我学习一首曲子时，我几乎不能依赖听觉记忆。我经常用音符的视觉图像作为记忆旋律的方式。我小时候学习小提琴，经常无法想起一段乐章的旋律，但是仍然可以凭记忆演奏出来，或者换句话说，动作记忆比听觉记忆更加可靠。我也经常通过模仿手指运动来唤醒听觉记忆。

罗夏对这些从一种体验到另一种体验的转换非常感兴趣。

他对于让自己体验别人的境遇也很感兴趣，这样就可以将别人的体验变成他自己的了。1903年7月4日，18岁的罗夏在沙夫西亚做了一次演讲，被称为"妇女解放"[4]，呼吁完全的男女平等。他认为，女性"无论是身体上、智力上，还是道德上，都不逊于男性"。她们的逻辑能力毫不逊色，至少与男性同样勇敢。女性的存在不是为了"制造孩子"，男性也

来自沙夫西亚的剪贴簿，署名"克莱克斯"，这是奥地利艺术家莫里茨·冯·施温德《猫咪交响曲》的修改版。罗夏简化了图像，删除了许多猫（音符）。虽然有些猫看起来有点像老鼠，但整体而言，画面的动作更加生动

不仅仅是"支付女性账单的养老基金"。他提到了妇女运动长达一个世纪的历史和包括美国在内的其他国家的法律及社会结构，主张妇女拥有全面的投票权和进入大学、职场的机会，尤其是踏足医学领域，因为"女性更愿意向其他女性透露自己的隐疾"。罗夏以理性和同理心巩固了他的论点，指出尽管装模作样的女学者让老一辈人讨厌，但"爱卖弄学问的男性知识分子也是令人厌恶和反感的形象"。至于女性在大众观念里的多嘴饶舌，"问题则在于到底是咖啡馆里还是酒吧里的闲聊更多"，也就是说，是女性还是男性更爱说闲话。罗夏想知道，"我们"是否不像"他们"那样荒谬可笑——正如他经常做的那样，试图从外部看待自己。

当然，作为乌尔里希的儿子，罗夏向沙夫西亚兄弟会的剪贴簿贡献了大量作品。其中有一页小提琴乐谱，他用上下奔跑嬉戏的墨渍猫（klexy cats）代替了音符，这是一个双关语，因为在德语中，不和谐的、刺耳的

音乐被称作"猫音乐"。一张两个人面对面的剪影，标题为"没有文字的图画"，落款是"克莱克斯"。除了沙夫西亚的剪贴簿，罗夏的艺术作品还包括一幅他外祖父的精细肖像笔炭画（见第21页），时间大约是1903年，参考了一幅小照片。对罗夏来说，富有表现力的面孔和姿态比静态的物体或纹理更有吸引力。一幅照片里[5]学生的衣服和家具并不比他的姿势生动；雪茄上飘起的烟看着不像烟，却像烟一般卷曲。

罗夏在沙夫西亚的另一次演讲《诗歌与绘画》，呼吁更好地训练人们怎样去观察。针对无处不在、不合时宜的青少年时尚，他批评自己的学校："人们，哪怕是受教育阶层，缺乏对视觉艺术的理解，这一缺陷可以追溯到我们的教育……在我们的高级文理中学课程中，一个人即使学不好艺术史课程，也可以像成人那样进行艺术的思考。"他还就达尔文和我们与自然之间的关系进行了三场演讲。达尔文并不是学校学习的内容，因此这些演讲是在做真正的教育工作，并且罗夏再一次关注了视觉。针对是否应该向孩子们传授达尔文主义，根据会议纪要，克莱克斯回答："答案绝对是肯定的。只有正确对待这些主题，与孩子的理解能力相适应，年轻人才能学会'观察自然'。只有这样，他的观察动机才会被激发出来。只有这样，年轻人心目中真正快乐的天性才能被唤醒。"如何去看、如何快乐地观察才是最重要的。罗夏以对另一位艺术家的赞赏结束了他的演讲："达尔文在德国土地上的伟大追随者——海克尔……"他在演讲中展示了海克尔《自然界的艺术形态》中的图片，他"特别注意海克尔如何运用自然观察法获得对自然界的艺术形态的敏锐观察"。

恩斯特·海克尔（Ernst Haeckel，1834—1919年）[6]是世界上最著名的科学家之一。最近有一位传记作家写道，"大多数人是通过海克尔的大量出版物，而非其他来源了解进化论的"，其他来源包括达尔文自己的著作。《物种起源》30年间的销量不足4万册；而海克尔的科普读物《宇宙之谜》仅德语版销量就超过了60万册，甚至被翻译成梵文和世界语。甘地还想把它翻译成古吉拉特语，认为它是"对困扰印度的致命宗教战争的科学解药"。除了普及达尔文，海克尔的科学成就还包括给数千个物种命名——一次极地探险后就命名了3500种；正确预测了猿和人类之间"缺少的一环"的化石的发现地，形成了生态学的概念，并开创了胚胎学。他的理论认为，个体的发展回溯了物种的发展，即"个体发生重演种系发生"（Ontogeny recapitulates phylogeny），这在生物学和大众文化中都非常有影响力。

海克尔也是一位艺术家。他年轻时是一位有抱负的风景画家[7]，最终将艺术和科学结合在华丽的插图作品中。达尔文在这两个方面都称赞了海克尔[8]，称他那突破性的两卷本是"我所见过最伟大的作品"，将他的《创世博物志》称为"我们这个时代最杰出的著作之一"。

《自然界的艺术形态》一书是整个自然界结构和对称性的视觉概要，罗夏曾在他的沙夫西亚演讲中引用过。这本书认为，变形虫、水母和各种各样的高等生命之间是和谐的。这本书在1904年以单行本的形式出版，虽然书中的100幅插图最初在1899至1904年间分为10套出版过，每套10幅插图，但无论在科学还是艺术层面，单行本都很受欢迎，很有影响力，为新艺术创造了一种视觉语言，同时将其与自然相结合[9]。对我们来说，水平对称看起来是"有机的"，在某种程度上说，这是海克尔观看方式的遗赠。《自然界的艺术形态》是讲德语的欧洲国家乃至其他国家的家庭必备陈列品[10]；罗夏当然了解其中的一些插图。乌尔里希的《形状理论概述》中虽然没有提到海克尔的名字，但实际上是与海克尔的书相似的散文，充满了他的"形状"词汇。

海克尔的声望也来自他对宗教的讨伐。可能是由于海克尔个人的反宗教激进主义，达尔文主义在很大程度上成为终极无神论科学[11]，成为科

上图：两张来自恩斯特·海克尔《自然界的艺术形态》的黑白图片——"蛇星"和"飞蛾"，由阿道夫·吉尔奇（Adolf Giltsch）按照海克尔的绘画雕刻

下图：乌尔里希·罗夏设计的图样

学与宗教之间世仇的核心，尽管地质学、天文学和其他知识领域也包含非《圣经》的事实。这一点也是赫尔曼非常钦佩的。同父亲一样，在信仰问题上，赫尔曼是一个宽容的自由思想者，但他拒绝用宗教的眼光看待自然世界。根据沙夫西亚兄弟会秘书的说法，在一场关于达尔文的演讲中，"克莱克斯试图彻底驳斥反对达尔文主义的论点，即其破坏了基督教的道德观和《圣经》的教义"。

后来，罗夏成为助教，开始考虑成为一名像父亲一样的教师，却被要求教宗教学，对此他感到不安。他采取了非同寻常的方式，给海克尔写信寻求建议，这位著名的反基督教人士回信说："你的疑虑对我而言是不合时宜的……去读我的《一元论宗教》(Monistic Religion)*吧，这是一种与官方教会妥协的观点。我的学生中有很多这样做的。一个人必须圆滑地与居于统治地位的正统观念和平相处（很不幸！）。"[12]

这个17岁孩子的大胆做法后来被夸大了。几个与罗夏亲近的人[13]后来回忆，他在信里问过海克尔，是在慕尼黑学习绘画，还是从事医学，海克尔建议他学习科学。罗夏似乎不太可能让一个陌生人定夺自己的整个未来，而且他和海克尔似乎只通过这一次信。然而，关于罗夏的职业生涯的神话就此诞生。一个有关教学的实际问题转变为艺术与科学之间的选择问题，而老一辈最具影响力的艺术家和科学家将接力棒传递给了这位新一代的艺术家和心理学家。

---

* 或指 Monism as Connecting Religion and Science, 1892。——编者注

第三章

我想参透人心

"在我看来，山腰上的水泡可能会哗啦一下滑入湖泊，泛着一股硫黄的气味，就像所多玛与蛾摩拉在过去的时代所发生的那样。"——罗夏不喜欢纳沙泰尔（Neuchâtel），这个地方位于瑞士西部，是法语区。1904年3月高中毕业后[1]，罗夏花了几个月时间待在这里。许多讲德语的瑞士人在开始上大学之前会用一个学期来提高自己的法语水平；罗夏希望，除了做拉丁语助教外，自己能同时教授法语课程[2]，这样就可以赚钱寄给家人。他想直奔巴黎[3]，十分急切，他那顽固的继母却拒绝了。罗夏心里曾涌现过这样的感觉，在沙夫豪森的自己像"一个真正的'学者'"，相较而言，纳沙泰尔学院的生活显得非常乏味："德国和法国的大杂烩，没有什么地方比这里更令人沮丧、更愚蠢了，我无法忍受。"[4]

在纳沙泰尔学院就读也有好处，其中之一就是，学生可以在法国第戎上两个月的语言课程。在那里，罗夏偶尔会去法国的合法妓院，但他实在是穷，大多数时候都没有机会消遣。"8月30日，"他在他的私人日记[5]里潦草写下一些重要的段落，"参观妓院：窄巷里的红灯笼，黑洞洞的漂亮房子……妓女遍地，（难以辨认的字迹）；'给我买杯啤酒？你要和我睡觉吗？'*"

也正是在第戎，罗夏的兴趣发生了决定性转变。受他在沙夫豪森读过的俄国作家的启发，他主动找俄国人交流："所有人都知道俄国人更有可能要学习外语。"[6]他对安娜说。而且对于一个独自生活在国外的年轻人来说，以下这点更为重要："他们喜欢交谈，他们很容易交到朋友。"[7]他很快就对一个人产生了兴趣，那是一位政治改革者，而且是托尔斯泰的"私人朋友"。"这位好伙伴头发已然灰白，而且不是因为什么具体的事情白了头。"罗夏写道。

伊万·米哈伊洛维奇·特列古博夫（Ivan Mikhailovich Tregubov）出生于1858年，自俄国流亡而来，和罗夏一样，在第戎学习法语课程。罗夏认为他有"非常深刻的灵魂……与他相识，我希望能从中收获更多"。几十年来，托尔斯泰一直参与极端和平主义派别——杜霍波尔派[8]的活动，而特列古博夫正是这个派别的领导人，他不仅是托尔斯泰的朋友，也是他圈子的核心。这是罗夏第一次接触传统的精神运动。长期以来，俄国一直有人在运动抗争——旧礼仪派教徒、苦修者、遁世者、流浪者、"没断奶的"、自我阉割者，直到1905年革命之前，这些人都没有公民权利，而且或多或少受到沙皇教会和国家的骚扰或镇压。杜霍波尔派是这些群体中最受尊敬的，其历史至少可以追溯到18世纪中叶。

1895年，托尔斯泰称杜霍波尔派的出现是"一个极其重要的现象"，他们是如此先进，仿佛是"25世纪的人"[9]；托尔斯泰将他们的影响力与耶稣的诞生等量齐观。1897年，第一届诺贝尔和平奖颁发的四年前，托尔斯泰给一位瑞典编辑写了一封公开信，认为诺贝尔奖的钱应该给杜霍波尔派，而且他早前结束了自己的退休生活，开始写最后一部小说——《复

---

* 原文是法语。——编者注

活》，以便把所有收入捐给这个教派。就这一点而言，托尔斯泰不仅仅是《安娜·卡列尼娜》和《战争与和平》的作者，更是一个主张"灵魂净化"的精神领袖。他鼓励全世界的人穿上简单的白色长袍，成为素食主义者，为和平而努力——成为托尔斯泰的信徒。对于罗夏和数百万人而言，托尔斯泰代表的不仅仅是文学，也代表了一场为了拯救世界而进行的道德运动。

特列古博夫令罗夏大开眼界。"这个年轻的瑞士人终于越来越清醒了，"罗夏在第戎写道，用第三人称描述自己，"对于一般瑞士人来说，他们不太在意政治，不太在意政治真正意味着什么——特别要感谢那些必须在远离家乡的地方学习，才能找到自己渴望的自由的俄国人。"不久之后，罗夏写道："我想我们会看到俄国成为世界上最自由的国家，比我们瑞士更自由。"他开始自学俄语，没有参加任何相关课程，在两年内就掌握了这门语言。[10]

正是在这种背景下，罗夏确定了他想从事的职业。如果条件允许，他想成为一名医生——"我想知道这是否因为父亲的缘故。"[11]安娜回忆说。在第戎，他认识到："我再也不想像在沙夫豪森所做的那样，只是读书。我想参透人心……我想在精神病医院工作。我要接受完整的医学培训。实际上，最有趣的是人类的灵魂，而一个人能做的最伟大的事就是治愈灵魂，病态的灵魂。"[12]他对心理学的追求并不主要出于职业或智力上的野心，而是一种托尔斯泰式冲动，想治愈灵魂，并成为特列古博夫那样的人。离开纳沙泰尔后，罗夏前往一所世界级的精神病医学院求学，那所学院位于欧洲最大的俄国人社区之一。

罗夏终于凑齐了上大学的钱。[13]因为父亲是瑞士两座城市——阿尔邦和沙夫豪森的公民，所以罗夏可以申请两个地方的经济援助；确切来讲，这是父母的迁徙给他带来的最好的礼物。1904年秋天，20岁生日的几周后，罗夏带着一个行李箱和不足 1000 法郎来到苏黎世。[14]

罗夏身高 5 英尺 10 英寸*，身材修长，体格健壮。他走路很快，目的明确，双手紧紧背在身后，说话平和而冷静；他活泼，但又不缺乏严肃气质，灵巧的手指可以快速画画，或制作精巧的剪纸、木雕。他有一双灰蓝色的眼睛，尽管在一些官方文件，比如他的军事服役记录（每一个瑞士男性终身保留的小册子）中，这种颜色被列为"棕色"或"棕灰色"。罗夏被认为不适合服役，就像一个普遍服兵役的国家中许多未服兵役的年轻人一样。给出的原因是视力不佳——他的左眼只有 20/200 的视力。

罗夏还没开始记事，就离开了自己的出生地苏黎世，他不记得自己曾住在那里，但后来，他和父母一起回去过。1904 年到达苏黎世后，他给安娜写了第一封信，说他"昨天去看了两场艺术展，又想起了我们亲爱的父亲。几天前，我还去寻找一个小凳子，我过去常常和父亲一起坐在那儿，后来我找到了"[15]。但是，新生活很快取代了回忆。

罗夏原计划住在一家由朋友经营的旅馆里，通过帮忙做家务来支付租金，但他最终还是接受了一个同学的建议，决定搬到一处更独立的住所。一位牙医和他的妻子正在出租葡萄酒广场 3 号 4 层的闲置房屋，此地距离穿过苏黎世市中心的利马特河只有几步之遥 [而且恰好位于苏黎世前身图里库姆（Turicum）的古罗马浴场的遗址上]。罗夏与一位来自沙夫豪森的医学生和一个音乐系学生一起租下了这处房子。他们安排出一个共用卧室和一个工作区，并共享书籍——罗夏承认，"我比他们更能从中获益"。医学生弗朗茨·施韦茨早上 4 点起床去上解剖课，晚上 9 点就睡了，而音乐系学生晚上和周末出门，罗夏可以在早上和晚上做自己的工作。他唯一的抱怨是，他的卧室窗户正对着圣彼得教堂的塔楼，那里有欧洲最大的教堂

---

* 1 英尺折合 30.48 厘米，1 英寸折合 2.54 厘米。——编者注

钟，钟声会把他吵醒。

但是这里价格便宜，每月77法郎，包括一天两餐。施韦茨记得饭菜很美味，而且量很足。罗夏告诉继母，这里吃的"非常好，几乎和你做的家常菜一模一样"。（当时在苏黎世租房住，一般每天至少需要4法郎，而一间实惠的餐厅里，午餐一般是1法郎。）学生们星期天需要自己做午餐，所以在周六晚上，他们会从街角的肉铺里买些香肠，第二天早上自己在公寓里烤，诱人的香味就弥漫了整栋楼。周末几乎无事可做，无论天气好坏，他们都在城市的街道上散步，因为他们去不起酒吧、电影院或剧院。室友们经常会"在无聊和寒冷中回家，再吃一顿香肠"。

罗夏珍惜每一次赚取额外收入的机会。他在苏黎世的学生剧院做临时演员[16]，有一次，他想起学生会发起的一场戏剧海报竞赛，便匆忙画了一幅漫画，并在下面加上两行押韵的诗句，引用自威廉·布施一本关于一只鼹鼠的儿童读物。两周后，罗夏收到一封告知他获得三等奖的信件，随信还附上了10法郎，真是雪中送炭。

这是世界上最好的医学院之一，课程表安排得很满——罗夏在他的第一个冬季学期（1904年10月至1905年4月）要学习10门课程，第一个夏季学期（1905年4月至1905年8月）学习另外12门课程——但罗夏并没有完全循规蹈矩，把精力全部用在课程上。罗夏在学校里最好的朋友瓦尔特·冯·怀斯回忆说，罗夏如饥似渴地读书，对一切都很好奇。他会探讨艺术，进行交际，到苏黎世很棒的二手书店"利马特河上的雅典"浏览各类书籍。

周六，罗夏常在苏黎世唯一的公共艺术博物馆（名为Künstlergütli）[17]度过漫长的下午，博物馆在河对面，沿着小山坡向上就能回到学校。他和朋友参观了大部分瑞士画廊，但没有参观现代艺术。他们看了一位名叫阿尔伯特·安克尔（Albert Anker）的风俗画家描绘的农村场景，看了新浪漫主义画家保罗·罗伯特（Paul Robert）所画的自然场景，以及类似卡尔·施皮茨韦格（Carl Spitzweg）笔下《修道院的老修士》这样的感性作品。这些收藏品中还包括现实主义大师鲁道夫·科勒（Rudolf Koller）最著名的画作《圣哥德堡邮车》，以及苏黎世最伟大的作家、罗夏最喜欢的诗人戈特弗里德·凯勒画的一幅河景。一些作品为未来指明了方向——费迪南德·霍德勒（Ferdinand Hodler）的《体操运动员的宴会》（Gymnasts' Banquet），以及新艺术运动先驱和超现实主义者阿诺德·勃克林（Arnold Böcklin）那幅噩梦般的《战争》，后者曾是罗夏高中时期"诗歌与绘画"演讲的主题之一。

在交流中，罗夏会率先询问他的朋友是怎么看待艺术的。[18] 他喜欢比较每件作品对每个人的不同影响。比如勃克林那幅表现出异常性心理的《春之觉醒》（Spring Awakening）：有着毛茸茸的山羊脚的半兽人、森林之神，以及赤裸上身、裹着红纱裙的女人，他们之间的河流被血染成红色——这意味着什么呢？

罗夏开始给人们分类，同时为自己所保留下来的个性而自豪。1906年4月，他出色地通过了初试——"我是唯一一个在四个学期之后通过考试的人，"他对安娜说，"除了两个五学期通过的学生，其他人都用了六个、七个，甚至八个学期之久，而且我的成绩是最好的。"[19] 他冷眼看着自己的同学：

> 我特别高兴。因为在考试前和考试期间，尽管我确实花了大量时间学习，但也做了很多"与众不同"的事情。医学生里有一种常见的类型，你懂的——那些喝啤酒的人，几乎从不读报纸，每当想说什么体面的话题，就只能聊聊疾病和教授；他们骄傲自大，尤其是对自己正在规划的那份工作，天真地幻想以后找个有钱的太太、乘坐豪华轿

车、握着有银手把的手杖。当别人的行事风格"与众不同"且可以通过考试时，他们就会非常不开心。

许多敏感的 21 岁年轻人都有这样的想法，但如果没有在第戎的那段经历，罗夏不会写这样一封信。

他"与众不同"最显著的标志就是，人们经常在城里看到他和引人注目的外国人在一起。苏黎世到处都是俄国人，瑞士的政治自由吸引了无数无政府主义者和革命者。弗拉基米尔·列宁就是其中之一，1900 至 1917 年间的流亡生活中，相比伯尔尼，他更喜欢苏黎世，因为"大批具有革命思想的外国年轻人生活在苏黎世"[20]，更不用说还有优秀的图书馆，"没有官僚习气，目录精细，书架开放，满足读者们的特殊兴趣"，这是未来苏维埃社会的典范。苏黎世大学附近有一个"小俄国"社区，那里有俄式公寓、酒吧和餐馆，正如大多数瑞士人所说的那样，"小俄国"的辩论热烈，而饭菜是冷的。[21]

在罗夏所处的时代，一千多名大学生中有一半是外国人，而且有很多女性。[22] 早在 19 世纪 40 年代，两名瑞士女性在苏黎世学习哲学，为 19 世纪 60 年代的女性在那里学医铺平了道路。第一位于 1867 年获得医学博士学位的女性名叫娜杰日达·苏斯洛娃（Nadezhda Suslova），是一名在苏黎世的俄国人。与之形成对比的是，俄国的大学在 1914 年之前一直将女性排除在外，德国的大学直到 1908 年才接纳女性。

而且，苏黎世的女大学生大多也是外国人，因为瑞士的父亲们不会让他们受过良好教育的女儿与这些乌合之众厮混。艾玛·劳申巴赫，沙夫豪森的女继承人暨卡尔·荣格未来的妻子，以高中班级第一名的好成绩毕业，但父亲不允许她在苏黎世大学学习科学。"对于一个劳申巴赫家族的女儿来说，想与各种各样的大学生混在一起是不可思议的，"据卡尔·荣格的一位传记作家所说,"谁能预测出艾玛这样的女孩在大学里会被同化成什么样呢? ……大学教育会使她不适合婚姻,转而去追求社会平等。"[23] 不过,俄国女性蜂拥至苏黎世,不仅要勇敢地面对瑞士男性学生和教授的性别歧视,还要面对少数瑞士女学生的抗议,后者称这种"半亚裔入侵者"[24] 的"浪潮"正在从更有资格的当地人那里窃取学校的位置,将这所大学变成"斯拉夫精修学校"。

在苏黎世,俄国女性除了被讽刺为"装模作样的女学者"或"狂热的革命者",也常常由于美丽的外表而受到崇拜。有一位名叫布劳恩施泰因(Braunstein)的黑发俄国女性,在苏黎世被称为"圣诞天使"[25];街上的陌生人总会要求给她拍照,但她总是拒绝。一些化学专业的学生邀请她去参加系里的年度聚会,在信封上留了聚会的街道名称和"M_nO_2"——二氧化锰的化学式,或者用德语写她的名字,热心的邮递员历尽艰辛找到她,她仍然谢绝了邀请。很多人都想给她画肖像,罗夏也想;其他人都没能做到,罗夏却成功邀请这位俄国美人和她的一个朋友到自己的房间,承诺给她们看一封列夫·托尔斯泰写来的亲笔信。罗夏讲着还算过得去的俄语,在一个充满敌意的环境中表现出对俄国女性的尊重,而且他看起来很和善。[26] 那个星期六的下午,罗夏没有去博物馆欣赏艺术作品,而是支起了一个画架。

苏黎世的俄国人群体可谓多元。有年轻人,也有老年人;有一些是真正的革命者——比如一个被迫从西伯利亚逃到日本的女学生,最终乘船绕路长途跋涉返回欧洲,另一些则是"彻底的中产阶级、谦虚、勤奋、渴望远离政治"[27]。有些人很富有——比如荣格的病人、学生、同事和情妇萨宾娜·斯皮勒林[28],她和罗夏一样,1904 年来到苏黎世。有些人很穷——比如一个名叫奥莉加·瓦西里耶夫·什捷姆佩林(Olga Vasilyevna Shtempelin)[29] 的女孩,她是一位来自喀山的药剂师的女儿。

和罗夏一样，奥莉加是家里三个孩子中最年长的，环境所迫，她成了整个家庭的顶梁柱。她的父亲是威廉·卡尔洛维奇·什捷姆佩林，母亲是伊丽莎白·马特维耶娃·什捷姆佩林，她于1878年6月8日出生在喀山附近的布因斯克，那里是伏尔加河上的贸易中心和俄国的"东大门"。尽管俄国的女子学校是提供给富人们的女儿的，但她可以在喀山的罗季奥诺夫女子学院免费学习，这是她曾祖父在军队服役所获得的一项福利[30]。1902年，她去往柏林，努力工作养活家人，并于1905年转入苏黎世医学院。在苏黎世认识她的人都记得，她是班上最聪明的人。

1906年9月初，罗夏给妹妹安娜详细描述了奥莉加的背景和性格。夏季学期后，"我的俄国朋友大部分回家了"[31]，但是：

> 大约两个月前，我遇到一位女性，她现在就要离开了。我曾经想过，你应该认识一下她：她独自一人生活，20岁后，有一年半的时间里她不得不做家庭教师和抄写公文，以便撑起整个家庭。她需要负担生病父亲的医药费，还要养活母亲和两个手足。今年是她在医学院的最后一年，她快26岁了，充满活力，拥有高尚的情怀。毕业之后，她想去农村做一名乡村医生，远离上层阶级，她希望能为农民治病，至死方休。你能想象这样的生活吗？这种骄傲，这种勇气，是俄国女性与众不同的地方。

品质高尚，才华横溢，有表演欲——赫尔曼从一开始就抓住了奥莉加的个性。但也不完全可靠。奥莉加比罗夏大6岁，所以实际上，她即将28岁了。

奥莉加展现了罗夏在第戎期间所形成的对俄国人的印象。特列古博夫回俄国后，罗夏与他失去了联系，这位年轻学生主动想办法联络对方：

"亲爱的托尔斯泰伯爵,"他在 1906 年 1 月写道,"一个担心你的某位朋友的年轻人希望你能给他几分钟时间。"[32] 托尔斯泰的秘书给罗夏回了信,于是,罗夏与特列古博夫重新建立了联系。与此同时,罗夏还向那位伟大作家敞开心扉:

> 我在学着热爱俄国人民……他们的矛盾的灵魂和真诚感情。我羡慕他们的快乐,而且他们在悲伤的时候也能痛快哭泣……像地中海人民一样能够观察并塑造世界,像德国人一样思考世界,像斯拉夫人一样感受世界——这些能力居然能够同时存在。

对罗夏而言,俄国人意味着"感受",他们与强烈的、真实的情感联系在一起,而且懂得分享。他在写给托尔斯泰的信中这样说道:"在内心深处被理解,不拘于形式,没有技巧,也没有一大堆深刻的语言,这就是我们都在寻找的东西。"

他并不是唯一一个这样理解俄国人形象的人。[33] 俄国人创作的小说和戏剧往往让读者惊叹,这些读者从弗吉尼亚·伍尔夫到克努特·汉姆生,再到弗洛伊德;俄国芭蕾舞团在巴黎广受赞誉;俄国幅员辽阔,一半的欧洲文明与巨大的差异性、精神上的深度和政治上的落后融合在一起,激发了整个欧洲大陆的敬畏和焦虑。无论对这片充满激情的国度的想象准确与否,它都构成了罗夏的毕生所求,用他自己的话说,就是要用心感受。

正是苏黎世,让罗夏与俄国文化、与俄国人的日益亲密成为可能。与此同时,罗夏时代的人正在探究"被理解意味着什么"这个问题。罗夏的教授们正在就人类心灵及其欲望的意义展开辩论。精神病学在 20 世纪第一个 10 年里开辟出新的道路,苏黎世也走到了十字路口。

第四章

非凡的发现与战争中的世界

教授坚实的身形从远处就可以辨认出来。[1] 他在最后一刻急匆匆地从医院赶来，站在讲台上，身高 5 英尺 3 英寸，留着浓密的胡须，神情紧张，身体微向前倾。他的动作笨拙而急躁，说话时脸异常生动，几乎令人吃惊。讲座内容详尽地涵盖了临床和实验室技术，提供了许多统计数据，但也反复强调了与病人之间的融洽情感的重要性。他很认真、很专业，有时过分挑剔，但仍是个非常谦逊友善的人。有时人们很难想起这是欧根·布洛伊勒（Eugen Bleuler，1857—1939 年），世界上最受尊敬的精神科医生之一，整个欧洲的课堂上都在讲授他的理论，学生们也会热烈讨论他的理论。

同系的另一位讲师则毫不谦虚。[2] 他身材高大，衣着无可挑剔，举止高贵，是一位杰出医生的孙子，据传该医生是伟大的歌德的私生子。他浑身散发出一种自信、敏感甚至脆弱混合在一起的魅力。他早早来到大厅，坐在长凳上，如果愿意，任何人都可以过来交谈。他的讲座对学生和非学生都是开放的，高水准且广博的内容使得这些讲座非常受欢迎，最后不得不搬到一个更大的礼堂。没多久，他"获得了一名忠诚又扎眼的女性的追随"，这名女性被称作"苏黎世山的毛皮大衣女士"，她"泰然自若地去参加他的每一场讲座，霸占最好的座位，因此引发了不得不站在后面的学生们的敌意"。在此之前，女士们会邀请他去自家参加私人讨论小组。其中一位女士的女儿将这位教授的"粉丝团"斥为"性饥渴群体或绝经后的癔症"。

卡尔·荣格讨论了家庭动力学和人类故事，通常是像他读者那般的女性案例，而非提供干巴巴的统计数据，或是向未来的从业人员传授实验室技术。他甚至暗示，算得上直截了当了，人们自身的"秘密故事"掌握着通往更多真相的钥匙，比医生能靠自己找到的还要多。这相当令人震惊：他犀利的洞察力有时看起来似乎很不可思议。

这些人都是罗夏的老师。他们不仅影响了罗夏的个人成长轨迹，也影响了心理学的未来。

20世纪的第一个十年里[3]，苏黎世是对精神疾病的理解和治疗的巨大变革的中心。20世纪初，在心理学界，尊重主观的内在体验和通过关注客观数据及普遍规律来努力赢取科学名望之间存在着严重分歧。有些被称为"精神病理学家"的科学家开始探索心灵，其中大多是法国人；有的人更喜欢解剖大脑，多数是德国人，他们追求所谓的"心理物理学"。这种专业上和地域上的差异是重叠的，基本相当于医院或诊所的精神科医生与大学实验室的心理学家之间的分歧，但也并非完全重叠。精神科医生试图治愈病人，心理学家研究被试。他们之间有交叉，但心理学上最伟大的进步经常源于执业的精神科医生，比如弗洛伊德和荣格。不过，精神科医生是"医生"，获得的是医学博士学位；心理学家是研究型科学家，拥有的是哲学博士学位。

尽管神经病学和疾病分类学方面取得了进步，但19世纪的精神科医生几乎没有能够帮助病人的方法。某种意义上，一般医学也是如此——

没有抗生素，没有麻醉剂，也没有胰岛素。珍妮特·马尔科姆（Janet Malcolm）在描述一位稍早一些的医生时指出："契诃夫时代的医学没有治愈的力量，直到最近才开始发挥作用。医生们了解他们无法治愈一些疾病。一个诚实的医生会发现他的工作十分令人沮丧。"[4] 精神病学的状况更糟。

在医学之外，科学与人文学科之间的界限正在被重新划定。心理学的目标究竟应该是怎样的？是通过列出疾病发展的症状和规律来定义一种疾病，还是更加人性化地理解一个独特个体及其痛苦呢？更为实际的问题则是，一个有追求的年轻心理学家应该学习科学还是哲学？早期——弗洛伊德之前，现代神经科学之前——心理学通常被归为哲学的一个分支。当时根本就没有其他方式能用来掌控心灵。医学理论在很大程度上与关于美德和罪恶、性格和自我约束的宗教教义相吻合。曾有精神科医生试图治愈被恶魔附身的病例。当时最先进的治疗技术是催眠术。

当这一切开始发生改变的时候，罗夏还是一个学生。弗洛伊德综合了一种关于潜意识和性驱力的理论，将精神病理学、心理物理学和一种新的有效的心理疗法结合在一起，同时将人文科学重新整合到自然科学中，重新定义了健康和疾病之间的区别。精神病患者那些显然毫无意义的幻想正在被破译，并且被治愈，其方法则建立在那些对于唯物主义脑科学家来说难以置信的假设的基础上。

然而，罗夏进入医学院的时候，弗洛伊德的所有财产只是维也纳的一张沙发，以及一小部分上流社会神经症来访者。《梦的解析》于1899年出版，出版的头六年里只卖出了351本。[5] 精神分析学得以能在科学上和机构中取得尊重，并获得成为一场持久运动所需的资源和国际声誉，苏黎世起到了很大作用。

苏黎世大学医学院是一个综合机构，与布格霍尔茨利精神病院

（Burghölzli）联系紧密：实验室、大学精神科诊所和教学医院于1870年建立，在罗夏那个年代被公认为世界上最好的一家机构，由苏黎世政府运营，接纳的大部分是未受过教育的下层社会患者，他们患有精神分裂症、三期梅毒或其他生理原因导致的痴呆症。但是，它的负责人与大学新成立的精神病学系主任有关。

在多数大学里，有名望的精神病学教授都是脑科学研究人员，只有小型诊所和一些短期病例可供教学。但是正如历史学家约翰·克尔（John Kerr）所言，苏黎世的任何一个精神病学教授都得负责一百多名患者，其中大部分人患有不治之症。这些患者都是当地人，说的是瑞士德语的苏黎世方言，教授们几乎无法理解他们的方言。很快，许多诊所的主管跳槽了，这也在意料之中，而且，虽然大学教授的社会地位越来越高，但是布格霍尔茨利精神病院很快因"妓院坐落于其场地的另一边而在当地更出名"[6]，甚至超过了医院本身。在奥古斯特·福雷尔（Auguste Forel）的领导下，这一情况开始改善，但是他最终也提前退休。1898年，他将职位交给了一个名叫欧根·布洛伊勒[7]的人。

布洛伊勒来自措利孔，苏黎世郊外毗邻布格霍尔茨利精神病院的一个村庄。他的父亲和祖父曾参加过19世纪30年代争取农民平等权利的斗争，是第一批参与建立苏黎世大学的人。布洛伊勒是村里第二个大学生，也是第一个考入医学院的人。他在一生中，始终将自己祖上的农民身份和背景记在心里，也始终将对他职业生涯产生影响的阶级斗争和政治组织记在心里。最重要的一点，他会说当地方言，能够理解病人在说什么。

当时，学界普遍认为布洛伊勒关怀的那些病人是没有希望的。用埃米尔·克雷珀林（Emil Kraepelin，这位精神科医生将现在所说的精神分裂症命名为"早发性痴呆"）的话说："我们现在知道病人的命运主要是由疾病的发展所决定，我们几乎没法改变疾病的发展进程。我们必须坦率地承认，我们机构里堆积的一大群病人永远失去了健康。"[8] 更残忍的是："我们精神卫生机构里的绝大多数未愈病人属于早发性痴呆，他们最重要的临床表现就是人格或多或少有深层次的崩溃。"[9] 他们"病入膏肓"了。弗洛伊德也曾表示过这些病人是无法治愈的。但是，布洛伊勒在实践中学习到了其他东西。精神疾病和健康之间的界限并不像他的大学同事所认为的那样严格，而且把病人看作"堆积"的"一大群"，也是有问题的。

在成为布格霍尔茨利精神病院的主管之前，布洛伊勒曾在瑞士最大的精神病院里生活了12年，那所精神病院位于一座名为莱瑙（Rheinau）的岛上，是一家修道院医院（最初是一座12世纪的大教堂），里面有600到800个病人[10]。在那里和布格霍尔茨利精神病院，布洛伊勒将自己完全投入症状严重的精神病人的世界里，每天巡查病房6次，还会与反应迟钝的紧张症患者交谈几个小时。他给助手们也安排了大量工作，通常是一周工作80个小时——早上8点半前查房，晚上查房后写病历，经常要写到10点或11点——而且要禁欲戒酒。医生和职工睡在集体宿舍里，很少有例外。他们不会抱怨，因为布洛伊勒比他们任何人都要努力。

通过与病人的亲密接触，布洛伊勒意识到，病人对周围环境的反应比想象中更微妙，强迫反应更少。例如，他们对不同的亲属或异性会表现出不同的行为。生物决定论不能完全解释他们的症状。他们也并非注定遭受厄运，至少不是必然这样——如果医生与病人建立了良好的人际关系，即使是最严重的病例，病情有时也会终止或逆转。布洛伊勒会允许病情严重的病人出院，或邀请有暴力倾向的病人到自己家里参加正式晚宴。他开创了工作疗法和其他"现实导向任务"，比如劈柴、照顾患有斑疹伤寒的病友——对于长期以来被认为是没有希望的慢性病，结果竟然不可思议地治愈了。当他的精神分裂病人在田野里干活时，他也会加入，做着自己青年时代在措利孔就很熟悉的工作。布洛伊勒一生致力于与每一个病人建立情感联系。病人和全体员工都称他为"父亲"。

正是布洛伊勒为精神分裂症命名——这是他对科学最著名的贡献，同时他还发明了自闭症、深层心理学和矛盾心态等术语。他之所以这样做，是因为克雷珀林早期提出的早发性痴呆意味着"早发性精神丧失"是生物性的、不可逆转的，而"分裂的精神"（精神分裂症的含义）并不是绝对的丧失，仍有可能存在功能性和生命力。布洛伊勒还写道，他想要一个新的术语，因为没有办法把早发性痴呆用作形容词[11]。在他看来，疾病不应该是一个医疗对象——一个拉丁语名词，而应该是描述特定患者的一种方式。

这种对病人的同情，与他自己的生活经历有关。布洛伊勒17岁时，妹妹患了紧张症，在他们村子附近的布格霍尔茨利精神病院住院。家人对那里的脑科医生感到愤怒，正如当地人所说，医生对显微镜比对人更感兴趣，并且医生甚至不会说病人的语言。布洛伊勒由此下定了决心。也有说法是，他在母亲的启发下立志成为一个能够真正理解病人的精神科医生。虽然他从未写过或公开谈论过妹妹安娜-保利娜的疾病，但不可否认，妹妹的经历对他的选择有决定性影响，这是不可否认的。1907年和1908年布洛伊勒在布格霍尔茨利精神病院时的一位助手[12]回忆道："布洛伊勒经常告诉我们，即使是最严重的紧张症患者，也会受言语的影响。他用自己的妹妹举例……有一次，当她处于极度兴奋的状态时，布洛伊勒不得不让她离开大楼。但他没有强制她这么做，而是……和她谈了好几个小时，直至她穿好衣服，和他一起离开。布洛伊勒用这个例子证明，对病人进行口头说服是可行的。"

自父母于1898年去世，直到妹妹于1926年去世，布洛伊勒带着妹妹在布格霍尔茨利精神病院的公寓里居住了将近30年。布洛伊勒的助手回忆说："我经常看到她从我的房间穿过大厅，来来回回踱步。那时候布洛伊勒的孩子们年龄还小，并且似乎没有注意到他的妹妹。每当孩子们想爬到什么地方，就会把她当作没有生命的物体，像使用一把椅子一样使用她。她没有表现出任何反应，也没有与孩子们产生情感联系。"在精神分裂症这个术语出现之前，布洛伊勒和一个极端精神分裂症患者面对面生活了几十年，他在布格霍尔茨利精神病院的整个职业生涯中，自己的房间里就有一个活生生的精神分裂症的例子。他开创性的努力，在家里就已经开始了。

当然，每一代人都会纠正上一代人的错误；精神科医生常常指责前辈的无情，或至少是误入歧途了。事实上，从福雷尔到克雷珀林，再到威廉·格里辛格（Wilhelm Griesinger），布洛伊勒之前的精神科医生——据大家所说——也是富有同情心和爱心的医生。但是，布格霍尔茨利精神病院的情况确实不同。布洛伊勒的助手回忆说："他们看待病人的方式，他们检查病人的方式，几乎是一种心灵启发。他们并没有对病人进行简单的分类。他们逐个记下病人的幻觉，试着去确定每一个幻觉意味着什么，以及为什么病人会有这些特定的妄想……对我而言，这是全新的，而且具有启发性。"[13] 以病人为中心的治疗的转变并不是从布格霍尔茨利精神病院开始的，也不是在那里结束的。但是，布洛伊勒指导了几代精神科医生，包括他的学生和助手——他的儿子曼弗雷德、卡尔·荣格和萨宾娜·斯皮勒林、罗夏后来的两位上司，以及罗夏自己。如今，一个精神科医生不会说自己患者的语言，这是难以置信的。这种转变很大程度上要归功于欧根·布洛伊勒。

卡尔·荣格[14] 于 1900 年 12 月到达布格霍尔茨利精神病院，担任布洛伊勒的助理，逐渐成为一位杰出乃至出类拔萃的人物，在未来的几十年里，他将不断改变心理学的研究领域。

从 1902 年开始，荣格和另一位助理医生弗兰茨·里克林（Franz Riklin）开发出第一个揭示无意识模式的实验方法：字词联想测验。测验要求被试阅读包含 100 个单词的单词表，随后要求他们说出第一个出现在脑海里的东西，同时，医生用秒表记录他们的反应时间；然后被试重新浏览单词表，并被要求回忆自己的最初反应。任何失常——长时间延迟、第二轮测验中的短暂失忆、出人意料的无前提推论、被"困住"和重复反应——都只能用无意识记忆和压抑来解释，这是一种隐藏的黑洞，它朝向隐藏的欲望拉动和扭曲人们的答案，或者促使人们给出相反的答案。荣格将这些隐藏的中心称为"情结"[15]。测验发现，根据经验，他们的大部分反应都是性反应。

因此，布格霍尔茨利的医生们有了一个"前所未有的非凡"[16]发现。独立于弗洛伊德[17]——他们没有让一个神经症患者在沙发上随意聊天——他们成功地提供了"正常的"人群的无意识过程不少于精神病患者的具体证据。他们立即认识到，他们的实验结果证实了弗洛伊德的观点，不久以后，字词联想测验被纳入精神分析理论，医生们会临时使用一些刺激词语来寻求特定思路，或者使用他们发现的情结作为治疗的起点。这种方法在犯罪学上具有巨大的潜力。就这样，荣格和里克林创建了现代心理学测验。

布格霍尔茨利精神病院接下来发生的事情，完全是一场测验的狂欢，医生们用秒表计时、解梦，对象是他们的病人、妻子和孩子，他们还会相互进行心理分析。他们不放过所能找到的每一个无意识的迹象：舌头或笔的每一次滑动，记忆的失误，心不在焉哼着的曲子。这种情况持续了几年时间。"我们就是这样认识彼此的。"[18]布洛伊勒写道，他最大的孩子曼弗雷德（1903 年出生）和荣格最大的孩子阿加特（晚一年出生），都记得整个儿童时期处在精神分析的观察下的感受。关于字词联想测验的出版物中也包含了来自布洛伊勒，布洛伊勒的妻子、岳母、妻妹，以及荣格本人的匿名测试结果。

布洛伊勒对弗洛伊德的发现感到兴奋，并想立即用这些来帮助严重的精神病患者，而不仅仅是遭受性的情结折磨的私人患者。不久，他发现结果值得信服且足以支持弗洛伊德。他以一份1904年的书评为契机，发表了强有力的声明，称弗洛伊德的《癔症研究》和《梦的解析》"开辟了一个新的世界"[19]——这是来自欧洲一位顶尖精神病学家的有力支持。接着，他亲自写信给弗洛伊德："亲爱的尊敬的同行！布格霍尔茨利的我们是弗洛伊德精神分析理论在心理学和病理学领域热情的崇拜者。"[20] 作为布格霍尔茨利狂热的自我分析的一部分，他甚至曾给弗洛伊德写信描述自己的几个梦，询问解析这些梦的技巧[21]。

布洛伊勒狂热崇拜的消息是弗洛伊德收获的最令他振奋的信件之一，也是弗洛伊德看到他的理论在学术界被接受的第一个信号。这也许是促使他结束多年的写作中断的原因，继而创作出将于1905年出版的三部伟大作品：《性学三论》《诙谐及其与无意识的关系》和《一个癔症病例的分析片段》。弗洛伊德对他的朋友们夸口："我的观点绝对令人震惊……试想，一位正式的全职精神病学教授和我的†††癔症及梦的研究——在此之前一直伴随反感或厌恶被援引！"（有农夫会在房子的前门上用粉笔画三个十字架，用来抵挡危险和罪恶——弗洛伊德在他的信中用其讽刺恐怖的、邪恶的事物。）他写信给布洛伊勒："我确信我们很快就会征服精神病学。"[22]

弗洛伊德所说的"我们"略去了一些他非常了解的东西：布洛伊勒，苏黎世的专业精神病学领军人物，他对弗洛伊德的思想的影响远比弗洛伊德对他的影响更重要。通过使布格霍尔茨利成为世界上第一个使用精神分析治疗方法的大学精神科诊所，布洛伊勒和他的助手们将弗洛伊德带入了专业的医学领域。罗夏学习的城市苏黎世代替维也纳，成为弗洛伊德式变革的中心。

到1906年，布格霍尔茨利精神病院完全卷入了围绕弗洛伊德思想的论战之中——弗洛伊德所谓的学院精神病疗法和精神分析成为"两个敌对的世界"[23]。荣格－里克林的语词联想研究明显为弗洛伊德的理论提供了铁证，而反对弗洛伊德的人也开始了反击。古斯塔夫·阿沙芬堡，这个曾教会里克林怎样使用字词联想测验的德国精神病学家，在一场精神病学会议上提交了强烈谴责弗洛伊德的文章，随后又发表了这篇文章。

早在两年前的1904年，布洛伊勒就为弗洛伊德发声了，而从那以后，他也开始敢于提出一些尖锐的问题。弗洛伊德的理论很极端，布洛伊勒写道——一切都是基于性的吗？弗洛伊德早期作品中十分丰富的证据在哪里？弗洛伊德确定不是从单一的个案对人性进行了不科学的推论吗？布洛伊勒认为，一个人的观点被挑战是一件有益的事情；而弗洛伊德不是这样，他把布洛伊勒的所有合理质疑都摈弃了，看作对伟大真理的抵制，并把注意力转向了布洛伊勒更为年轻的同事。

是荣格[24]，而不是布洛伊勒，在1906年对阿沙芬堡做出回应，写了一篇大大提升弗洛伊德声誉的评论文章。荣格已经越过布洛伊勒去给弗洛伊德写信，强调他在第一封信中已经"说明了是我首先吸引布洛伊勒注意到你的理论的存在，尽管那时遭到了布洛伊勒的强烈反对"。然而，事实更贴近相反的情况。荣格利用1907年第一次和弗洛伊德私人会面的机会，造成了两个前辈之间的嫌隙，并且说服弗洛伊德相信他才是在苏黎世支持他的人。

荣格写给弗洛伊德的信越来越多，从最初的小心翼翼到像猫一样狡猾，再到后来彻头彻尾的卑鄙，反复述说着上司的迂腐、心胸狭隘，以及完全不适合做精神分析："布洛伊勒的美德被他的缺点扭曲，而且一切都不是发自内心的";布洛伊勒的演讲"极其肤浅简要";布洛伊勒持异议的"真正的唯一的原因""是我脱离了禁欲的人群";"我非常钦佩你对布洛伊勒的容忍。你不觉得他的演讲太糟糕了吗？你收到他的大部头了吗？"这是一本关于精神分裂症的书——布洛伊勒毕生的研究;"他做了一些非常糟糕的事情"。

如果布洛伊勒在今天被不公正地遗忘了，这很大程度上是由于荣格没有把他写进历史——其回忆录中从来没有一次提及布洛伊勒的名字，他甚至说布格霍尔茨利的精神科医生只关心标签，"根本不关心精神病患者的心理"。据荣格说，他被迫去揭露病人的个人经历：为什么一个病人相信一件事和其他事情，这些特定的、独特的信仰从何而来？如果一位病人认为自己是耶稣，而另一个人说"我是那不勒斯，我必须给全世界供给面条"[25]，那么把他们两个都归入"妄想"的标签下的要点是什么呢？荣格抱怨布洛伊勒"倾向于通过比较症状和汇编统计资料来作出诊断"，而不是"了解每一个病人的语言"[26]，考虑到布格霍尔茨利的瑞士方言历史，这真是特别低级的诋毁。

人们印象中弗洛伊德和荣格之间的相互吸引、相互排斥、相互利用实际上是一个三角关系：荣格努力地向弗洛伊德推销自己，因为他想要取代布洛伊勒；布洛伊勒变得不那么可靠了，弗洛伊德对荣格的需要也越来越强；荣格在布洛伊勒的权威庇护下大胆地与弗洛伊德进行权力斗争。布洛伊勒在这些争论中表现最好，他有时犹豫不决、缺乏想象力，但是最不自负，也最愿意向别人学习。然而，随着新星荣格升起，布洛伊勒的光芒黯淡了。

观点分歧背后的深层原因是基本的阶级冲突：布洛伊勒一家生活简朴，在医院食堂就餐，并且与患有紧张症的妹妹生活在一起，而荣格在1903年娶了瑞士最富有的一位女士。荣格一家直接从布格霍尔茨利位于布洛伊勒家楼下的公寓里搬了出来，不用去苏黎世的高档餐厅就能够享用到仆人准备的私家餐饭。荣格经常请求无薪休假去追求自己的事业或去旅行——他现在负担得起——而布洛伊勒全都批准了；但随着时间的推移，他越来越不情愿接受荣格的休假，并且运行一个大型医院的责任使布洛伊勒无法专心于自己的事业[27]。荣格对辛勤工作的布洛伊勒越来越不屑一顾，这是他自己的财富日益增长的迹象。

两个人在几年之内都与弗洛伊德闹翻了，他们几十年来一直彼此不和——"长达20年的敌对状态"，"虽然两人仍然都在布格霍尔茨利，但从偶尔的含蓄评论发展到公开敌对的谩骂，还常常是在震惊的医生和惊恐的病人面前"[28]。所有苏黎世的精神科医生都不得不面对"敌对世界"中千变万化的雷区，即使拒绝偏袒任何一方，也会被双方视为背叛。这是布洛伊勒不得不面临的困境。他认为，绝对的权威对于科学辩论和进步是不利的："在我看来，这种'你要么支持我，要么反对我'的观点对宗教团体是必要的，对政党是有益的，但是对科学有害。"他直接对弗洛伊德说。为了寻求多元化，他加入了为反对弗洛伊德封闭阵营而建立的组织。弗洛伊德对此并不认同。而与此同时，大多数科学家也开始批评布洛伊勒曾支持过弗洛伊德。

罗夏自然不会知道只在弗洛伊德、荣格和布洛伊勒的私人信件中显露出来的复杂关系。1906年初，当弗洛伊德将自己的盟友从布洛伊勒转向荣格时，罗夏还是一个正在参加初试的大学二年级学生，他参加过荣格的讲座，但荣格后来说自己从未见过罗夏[29]。尽管如此，罗夏还是觉察到了这些先驱之间的分歧和其中的关键问题。

学生时期以及后半生时间里，罗夏都尊重弗洛伊德的观点，也对它们保留了一定的怀疑态度。他将继续使用精神分析，同时清楚它的局限性。在后来的一次演讲中，他向远离苏黎世的医生们就精神分析如何起作用及它能够做什么、不能做什么给出了权威解释；与此同时，他还开玩笑说："不久以后，在维也纳，他们将会用精神分析解释地球自转。"[30]

有几年时间，罗夏将字词联想测验[31]应用于病人和刑事案件中，甚至在荣格早就把它抛诸脑后之后，他仍然这样做，而且他后来也受到了荣格在工作上的鼓舞。荣格1912年出版的《力比多的转换与象征》定义了苏黎世学派，将精神分析的探索扩展到大量文化现象，从诺斯替神话到宗教艺术，后来被称为集体无意识。荣格摒弃了弗洛伊德对性驱力那拘泥于字面意义的理解，而是将其看作一种更神秘、更具象征意义的性欲，是火和太阳共同具有的"生命能量"。根据奥莉加的说法，罗夏也"着迷于古老的思想、神话及神话的建构"[32]。"他在不同病人身上追寻这些古老思想的踪迹，寻找它们的相似之处，并且在一位过着隐居生活的生病的瑞士农民的幻觉中发现了惊人的埃及诸神隐喻。"

就像对待弗洛伊德的观点一样，罗夏也引用荣格的观点，但并没有完全受这些思想的支配。他更加偏向荣格：虽然他认识到心理疾病有一定的生理原因，但他很快指出他的大多数病人大脑未受损伤，或者至少没有办法将他们的心理障碍与大脑联系起来。"因此，"荣格1908年1月在苏黎世市政厅的一场演讲中说，"我们已经完全放弃了我们在苏黎世诊所使用的解剖学方法，转而求助于对精神疾病的心理学研究。"[33]无论罗夏是否参加了这次演讲，他的确采纳了其中的信息。他致力于科学研究，对大脑的松果体进行了坚实的解剖研究[34]，但他承认，精神病学的未来在于寻找解释心灵的方法，而不仅仅是解剖大脑。

然而，罗夏与第三位伟大先驱的观点最为接近，他根本不能"完全放弃"解释的方法，也不能"完全放弃"解剖的方法。布洛伊勒主张，如果一种疾病是生物性的，或许应该对其进行治疗，而不为病人的特殊错觉或"秘密故事"所影响。罗夏也继续相信，心理学是建立在生理基础上的——在他看来，这就是认知的本质。

罗夏与布洛伊勒有着一样朴素的社会背景，对严重精神病患者有人情味，还具备一种他们的同事通常缺乏的能力——即使坚定自己的观点，也仍然尊重他人并向他人学习。弗洛伊德将女性看作心理上完全不同于"我们"的神秘人类，荣格则经常提及女人的主要兴趣在于家庭生活，倾向于将感情凌驾于理智之上。而罗夏——高中时就是女性权利捍卫者——和布洛伊勒则没有任何这类偏见[35]，更重要的是，从未就此提出过相关理论。

他们也都实事求是地拒绝了超自然心理学。弗洛伊德和荣格，还有威廉·詹姆斯（William James）、皮埃尔·让内（Pierre Janet）、西奥多·弗卢努瓦（Thodore Flournoy）及当时其他杰出的心理学家，经常光顾研究灵媒的会议，不是作为一种业余爱好，而是因为他们希望进入被称作无意识的"潜意识"领域。和布洛伊勒一样，罗夏用我们今天的方式理解这些做法。当妹妹安娜嘲笑祖母信奉招魂术时，赫尔曼在医学院回复说："如果一位老人感到沮丧并转向神灵，她这样做仅仅是因为人们不再需要她了。她尝试与鬼魂交流，因为她身边不再有和她关系密切的活人。这是一种真实的具有深深的悲剧色彩的处境，没有什么值得生气的。"[36]

罗夏自己从未在布格霍尔茨利工作过，但是因为苏黎世大学和布格霍尔茨利的共生关系，使得他能够拥有一位世界级临床医生作为导师。1906年1月，他成为一个"布洛伊勒式的"人——他发誓戒酒，并且在余生固守着这个承诺[37]。布洛伊勒在他那个时代是一个例外，当时大学里的精神病学家都在支持、应用和教授弗洛伊德的理论，然而苏黎世独立于维也纳也是至关重要的一个原因：罗夏所处的是世界上唯一一个精神分析既被认真对待，又非常开放，以对其进一步深化和探索的地方。罗夏与世界上第一个无意识心理测验的发明者一起学习。这是一个非常理想的背景。

1914年，当时的罗夏还是一名精神科实习医生，瑞士军队某自行车营士兵约翰内斯·诺伊维尔特（Johannes Neuwirth）[38]被送到罗夏的诊所接受评估。诺伊维尔特已经休了10天假，为他继父的生意偿付了2900法郎的债务。12月3日，星期四，在即将返回岗位的前两天，他突然失踪了。6天后，警察在一家小酒馆发现了他，他正埋头于一盘食物，面前放了一大杯啤酒，慢慢地、冷静地吃着。过了一会儿，警察说："诺伊维尔特，你为什么星期六没有回去销假？"诺伊维尔特抬起头来，犹豫了，局促地说："我现在得走了。"

他心甘情愿和警察一起走，并且想要立刻回到军队——他喜欢在军队服役。当被问到当天是哪一天时，他说是"星期四"，而且拒绝相信那时已经是9日星期三了；他似乎对一切都很困惑。诺伊维尔特被转移到医院后，说3日晚上他的自行车在雪地里翻了，他在火车站附近的桥边摔倒了。直到警察在酒馆里跟他讲话，他才想起来。"就像从梦中醒来一样。他们指控我想要逃走，但如果我想那样做，就会用口袋里的2900法郎逃走，而不是把钱都用来偿还账单。"

在了解了诺伊维尔特的成长背景、身体健康状况和家庭环境后，罗夏用荣格-里克林的字词联想测验、弗洛伊德的自由联想法以及催眠（布洛伊勒的专长之一）来帮助诺伊维尔特回忆发生过什么。字词联想测验并没有发现事件本身有什么问题，却揭示出诺伊维尔特的攻击"为什么"以这种形式呈现（他对继父有敌意，他希望亲生父亲仍然活着，这样一来，"所有一切都将是它原来的样子"）。弗洛伊德的自由联想法将病人带回抽离状态，显示了他的行为方式：他立即开始产生幻觉，之后，除了看到的第一个事物，他什么都记不住了。正如罗夏所预料的那样，催眠最有效地揭示了所发生的事实，他把这些记录下来，以便对不同方法的结果进行比较。在催眠状态下，诺伊维尔特透露，他离开了倒在火车站附近的自行车，坐在公园的长椅上,走回继父的公司,找不到回家的路。听起来像是癫痫发作。他的故事始终很连贯,但他记得这一切都发生在一天之内。

催眠过后,罗夏能够解释自由联想的画面和字词联想测验的结果,从而拼凑出故事的大部分内容。"这对我来说特别重要,"他总结道,"催眠后获得的材料证明,所谓的'自由联想'实际上是确定的",不是随机的,而是"无意识记忆"的产物。每一项技术都有重要的作用。罗夏认为,全面的分析是最好的,可以提供催眠状态下没能显露出的更深入的细节,并且显示出个案的所有方面,用他的话来说就是,"合并成一个统一的画面"。

但当时没有时间进行全面的分析。他需要的是一种能在一次会谈中奏效、立即产生"统一画面"的方法。这种方法必须是结构化的,并且有对其作出反应的具体事物,就像字词联想测验中的提示词一样;又要是非结构化的,比如说出进入你头脑中的任何事物;还要像催眠一样,能够绕过我们的意识防御,从而揭示那些我们不知道自己知道,或是不想知道的事物。罗夏有三种能够熟练使用的宝贵技术,分别来自三个对他有重要影响的人。而在未来的测验中,他将把三者结合在一起。

第五章

一条自己的路

1906年春天，作为一名刚刚通过初试的苏黎世大学医学生，罗夏还无法想象自己专业的综合性，"创造性"则更无从谈起。他渴望积累经验，但他现在只有做视力检查、体检和尸体解剖的资格。不过，在写给安娜的信中，他仍旧表现出自己对开始行医感到兴奋："我面对的是真正的病人！我可以看到我的未来！"[1] 他"最多只是见习，还有很多东西需要领会"。在第一次住院实习的两周里，他每周工作时间都超过了50个小时，他说："我想我永远不会忘记这14天。"

他有太多的故事要讲。比如一个16岁男孩从玻璃屋顶摔下来，医生说他还有救，"但是3天后他的大脑出现在解剖示范台上"。

> 我们看到一个面容蜡黄的老妇人；她从未睁开双眼，两天以后，我亲眼看到她的尸体被解剖了。我永远不会忘记一个手肿得很厉害的青年男子麻醉后接受手术，醒来后发现他永远失去了右手的场景。还有一个21岁的学生：他割开了前臂能感觉到脉搏的地方——他想自杀。一个18岁左右的女孩，她患有严重的性病，不得不在我们150名学生面前展示自己。诸如此类，每天都在上演，这一切都是因为穷

人没办法缴纳足够的钱让自己获准领取养老金。这就是诊所的悲剧。

那些喝着啤酒、拄着银柄拐杖的同学面对这些情景时的反应令罗夏震惊："试想一下，那些学生面对这一切会做何反应。我们必须保持镇定，医学就是这么一回事。说得直白一点，医生不应该变成道德白痴，不，医生不应该这样！"

无论这些经历多么惊心动魄，罗夏都无法从内心理解这一切。每天接待几十个病人，再加上没完没了的咨询，这种现实"把所有理想暴露在冰冷的阳光下"。他在给安娜的信中写道："医生遇到的更多的是不信任，而不是感恩；更多的是无礼，而不是理解。"[2] 那年春天，他在苏黎世的房间里放了一本小册子，供来访者写下他们的名字；6 个月后，上面留下了 30 个人的名字——这还不是所有来访者——他唯一能够确定的是，他必须离开这里。这种模式是罗夏生活的一种常态。过了几年，在"外面忙了两个月"[3]之后，他写信给一个朋友，说他"已经填饱肚子了，渴望更多内心的东西。人的生活不应该单靠外在的事物"。

"我已经认识太多的人了。"1906 年他从苏黎世写给安娜的信中第一次提到了奥莉加·什捷姆佩林，"你知道那是什么意思吗？他们一次又一次地邀请你，占用你仅有的需要独处的时间。他们给你的自由蒙上了一层阴影。"[4] 奥莉加去了俄国，尽管罗夏对这里的人很感兴趣，但他还是"准备离开，随那些可有可无的人去吧"。

在医学院的日子里，他不断出国游学、旅行，或是在瑞士参加短期工作。高年级的医学院学生通常会花几个学期时间在有不同专业的不同大学学习，并在夏季给私人诊所的医生替班，但罗夏最终获得了比大多数人更为广泛的经验——部分原因是他的个人理想与那些更有特权的同学"不同"，另外他也需要通过能找到的任何工作来赚钱。

他起初到柏林学习了一个学期，这是他自第戎时期以来第一次离开瑞士。"拥有百万人口的柏林让我觉得比在苏黎世时更加孤独。"[5]他在给安娜的信中写道。一开始，他发现了自认为想要的东西："我在这里非常孤独……在最初的几天里，我完全一个人待着，尽管如此，我大多数时间都感到很幸运。"[6]他住在柏林的一处普通的房子里，是四楼的一个房间，有一个窗子，视野很好，可以俯瞰一个小小的庭院，据他说，一棵树旁边的"石头和小草……就能带给我很多快乐"[7]。夜晚他会在家里度过，或是在街上闲逛，到处都挤满了人，直到黎明。他喜欢去欣赏戏剧，看马戏团表演，或是看电影。

然而，现代大都市的繁荣并不适合他。[8]20世纪初，柏林是世界上最大、发展最快的城市之一，人口在60年里增长了5倍，达到了200万，这还不包括城市周围新郊区的另外150万人口。有轨电车一直运行到凌晨3点——有些线路在周末彻夜运行——酒吧一直营业到黎明。不停歇的城市建设，增加的只是噪音和混乱。世纪之交，沿着繁忙的弗里德里希大街，只需步行100步，就能目睹历史学家所描述的景象："马路上刺耳的喇叭声，街头手风琴师演奏的旋律，报纸小贩的叫卖声，博勒送奶工人的铃声，水果蔬菜小贩的叫卖声，乞丐嘶哑恳求的声音，悠闲女人的低语，有轨电车的低吼和电车与老旧铁轨尖锐的摩擦声，以及无数拖拖拉拉、轻快或沉重的脚步声。与此同时，城市的颜色也千变万化，像个万花筒……霓虹灯、办公室和工厂里明亮的电灯……悬挂在马车和汽车上的灯笼、弧光灯、灯泡、电石灯。"[9]与维也纳、巴黎和伦敦一样，柏林也被看作一个充满变数、不明确、不稳定的地方，是一个"始终在变，永不定型"的地方。自称是"世界上最快的报纸"的柏林的一份重要日报在1905年谈到波茨坦广场时说："每一秒都是一个新的画面。"

许多刚刚来柏林的人在这里找到了自由和发展的可能性，但罗夏的心却回到了瑞士，或许已经和奥莉加在一起了。他对柏林的看法显然很无情："几年之后，柏林的人口将比我们整个国家都多，但更重要的是人口素质，而不是数量，"他在写给十五岁弟弟保罗的信中说，"很高兴你不是一个柏林人。这里有些老人可能一生都未见过樱桃树。我已经两个月没有见过一只猫或一头牛了。"[10] 他鼓励保罗"尽情享受瑞士的空气和我们的山脉，我希望你成为真实的、自由的、诚实的人，拥有真实的生活体验，不要成为我在这里每天看到的那类人"。他发现人们"冷漠"又"无聊"[11]，社会"很卑鄙"[12]，这段经历是"愚蠢的"[13]。

最糟糕的是德国人的刻板和遵从，这让罗夏感觉自己甚至比沙皇统治下的俄国人还要不自由。他在柏林期间碰巧赶上了德国历史上最著名的盲目服从权威的事件之一。1906 年 10 月 16 日，罗夏到达柏林前 4 天，一个流浪汉在市里几个不同商店分别买了几件普鲁士卫队队长的制服，穿上这些衣服后他改头换面，成为一个不同以往的人。他征用了士兵，逮捕了科佩尼克镇（Köpenick）的镇长，并没收了该镇的财政收入，声称自己是按照皇帝的命令行事，而所有人都毫不怀疑地服从了他身上的制服。10 月 26 日他被捕，在这段时间里，报纸上到处都是"科佩尼克上尉"的故事；他变成了民族英雄。德国人"崇拜征服和皇帝"[14]，罗夏在柏林写给安娜的信中说，"而且他们认为自己是宇宙中最伟大的人物，而实际上他们只是极端的官僚主义者"。

俄国依然吸引着罗夏。另一个在柏林和苏黎世学习医学的俄国人安娜·谢苗诺夫（Anna Semenoff）曾邀请他在柏林的新学期开始之前于 1906 年 7 月前往莫斯科，但是当时已经有了政治上的限制。俄国在 20 世纪的第一次革命中受到剧烈冲击，这次革命由日俄战争引发，那场战争中俄国损失惨重，何况罗夏也不愿意让自己身处险境，因为他仍然是家里的顶梁柱。当谢苗诺夫回到柏林并在圣诞假期再次邀请罗夏时，罗夏欣然接受了。1906年12月,他从柏林到了莫斯科。

那是他一生中最激动人心的一个月。他第一次目睹了他所谓的"无限可能的土地"[15]。他返回柏林后写给妹妹的那封热情洋溢的信中充满了对莫斯科的奇妙的感官描述——从克里姆林宫塔楼上看到的全景,在城市中四处滑行的两万五千架雪橇的寂静,在街道中央的篝火旁冻僵的赶雪橇的人"胡子上正在溶化的冰柱"。他到处参与文化活动,从"人们说这是世界上最好的"莫斯科艺术剧院,到大剧院,再到演讲、教会会议和政治会议;他还见到了老朋友特列古博夫。俄国人让他走出了自我。有句俗话说,圣彼得堡是俄国的头,莫斯科是俄国的心脏,罗夏深以为然:"在莫斯科待两周就可以看到和了解关于俄国的生活,比在彼得堡一年看到的更多。"[16]

俄国之行也是罗夏意识到自己已经成年的契机。他原本想从柏林出发,"追溯父亲的脚步",他写信跟安娜说,"但是最好是找出一条自己的路;如果一个儿子没有足够的勇气去找到自己的路,他可能以后一直要追随别人的脚步"。[17]从那一刻起,除了重要的家庭事件,赫尔曼在他的信中很少提及父亲。他以创造性的方式哀悼父亲的去世,为了父亲而成为一名医生,同时继续追求他和父亲一脉相承的对旅行和艺术的激情。

俄国满足了罗夏对更加广阔的视野的渴求,即使在第戎没有遇到特列古博夫,他也一定会找到其他方式去满足这种需要。没有人会像罗夏在1909年那样,在紧张的、为期两个月的医学院最后考试期间,仅仅是出于对俄国文化的兴趣,就重新阅读了《战争与和平》[18]——这是一个拒绝被周围环境所左右,在其他地方寻觅一种智慧的、有感情的生活的人所做的事。

俄国之行后,西欧成为一个令人失望的地方。罗夏在1907年初"失望并有点沮丧地"[19]离开柏林,而他的下一个学期也没有好到哪儿去。"伯尔尼还不坏,"他写信给安娜说,"就是有点粗俗和破旧,这里大多数人粗鄙鲁莽,我都感到吃惊,虽然我也不是世上最有教养的人。"[20]1907年后期和1908年全年,他在苏黎世或其他地方做替班医生度日,但他清楚地认识到,学生生活和瑞士不能让他学到更多的东西了。

妹妹也离开家了。1908年初,安娜在讲法语的瑞士西部做了两年家庭教师后,赫尔曼帮她在俄国找到了一份家庭教师工作,安娜欣然接受了这个机会[21],要去看看这片她听过许多次的"无限可能的土地"。接下来的几个月里,罗夏在信中为她激动不已,不厌其烦地帮安娜处理俄语语法、火车路线和时刻表、要带多少行李,以及如何通过海关检查等问题。

安娜的俄国之行是赫尔曼对俄国的第二次体验。虽然身在瑞士,但是他似乎可以看到她所描述的景象,文字的叙述在他面前是动态的:"读到你的第一封信,就像是我正和你一起在莫斯科漫步。"[22]他给她提出一些建议,头脑中重新浮现出自己在莫斯科的记忆,他向她提出各种问题和意见,让她去看看莫斯科的剧院、歌剧院、莫斯科大剧院,去拜访特列古博夫、托尔斯泰等人。罗夏让她给他寄来俄国画作的复制品[23],并鼓励她买一个相机:"就这样做吧!尽管它会花掉一个月的薪水,但你会从中得到许多快乐,这绝对是值得的!今后在你稳定下来的日子里,拥有你以前生活过的这些地方的照片实在是太棒了——一切都会使你的记忆变得更加鲜活。除此之外,有了相机还可以使你更好地观察这些地方。"[24]一开始他建议:"我可以很轻松地告诉你该怎么做,但是你在拍完五十张照片后才能真正理解。"但是不久后他就开始向她咨询了:"随信附上我拍的一张照片,这张照片有问题。它颜色这么暗,死气沉沉。你知道有什么问题吗?是曝光不足,还是曝光过度了?是不足,还是过度?"[25]

双亲去世后,罗夏成了安娜的"父亲和母亲",在这之后,他重新开始扮演大哥的角色。安娜觉得，"我可以带着任何问题来找他，作为一名医学院学生和一位年轻的医生，他告诉我生命从哪里来的秘密，而且给予我渴望知识的心灵以无穷无尽的滋养"[26]。在其他各种各样的建议和指导中，赫尔曼还给18岁的妹妹描述了柏林街头妓女的"人肉市场"[27]："从头到脚无不透着优雅，穿着天鹅绒和丝绸的衣服，浓妆艳抹，涂着粉，画着浓浓的眉毛，涂了睫毛膏，描着红色的眼线——她们就那样四处走着，但是你看到那些用无耻、嘲弄、贪婪的眼神看她们的男人会更加难过，而这一切都是源于他们的错。"

安娜有了自己的性经验以后，他仍然给予她支持："令人震惊的是，许多男性把女性看成性客体。我不知道你对最后一个问题是怎么看的，但是我希望你能够自己考虑这个问题。要坚定女性也是人，是独立的人，可以且必须自我完善，也要认识到男性和女性之间必须平等。这不仅仅是在政治斗争层面，也是在家庭领域，而且首先是在性生活中。"[28]他认为妹妹和他一样，有权利了解性。

每个人都一样："生育问题是孩子生活中最微妙的问题。"[29]安娜还在做家庭教师时，他便这样告诉她。"你当然不应该谈及任何关于生育的事！"她应该让孩子们看到花正在受精、怀孕的动物、小牛或是小猫的出生。"这也差不离。"

安娜渴望了解更加广阔的世界，他很乐意教给她，同时也期望从她身上学到更多。"你可能很快就比我更加了解俄国的情况了，"[30]他写道，男人"只有在身边有其他人的时候才会观察一个国家，在那里，社交、谎言、传统和习俗都是阻碍我们探索现实生活的障碍"[31]，但女性会"做得更好"，因为她们可以接触到私密的家庭生活。"你现在刚好处于一个完全不同的环境中，这是一个人了解一个国家、真正了解一个国家的最好的方式。好好利用这个机会，好好看看那里的人。给我写信吧，你要告诉我关于俄国公务员家庭的情况，我对这些一无所知。"

罗夏对自己无法直接看到的东西充满好奇，而且他从一开始就确信不同的人——尤其是不同性别的人——有着截然不同却能够相互影响的观点。知识既需要相互融合，也需要保持独立："你只有在异国他乡时才能更加热爱自己的祖国。"[32] 他曾在信中这样说道，他想要探索人性的方方面面，所以他需要安娜的帮助。"一定要毫无保留地把你所思所见的一切都写信告诉我，好吗？……那里的人们喜欢什么？那里的乡村还有人们看起来是什么样子？所有这一切，都写信告诉我吧！"[33]

除此之外，他也想和妹妹保持联系。他在1908年的信中写道："你知道，小安娜，我真正想要的是我们能够经常给对方写信，这样我们就可以跨越所有国家、山脉和边界，保持紧密的联系，甚至变得更加亲近，我想我们可以做到。"[34] 他们的确做到了。除了1911年短暂地回了一次瑞士，安娜直到1918年中期一直留在俄国，经历了战争和革命，在战乱中失去了大部分财产。罗夏1911年后写给安娜的信遗失了，但毫无疑问，他的心仍然留在俄国，和他的妹妹——还有奥莉加在一起。

奥莉加1906年夏天遇到罗夏之后的几年，对她来说也是学习和旅行的时间。1908年初，这位美丽的俄国姑娘和这位英俊的亲俄青年恋爱了。罗夏有着坚定的信念、强烈的情感，却极力保持着克制；他体验过别人的情感爆发，在奥莉加那里他收获颇丰。他后来说，是她让他看到了这个世界——她给予了他一种新的生活方式。她甚至有联觉能力，一种令罗夏非常着迷的能力——4岁时[35]，奥莉加画了7种不同颜色的拱门，以便她能够看到并且记住一周的7天。她对瑞士和瑞士的生活方式并没有那么强烈的感情，但是她接受了这一切，而且她和罗夏一样渴望稳定。

1908年7月底，奥莉加回了俄国。赫尔曼陪她直到林道（Lindau），一个位于康斯坦茨湖东部边缘的迷人的德国边境小城。这一年奥莉加 30 岁，罗夏 24 岁。有时罗夏渴望收到奥莉加的回信，他在写给萝拉（奥莉加的家人和朋友对她的称呼）的信中充满了失望："我的爱人，亲爱的萝拉，我已经很久没有从你那里得到任何消息了，已经超过 24 个小时了。回信吧，萝拉，回信吧。这对我来说真是可怕的无聊和空虚……午饭后，我坐在这里，抽着烟，想着你。下午的信件一小时后到。但是今天上午我没有收到信，今天会有回信吗？我想要知道我的姑娘在做什么！！"[36] 后面，他用另一支笔写道，"现在已经 4 点了，我今天没有收到任何信件！"

奥莉加正在她的家乡喀山忙着治疗霍乱病人，11 月下旬，她搬到向东 300 多英里外一个更小、更贫穷的城市。"她在那里根本不舒服，"罗夏在信里写道，"满目污泥，坑坑洼洼……她孤零零一个人。"[37] 罗夏留在苏黎世，整个夏天都在卢塞恩附近的克林斯和苏黎世湖岸的塔尔维尔（Thalwil）工作，继续收集故事并与安娜分享：

> 有 4 个人在我面前去世，他们都是被遗弃的老年人，年老体衰，快要死了。医生也救不了他们。另外，我成功地接生了一个难产儿，结局圆满。这是一个非常困难的臀位分娩，我只能用套索把婴儿拉出来。助产士站在那里谈论着这样的孩子活下来的"罕见的神奇病例"。由于这些人是天主教徒，她甚至已经准备好给孩子在臀部进行紧急洗礼了，但毕竟我还是把孩子接生出来了，所以现在孩子还活着，臀部不再需要接受洗礼了。[38]

除此之外，整个秋冬季节的每天晚上，罗夏都和一个朋友一起学习，努力完成剩下的学业。"我受够了这所学校，事实上，坐这么久简直让我感到无所事事。"[39] 他写道。他等不及了。"最后，终于完成学业毕业了！"⁴⁰ 1909 年 1 月 25 日，罗夏宣称："在瑞士，除了山脉，再没有什么值得我留恋了。"一个月后，他通过了期末考试。

罗夏可以开始行医了，但他可选择的职业仍然有限。⁴¹ 他可以在薪水很低的大学诊所工作——就他的经济状况而言不太现实——或者在独立的精神病院工作，薪水稍微高一些，能够获得更多的临床精神病学经验，但这个职业没有大学可以依托。他在明斯特林根（Münsterlingen）的精神病院找到了一份工作，1907 年在附近的一所医院实习时，他曾遇到过该院的院长。这份工作将于 8 月开始。不过，首先他想和奥莉加团聚，拜访她的家人，他希望在俄国的一年里能挣到足够的钱来偿还债务⁴²，而在瑞士，这将需要 6 年甚至更长时间。

期末考试后，他立即出发到莫斯科看望安娜，接下来去了喀山。罗夏不断精进他的俄语口语和工作。他在一家神经科诊所观察病例，然后花了 4 个星期的时间应对相关的繁文缛节，获得了访问喀山精神病院的许可。该精神病院收容了超过 1100 名患者，还有堆积如山的未审查的病例资料。他告诉安娜："如果说这里的科学不太先进的话，至少文件是有秩序的。"⁴³ 他看到了"病人的一种奇怪的民族混合状态，有俄国人、犹太人、德国殖民者、西伯利亚异教徒"，尽管"这里的医生并不关心有趣的种族精神病学问题"。他指的似乎是心理学上精神疾病的遗传性以及种族或民族的差异性。他自信自己在俄国可以很容易找到一份工作，而且发现自己"以后也非常想在喀山精神病院工作"或在俄国其他类似的机构工作。他赞赏"这里的人彼此之间是那么自由、开放、自然、诚实"。他还在其他地方写道："我喜欢俄国的生活。人们非常坦率，你可以迅速获得成功（前提是你不需要和当局打交道）。"⁴⁴

不幸的是，他确实需要这样做，而他遭遇的不透明且武断的官僚主义令人发狂，使得他无法获得在俄国行医的资格。"等待！在俄国，你只需要学会等待……最大的不愉快是很难得到一个明确的答复……我将需要经历同样的曲折，就像另一位瑞典同事，他曾在圣彼得堡待了8个月却一无所获。"[45] 罗夏还得回到他曾很高兴能够弃诸脑后的学校功课上：之前是文学、地理和历史，这次是俄语。虽然他知道跨越这些障碍是有必要的——如果一个妄想症患者相信自己就是沙皇或伯爵，那医生必须得知道病人在说些什么才行。

对罗夏而言，这是一段艰难的时光。"喀山不像莫斯科这样的大城市，它只是一个非常大的小城市，你在任何事情上都能够感受到它的一切，包括人民。"[46] 赫尔曼写道。它比苏黎世还要大，但它是地方性的，尽管这里的确有一个被称作"俄国瑞士"的公园，类似于苏黎世的"小俄国"。赫尔曼帮助奥莉加准备她的考试[47]，总共有23门功课，而奥莉加的母亲总是让他想起自己的继母：难以相处且"缺乏理解"[48]。他和奥莉加本打算在俄国结婚，但没有足够的钱，"而且显然我们不想赊账结婚。我确实想要举行仪式，因为奥莉加为了另一份工作要离开这里大约5个月之久，而且你永远不知道未来可能会发生什么。我想至少要为她举行一个仪式"[49]。

返回瑞士前，罗夏在俄国待了5个月，他不再是一群医生的实习生，也不再是与当局纠缠的申请者，而是一名经验丰富的精神科医生。那个时候，他对奥莉加的家乡已经有点厌恶了。他很惊讶地发现，奥托·魏宁格（Otto Weininger）的《性与性格》被翻译成俄语并广为流传，因为早前他曾写信给安娜：

> 没有哪个人类社会像俄国那样尊重女性……对我们国家的人来说，如果一个女人不太笨，不太丑，也不像教堂里的老鼠那么穷，在大多数情况下对男人来说就足够了；至于她到底是什么，男人并不在意。但在俄国却不是这样，至少在知识分子中不是这样……在俄国，

女性，尤其是最具智慧的女性，是一股想要帮助整个社会的力量，她们可以，也确实可以帮助别人，她们不只是扫地和洗衣服。[50]

这本书"试图证明女人绝对一文不值，男人就是一切"[51]，他以为这本书在俄国"只会被嘲笑"——他自己把这本书看作"最古怪的无稽之谈"，某人"很快就会被看作精神错乱"。但相反，这本书在俄国很受欢迎。

罗夏1909年的旅行将他对俄国的浪漫幻想带回了现实，正如他早期的医学生经历一样，将他的所有理想暴露了在冰冷的阳光下。他甚至比柏林时期更加激进，开始坚称所有人均享有平等权利的原则兴起于瑞士家庭中，而且"这是真的，事实是我们西方人比俄国的'半亚洲民众'有更高的文化水平"[52]。当安娜考虑嫁给一名俄国军官时，赫尔曼强烈反对，因为她喜欢的是一名军官而不是"一位医生或工程师之类"[53]，他还警告她："你将不得不成为一名俄国人，这很不好……想想看，你是一个自由国家、世界上最古老的共和国的公民！除了几个非洲国家，俄国是世界上唯一的君主专制国家……你会把孩子带到最保守的国家，而不是最先进的国家，你的孩子甚至可能会进入最反动的军队——俄国军队。"

至于他自己，"我总有一天会回到俄国，但我的祖国仍然是瑞士，而且我可以告诉你，最近几年的经历使我比以前更加热爱祖国。如果我们瑞士有难，我将与其他所有人一起为我们古老的自由，为我们的山脉而战"。1909年7月，他返回瑞士，在明斯特林根开始了新工作——但是在此之前，他最后一次遇到了令他抓狂的事情[54]：在边境被拦下来，被迫行贿才得以离开俄国。

罗夏在俄国时的另一本速写本，上面画着炭笔画和彩色场景，凡是吸引他目光的东西都有。在伏尔加河畔一座洋葱头圆顶教堂后面的一页上，他画了这样的图形，可能是烟囱里冒出的烟。俄文标题的意思是"特里戈里耶汽船"，但在左边，他写道："一块饼干？一座山？一片云？"

第六章

—

形状各异的小墨迹

一位 24 岁的画家，每当他看到教堂塔楼的时候，就会产生一种强迫性的想法，认为自己身体里也存在一个类似的尖锐的物体。他非常厌恶哥特式尖顶拱，而洛可可风格让人舒适，但是他也认为，看到轻快流畅的洛可可线条，会使他的神经细胞呈现出相应的弯曲。行走在一张带图案的地毯上时，他感觉自己踩下的每一个几何形状都压在他的大脑半球上。

J. E.，一个 40 岁的精神分裂症患者，感到自己变成了他看的书里的图片。他做出人们所描绘的各种姿势，感觉自己变成了动物，甚至无生命体，就像扉页上的大写字母。他看着床上方的灯泡，有时会觉得自己变成了这个灯泡的灯丝：渺小，僵硬，插进灯泡里，发着光。

L. B. 画出了她幻觉里经常出现的一个精灵，一个人形，但是忘了画手臂。当罗夏医生向她指出这一点时，她把纸放在前方，说"起来！"，然后举起自己的手臂，一直凝视着画上的精灵。然后她说："你再看，现在有手臂了。"

他们是罗夏在明斯特林根的一些患者。[1] 系统整理这些精神病病例时[2]，他拍摄了数百张患者的照片，并把它们装订成册，这样非常直观，方便自己诊断和整理："神经疾病"、"低能"、"躁狂抑郁症"、"癔症"、"早发性痴呆：青春期痴呆"（现在被称为瓦解型精神分裂症）、"早发性痴呆：紧张症"、"早发性痴呆：妄想症"和"法医病例"。罗夏通过观察来理解，通过摄影和绘画与患者沟通。他的诊所档案中一些对患者的素描完美捕捉了他们特有的姿势，甚至几十年后，从这些素描中还可以辨认出那些尚在人世的病人。照片里的人脸有些正在尖叫，或茫然地盯着镜头，有些人的头甚至会从锁住他们身体的箱子里伸出来，但很多病人都表现出与给他们拍照的年轻医生相处得很融洽。

明斯特林根诊所[3]是康斯坦茨湖畔一个宁静的建筑群，从1909年8月开始直到1913年4月，罗夏都在那里工作。诊所建在一座修道院的旧址上，这座修道院是公元986年前后建立的。修道院在17世纪被拆除，而后在距离山顶15英里的地方重建为一座巴洛克式教堂，后来被改造为医院。一些古老的修道院墙壁仍矗立在湖畔，在一圈19世纪和20世纪的建筑中，一条低矮的石头界线将空无一物的内外隔开。1913年，一本为退休妇女新建翼楼的吸引人的小册子承诺，要建造一座"带有庄园风格，周围环绕着一个美丽的花园，直接坐落在湖上，可以欣赏周围美景"的建筑。"没有能力负担长期疾病、无法使用昂贵的私人设施"的病人将得到一种"符合现代精神病学要求的适当的治疗和护理"。

诊所已有百年历史的年度报告中埋藏着从平凡到令人心碎的所有细节：治疗方法，死亡人数，逃跑（1909年有一个人从窗户跳出去，顺着常春藤爬过围墙跳进湖中；1910年有4例），强制喂食（总共972次，10例患者），一年中工作疗法的小时数（耕作、运煤、木工、家务、园艺和编篮子是为男性准备的工作，烹饪、洗衣、熨烫、田间劳动、家务和制作"女性手工艺品"是为女性准备的工作），牛肉价格（在上涨）。"去年也是这样，"管理层在1911年的报告中指出，"我们无法避免使用机械束缚器具",也不能不给有危险的病人戴上皮手套,否则他们会一点一点地破坏触摸到的任何事物,在某些情况下,甚至连浴缸也会遭受破坏。"这样的病人,尽管服用了大量镇静剂,在宿舍里仍然会发出声音、持续地撞击,打扰他人的睡眠;他们清醒时不断骚扰同伴,而且异常粗暴;他们会把在隔离室中能够接触到的任何事物都撕成碎片,用吃剩的食物、排泄物等弄脏自己和房间,我们不再回避这样的结论:强制洗澡是对这样的病人和他们周围的人真正的祝福。"1909 年的官方报告中列出了 400 个病人,其中 60% 是女性,有不到一半是精神分裂症,还有相当数量的躁狂抑郁症。这些都是对罗夏的病人的集体描述,而不是一一看作个体。

明斯特林根的医务人员包括主管乌尔里希·布劳克利(Ulrich Brauchli)和两名助手:罗夏和俄国人保罗·索科洛夫(Paul Sokolov)博士,奥莉加在国外的几周里,罗夏和他交替使用德语和俄语交流[4],以便练习语言。其他工作人员还包括一位诊所经理、一名经理助理和一名女舍监,除此之外再没有其他人了,没有社会工作者、治疗师、助理或秘书,因此,3 位医生要负责所有事务。或者更确切地说,是罗夏和索科洛夫负责。"主管非常懒惰,"罗夏抱怨说,"实际上他很粗鲁,不老练,但至少人还是比较好相处的。"[5] 布劳克利是欧根·布洛伊勒的前助理,自 1905 年开始担任明斯特林根的主管;罗夏 1907 年与他相识。他们之间从未特别亲密,但关系很融洽,而且罗夏对他老板的看法基本上是积极的。"这非常自然:他很懒,我们为他完成所有工作,而他坐享其成,或者换句话说,他是主管;当他不在的时候,我们所有人都得到了我们应得的,或者说,我们是主管,而且我们自己也可以坐享其成。"[6]

奥莉加留在俄国治疗斑疹伤寒和霍乱期间,罗夏搬进了一间小公寓。他写道:"终于,我第一次拥有了一个稳定的工作职位——除了奥莉加不在这里,我所有愿望都实现了。"[7] 她 6 个月后也抵达了这里,1910 年 4

从明斯特林根看到的景色（在赫尔曼·罗夏摄影集第 68—70 页，约拍摄于 1911—1912 年）

月 21 日，罗夏夫妇终于在苏黎世举行了传统式婚礼。他们把 3 张照片——一张婚礼照片、两张在他们的公寓里俯瞰的湖景照片——贴在相册上，下面写着"1910 年 5 月 1 日"。奥莉加形容明斯特林根是"一个非常美丽的小城，我们有个漂亮的两居室，就在湖上，周围环绕着许多鲜花"[8]。罗夏每天工作到 7 点；傍晚他们会去散步，或是阅读，或是去湖上泛舟；周日的时候，他们白天会去旅行。"我们这里的生活几乎是一成不变的，这是一个偏僻的小城，但是赫尔曼和我根本不需要变化。"

在苏黎世举办婚礼的 6 个月后，赫尔曼和萝拉在日内瓦城依照俄国东正教仪式再次举行了婚礼。游玩了 3 天后，他们乘船到蒙特勒，然后乘火车加步行到施皮茨、图恩湖和迈林根：1857 年，罗夏心心念念的列夫·托尔斯泰 28 岁，也是沿着这条路走的[9]，这是托尔斯泰作家生涯和人生道路上的一次关键旅程。这条路线很受欢迎——这也是托尔斯泰选择它的原因——但是罗夏夫妇非常明确地选择这趟行程，还在于可以将他们的俄国－瑞士婚礼升华为俄国－瑞士朝圣之旅。返回时，他们感到"松了一口气"，布劳克利要去度假了。"萝拉和我相处得很好，非常好，我们彼此相爱，"赫尔曼几个星期后写信给安娜说，"我们就像生活在一座岛上，上面只有我们两个人，完全不被干扰。"[10]

康斯坦茨湖的湖水已经退去大半，湖面很快就会变得像冬季天空那般漆黑。罗夏已经在这个离湖畔几步远的地方生活了一年多。这时他刚满26岁。

罗夏夫妇的活动圈子逐渐扩大，奥莉加在8月给安娜的信中写道："今天有一场为病人举办的游园会，其中一些是赫尔曼的病人，有各种各样的旋转木马、木偶剧院、射击场等。"[11] 罗夏又补充道："旋转木马、舞池、动物园，有各种各样的东西。病人们非常喜欢。可惜的是，这一切到傍晚就要结束。"其他时节还会有来自居廷根音乐协会的客座演奏家。从1913年开始，一艘大型货船会专门为100多名病人安排一次横渡湖面的旅行。[12] 事实证明，这非常受欢迎，病人们希望每年都能举办这样的活动。

游园会上的病人

背景是罗夏夫妇居住的建筑

从湖上看罗夏夫妇的房子

保存罗夏夫妇结婚照的同一个相册里有几十张关于这些精神病院活动的照片。罗夏热爱摄影，似乎喜欢尽量抓拍他想记录下来的庆典照片。他是一个通才，极富好奇心；仅仅考察他在科学方面的发展轨迹可能会错过理解他的大部分工作。他一次又一次地拍摄自己的房子和离开明斯特林根的游船，从陆地到湖面，又从湖面到陆地，以及天空和水中光与影的反射。他还会给病人提供美术用品——不是照相机，而是纸、画笔、黏土等。也许你无法与一位精神分裂症患者交流，但是有其他方法吸引他们的注意。

赫尔曼和萝拉的第一个圣诞节，他们在白雪皑皑的明斯特林根团聚，之后整日下棋、演奏音乐——罗夏用他从沙夫豪森带回来的小提琴，萝拉用吉他——这是罗夏送给她的圣诞礼物。罗夏非常感谢安娜送给他的"完美"礼物[13]——一本果戈理的书。罗夏夫妇给她寄去一本阿尔卑斯山的日历，这"是为了每天送给她一些家乡的礼物"[14]——这是奥莉加的主意，她知道乡愁是什么滋味。上一年，没有奥莉加的建议，罗夏迂腐地寄给妹妹一本歌德的《浮士德》："你可能还没有读过这本书。这是世界上最伟大的作品。"[15]

新年过后就是狂欢节。罗夏设计了一台由歌曲、戏剧、化装舞会和舞蹈组成的节目。年复一年，罗夏要花时间的地方越来越多，节日聚会开始成为一件苦差事，但是最初他曾全身心投入其中。

尽管艺术疗法[16]、戏剧疗法等都不是什么新鲜事，但在奥莉加和其他一些人看来，罗夏举办的活动更像是娱乐活动，而不是治疗。尽管如此，罗夏还是希望他的病人能对圣诞晚会上比生活中的实物更加夸张的幻灯片投影有所反应，他对这种期望的描述方式表明，他觉得这些对病人们是有益的。在另一次类似的尝试中，他甚至还从一个巡回演出的剧团[17]弄来一只猴子[18]，带着它四处走动了6个月。有些严重的病例通常是完全没有反

罗夏的猴子。罗夏给它起名叫菲普斯（Fipps），名字来自威廉·布施的书《猴子菲普斯》

应的，却喜欢猴子的鬼脸，当猴子顽皮地跳到他们的头上玩弄头发时，他们会做出反应。即使不能直接治愈病人，这些活动也让罗夏至少可以间接接触到病人的心灵。

在忙于研究和摄影之余，罗夏以他在明斯特林根的工作为基础发表了11篇文章[19]：有些是有关弗洛伊德和荣格的，还有一些是他自己的兴趣所在。就像明斯特林根后来的一位主管在总结中所说的："3年的时间，这种学术贡献是惊人的，尤其你还要考虑到，罗夏还审阅了大量书籍，写了大量病历，投入大量耗时很久的工作为病人组织各种活动，为狂欢节写幽默的歌曲和韵律诗，还养了一只猴子，他还去村里打保龄球，尤其是他放弃了休假，去苏黎世大脑解剖学研究所用显微镜研究肿瘤，完成了一篇关于一个松果体肿瘤病例的严谨的专题论文。"[20]

罗夏在一篇文章中分析了一个病人的画[21]："虽然看起来很简单，实

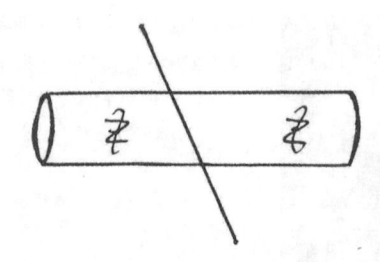

精神分裂症患者的绘画。罗夏对这幅画的解释中提到了像阴茎的管子，磁针，一个男性Z和一个女性Z与问号交缠；Z是病人名字的首字母，是他早期的精神科医生居住过的地方的首字母，是德语中"疑问"一词的首字母，等等

际上有着非常复杂的含义。"

另一篇则是关于一个有艺术抱负的墙面画家的。[22] 明斯特林根的档案里有24页罗夏的手写病历，里面有一张这位画家的照片：他穿着一件飘逸的罩衫，系着宽领带，戴着贝雷帽，嘴里叼着一朵小花，瞪着眼睛。他临摹了一小幅圣经故事"最后的晚餐"的木刻版画，只不过在他的这个版本里，约翰抱着耶稣；除了犹大，画上所有人都留着长发；耶稣顶着奇怪的光环，就像身穿当地典型民族服装的妇女头上戴的软帽一样。这个病人很有可能是在罗夏的鼓励下作画的，罗夏开始认识到，考虑到他的能力缺陷，用谈话疗法、解梦和字词联想测验对他进行心理分析是不可能的。可行的只有视觉材料。

认识罗夏的人说，他有一种与病人沟通的奇妙能力，无论采用什么方法，他都能够帮助病人从妄想症或紧张症的疯狂状态中解脱出来。不少女病人爱上了这位英俊的医生，罗夏非常擅长在不伤害她们感情的情况下摆脱她们。他会拉着病人的手[23]，转移她的注意力，然后从她的胳膊下溜出来。因此，从狂欢节到圣诞节，罗夏在明斯特林根的生活继续向前。

湖边的生活对罗夏来说开启了一个新的视角。这时保罗已经离开家乡，而且在苏黎世发展得很好。在给保罗祝贺生日的信中，罗夏写道："很高兴今年我们彼此要比过去的 5 年亲近得多了，你不这样想吗？自从你外出打拼以来，你迅速成为一个真正的男人和一个好朋友。这一切对我来说没那么快。我结婚以后才学会如何正确地看待这个世界。"[24] 罗夏总是将他自己的发展归功于奥莉加。

罗夏和继母之间仍有不和。"母亲没有送我任何结婚礼物，什么都没有！结婚礼物是世界各地都有的习俗！奥莉加尤其感到受伤：'礼物对我并不重要，重要的是爱！'"[25] 罗夏和奥莉加尽可能避免去沙夫豪森，但他们邀请 10 岁的同父异母妹妹雷吉内利来明斯特林根玩了两周，她在这儿跑疯了——她非常喜欢这次在回家受管制之前的放松。他们经常和保罗见面，"尽管他在沙夫豪森的经历并不愉快，但他心地非常善良，有一段时间他甚至还会想家"[26]。保罗现在"当然会感到很自由，"罗夏说，"尽管他并没有滥用他的自由"。保罗甚至向哥哥咨询了关于终身戒酒的建议（罗夏回答：现在还没有，但只是因为在许多国家喝水并不安全）。罗夏和奥莉加也会去拜访罗夏在阿尔邦的大家庭，那里距离明斯特林根只有 15 英里。在那里，奥莉加受到了热情的接待；她很想了解，与俄国相比，瑞士的"农民"如何生活。

罗夏也为瑞士和德国的报纸[27]撰稿，那时他还在俄国——一篇在法兰克福发表，另一篇在慕尼黑发表——曾经写了一些关于酒精中毒或"俄国转型"[28]的短篇文章。他还踏足文学领域，瑞士一家报纸用一个月时间连载了他翻译的列昂尼德·安德烈耶夫的中篇心理小说《意念》。安德烈耶夫被认为是当时俄国的著名作家之一[29]，《意念》在精神病学界和普通大众中同样被广泛阅读，是陀思妥耶夫斯基与爱伦·坡令人毛骨悚然的混合体，基于心理学理论和安德烈耶夫担任法院书记官时的经验写就。故事由冷酷无情的杀人犯克尔任采夫（Kerzhentsev）以第一人称供认，他杀害了自己最好的朋友。他描述了自己计划以精神错乱为借口逃脱罪名，但有很多迹象表明他比自己想象的还要疯狂。叙述者揭示出标题"意念"的含义，或许"克尔任采夫博士是真的疯了。他以为他是假装有病，但是他真的有病。他现在疯了"。安德烈耶夫向我们展示了克尔任采夫的不可靠性，而且在我们身上重建了这种不可靠性；凶手在绝望中坦白，希望医生或法官能够为他解决危机。

罗夏在他的精神病学家同行中本就独树一帜，为什么还要为报纸撰稿？为了多赚点外快。但他很快放弃了这种方法。"为报纸写文章赚不了多少，"他向安娜抱怨，"我没有真正想要为德国报纸写文章的渴望，也没有真正为俄国报纸写作的机会。"[30] 这些文章带给罗夏的除了报酬，更多的是在心理学领域之外为他的创造性兴趣谋出路。

奥莉加后来说，丈夫的成功秘诀在于"他经常在不同的活动间转换，从来不会一次花费几个小时在同一项工作上……即便是他觉得很有趣的话题，长时间谈论也会让他疲惫不堪"[31]。这还没完。罗夏还是个"狂热的"[32] 笔记爱好者，首先，他看别人的书时手写摘录的速度极快，字迹潦草，有时候一本书能写出240页摘录。他买不起太多书，而且住处离市中心的图书馆很远；他似乎在用抄写的方式来更好地理解和保存书里的资料（这些笔记几乎无法辨认——对于他来讲，抄写的过程可能比阅读更有用）。不管他的动机如何，你几乎无法想象，按照奥莉加所描述的，罗夏在半小时内就做完了这项工作。

罗夏还和康拉德·格林（Konrad Gehring）一起从事另一项副业。康拉德·格林是罗夏的密友，比罗夏大3岁，来自沙夫豪森，他在过了明斯特林根的下一个村子阿尔特瑙做教师。他和妻子经常来探望赫尔曼和奥莉加。1911年，罗夏与康拉德·格林合作进行了他的第一个墨迹实验。

罗夏测验的前身通常被认为是德国浪漫主义诗人兼医生尤斯蒂努斯·肯纳（Justinus Kerner，1786—1862年）[33]的墨迹图。肯纳广泛的成就中的一部分属于我们现在所说的医学：他是第一个描述肉毒杆菌中毒的人，也是第一个提出肉毒杆菌对肌肉的疗效的人。[34]他也是传统的浪漫主义精神病学家的一位代表人物。在自传中，他讲述自己生长在一个小镇，小镇以历史上的浮士德博士修习巫术的塔闻名，他长大的地方，从窗户向外看，可以看到隔壁的精神病院。后来，他用磁力学和驱魔术相结合的方式治疗被恶魔附身的病例；他是催眠术发明者弗朗茨·安东·梅斯梅尔的第一个传记作家；他还写了极具影响力的《普雷沃斯特的女预言家：揭示人类内心世界及我们所生活的灵魂世界的扩散现象》（1829年），书中描述了他针对一个神秘的女人进行的实验，她能够预见未来，说的是神秘语言。《普雷沃斯特的女预言家》一书被称为第一部长达一本书篇幅的精神病学个案研究，荣格的论文则涉及一位自称是肯纳笔下女预言家转世的灵媒。荣格还发现，尼采在《查拉图斯特拉如是说》中无意识地剽窃了肯纳；赫尔曼·黑塞称肯纳"才华横溢，他年轻时写过一本书，他似乎已经抓住并收集了浪漫主义精神的所有光芒"[35]。

肯纳后来收集了一系列他称为Klecksographien（即"墨迹图"）[36]的东西，然后给这些图加上标题或配上明显悲观的诗——3首关于"死亡密使"，25首关于"冥府图像"，11首关于"地狱图像"，等等。对肯纳来说，墨迹制作是精神层面的、唯心论者的实践。他认为，这些图像是"对精神世界的入侵"，就像女预言家的力量。这些墨迹是神奇地、无意识地、不可避免地自己形成的，而他仅仅是"诱惑它们"从隐藏的世界进入我们的世界。这些墨迹对他的诗歌也有启发。他一度称他的墨迹为"看不见的世界的银版摄影法"[37]。

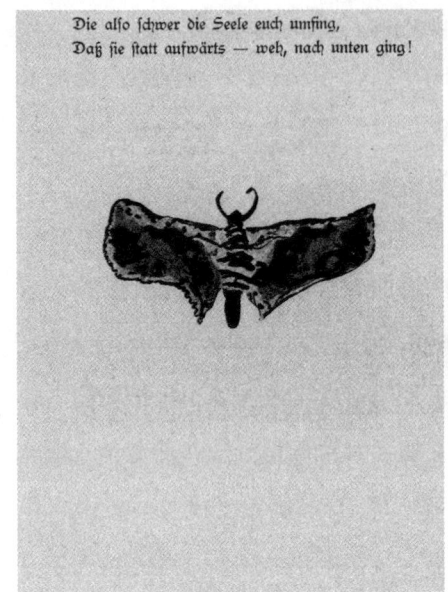

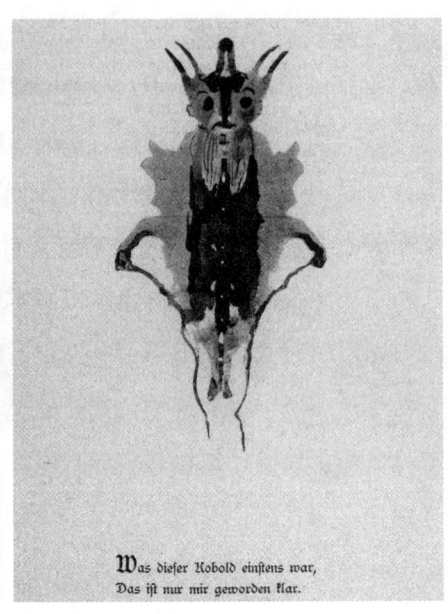

"从另一个世界被诱惑来的两个灵魂",来自尤斯蒂努斯·肯纳的"墨迹图"

  肯纳和罗夏在地理位置上的接近,以及他们在精神病学上的共同背景,使得许多精神病学史家和艺术史家[38]忍不住假设他们之间有着某种联系。罗夏开发墨迹测验后不久,有人问他是否听说过肯纳[39],这个人"据说用墨迹做过一种显然是神神鬼鬼而非科学的实验"。罗夏回答:"我听说过肯纳的实验,如果你能够帮我找到相关书籍,我将十分感激。毕竟在巫术背后,也许隐藏着一些实质性的东西。"他大体上知道肯纳的工作,但这并没有影响他自己的工作。

  总之,"墨迹图"是一种很常见的儿童游戏[40]。肯纳自己童年时玩过墨迹游戏;年轻的荣格"曾把整本练习册都涂满墨迹,然后自娱自乐地给这些墨迹做一些异想天开的解释"。梭罗也做过类似的尝试。一位罗夏认识的俄国女性回忆起她年轻时经常玩的一个游戏,用墨水在纸上写你的名字和姓氏，把纸对折，然后"看看你的灵魂在说什么"，罗夏推测，也许这个游戏给了他一些灵感。

在心理学领域，墨迹以前偶尔被用作[41]一种衡量一个人想象力，尤其是儿童想象力的手段。1895年，法国精神病学家阿尔弗雷德·比奈是第一个有此想法的人。对比奈来说，人的心理由10种能力组成，包括记忆力、注意力、意志力、道德情操、受暗示性和想象力等。每种能力都可以用不同的测验来测量——例如，一个人重现复杂的几何形状的能力能够测试其记忆力的好坏。至于想象力，"在询问了一个人通常阅读的小说数量，他从中获得的快乐，他在戏剧、音乐、游戏等方面的品味之后，就可以直接进入实验程序了。拿出一张上面有奇形怪状的墨迹的白纸，有的人什么也看不出，另外一些人有着生动的视觉想象力（例如列奥纳多·达·芬奇）。那些小墨迹形状各异，而且一个人可以记录下他所看到的形状的种类和数量"。如果被试只能看到一两个形状，说明他想象力不够丰富；如果他能够看到20个，说明他的想象力非常丰富。关键在于你可以在任意一个墨迹中看到多少东西，而非一个精心设计的墨迹能在你身上找到什么。

从比奈开始，用墨迹测量想象力的想法传播到了美国许多测验先驱和教育家那里——迪尔伯恩、夏普、惠普尔、柯克帕特里克。它也传到了俄国[42]，有一位名叫费奥多尔·雷巴科夫的心理学教授，他对美国人开展的工作一无所知，而他的《人格实验心理学研究图集》（1910年）中包括了一系列8个墨水渍。美国人盖伊·蒙特罗斯·惠普尔[43]在《心理和生理测试手册》（也出版于1910年）中将雷巴科夫的版本称为"墨水－污迹测验"——这就是为什么美国心理学家使用罗夏的卡片时将它们称作"墨迹"，即使罗夏的卡片最终使用的是颜料，而不仅仅是墨水，而且不是简单地涂抹。

罗夏了解比奈的工作，也熟悉比奈的灵感来源——列奥纳多·达·芬奇[44]在《论绘画》中提及了将颜料泼向墙壁、观看那些污迹来寻求灵感的过程。但他没有注意到比奈在俄国和美国的追随者。然而，罗夏最初的墨迹测验在某种程度上与这些努力类似。特定的形状并不是问题的关键。迪尔伯恩在一项研究中粗制滥造了 120 幅墨迹图，另一项研究中则有 100 幅。在后者中，他把那些墨迹图放在 10×10 的方格中，要求被试在 15 分钟内选择和排序，找出哪 10 个墨迹最像第 101 个。他研究的是图像识别，而不是解释。

同样，罗夏的早期墨迹[45]也没有标准化：每次都要制作新的墨迹，把钢笔墨水弄到普通白纸上，每张纸上几个墨迹，有时多达十几个（参见彩色图版第 4 页）。罗夏和格林向病人、格林的学生，以及 12 至 15 岁的孩子展示这些墨迹，接下来，他们会用文字记录被试看到了什么，或让被试自己画下他们所看到的。这与罗夏鼓励他的病人做的其他视觉表达（绘画、填色）并无太大不同。有时，被试会把报纸弄湿或嚼碎，团成一个人头，再用纽扣做眼睛，然后送给罗夏医生，罗夏则会给人头上色并保存起来。其中一个纸人头中间有巨大的纽扣独眼，给格林的妻子留下了特别深刻的印象。她起初对这些墨迹持怀疑态度，直到看到罗夏对被试的反应所做的深刻分析。格林给他的学生做墨迹测验时，没有发现什么重要的实验结果——这些乡下男孩没有看到多少，罗夏的病人看到的反而多得多。

这些早期实验只是众多探索途径之一，因此，当格林夫妇搬走后，罗夏毫不犹豫地抛弃了它们。尽管人们对那些令格林太太印象深刻、富有洞察力的分析感到好奇，但它们尚不是即将出现的罗夏测验。不过，罗夏向人们展示了与探讨知觉本质有关的墨迹，而非与想象力测量有关；他感兴趣的是人们看到什么及如何看到，而不仅仅是看到多少。不过，在 1912 年，罗夏思想中的关键部分仍然缺失，而且其他研究知觉的方法似乎更有前途。

第七章

赫尔曼·罗夏感到他的大脑被切成了片

明斯特林根的一位精神分裂症患者 B. G. 夫人爱上了一位男护士,她觉得男护士想用一把小刀袭击她的性器官。有时,她看到漂浮物,会觉得是小刀在她眼前旋转,感觉到腰部以下被一通猛砍。她还将这些想法扩展到了其他各种类型的幻觉中。每当望向窗外,看到工人在割草,她就会感受到镰刀在割自己的脖子,这让她很恼火,因为她很清楚,镰刀不可能接触到她。

她的案例让罗夏记起他在苏黎世时做的一个梦。数年过去,这个梦依然清晰:

> 我临床实践的第一个学期,第一次观看尸体解剖,作为一个青年学生,我带着急切的心情观察尸体。我对大脑的解剖格外感兴趣,将大脑与关于思想感情定位的各种各样的反应、灵魂切片等等联系起来。死者生前是中风患者,大脑被横向切片解剖。当天晚上我做了一个梦,梦中我感觉自己的大脑被切成了片。一个接一个的切片从大脑半球上分离,倒下来,正如在尸检中发生的那样。这种躯体感觉(不幸的是,我没有更加精确的表达方式)非常清晰,而且梦中的情景直

至今天仍很鲜活地存在于记忆之中；这是一种活生生的、可体验到的知觉——虽然很微弱，但非常清晰，可以感知到。[1]

79 　　我们当然可以就这个梦的内容问一些弗洛伊德式问题，但罗夏的兴趣在别处。除了他，没有人曾感受过自己的大脑被切成片；B. G. 夫人也从来没有真正被镰刀割到脖子。然而那些"活生生的、可体验到的知觉"是真实的。梦中的感觉不仅仅出现在看到尸检以后——他觉得，它们与我"有一种更加亲密、更加熟悉的关系，就好像视知觉被翻译、转置，或是变成一种躯体感觉"。令人惊讶的是，看到的某种事物可以使一个人感受到这种事物，即使这个事物是不可能被感知的。一种感觉可以变成另一种感觉。

　　多年以来，罗夏一直关注这类体验。他在十几岁的时候，曾把牙痛转换成高低起伏的音符，肌肉记忆使得他可以通过移动手指来记住小提琴的旋律。小时候，他玩过一个"游戏"：一群孩子告诉一个男孩，他们要拔掉他的一颗牙齿。他们抓住那颗牙齿，随后出其不意地去掐男孩的腿肚子，这让他尖叫起来，以为对方拔掉了自己的牙齿。男孩感到的痛苦并不来自真正所在的地方，而是他期望感受到的地方。作为一名医生，罗夏注意到，要让一个孩子准确说出自己到底什么地方疼十分困难，因为其对疼痛没有精确的定位。在明斯特林根，如果你知道如何去找，随处可以找到类似体验："长期以来，我们住在康斯坦茨湖的人，听到来自空中的任何嗡嗡声，都会期待看到齐柏林飞艇进入视野。"

　　罗夏意识到，这些体验背后有一个关于感知的真相。感觉可以从其原始的定位中分离出来，在其他位置被感觉到，这个过程被称作"重新定位"。我们从未像鸟一样飞翔，但我们可以梦想飞翔，因为我们有过倒立的体验，有过从干草棚掉到干草堆里的体验。梦中，罗夏的大脑被切成片,"感觉就像理了个发,切片倒下来,就像疲惫的手臂落在体侧,换句话说,这些都是已知的特性出现在了不寻常的地方",重新定位使不可能的感觉成为可能。

不仅仅是位置,感觉的类别也可以发生改变。掐一下小腿可以感觉到牙痛,而纯粹的视觉体验——比如 B. G. 夫人看到漂浮物,或罗夏观看尸体解剖——也可以转变为非视觉的躯体感觉。很长一段时间里,罗夏会观察绘画,并注意自己的感受,作为一位艺术家,他的感受恰好相反:躯体感觉重新转变为视觉感知。"如果我试图唤起脑海中的一个特定图像,"他写道,"我的视觉记忆经常无法做到,但假使我曾画过这个物体,而且记得画笔划过的感觉,即使是最细微的一笔,我正在寻找的记忆图像便会立即出现。"

罗夏的躯体可以激活他的视觉:"譬如,我无法记起施温德绘画作品《法尔肯施泰因之旅》的图像,但我知道(这里的'知道'是一种非感知的精神意象)骑士是如何收回自己的右手臂的,我可以在想象中或现实中自己去模仿这条手臂的位置,而这让我立即产生了对这张图片的视觉记忆。"他重申,这恰好与他的精神分裂症患者身上发生的情况完全一样:通过以正确的方式握住手臂,他"可以说在幻觉中唤起了视觉图像的知觉成分"。

弗洛伊德所描述的梦中情景实际上发生在我们所有感知中,清醒的或睡着的,理智的或疯狂的。在弗洛伊德的理论中,梦中的奇异图像是"压缩的",或由大量经验组合而来。梦中的人看起来可以像我的老板,可以让我想起母亲,可以像我的爱人一样说话,说一些我曾在咖啡馆和朋友聊天时无意中听到的陌生人说过的话,梦将所有这些同时整合在一起。罗夏意识到,我们的躯体和做梦时的大脑一样:把所有东西混合在一起——小腿和牙齿,手臂和对图画的记忆,草坪上的人和脖子上的镰刀。罗夏写道:"正如心理在某些情况下(主要是在无意识欲望的影响下）可以分离、结合和压缩各种各样的视觉元素一样，它一定也能够在同样的情况下重新定义其他知觉。"感觉"可以被'压缩'，如同视觉感知在梦中被压缩的方式"。

面对 B. G. 夫人这样的病人，罗夏并不像荣格所做的那样去解释她的"秘密故事"，而是分享她观察和感受的方式：是什么使得这些不真实的感觉成为可能？是幻觉中脖子上的镰刀，还是从地毯印入大脑的形状，或你在书中看到的什么？

正是在研究知觉转化时期，罗夏第一次使用了墨迹。

罗夏远非第一个探索视觉和情感之间联系的心理学家。19世纪，"美学"（aesthetics）是心理学的一个分支，而且 aesthetics 是一个科学术语，意为"与感觉或知觉有关"，类似的术语还有 anesthetic（麻醉剂，一种使用后会失去感觉的物质）、synesthetic（联觉，感觉的结合），以及 kinesthetic（动觉，运动的感觉）。从这个意义上来说，传统的心理美学，与弗洛伊德和布洛伊勒的精神病学完全不同——直至罗夏在苏黎世接受的训练、他那些产生幻觉的病人，以及他对视觉体验的兴趣，将这二者结合在一起。

这一传统的关键人物是罗伯特·费肖尔（Robert Vischer，1847—1933年）[2]，他曾在1871年写过一篇哲学论文，旨在阐述我们如何对抽象形态做出反应：为什么我们能在两条弧线中感受到优雅、平衡或者汇聚的力量——面对看似无意义和无生命的图形时，我们感觉到了什么？是如何感觉到的？"华美的彩虹、头顶的苍穹、脚下的大地，与我的人性有什么关系？我可以爱所有生命，所有爬行动物和飞虫；这样的生命体与我类似；但是就我而言，我与这些生物的关联太遥远了，不需要对它们有任何怜悯。"对此，一种可能的解释是，听音乐或看抽象图形时，我们会想起其他事物：我们的反应依赖于想法的联系。但费肖尔拒绝接受这种观点，因为这就将艺术作品简化成了内容、主题和信息。音乐不仅会让我们回想起母亲哄我们睡觉，或是其他具体形象或事件——我们还会以音乐的方式对其做出反应。

费肖尔认为，唯一可行的解释是，我们可以从无生命的事物中感受到情感，因为我们会首先把情感放入其中。他写道，"我们凭直觉不由自主地将我们的情感投入"这些非人的形式中。除了我们的情感，还有我们的自我："我们拥有将自己的躯体形式投射和整合"成彩虹、和谐或不和谐的线条的完美能力。我们失去了固有的身份，却获得了与世界联系的能力："我似乎只是使自己适应并依附在物体上，就像一只手紧握住一只手，而我被神秘地移植并魔法般变换成另一个物体。"我们在世上重新发现的自我就是我们对事物的反应，感知外在的事物就是我们的一部分。

费肖尔关于自我投射与世界内化来回反复的观点——他称之为"外部感觉到内部感觉的直接延续"——影响了几代哲学家、心理学家和美学理论家。他用德语词 Einfühlung 来描述这个激进的新概念，字面意思是"感情投入"。20 世纪初期，受费肖尔影响的心理学著作被翻译成英语时，需要用一个新术语来表达这个新的思想，译者创造了 empathy（移情）这个词。

令人震惊的是，移情仅有 100 年的历史，与 X 射线和测谎仪的历史差不多。由于人类处境永恒的层面与前沿科学之间的摩擦，谈论"移情基因"令人感到兴奋，但事实上，移情是这个术语中新的那部分，基因则是较早被发现的。当然，移情这个术语所描述的内容并不新颖，同情和感性的概念长期以来存在紧密的联系，但是移情以一种新的方式重塑了自我和世界的关系。令人惊讶的是，这个术语的发明并不是为了谈论利他行为或善举，而是为了解释我们可以如何欣赏奏鸣曲或日落。对费肖尔来说，移情是一种创造性的洞见，它重塑了世界，让我们发现反映在世界中的自我。

在英国，这种意义上的移情的典范是浪漫主义诗人约翰·济慈，他甚至能够进入物体的生命里。最近有位评论家总结了济慈"能够以极富想象力的方式进入物理对象的天赋"[3]：

当他第一次见到斯宾塞对"大海上的鲸鱼"的描述时，他挺直身子，看起来"魁梧而强势"；或是模仿一只张牙舞爪的熊"抓东西"，或一个拳击手"手指敲击"窗玻璃那般急促的拳击动作。还有那些富于想象力的注意和移情时刻。"如果我的窗前飞来一只麻雀，我会参与到它的存在之中，捡起砾石。"或是简单地吃一颗成熟的油桃："它被咽下去，柔软湿滑，稠厚如泥，汁水充盈——像一颗已列入真福品位的大草莓，所有美味融化在我的喉咙里。"甚至进入一颗台球的精神之中，这样他就能感受到"它本身的圆润、平滑、流畅和快速运动所带来的愉悦"。

这些例子与罗夏的体验吻合。而且巧的是，济慈也是一名医学生[4]，他关注神经病学的最新进展，有时甚至会将神经科学融入自己的诗歌当中。罗夏这位瑞士精神病医生远没有英国的浪漫主义者那么热情洋溢，但他内心隐藏着一个约翰·济慈，他陶醉于运动在世间的流畅和速度——"世间流溢的黄金"，罗夏常常引用他最喜欢的这句诗。

费肖尔也有同样的经历。"当我观察一个静止的物体时"，费肖尔写道，"我可以毫不费力地将自己置于它的内部结构之中，进入它的重心。我能够自己想办法进去"，当他看着一颗星星或一朵花时，能感受到"被压缩和害羞"，能从一座建筑、水或是空气中感受到"一种心理上的宏伟和开阔的体验"。"我们经常观察到自身的一种奇怪现象。视觉刺激不是用眼睛感受到的,而是用身体的其他器官来感受的。当我在烈日下穿过一条热闹的街道,戴上一副深蓝色墨镜,会瞬间感到皮肤正冷却下来。"没有绝对的证据表明罗夏读过费肖尔的著作,但几乎可以确定的是,他读过受费肖尔影响的作品。无论如何,罗夏以同样的方式感知世界。

在弗洛伊德《梦的解析》出版的几十年前,费肖尔就一直在追踪弗洛伊德后来所描述的精神创造活动,却是朝着相反的方向。弗洛伊德想要[5]从匪夷所思、看似毫无意义的表面去了解梦潜在的心理内容,因此,他必须知道潜在的内容是如何被"简化"或以其他方式转化的,然后他就可以沿着梦向前追溯,直至根源。相比之下,费肖尔重视这些转化的自身品质,将它们作为移情、创造力和爱的基础。弗洛伊德关心这个过程是如何运作的,费肖尔则关心梦所能创造出的美丽的形式:"每一件艺术作品向我们展示它自身,就像一个人毫不违和地感觉自己融入相似的物体。"

这就是为什么弗洛伊德通向的是现代心理学,而费肖尔通向的是现代艺术。无意识心理学和抽象主义,是20世纪初的两个开创性思想,实际上是近亲,哲学家卡尔·阿尔贝特·舍纳(Karl Albert Scherner)[6]是它们共同的祖先,费肖尔和弗洛伊德都承认舍纳是他们核心思想的源头。费肖尔认为,舍纳1861年出版的《梦的生命》是一部"深刻的著作,狂热地探索隐藏在深处的思想……由此,我提出了我称为'移情'或者说'情感投入'的观点"。弗洛伊德在《梦的解析》中详尽地引用了舍纳的话,称赞其观点"本质上的正确性",并将他的书描述为"将梦解释为一种特殊的心理活动的最初的、意义深远的尝试"。

费肖尔通过威廉·沃林格(Willhelm Worringer,1881—1965年)开创了抽象艺术,沃林格1906年的艺术史论文《抽象与移情》[7]提出了一个和标题一样简单的论点:移情只是故事的一半。沃林格认为费肖尔式移情产生了现实主义艺术，这是努力与外部世界保持一致的产物。一个艺术家可能在世界上感到很自在，投入感受事物，将自己融入其中，然后通过自己与它们的联系发现自己。在沃林格看来，某些有活力且自信的特定文化尤其可能产生这样的艺术家，譬如古希腊和古罗马文化，或者文艺复兴。

然而，还会有其他人或其他文化发现这个世界危险而可怕，他们深层的心理需求是找到一处避难所。沃林格写道，这样的艺术家"最强烈的冲动"是"把客观世界中的事物从混乱与混沌中抢夺回来"。这些艺术家可能会把一只山羊画成一个三角形，用两条曲线画羊角，忽略其实际的复杂性质，或是把海浪画成永恒的几何折线形，而不是努力复制其真实外观的所有细节。这是与经典的现实主义相反的，亦即抽象化。

因此，对于沃林格来说，移情在对抽象化的冲动中存在"相反两极"（counter-pole）；移情只是"人类艺术感受的一极"，并不比另一极更有效或更具美感[8]。有些艺术家通过接触、情感投入来创作，另外一些则背对世界，抽离（abstraction，源自拉丁语 *ab-trabere*，意为离开）开去，以此来创作。不同的人有不同的需求，其艺术创作也几乎根据定义般必须满足那些需求——否则就不必创作了。

20 世纪早期的艺术家将沃林格的思想看作重要的辩护，卡尔·荣格也认识到了沃林格心理学理论中的洞察力。荣格在他第一篇提出心理类型理论的论文中引用了沃林格的理论，将其作为论证自己内倾型与外倾型理论的"宝贵的并行者"[9]：抽象是向内的，出世的；移情是向外的，入世的。但最终是罗夏——一位艺术家和研究知觉心理学的精神病学家——将这些线索完全结合在了一起。

罗夏可以在明斯特林根行医，但他需要写一篇论文才能拿到医学博士学位。学生的论文题目通常由自己的教授来指定，而到了写论文的时候，罗夏向导师布洛伊勒提出了自己的5个观点[10]。

将遗传、犯罪学、精神分析、文学结合在一起——这是苏黎世学派的典型特征。罗夏认为，他可以利用明斯特林根或他的家乡阿尔邦的档案资料研究是否能够通过病人的家族史来探讨精神病的易感性；他提出对一名被指控违反道德的教师进行精神分析研究，另外一位是总听到奇怪声音的紧张症患者。罗夏还对陀思妥耶夫斯基和癫痫研究感兴趣，但他希望自己日后能在莫斯科更深入地探讨这个主题。最后，他选择了最初的构想，告诉布洛伊勒"如果这个构想能够发现什么，我将很高兴"。

罗夏最终在1912年完成了他的博士论文，旨在阐明使费肖尔的移情成为可能的生理路径。"关于'反射性幻觉'及其相关现象的研究"在英语中可能是一个令人头昏脑胀的题目，实际上，这个主题无非是指我们所看到的事物和我们如何感受事物之间的联系。

反射性幻觉（reflexhalluzination）[11]是19世纪60年代发明的一个精神病学专业术语，指的是罗夏在他的病人和他自己身上发现的、伴随着联觉的一类令人着迷的现象。无意识记忆被某些气味唤起，或是被某些刺激诱发出来。约翰·济慈在观察麻雀时感觉到自己在捡拾砾石，这便是一种反射性幻觉，实际上，"感知交叉"或"诱导幻觉"这两种翻译方法可能更加生动。

论文一开始，罗夏按照要求对过往文献进行了简单回顾，然后呈现了43个生动的、有编号的案例，包括视觉与听觉之间的转化，视觉或听觉与躯体感觉之间以及其他感觉之间的转化，他大脑被切成片的那个梦成为论文的第一个案例。正如费肖尔驳斥了联想一样，罗夏也很快摒弃了那些经常发生的简单联想（比如听到猫喵喵叫，你会在头脑中想象出猫）。虽然反射性幻觉的确包括联想——罗夏承认，B. G. 夫人感觉到工人的镰刀割在自己脖子上，而非身体比较不具象征意义的部分，这是有原因的——

但这样的联想是不重要的。这个案例的有趣之处在于一种知觉转化成另一种知觉。

罗夏的主要案例不是视觉与听觉之间的转化（这是大多数联觉研究的重点），而是将外部感知与身体的内部感知联系起来。它们涉及动觉，即我们的运动感觉。罗夏描述了这个过程："黑暗中，我在手臂上来回移动我的手指，然后看向那个方向，我相信自己可以看到手指，即使这根本不可能发生。"运动知觉触发了微弱的视觉感知，这与一个人的已知经验平行存在。学习一首歌曲或一门外语时——或是像孩子那般学习一个单词时——他同样将其描述为在声音和运动之间建立联系："一种听觉 – 动觉平行"，直至学习者感到无论何时听到这个单词自己都能张口说出来，反之亦然。

这些平行可以在两个方向上起作用。索洛图恩州的一个精神分裂症患者 A. 凡·A，过去经常朝窗外望，看到自己站在街道上。他的"替身""复制"了他所做的每一个动作——也就是说，病人的动作变成了"替身"的视觉感知，"沿着同一条反射性幻觉路径往回走"，就像一个精神分裂症患者在自己身体里感觉别人的动作。

罗夏沿着移情的思路，将视觉和动作联系在一起，在这个过程中，他引用了一位名不见经传的挪威心理物理学家约翰·穆利·沃尔（John Mourly Vold）[12] 的作品，后者关于梦的两卷本论著完全绕过了弗洛伊德，将关注点放在动觉上。穆利·沃尔描述了一系列实验：将睡眠者身体的某些部分绑住或用胶带粘住，然后分析由此产生的梦中包括多少运动，以及什么类型的运动。罗夏在自己身上尝试了这些实验（由此产生的一个梦是踩着与他上司同姓的一个病人的脚[13]）。很难想象还有哪两种理论比弗洛伊德和穆利·沃尔的理论更加格格不入，但是，罗夏将二者整合在了一起："穆利·沃尔对梦的分析绝对没有排斥精神分析对梦的解析……穆利·沃尔的观点是梦的建筑材料的一部分，象征是工人，情结是监工，做梦的人的心理是我们称之为梦的结构的建筑师。"

罗夏努力将这些机制推广为通用机制。他在论文的最后承认，或许并非每个人都有他所拥有的能力："我对反射性幻觉的过程的描述，对一些读者来说可能有些主观，例如听觉类型，因为写作者本身主要是运动型，其次是视觉型。"他没有明确定义这些"类型"的意义，但他清晰地意识到，不同的人想要体验不同类型的"平行"有多么不容易。因为他自己的模仿能力、现实的艺术能力和移情天赋是他新的心理学思想的基础，所以他不愿意承认这些是他所独有的。

和许多论文一样，罗夏的论文结果也并不明确。他被迫大幅缩减了论文篇幅[14]，并且在论文中两次承认，由于"样本相对较小"，"自然不可能"得出任何最终结论。但是，通过如此密切地关注特殊的知觉，他在那些难以捉摸的转化中，看到了它们背后的进程——这为心理学与视觉更深层次的结合奠定了基础。

第八章

最黑暗、最复杂的妄想

1895 年[1]，令人不安的谣言开始在瑞士中部一个叫施瓦岑堡（Schwarzenburg）的村落传播。一个名叫约翰内斯·宾格利（Johannes Binggeli）的 61 岁已婚男人，是一个被称作"森林兄弟会"的组织的负责人。他是一个神秘主义者，一位传教士，写过各种各样据说由圣灵口述的小册子。他本来是个裁缝，有时当地人会雇用他，但通常只是为了预测彩票中奖号码。这个兄弟会有 93 名成员，势力强大，在很大程度上保持独立。

随后，兄弟会里的一名妇女因为隐瞒孩子的出生而被捕了，她声称宾格利是孩子的父亲。两年前，她连续 8 天无法排出小便，宾格利说她的尿道口中了魔法，通过和她发生性关系解除了魔法。她被治愈了，但他们的性关系一直保持着。兄弟会的其他成员开始传播宾格利通过性交驱逐妇人和年轻女孩身上的恶魔的故事。当局发现，森林兄弟会内部有一个神秘的教派，这个教派崇拜宾格利，认为他是"重生的神之道"。宾格利的阴茎是"上帝的轴心"，他的尿液是"天堂水滴"或"天堂香膏"，具有治愈功效：他的崇拜者喝下或是外用，可以借此对抗疾病与诱惑。传言，他可以随意产生红色、蓝色或绿色的尿液，有时他会把自己的尿液当作圣餐酒。

人们发现，1892 至 1895 年期间，宾格利多次与自己的女儿乱伦：在后者的三个非婚生子女中，至少有一个，也可能是两个，是宾格利的孩子。宾格利被捕后，多次宣称自己没有做过那些事；他只是在梦里做过，为了保护女儿免受猫形和鼠形魔鬼的伤害；因为他的身体构造不同于其他人类，所以法律对他并不适用。人们发现宾格利患有精神疾病，把他送往附近的明辛根（Münsingen）精神病院，从 1896 年 7 月到 1901 年 2 月，待了四年半。

1913 年 4 月，罗夏被调往明辛根。他在明斯特林根的主管乌尔里希·布劳克利被提升为伯尔尼附近一个规模更大、声望更高的新机构的负责人。布劳克利的继任者，一个叫赫尔曼·维勒（Hermann Wille）[2]的人不太喜欢罗夏，罗夏便跟随布劳克利到了明辛根[3]。而奥莉加为了赚钱并追求自己的医学事业，直到当时的职责结束前，不得不留在明斯特林根待了 3 个月。他们再一次分开了，尽管这次只相隔 120 英里。

罗夏在明辛根偶然发现了宾格利的患者档案，并为之着迷[4]。通过进一步研究，他发现宾格利的森林兄弟会起源于一个更早、影响更广的组织——安东尼·翁特纳赫勒（Antoni Unternährer）在拿破仑时代创立的安东尼派。这个教派在欧美一直延续到 20 世纪。这些宗教运动可能重新唤起了罗夏对杜霍波尔派的兴趣，后者是他通过伊万·特列古博夫了解到的。罗夏亲自找到了宾格利，到他山上的隐居地拜访，发现他当时与一群信徒生活在一起，包括他的第二任妻子（也是他的女儿），还有他的儿子（也是他的外孙）。宾格利"那时已经八十多岁了"，罗夏写道，"老态龙钟，气喘吁吁。他是一个身材矮小的男人，头很大，躯干粗大，四肢短小"，他"常常穿着传统的施瓦岑堡民族服装，两边各有 7 颗光亮的金属纽扣"——这些闪亮的金属物件，连同他的表链，在他的幻觉中起着重要作用。罗夏能够"毫不费力地说服宾格利，给他拍照"。

这是一个关于瑞士教派活动的研究项目的开始，直到1915年，罗夏仍确信这将是他的毕生事业[5]。在知觉的生理学研究层面，他已经达到了他当时所能达到的极限，因此，他开始将注意力扩展到文化视角上，充分发挥了自己的好奇心。不忙着治疗病人时，他收集了瑞士其他古老的有关阴茎崇拜的邪教资料，并逐渐形成了一个令人惊叹的研究体系，将宗教心理学与精神病学、民俗学、历史学和精神分析相结合。

他发现，宗教活动总是出现在相同的地理区域，沿着种族或政治同情的边界——也就是说，在早期的交战地带。他画了一张手工着色地图，图上显示，宗教活动区聚集着大量纺织工，他推测了其中的原因。他追溯了这些地区历史上的教派活动，从早期的新教教派到12世纪的瓦勒度派和13世纪的自由精神兄弟会，甚至更早的异端和分离主义运动，所有这些，都在该地区留下了清晰的痕迹。在心理学层面，他延续了荣格的路线，认为精神分裂症的妄想与古老的信仰体系一样，有着相同的精神来源。他还注意到，教派在历史上的全部意象和思想，与古代诺斯替神话和哲学之间存在相似之处。例如，他证明了18世纪安东尼派的教义与公元1世纪亚当派的教义存在细节上的一致性。

从社会学角度来说，罗夏认为，建立一个教派时，一个拥有神赐能力的领导人并不重要，重要的是一群乐于接受的追随者——如果需求达到一定程度，一个团体几乎可以将任何人变成领袖。而且，如果教派是从其他地方传来的，往往会很快消亡，除非这个团体已经做好了相关准备。罗夏区分了主动追随者和被动追随者，也区分了有癔症的领导者和更强有力的、患有精神分裂症的领导者——前者传达的信息由其个人情结决定，后者的教义则根植于神话传说。

罗夏那些关于教派的演讲和讲座，包括学术性的和非学术性的，是他最有活力的著作，与传记、案例研究、历史学、神学和心理学一样有趣。

他曾计划写一部"大部头"[6]，以解决一系列问题：

> 为什么一个精神分裂症患者找到了一个群体，而另一个没有找到？为什么一个精神分裂症患者追溯着远古人类的思想，而一个神经症患者遵循着当地的迷信行为？这些不同的事物，是如何与各自的人群相关联的？为什么教派总是存在于有纺织工业的地区？哪些族群是当地土著教派的继承者，哪些加入了外来教派？这一切，都与神话、种族、宗教、历史或其他相关！

这是思想家罗夏，而不是医生罗夏。和弗洛伊德、荣格及同时代的其他先驱一样，罗夏想要做的，不仅仅是治疗患者，他还想将文化与心理学结合起来，探索个体与群体信仰的本质和意义。

作为苏黎世学派的一员，罗夏相信，个人心理学与文化之间存在相互作用，而且他拒绝持有一种适用于所有人的、普遍的心理学主张。罗夏一生都在努力理解不同的人看待事物的不同方式，而这在他的职业生涯中却像是一条弯路。

罗夏不断拓宽自己的工作重点，又一次在不安中离开了瑞士。他再次应付了莫斯科的官僚机构，这次比较成功：瑞士大使证实，罗夏能够参加1914年的第一次俄国国家医学考试[7]。1913年12月，他和奥莉加离开明辛根，去了一个国际化的环境——俄国。众所周知，艺术和心理学在那里是密不可分的。

这是一个令人振奋的时刻。俄国文化正处于所谓的白银时代[8]，满是艺术、科学与神秘信仰之间的相互影响。俄国科学，尤其是在革命动荡和文化运动盛行的时代，没有西方那么专业化，也不像西方那样与外界隔绝。正如俄国重要的精神分析史学家亚历山大·埃特金德（Alexander Etkind）写的那样："在俄国的精神分析史中，颓废派诗人、道德哲学家和职业革命家所起的作用不亚于医生和心理学家。"从另一方面看，用一位俄国现代主义文化史家约翰·鲍尔特（John Bowlt）的话讲，若不提及契诃夫和阿赫玛托娃、法贝热和夏加尔、佳吉列夫和尼金斯基、康定斯基和马列维奇、斯特拉文斯基和马雅可夫斯基等艺术人物，以及"俄国科学的非凡进步"——从火箭工程到巴甫洛夫的行为心理学，"就无法理解这个'歇斯底里、饱受精神折磨的时代'"。

罗夏在莫斯科郊外克留科沃的一家高端私人诊所找到一份工作，诊所由俄国顶尖的精神分析学家运营，里面有许多作家和艺术家。从很多方面来看，这里对于罗夏来讲是个理想的环境。这是一家私人诊所，专门接收患有神经性疾病、自愿被治疗的患者，这在当时的俄国很常见，和罗夏以往待过的拥挤的医院有很大不同。这种机构往往由不拿大学或公立医院薪水的医生创建，在某种程度上是商业化的企业，也意味着丰厚的收入——至少它们致力于向病人出售服务，而非像英国的"疯人院"那样，为那些只想把病人关起来的家庭服务。这间诊所位于乡村，利用了"自然、健康的生活"的治愈功能，病人得到了人道的、良好的治疗。这里的精神病学家可以自由地将理论、实验和新疗法结合起来，采取一种整合疗法：用那里一位名为尼古拉·奥西波夫（Nikolai Osipov）的医生的话说就是，"通过亲密的、支持性的心理氛围，以及医生的'人格'，而非任何特定的理论来治疗"[9]。

克留科沃的医生是多面手，也是公共知识分子。例如，奥西波夫[10]后来成为著名的托尔斯泰专家，也是陀思妥耶夫斯基和屠格涅夫方面的讲师。克留科沃的病人也包括文化的领军人物，比如杰出的俄国象征主义诗人亚历山大·勃洛克（Alexander Blok）和著名演员米哈伊尔·契诃夫

（Mikhail Chekhov），后者是剧作家契诃夫的侄子，疗养院对作家、医生及已故的安东·契诃夫的亲属给予优待[11]。多年来，罗夏在瑞士的穷乡僻壤表演业余戏剧，还在业余时间翻译安德烈耶夫的作品，而如今，他发现自己已身处文化的中心。

贯穿俄国白银时代的许多主题[12]都让罗夏感兴趣：联觉、疯狂、自我表达的视觉艺术。运动是罗夏研究的反射性幻觉中的关键因素，用现代小说家安德烈·别雷（Andrei Bely）的话来说，运动如今被视为"现实的基本特征"；俄国芭蕾舞理论家则将运动称为所有伟大艺术中最重要的层面。

从心理学角度看，在遥远的西欧，看似很重要的宗派分歧在很大程度上已经消失了。克留科沃1909年的广告宣传册[13]宣称，其病人将接受"催眠、暗示、精神分析"和"适当的心理治疗"[14]——即所谓的理性疗法（类似于现在的认知行为疗法），这是由瑞士人保罗·杜波依斯（Paul Dubois）开创的技术。有段时间，这项技术比弗洛伊德的疗法更有名，更受欢迎。只是不同的疗法之间并没有明确地划分界限。

俄国精神病学的灵感来源于托尔斯泰，而这位睿智的人文主义心灵治疗师[15]也对罗夏有所启发。精神分析在俄国大受欢迎的原因之一，是其与俄国本土的内省传统、"灵魂净化"、对人类生活深层问题的存在主义反思，以及对人类内心世界的尊重等相吻合。如果说罗夏将自己的理想与兴趣结合在一起——多面手、无宗派、宽泛的人道主义、文学、视觉——在西欧的背景下似乎是异类，那么俄国对精神病学家的标准就是这样的。

弗洛伊德在1912年写给荣格的一封信中开玩笑说[16]，在俄国，"精神分析似乎是一种地方性流行病"，但这实际上不是单向的，而是一种从欧洲传播到内陆地区的"流行病"。不管在俄国还是西欧国家，俄国人都是杰出的精神分析学家。罗夏在克留科沃的同事奥西波夫出版过一本精神分析杂志，他还是弗洛伊德期刊的董事会成员。即便是所谓的"欧洲"理念本身，也不是"非俄国"的。弗洛伊德将压制无法接受的精神特质的心理机制称为"稽查作用"，这是对俄国政治审查制度的明确暗示[17]：在他的定义中，这是"沙皇政权抵御西方渗透的不完美的工具"。弗洛伊德的病人中，有很多斯拉夫人，通常是俄国人，其中就包括著名的"狼人"案例，弗洛伊德将这位病人作为他最重要的案例研究被试。荣格的第一个精神分析对象也是一个俄国人，名叫萨宾娜·斯皮勒林，她对荣格本人的生活和工作产生了极大影响。这样的例子不胜枚举。如果说精神病学的历史不仅是医生和理论家的历史，也是病人的历史，那么它在很大程度上就是在讲述俄国文化。[18]

罗夏的精神分析方法源自他治疗俄国病人的经验，克留科沃是他可以进行精神分析的地方——这里与瑞士精神病院的精神科不同，也不同于约翰内斯·诺伊维尔特这种需要快速评估的刑事案件。但罗夏也看到，精神分析与俄国文化的某些方面有着内在联系。他后来在一次关于该主题的讲座[19]中表示，俄国人和瑞士人的神经官能症以或多或少类似的方式起作用，虽然两个国家存在一定的差异性，但相比德国背景的病人，精神分析对于斯拉夫病人更加有效。这不仅是因为"他们中的大多数人都是优秀的内省者（或他们自己口中的'自我吞噬者'——这种内省经常变成一种令人饱受折磨、毁灭性的嗜好）"，也因为他们可以更加自由地表达自己，"不受各种偏见的约束"。俄国人"比其他民族对疾病的容忍程度高得多"，也不会像"我们瑞士人那样常常感受到轻蔑和同情"。那些患有神经疾病的人可以在一家机构就医，而不必担心在出院后会有"名誉上的耻辱"。通过奥莉加，他爱上了俄国，习得了俄国人表达情感的能力，这种能力延伸到了他对病人的感觉上，影响了他的精神病学实践。

1914年初的几个月，罗夏在克留科沃，遇到了俄国艺术的一个分水岭：视觉图像的力量得到重新定义。罗夏目睹了俄国未来主义的全面繁荣。大概在 1915 年，他写了一篇名为"未来主义心理学"的文章，在文章一开始[20]展示了这样一个场景："未来主义，正如它今天呈现出的令人惊奇的世界，起初看起来是五彩缤纷的一团混乱，充满了令人费解的图像与雕塑、高调的宣言与含混不清的声音、嘈杂的艺术与艺术的噪音、权力意志与非理性意志。但它们有一个明确的共同主题：无限的自信，对过去发生的一切的无尽谴责，对直到今天之前塑造了文化、艺术和日常生活的所有概念的战斗呐喊。"

未来主义就像一口装满了现代主义者的高压锅[21]，一切似乎都会在瞬间破碎和溶解。它在文学、绘画、戏剧和音乐等方面迸发出巨大的能量，在俄国表现为大量亚文化、小团体和品牌战略，包括立体未来主义、自我未来主义、万物统一哲学、离心机派，以及著名的诗歌顶楼派。罗夏在俄国期间，新闻几乎每天都在讨论这些。1914 年 1 月和 2 月，著名的意大利未来主义者 F. T. 马里内蒂在莫斯科做了极受欢迎的演讲，人们走上街头，游行队伍中，艺术家"脸上涂着油彩，边走边朗诵未来主义诗歌"[22]。一个小女孩送给游行队伍中的一位诗人一个橘子，他吃起来。"他在吃东西，他在吃东西！"震惊的人群窃窃私语，似乎未来主义者是火星人；很快，一场全国范围内的游行接踵而至。

罗夏的许多兴趣与未来主义的探索产生了共鸣。恩斯特·海克尔的追随者，作曲家、画家米哈伊尔·马秋申（Mikhail Matyushin）[23]研究了浮木的随机形态，撰写了色彩理论，并试图扩展人类的视觉能力，比如通过锻炼恢复后脑和脚底丧失的视神经。尼古拉·库利宾（Nikolai Kulbin）[24]是一位艺术家和医生，出版了关于感官知觉和心理测验的书籍和科学论文，罗夏听过他的讲座。他把这样一句心理学口号作为座右铭："自我除了它自己的感觉外一无所知，在投射这些感觉的同时，它创造了自己的世界。"

诗人阿列克谢·克鲁乔内赫（Aleksei Kruchenykh）[25]则提倡"从正反两面看问题"和"主观的客观性"："让一本书小一些，但……一切都是作者自己的，直至最后一点墨迹。"未来主义者出版了诸如《直观的颜色》和颜色与音符的对应表等联觉作品，关于新词语和错误如何"带来运动和对词语的新认识"[26]的评论文章，一首讲述诗人在电影院里[27]通过特殊的努力开始看到上下颠倒的画面的诗。罗夏的未来主义论文中提及或引用了这些关键人物。

罗夏承认，未来主义看起来疯狂而不合逻辑，但他坚称："任何运动、任何动作都能被视作'疯狂'的时代已经过去了……绝对的无稽之谈是不存在的。即使在我们的早发性痴呆患者最黑暗、最复杂的妄想中，也隐藏着意义。"[28]罗夏用苏黎世学派的术语将未来主义和精神分裂症进行比较，为精神分析理论更广泛的适用性进行辩护："随着对弗洛伊德开创的深层心理学的详细阐述，迄今为止难以想象的联系形成了……不仅是神经症性症状、系统性妄想和梦境，还有神话、童话、诗歌、音乐、绘画——所有这一切都被证明适用于精神分析研究。"因此，"即使我们将未来主义描述为疯狂或无稽之谈，我们仍有义务在那些胡言乱语中找寻意义"。

罗夏以严肃的目光看待未来主义，并在其中找到了足够具体的意义去进行评判。他在自己关于未来主义的文章中做出了最具原创性的分析[29]，他认为，未来主义者误解了图像产生运动感觉的过程。他指出，通常只有插画家——比如他曾经最喜欢的威廉·布施——才会试图通过同时展现一个物体的多种状态来呈现运动，比如给一个精力充沛的钢琴家画上无数的手臂和手。与此相反的是米开朗琪罗的雕塑或绘画，它们本身就是动态的，会让你感觉到运动。未来主义者带着他们那些拥有12条腿的狗，错误地尝试了布施那种方法。罗夏认为，对一个渴望超越插画作品的艺术家来说，除了米开朗琪罗的方法，"再没有其他方法能够处理运动"；在一个物体中表现运动的唯一的严肃方法，是通过影响观察者的动觉来实现的。未来主义者的策略是"不可行的"，因为其误解了移情（维舍尔的术语是 hineinfühlen）与视觉之间的关系："对此，不必向哲学家和心理学家请教，只需咨询生理学家就行了。彼此相邻的多条腿并不能唤醒运动的想法，或仅仅只是以一种非常抽象的方式唤醒运动的想法，就像一个人无法在动觉路径上与千足虫产生共鸣一样。"

威廉·布施作品，出自《艺术大师》（1865 年）

至少如果视觉图像是好的，它可能会催生一种精神状态，唤起观看者的"一个想法"。论文草稿中，罗夏在字母 X 中间不加任何解释地插入了一段俄语引文：

×

一幅画——是铁轨，观看者的想象力由艺术家的表现形式引导，必须在铁轨上滚动。[30]

×

在瑞士，罗夏和格林曾经用墨迹衡量观察者的想象力，并将其看作可量化的事物。这是一组改变观看者想象的图片——就像在铁轨上，引导着想象力朝新的方向发展。

不管罗夏的具体观点是什么，一位精神病学家能在 1915 年写出关于"未来主义心理学"的文章，以一种与他的精神分析理论和实践完全一致的方式从事前卫艺术，是领先于他所处的时代的。[31] 弗洛伊德后来坦率承认[32]，在现代艺术面前，自己是个门外汉；荣格也写了一篇关于乔伊斯的文章和一篇关于毕加索的文章[33]，既肤浅，又轻蔑，很快就遭到各种嘲笑，再也不写这个主题。还有其他更加关注艺术的精神病学家和研究心理学的艺术家，甚至在俄国之外也有，比如德国超现实主义者马克斯·恩斯特（Max Ernst）[34] 在大学里接受过精神病学方面的广泛培训。但罗夏是独一无二的，他知识渊博，跨越了多学科之间的鸿沟。

除了未来主义，西欧和俄国的思想还在 20 世纪头十年里融合在一起，创造出抽象艺术。荷兰人皮特·蒙德里安、俄国人卡西米尔·马列维奇、慕尼黑的俄国移民瓦西里·康定斯基（Wassily Kandinsky）和瑞士人苏菲·托伊伯（Sophie Taeuber）通常被认为是第一批纯粹的现代抽象艺术家，他们都参考了沃林格的《抽象与移情》。罗夏关于未来主义的论文恰好早于瑞士现代艺术诞生的决定性事件——1916年2月，达达主义在苏黎世一家酒馆诞生。苏菲·托伊伯和她未来的丈夫汉斯（让）·阿尔普一起参加了这次聚会；在乌尔里希·罗夏曾学习过的苏黎世工艺美术学校，托伊伯教授的学生是"一群一群从瑞士各地蜂拥至苏黎世的女孩，怀着在靠垫上绣花的强烈愿望"[35]。

罗夏和达达主义者之间没有任何直接接触的记录，但他确实关注了西欧现代艺术的发展。他在上高中时画过一幅讽刺表现主义的漫画；后来，他以奥地利表现主义艺术家阿尔弗雷德·库宾[36]为例，表达自己有关内倾型和外倾型的理论。概括来讲，他把对艺术和心理学的见解从俄国带回了瑞士的精神病学实践中。

在哪里定居的"长期问题"[37]让罗夏和奥莉加这对夫妇越来越背道而驰。1914年，罗夏发现，就像他在1909年感觉到的一样，无论他对俄国文化多么着迷，现实生活永远都是另一回事。奥莉加喜欢俄国生活的不可预测性，罗夏经历的则是一团乱麻。奥莉加对罗夏的雄心壮志不屑一顾，将其看作"一个欧洲人对'成就'的渴望"[38]，并表示"他对俄国那令人想要臣服的魔力感到恐惧"。对于内向的罗夏来说，奥莉加所认为的温暖陪伴有时候会让他感到过于打扰，罗夏也曾向安娜抱怨过度社交的俄国文化："在这里，居家工作相当困难；整日都要打开家门，相互拜访。"[39]安娜后来回忆说，在俄国的无休止交谈使得罗夏"强烈地渴望独处"[40]，克留科沃那些有趣的病人占用了他太多的时间和精力，让"他没有空闲时间写下或是研究他的观察。他告诉我，他感觉自己就像是站在一片美丽风景前，手中却没有画纸和颜料的画家"。安娜认为，在那样的经历之后，罗夏再也不想旅居国外了。

持续不断的深夜家庭争吵终于在1914年5月某日的凌晨两点钟画上句号。罗夏说服了奥莉加。他不可能在举世闻名的布格霍尔茨利精神病院谋得职位，但是他在位于伯尔尼郊外博利根（Bolligen）的瓦尔道（Waldau）找到一份工作，这是瑞士德语区仅有的另外两家大学精神病院之一。他从俄国给瓦尔道的一位同事写信，讲到"历经了无休止的吉卜赛式流浪后，我们觉得有必要最终安定下来"[41]。这封信非常急切："您能否给我介绍一下到瓦尔道后我们住的房子？有多大？有几个窗子？门口是什么样的？有多少楼梯和走廊？房间都在一起吗？在那里可以享受舒适的婚姻生活吗？"他收到的回复一定非常令人安心。1914年6月24日，他离开俄国去往瑞士，再也没有回俄国。

奥莉加计划在喀山停留6周，然后与丈夫会合，然而罗夏刚刚回到西方世界，弗朗茨·斐迪南大公就于6月28日在萨拉热窝被枪杀。这6周结束时[42]，第一次世界大战开始了，奥莉加在俄国又滞留了10个月，直到1915年春天。长期的分离——对于他们来说，至少是第四次长期分离——既是出于选择[43]，也是为环境所迫。奥莉加并没有准备好放弃自己留在俄国的梦想，还不能让自己离开祖国，尤其是在祖国需要自己的时候。没有了奥莉加，对于公寓的担忧变得毫无意义，而且"中央诊所大楼四层那所小而漂亮的三居室公寓"很精致——罗夏称它为"我的鸽舍"，那是一个适合独处、适合努力工作[44]的完美小天地。

曾收到罗夏俄国来信的那位同事就是瓦尔特·莫根塔勒（Walter Morgenthaler，1882—1965年）。罗夏到达瓦尔道时，莫根塔勒正忙着翻阅病例，寻找病人的画作，他鼓励病人想画就画，还会给病人提供纸张，要求他们画特定的主题（男人、女人和孩子，一栋房子，一座花园），系统性组织他们的艺术活动。莫根塔勒沿着这些线索回想起罗夏与病人之间的交往："他是美术老师的儿子，自己也是非常优秀的画家，他对病人的绘画非常感兴趣。他有让病人安心画画的天赋，这种天赋很惊人。"

例如，有一个紧张症患者，生病之前，他是一位优秀的画家，生病之后，每天大部分时间，他都躺在床上或是傻傻地坐着。罗夏不仅把一个速写本和一把彩色铅笔放在他的毯子上，还放上了一大片枫叶，上面用带子绑了一只正在爬行的金龟子。不仅有美术用品，还有要观察的事物；不仅是一个物件，还有运动中的生命。第二天，罗夏欣喜若狂地给莫根塔勒和他们的上司看了病人的画，叶子上的彩色甲虫非常清晰。这个病人已经几个月没有动了，但他开始慢慢地画更多的画，然后参加绘画课程，进一步改善，最终出院了。

罗夏对莫根塔勒关于艺术和精神疾病的研究很感兴趣，因为后者的研究很有开创性。[45]莫根塔勒有一个患有精神分裂症的病人，名叫阿道夫·韦尔夫利（Adolf Wölfli）[46]，自 1895 年开始住院，到 1914 年，他已经发展为一位视觉艺术家、作家和作曲家，创作了大量绘画作品。后来，1921 年，莫根塔勒出版了《一个精神病艺术家》，这部开创性的作品将会影响后来所有超现实主义者——安德烈·布勒东将韦尔夫利与毕加索、俄国神秘主义者葛吉夫看作同等重要的灵感来源[47]，称韦尔夫利的艺术是"20 世纪最重要的三四个作品之一"；赖内·马利亚·里尔克（Rainer Maria Rilke）则认为韦尔夫利的案例"有朝一日将帮助我们获得对创造力起源的新见解"[48]，韦尔夫利将成为这个世纪最具代表性的"外行"艺术家。

罗夏可能在巡视时看到了韦尔夫利，并协助莫根塔勒对他施以治疗。他在瓦尔道的文件中为莫根塔勒寻找有趣的视觉材料[49]，并承诺离开瓦尔道后"他要做的第一件事"就是开始像莫根塔勒那样收集病人的画作。离别将要来临：奥莉加回到瑞士后，罗夏夫妇认为公寓还是太小了，薪水也太少了。他们又一次搬家，搬到了瑞士东北部的黑里绍。

1913 至 1915 年的经历帮助罗夏预见一种更加全面、更加人性化的心理学。对宾格利的研究让他对人类学方向的认知产生了兴趣，向他展示了一条通往个体与集体信仰的黑暗内核的道路，在那里，心理学与文化相遇了。俄国文化向他树立了一个将艺术与科学联系起来的典范。未来主义者和韦尔夫利则向他展示了心理探索与艺术的紧密联系。这种对视觉图像力量的深入理解让他很快取得了突破。

第九章

河床上的鹅卵石

黑里绍位于一片连绵起伏的山峦之中，在阳光明媚、如电影《音乐之声》中一般的夏天可以高山漫步，野花点缀着草地，然后是初秋[1]、大雪覆盖的阴冷寒冬和漫长而潮湿的春天。这里是瑞士海拔最高的城镇之一，而且"即使圣加仑（St. Gallen）"——大约5英里外一座辉煌的修道院城镇——"笼罩在浓雾之中时，我们这里也经常阳光明媚，空气清新"。罗夏在写给弟弟的信中如是说。阿尔邦的亲戚就住在附近，在北面大约15英里远的地方。晴朗的日子里，罗夏可以从他住处附近的小山上看到康斯坦茨湖。从家中二楼的窗户可以看到该地区最高山峰，也是罗夏远足的目的地森蒂斯峰（Säntis）——他似乎总是喜欢楼上的公寓。"这里的冬天、晚春和深秋尤其美丽，"罗夏这样描述他的新家，"秋天可能是我们最美丽的季节，可以清晰地看到远处。"

除了沙夫豪森，罗夏在黑里绍居住的时间比在其他任何地方都长。这是他养家糊口、追求事业、完成使命的地方。该州的克龙巴赫精神病院位于城镇西边的一座小山上。这家精神病院于1908年开业，比罗夏1915年抵达这里没早几年。这是瑞士第一个使用展馆系统建造的精神病院：建筑物位于公园般的环境中，为了限制传染病的传播设置了分区，这样也有利于治疗。行政大楼后面有三座供男性居住和三座供女性居住的楼房，中间是一座小教堂。罗夏到那里工作时，这所为250名患者建造的医院容纳了大约400人，其中大部分是严重的精神病患者。这里主要是一个托管机构——不客气地讲，是一座监狱，而非治疗机构。

医生、工作人员与病人一起住在克龙巴赫[2]，在风景如画的环境中与外界隔离开来。黑里绍约有15000人，越来越多的人从外州和外国迁来，主要是纺织工人。1910年，圣加仑生产了世界上一半的刺绣品。黑里绍有一家电影院，还有一些便利设施，但使用得不多，尤其是纺织工业在第一次世界大战中受到重创以后。外阿彭策尔州是个乡村地区，大部分人都很保守，人们对外来人十分冷淡。罗夏觉得，比起阿彭策尔人，他与刻板印象中相对慢热、内向的伯尔尼人更加亲近。但他与当地人相处融洽，尊重他们，尽管并不愿成为其中一员[3]。

罗夏和奥莉加的"吉卜赛式流浪生活"结束了，这让他们松了一口气。他们终于有了一套大公寓，长约100英尺，有许多窗子，对着行政大楼。罗夏后来画了一幅画，画面呈现了通风房间的夏日景色（参见彩色图版第6页）。搬家卡车到达时[4]，房间里几乎是空的，然而不久后，罗夏就写信给弟弟说："我们正坐在自己的家具上，你能想象出来吗？梦想成真了。"

精神病院主管阿诺德·科勒是一位平淡乏味的医生，却是一个勤奋的管理者，他将克龙巴赫管理得井井有条——回想起来，这算是他职业生涯的巅峰，科勒曾在自己的手写回忆录中描述了那里的生活。他承认，"一旦机构运转正常，就不需要做太多的工作"。科勒也曾师从布洛伊勒，针对病人身心健康问题，他倡导医生要有个人的理解，但他是一个保守固执的人，刻板且爱说教。科勒的儿子回忆[5]，有一次他撒谎后，父亲这样回答："我宁愿你去死也不愿意你继续这样做。"

科勒也非常关心预算和成本。罗夏觉得他"有点心胸狭窄，天生就是个统计学家"[6]，而且每年都会像发条一样准确而规律地记录和分析当年的数据——科勒称之为"统计周"[7]。1920年1月："我刚刚完成了机构年度最令人不愉快的工作：1919年的统计数据。在好多天的完全愚钝的生活之后，我正在慢慢恢复意识。"1921年1月："我依然患有统计痴呆症，只能处理最必要的问题……我期待着弗洛伊德即将出版的新书，然而，除了《超越快乐原则》，还有没有什么能让生活更有价值的东西呢？弗洛伊德会怎么说呢？我知道有一件事存在于快乐原则之外——统计！"

每次科勒与家人旅行归来，罗夏都会写欢迎便签，配上迷人的绘画和小诗，描述他们离开的4周里发生了什么。40年后，科勒的儿子鲁迪仍清晰地记得[8]那些便签，并回忆罗夏是一个非常有天赋却很谦虚的人，他从不张扬，不把自己当作"整个医院的灵魂"。鲁迪六七岁时，有一次父亲外出不在家，而他得了严重的阑尾炎，罗夏坐在他旁边，摘下结婚戒指，用它给鲁迪催眠，跟他讲话，让他睡觉。男孩醒来时，发觉疼痛消失了。

罗夏的工作日从早上与科勒的会面开始[9]，之后他动身查房，处理急性发作的男女患者。大厅里充满了可怕的尖叫声。一天，罗夏回到公寓，发现自己的衣服被一个病人从上到下撕开了。类似的事情时有发生。1920年新年第一天："午夜前后，一个病人试图勒死我。"[10]一整日水浴是主要的治疗方法之一，还有服用镇静剂以及制作纸袋或剥咖啡豆这样的工作疗法；如果紧张症患者不想做指定的工作，非要"靠墙站立"，他们也会被允许自由选择。有能力的病人还可以做些体力劳动——园艺、木工、装订等。医生会和自己的家人一起就餐。奥莉加经常躺在床上看书，一直看到正午或下午1点；有时她也下厨，直到他们终于有钱雇了一位女佣，她做饭的次数就少了。洗衣服的工作则由医院工作人员负责。罗夏常常工作到很晚。

罗夏的薪水仍然很低，而且门诊部急需第三位医生——1916 年，罗夏要一个人负责[11]300 名病人；后来要负责 320 名。直到 1919 年，才被允许雇用一名无薪的志愿者助理。由于奥莉加本身也是医生，科勒担心自己将这对夫妻都雇用，会被上级部门[12]怀疑走后门。罗夏显然被激怒了，他写信给伯尔尼的莫根塔勒说：

> 正如你通过我从你那里借来的书要读很长时间所看到的，我自己的时间还是很少。我刚刚给监督委员会发了一篇长文，列举了大量统计资料，证明黑里绍可能是整个欧洲医生数量垫底的地方，增加第三名医生是绝对必要的。很多人赞成我的意见，但理事会的一位成员似乎得出了一个匪夷所思的结论，认为"我们故意把患者人数增加到这么多是为了强求第三名医生"。真有见解！[13]

在这里，罗夏几乎失去了知识层面上的刺激。他虽然是瑞士精神分析学会[14]的创立人之一，并担任了副会长，但偶尔举行的会议是远远不够的。"我住得太远了，真可惜，要不然我们早就可以当面谈谈了。"[15]他在写给莫根塔勒的一封讨论信里这样说。在给另一个在苏黎世的朋友兼同事的信中，他又写道："在这里，就算真的有的话，我也偶尔才能看到一些新的出版物。"[16]朋友们说嫉妒黑里绍这样的乡村的安宁清净[17]，罗夏则羡慕他们可以和"有趣的人"[18]打交道，"不像阿彭策尔这里的生活，被磨得像河床上的鹅卵石一样光滑"。

罗夏可以继续从事早期的项目，尤其是他的教派研究，并与瑞士其他精神病学家和精神分析学家保持专业上的联系，至少通过信件联系。而接下来会发生什么呢？罗夏曾向莫根塔勒承诺要收集病人的画作，现在发现，这不可行。他将失败的原因归于文化差异，抱歉地写信给莫根塔勒说:"如果你在一个伯尔尼人面前放一张纸的话,他过一会儿就会一言不发地开始画画,但是一个阿彭策尔人会坐在一张白纸面前絮絮叨叨地谈论一切,却不会在上面画一个符号!"[19] 罗夏的新患者更善于谈论画作,而不是画画。

罗夏夫妇在黑里绍的头几年,第一次世界大战正在肆虐,乃至中立的瑞士也感受到了战争的影响,比如瑞士籍法裔和瑞士籍德裔之间的民族主义竞争、作为非战斗人员服兵役、猖獗的通货膨胀等。战争爆发时,罗夏刚刚返回瑞士,他还曾想与莫根塔勒一起到一家陆军医院做志愿者[20],但没有获批。"你们在想些什么?"他们在瓦尔道的上司厉声说道,"难道你们不明白待在这里才是你们的职责吗?"莫根塔勒回忆了罗夏当时忧郁的反应:垂头丧气,情绪低落了好几天,比平时更加安静,他悲哀地看到,"现在德国人的职责是尽可能多地杀死法国人,法国人则是尽可能多地杀死德国人,而我们的职责是坐在中间,每天对着我们的精神分裂症患者说'早上好'"。

搬到黑里绍以后,罗夏能够去服役了。他和奥莉加做了6周的志愿者[21],帮助将2800名精神病患者从德国占领区的法国人精神病院送往法国,还参与了其他非战斗任务。他也从他通常的分析角度追踪了战争中的一些事件。当时反德情绪漫布,罗夏用法语给弟弟写信,因此被亲德的瑞士人反感,而机会主义者在战争结束时又改变了论调。对此,罗夏是这么说的:"早在1918年10月,瑞士的德意志人就突然转向:他们之前对德皇有多崇拜,后来对他的谩骂就有多厉害……比他们早先的傲慢更甚。我至死不会忘记这种从众心理给我留下的恶心印象。"[22]

俄国发生的事件最是牵动罗夏的心。1918年,令人震惊的消息传到瑞士,俄国发生枪击、处决、饥荒,许多知识分子被杀害。罗夏夫妇迫切地想要得到仍然在莫斯科的安娜和奥莉加的亲属的消息。安娜在 7 月返回了瑞士,但他们花了两年多的时间才收到奥莉加在喀山的家人的消息,而且不是好消息——奥莉加的弟弟在突发斑疹伤寒后"勉强幸存下来",此后就没有任何进一步的消息了。

一如既往,罗夏将最敏锐的注意力放在了认知问题上:

> 我刚刚有所领悟,俄国怎么会有这么多互相矛盾的目击者报告……我想其中的关键在于,观察者是第一次看到俄国,还是早就了解俄国,当中的差别非常大;他是否认识能够描述早期俄国的人,还是只看到如今无组织的人民(他们实际上已经不是人民,只是乌合之众而已),当中的差别也非常大……在这个节骨眼上第一次去俄国,而且不了解以往俄国的人,是看不到任何东西的。[23]

几个月后,罗夏向人提起:"你如何看待共产党在各地如雨后春笋般涌现?是我忽视了什么吗?还是它们本身就是盲目的?我试图用心理学和历史来解答这个问题,但我答不出来。"[24]

战争期间,罗夏夫妇的财务状况也变得越来越糟。[25] 他们继续尽己所能,寄东西给远在俄国的亲属,包括肥皂这样的基本生活用品。有一次,他们将一支蜡烛作为礼物送给黑里绍一位亲密的友人。"至少我们这些年来一直有足够的煤炭可用,"1919 年,他写信给弟弟保罗,"今年应该不会更糟了。希望你来我这儿时,不用和我们一起挨冻。无论如何,当年沙夫豪森的冬天更冷。"[26]

和其他时候一样,罗夏妥善处理了自家的财务困境。他不在乎衣服,也不在乎喝酒,他唯一的嗜好就是吸烟。他没钱为自己买书,也得不到上司科勒在这方面的支持,大部分书籍和杂志都是借来的,他还记了大量笔记，做了无数的摘录。他还会仿制家具：每次去苏黎世出差，他都会花很长时间仔细逛家具和玩具商店，回到黑里绍后，就重新创造自己看到的东西。他写信给保罗说："我经常光顾木工车间，这样我们家至少会有新东西。我很快就能做出比看到的更好的东西"，比如书架，但是现在，他正在"为小家伙做一整套家具：一张桌子、三把椅子，还有刷成田园风格的洗碗台"[27]。

罗夏成了一位父亲。他在黑里绍的最大乐事[28]便是两个孩子的出生，伊丽莎白（丽萨）生于1917年6月18日，乌尔里希·瓦季姆生于1919年5月1日。"一个是地道的瑞士名字，一个是地道的俄国名字，"他告诉保罗，"原因有很多，你可以想象。"[29]虽然儿子名叫瓦季姆，但罗夏希望他不要变得"太俄国"——因为他的生日是5月1日，是俄国革命的节日，赫尔曼跟他弟弟开玩笑说："我希望他不要变成一个狂热的布尔什维克，尽管我们必须意识到，我们的孩子总有一天会以与我们判若鸿沟的观点去看待世界斗争。"

安娜于1918年8月离开俄国[30]，随后很快就结婚了[31]；罗夏1920年见到保罗，那时的保罗已经成为一位成功的咖啡商人。保罗也结婚了[32]，带着他的新婚妻子、一个名叫雷内·西蒙妮的法国女人来到黑里绍。罗夏深深感到，看到弟弟妹妹和他们所爱的人安顿下来，是一件非常幸福的事情。

和在明斯特林根的那些年一样，罗夏在空闲时间回阿尔邦拜访家人，还去了沙夫豪森。雷吉内利仍然和她的母亲一起生活在沙夫豪森，罗夏邀请她到黑里绍住些日子。雷吉内利后来回忆，罗夏在黑里绍给她读了许多书[33]；在森蒂斯峰脚下和兄长的一次旅行中，雷吉内利听到了教堂的钟声，在清新的空气中悠悠传来——这是她生命中第一次非常美好的体验，几十年后她说，这是她一生中唯一一次感受到了无限、永恒。

不会见病人也不写作的时候，罗夏的书房成了孩子们的游戏室。在罗夏表弟的记忆中，他是一位"优秀的父亲"，他"在孩子的抚育中帮了大忙，几乎比孩子们的母亲帮助还大"。[34] 他尽一切可能满足丽萨和瓦季姆的需求，却极少在自己身上花钱，为他们制作各种各样的玩具、画片和图画书；丽萨记得自己有一幅小小的水果图片，画得非常逼真，自己将那幅图片舔得模糊不清[35]。有一年圣诞节[36]，罗夏制定了计划，其中包括为丽萨雕刻"4只母鸡、1只公鸡、5只小鸡、1只公火鸡、1只雌火鸡、1只孔雀、4只鹅、4只鸭子、1间小屋和2个女孩"。他的艺术创作不仅仅为了孩子，也源自孩子。"我正想要寄给你一些关于丽萨的画，"他写信给保罗，"我正在为她制作一本传记！"[37]（参见彩色图版第6页）

但是，这个家中也并非万事如意。[38] 上司科勒一家[39]正好住在楼下，他家有3个男孩，最小的那个叫鲁迪，只比丽萨大4岁，他记得罗夏夫妇的婚姻关系"非常非常具有爆炸性"。主管的妻子索菲·科勒是罗夏的好友，她经常听到楼上激烈的争吵，很怕奥莉加。她觉得罗夏也害怕奥莉加。罗夏有时会熬夜工作，深夜里还在打字，夫妻俩会因为这事反复争吵。"他又在那里咔嗒咔嗒了。"奥莉加愤怒地说道。雷吉内利也亲眼见过两人争吵，看到他们流泪、指责、歇斯底里——丽萨出生后不久，有一天，罗夏回家晚了，奥莉加发了脾气。"太可怕了。"吵架的时候，奥莉加会乱扔盘子、杯子、咖啡壶，罗夏家厨房的墙上永远沾着咖啡渍。

外界对奥莉加的这些印象虽然是消极的，但比她自己后来的回忆录揭示得更多，她在回忆录中总是将自己的婚姻生活理想化，其他人记忆中的她则是一个狂暴、冲动、性感、专横的女人，而这也是罗夏爱她的原因。奥莉加被描述成一个"半亚洲的"俄国人——"剥开一个俄国人，你会看见一个野蛮人"，这句俗语也曾被人拿来形容奥莉加——这只能表明，当时的瑞士人在很大程度上没能尊重与罗夏结婚并相爱的外国人。作为一个医生，奥莉加在黑里绍没有执业资格，她肯定比罗夏更感到孤独。尽管人们认为奥莉加很固执，但这对夫妇最终还是回到了瑞士，他们的孩子也接受了新教洗礼，而不是她希望的东正教。

即便赫尔曼觉得这是一段糟糕的婚姻，那他也从未表露出来。比如，他总是向雷吉内利讲奥莉加的好，尽力解释奥莉加的行为，就像以前他解释继母的行为那般。他爱奥莉加，因为她把他从自己的壳里拉出来，因为她"给他生育孩子"，因为她使他感到了生活的充实。罗夏这位沙夫豪森的壁花、明斯特林根和黑里绍的活动策划人几乎从不跳舞，派对上，奥莉加身着黑色礼服，和一个接一个的病人近身跳舞时，罗夏也不会去跳。吵架过后，赫尔曼和奥莉加会手挽手非常招摇地穿过精神病院。

人们对赫尔曼工作时间的争论也分两面。他的确做了大量工作，但奥莉加将其视为"西方的"野心，反社会且误入歧途；他们的一个女佣后来说，她认为罗夏为孩子们做了些事，比如为他们制作玩具和礼物，多过陪伴他们。

有时候，罗夏也会满足于自己在精神病院的工作。在黑里绍生活了几年后，有一次，罗夏同家人乘船出游[40]，他说他感觉到自己对于他的病人来说很重要——他不仅是一位医生，还真正给予了他们情感上和精神上的帮助，而且这是值得的。他和奥莉加会在冬天的夜晚放映关于俄国的幻灯片讲座，为医院员工提供个人发展的其他机会（比如为女性员工提供缝纫和刺绣课程，男性则是木工课程）。罗夏于1916年为护理人员开创了医学培训课程：关于精神疾病的本质和治疗。这在瑞士的诊所中是前所未有的。

他又开始积极筹划戏剧[41]，设计和制作小道具，最著名的是1920年2

月为影戏嘉年华制作的四十五个人偶。这些异想天开的作品——高 10 到 20 英寸，用灰色的铰链纸板制成——描绘了医生、工作人员、病人以及罗夏自己的形象。按照罗夏在日记中的说法，这些作品非常受欢迎，它们展现了他观察和捕捉运动的能力。据一位朋友回忆："他可以快速剪出一个纸板剪影，给它装上活动的关节，从而再现人物特有的运动，例如一个人拉小提琴，或是脱下他的巴洛克式帽子。"[42] 然而，罗夏曾在莫斯科剧院看过表演，在克留科沃和几位 20 世纪最伟大的演员一起工作过，他非常清楚，精神病院的戏剧作品肯定是达不到戏剧标准的。和明斯特林根的病人不一样，黑里绍的大部分病人行为能力丧失得厉害，连观看表演也做

上图（4 幅）：为克龙巴赫嘉年华制作的铰链纸板剪影人偶；背面结构；带着账册的精神病院管理员、提着水桶的病人和拿着信号喇叭的守夜人

下图（2 幅）：女孩在玩耍

赫尔曼·罗夏,一岁半,1886 年

赫尔曼·罗夏,六岁,身着瑞士传统服饰,1891 年

赫尔曼·罗夏,二十一岁,正在医学院就读,1905 年

赫尔曼·罗夏的父亲乌尔里希和母亲菲利皮内

赫尔曼·罗夏的妹妹安娜，
1911 年

赫尔曼、安娜、保罗、乌尔里希和孩子们的继母雷吉娜，约在乌尔里希再婚前后，1899 年

在沙夫西亚兄弟会的日子（1901年），右起第二人是赫尔曼·罗夏，他手握着啤酒杯

号角、啤酒杯、剑和绶带，右起第三人是赫尔曼·罗夏，打着黑色领结，拿着一本书

上：奥莉加在苏黎世，二十七岁，1905 年前后
下：罗夏在苏黎世（？），约 1906 至 1908 年

上：罗夏和奥莉加的婚礼照片，1910 年 5 月 1 日
下：保罗、赫尔曼、雷吉内利和雷吉娜在明斯特林根，1911 年前后

奥莉加和赫尔曼身着吉卜赛服饰,奥莉加扶着她的新吉他,1910年圣诞节

赫尔曼抱着女儿丽萨,1918年

赫尔曼在黑里绍公寓的办公室里,手里拿着雪茄,1920年

泛舟康斯坦茨湖，1920 年前后

桑蒂斯峰徒步旅行，1918 年 9 月

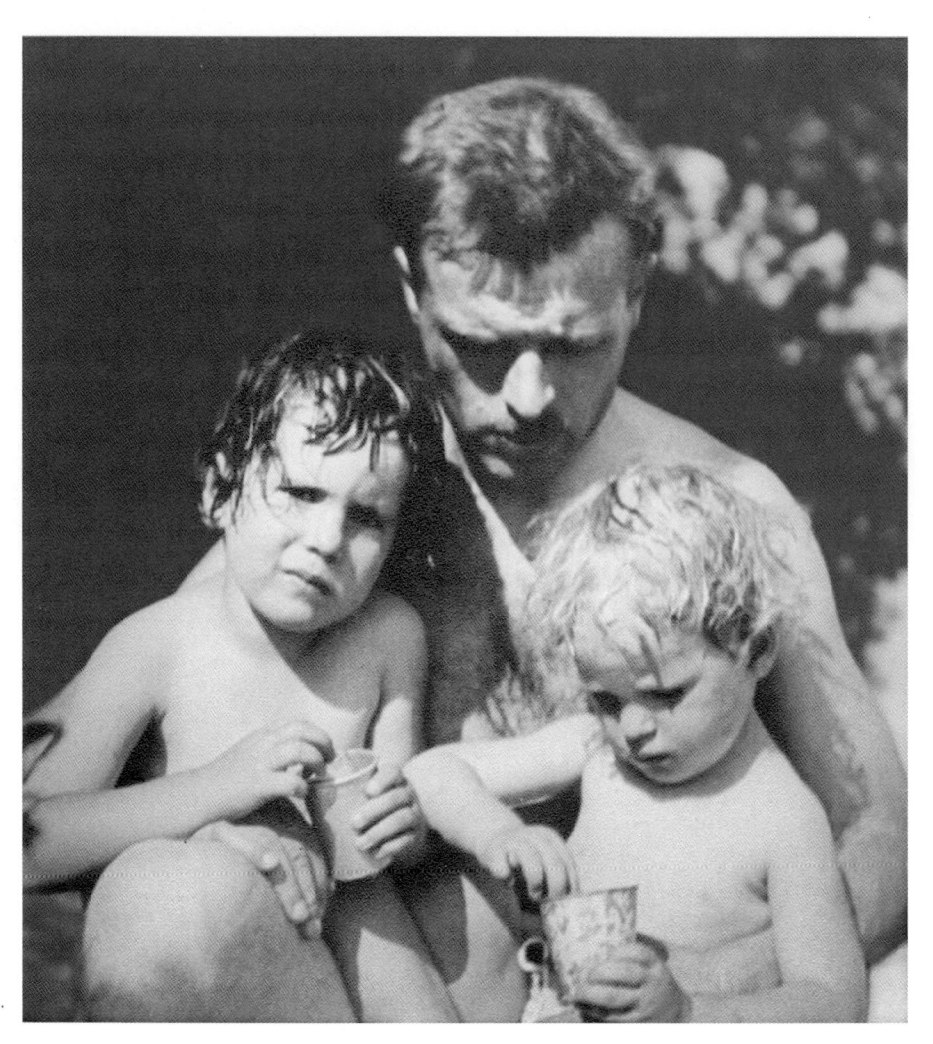

赫尔曼、丽萨和瓦季姆，1921年夏

不到，更不要说参加演出了。罗夏在写给一位朋友的信中说："我妻子现在很想看看一座真正的剧院是什么样子的，她几乎完全忘记了。"[43]

罗夏试图对他繁忙的工作表现出积极的态度，但他越来越厌恶上司对他时间上的要求以及给予他的一点点艺术上的满足。某年9月他写道："我额外的冬季工作又要开始了：剧院之类的工作并不怎么有趣。我得去木工车间修修补补，以为这些工作做准备……随着岁月的流逝，这变得有点令人厌倦。"

由于缺钱以及工作需要，罗夏一家不能去度假。直到1920年，他和奥莉加及孩子们才在楚格湖畔的里施享受了他们第一个真正的家庭假期。"这对于我们来说非常棒，"赫尔曼写道，"我在度假期间画了很多画，这样至少丽萨能够更好地记得这次经历。"除此之外，赫尔曼还会在桑蒂斯峰附近徒步旅行几天，或是到苏黎世或其他地方出差讲学。其中有一次旅行是具有决定性的。

1917年中期[44]，罗夏在访问苏黎世的大学诊所时，遇到了一位名叫希蒙·亨斯的25岁波兰医学生，交谈了大概15分钟；当年晚些时候，他们又短暂见了一面。欧根·布洛伊勒也是亨斯的导师，曾给他30个论文题目供他选择。亨斯选择了墨迹。

亨斯使用了8幅粗糙的黑色墨迹图来测量被试的想象力[45]——考察他们的想象力有多丰富或是多贫乏。尽管他将特定的反应和被试的背景或人格联系起来，但是做得比较浅显，只有表面上的内容[46]，比如，一名理发师看到"戴着假发的女性的头"，裁缝11岁的儿子看到"裁缝画的背心图样"——这两个案例表明，自身的工作或父母的工作"对想象力产生了很大的影响"。大多数时候，亨斯的工作只是核算被试答案的数量，而这些答案被试必须自己写出来（20幅墨迹，限1个小时内写出尽可能多的联想）。更多的工作，亨斯就无能为力了，因为他要测验1000名学生，100名正常的成年人，以及100名精神病患者——这是一项艰巨的任务。亨斯后来说，他的女朋友[47]帮助他收集了结果。虽然他的论文为后来其他人的研究提出了一些有启发性的观点，但他自己的结论非常有限，例如，"精神病患者与健康被试对墨迹的解释方式并不会有什么不同，是可以做出诊断的（至少目前是这样）"[48]。

此时的罗夏已经在黑里绍待了两年，他那些难以治疗的病人已经被他磨得像鹅卵石一样光滑。他于1914年就逃兵约翰内斯·诺伊维尔特所作的分析文章在1917年8月发表，他在其中明确表示，一项理想化的测验可能以某种方式结合并取代字词联想测验、弗洛伊德的自由联想和催眠。亨斯的论文《使用无定形墨迹对学生、正常成年人和精神病患者展开的想象力测验》在1917年12月发表，但罗夏肯定在早些时候通过布洛伊勒或亨斯本人看到过文本或听说过这项实验。一切都准备好了。

第十章

一项简单的实验

罗夏已经意识到墨迹实验可以进行到多深的程度，但是眼下，他最需要的是质量更好的图片。他知道，有些人能够以自己的方式去感受某些图片，产生心理上甚至是生理上的反应，其他人则不会。他开始制作几十张甚至几百张墨迹图，在他能够遇到的每个人身上进行测试。

即便是罗夏在黑里绍进行的第一次尝试，完成度也很高，那些图片有着相对复杂的构图和新艺术风格的设计感。先是草稿，随后是简洁清晰，同时越发难以辨认形象的墨迹。这些图片在无意义和有意义之间徘徊，正好处于"太明显"和"不够明显"的分界线上。

与亨斯和肯纳的墨迹相比，罗夏的墨迹更容易观察。亨斯的墨迹解释有些勉强：好，你可以说它像一只猫头鹰，但它实际上不是……亨斯自己也在论文第一页这样写道："实验者和正常的被试都知道，墨迹仅仅是墨迹而已，他们的答案只能依赖于模糊的类比，和对图像或多或少出于想象力的'解释'。"罗夏的墨迹图可能真的是两个服务员在倒汤，中间有个领结。你可以通过此图感受到答案。其中有意义。

尤斯蒂努斯·肯纳则走了另一个极端，他的墨迹图解是明确无误的，他甚至还添加了说明文字。相比于肯纳的墨迹，罗夏的墨迹是暗示性的

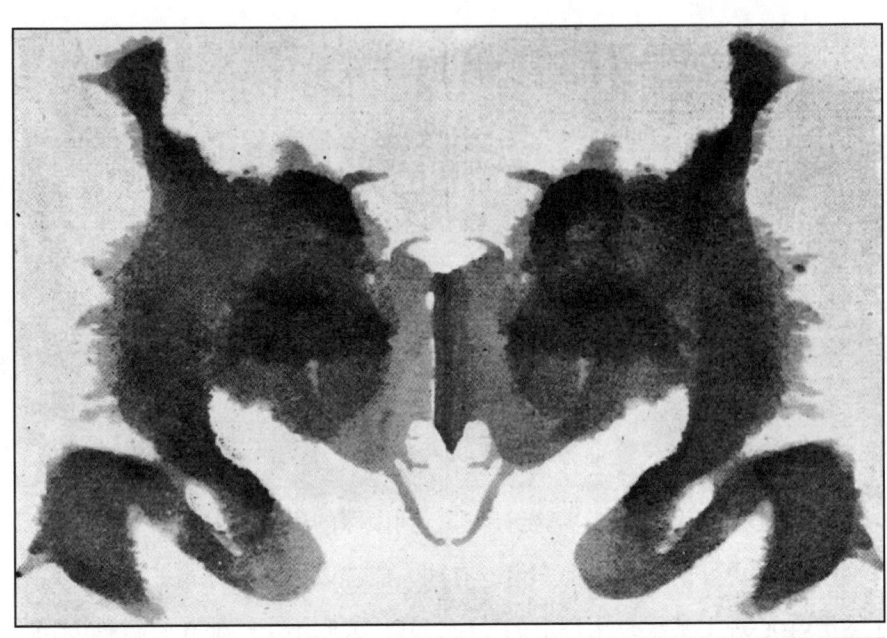

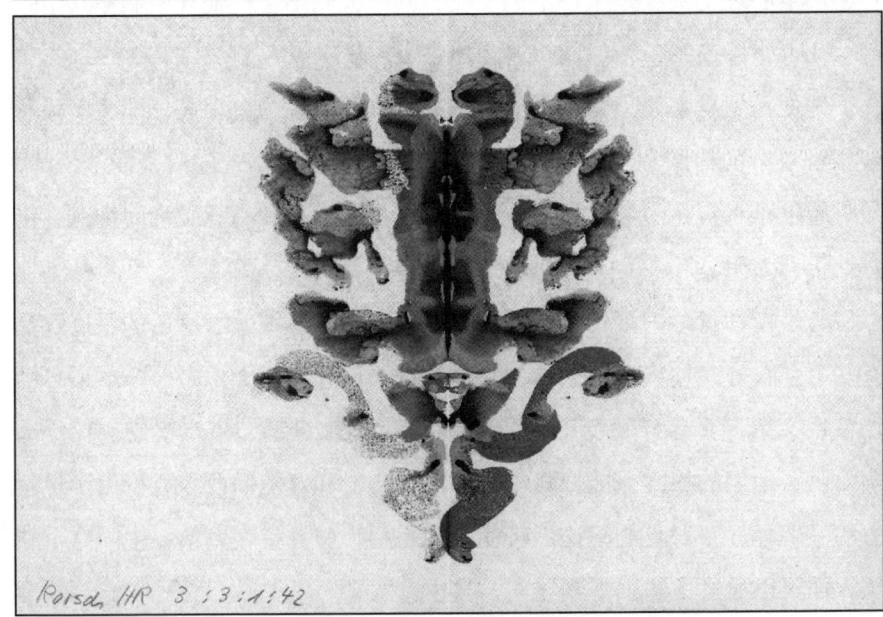

上图：希蒙·亨斯博士论文的 8 号图版

下图：罗夏，早期墨迹，没有日期，可能没有用于任何测验或实验

（有多有少），而且更容易解读。它们具有不甚明显的前景或背景关系、有潜在意义的留白或连贯性，因此，观察者不得不将图像整合成一个整体，又或拆开来看；它们可以被看作人或非人、动物或非动物、骨骼或非骨骼、有机的或无机的。它们处于一种可被理解又不可被理解的分界线，具有一种神秘感。

罗夏在制作这些墨迹时，努力消除工艺和艺术的印记。这些墨迹必须看起来没有任何"人为制造"的痕迹[1]，它们"非人格化"的特点是至关重要的。在早期的草图中，罗夏下笔的位置、画笔的粗细等特征仍然十分明显，然而很快，他就做出了看起来像是泼上去的墨迹。显然，这些图片是对称的，但太复杂了，不仅仅是折叠过的污迹而已，色彩也为其增加了神秘感，让人不禁疑惑，这些颜色是如何进入一张墨迹图的？罗夏的墨迹图越看越不像在生活中或艺术中看到的事物。"很长时间里，我都在使用那些更复杂、更结构化、更令人愉悦，也更美观的图片，"他后来这样说，"但为了产生更好、更有启发性的结果，我放弃了它们。"[2]

尤为重要的是，这些图片看起来不像是谜题或测验。罗夏的妄想症病人对于任何别有用心的暗示都非常容易触发反应，图片上不能有名字或是数字，因为病人会过于关注它们可能意味着什么，从而忽视图片本身。同时，这些卡片上还不能有黑框，因为在瑞士，这可能会让精神分裂症患者想起一张有黑边的死亡通告。罗夏从明斯特林根学会了如何避开病人的怀疑，很早他就意识到了墨迹方法的巨大优势，即"像是在做实验，也像是在玩游戏，还不会影响实验结果。通常情况下，即使是不愿意参加任何其他实验的反应迟钝的精神分裂症患者，也会心甘情愿地完成这项任务"[3]。这很有趣！最初，罗夏根本就没有把这些墨迹看作一项"测验"，他称之为一项"实验"[4]，一项针对人们观察方式展开的非判断性的开放式调查。

让墨迹对称似乎是一个必然的选择[5]，但这是罗夏的一个关键性决定或直觉,对结果至关重要。心理学领域早期的墨迹不一定是对称的:阿尔弗雷德·比奈用的仅仅是"一张白纸上奇形怪状的墨渍";惠普尔的15张墨迹图中只有2张是对称的,雷巴科夫的8张中也仅有2张对称。但罗夏的墨迹图是对称的,他还提出了这样做的理由:"图像对称有缺点,即人们会看到特别多的蝴蝶之类,但其优点远远超过缺点。对称使得形状更加悦目,从而让被试更愿意完成任务。这样的图片同样适用于左利手和右利手的被试,也能鼓励被试从整体上观察图片。"

罗夏本可以选择在水平中心线上使用垂直对称,利用地平线或反光水池的景色,甚至是对角线对称,但他使用了水平对称或者说左右对称。或许他记得海克尔《自然界的艺术形态》中讲到的,左右对称看起来更系统且自然,抑或他记起了费肖尔关于移情的文章[6]中谈到的"水平对称总是比垂直对称呈现出更好的效果,因为这与我们的身体相似"。无论是有意为之还是仅凭直觉,他研究了我们关心的一切事物的对称性:他人,他们的脸,我们自己。左右对称创造出了会让我们在情感上和心理上做出反应的形象。

另一个关键是红色的使用。[7]和其他画家一样,罗夏知道,红色和其他暖色调可以诱发观察者的反应,而蓝色和其他冷色调则会使反应消退。在墨迹测验中,当要求被试做出反应或是抑制反应时,红色比其他颜色能令被试表现得更加积极。在饱和度相同的情况下,红色在人眼看来比其他颜色更加明亮,这就是亥姆霍兹-科尔劳施效应;在相同的明度下,红色看起来也比其他颜色更加饱和。红色比其他任何颜色都能更好地与明暗法相互作用,与白色对比看起来很暗,与黑色对比则很亮。(人类学家在1969年发现,有些语言只有两个颜色术语——黑色和白色,但任何语言只要有第三个颜色术语,就是红色[8]。)心理学上早期的墨迹中根本没有使用过颜色,但罗夏使用了最鲜艳的颜色——红色。正如左右对称是最有意义的一种对称一样。

不再使用墨迹测量想象力,是罗夏和他的前辈最明显的区别。罗夏在亨斯论文的第一页读到,在无固定形状的墨迹中看到东西"需要我们所谓的'想象力'",如果没有"对图像或多或少出于想象的'解释',墨迹仅仅是墨迹而已"。当时,罗夏一生的经历都在告诉他:不是这样的。墨迹不仅仅是墨迹,哪怕它有任何一点好处,它就不仅仅是墨迹而已。墨迹图片有其真正的意义。图片本身会限制你如何看待它,但它不会剥夺你所有自由:不同的人有不同的看法,而且差异是显而易见的。作为一个医生和一个努力去参透人心的人,罗夏在苏黎世美术馆从朋友那里学到了这一点。

通过计算反应数量来衡量被试的想象力有一个最明显的问题(尽管对亨斯或阿尔弗雷德·比奈来说可能并不明显),即一些回答是富于想象力的,另一些则不是。有的回答很能体现感知力,说明被试在图片中看到了一些真实的东西,但这与想象力是两码事。对有妄想症的人来说,他们的妄想就是真实的。罗夏意识到,看到一个墨迹后,没有人会试图去看其他不存在的东西。他们会努力"给出一个尽可能接近图片真相的答案。这一点,对于富有想象力的人和其他任何人来说同样适用"[9]。罗夏还发现,无论他是否告诉[10]被试"发挥你的想象力",结果都没有区别。一个原本富于想象力的精神分裂症患者"当然会比原本不善于想象的患者产生更多不同的、丰富多彩的幻觉",但是,当一个精神病患者将幻觉当作现实时,这"可能和想象力毫无关系"。

罗夏早些时候听说过的关于他的墨迹的两种反应[11]证明了这一点。在最后一次测试的卡片Ⅷ(参见彩色图版第1页)中,一名36岁的妇女看到了"一个宛如童话故事般的画面:两个蓝色藏宝箱埋在树根下,树下有一堆火,还有两只守护神兽"。一个男人看到"两只熊,身体是圆的,感觉这是伯尔尼的熊坑"。

富有想象力的人能将形状和颜色整合成一个完整的画面。上述的女性反应很有趣，她愉快地讲述着。相比之下，第二个男性的反应，是罗夏所谓的"虚构症"：锁定图片的一部分，而且将其看得比其余部分更加重要，或者干脆无视其余部分。男性将圆形看作熊坑，而不是有熊在里面（熊的形状实际上位于卡片的边缘），因为他的思想被熊困住了，所以一切事物都必须是和熊相关的。他再也看不清背景中的圆形，也无法将其与图片中的其他事物联系起来。[最近的一个虚构症的例子是将卡片 V（见第 159 页）看作"贝拉克·奥巴马背着乔治·布什"[12]，因为"这是两股力量的交锋，整幅图片可能看起来像一只雄鹰，鹰是这个国家的象征"。这是鹰的象征意义，实际上并不意味着这部分看起来像总统。] 罗夏将那些虚构症下的答案定义为一种攻克难题的心理，而非创造性游戏，其逻辑尽管没有真正的意义，但有一种奇怪的文学性。那位女性的童话故事联想富有文学性和创造性，她的反应富于想象力，但与此同时，她的感知比有虚构症的人要连贯得多，而且更清晰地根植于图片。

简而言之，在一个墨迹中发现一个新事物不应该仅仅算作一个人的想象力又得了一分。重要的是人们如何看到他们所看到的事物——他们如何接受视觉信息，他们如何理解、解释、感受这些信息。他们可以用这些信息做什么，信息在梦中又是如何作用的。

罗夏在论文中集中讨论了相对狭隘的生理意义上的知觉机制，探索了视觉或听觉通道与身体感觉之间的相互作用。但是，知觉的内涵很广，解释的一切方式都是感知。"对随机图片的解释就是一种知觉"[13]，罗夏如是说。

在设计和制作墨迹的同时，罗夏还要想清楚他正在设计的实验的目的是什么。他想研究最广泛意义上的知觉，但这意味着他应该问被试什么问题呢？应该注意他们反应的哪些方面？

与他强调知觉胜于想象的观点相一致，罗夏向被试提问时，不是问他们发现了什么，想象到了什么，或是能看到什么，而是他们看到了什么。他的问题是"这是什么"或"这可能是什么"。

人们的反应开始揭示出比罗夏能够想到的更多的内容：更高或更低的智力，性格或个性，思维障碍以及其他心理问题。墨迹使他能够区分某些用其他方式难以区分的精神疾病。一开始是一项实验，现在看起来，实际上是一项测验。

罗夏坚持认为，他"凭经验"发明了这项测试，只是偶然发现了一个事实，即不同种类的患者和不同人格的非患者倾向于以某些方式做出反应。当然，直到他开始注意到，特定的反应类型从一开始就是与众不同的，他才明白这种反应意味着什么。一旦他有所行动，他一定已经察觉到了他接下来将继续寻找的一些联系。不过，他的厉害之处在于，他能注意到一种模式，随后密切关注，并考虑临界病例，他可能会制作新的墨迹来展现这种显著特征，然后再从头尝试。

几个月后，成熟的测试实现了。1917年初到1918年夏天，没有留下笔记或是注明日期的草稿，也没有罗夏写给什么人的书信，因此，我们永远无法确切知道这期间发生了什么。在1918年8月5日的一封信中[14]，罗夏告诉一位同事，他"现在手头上已经做了很久的有关'墨迹'的实验……布洛伊勒知道这件事"。同月，他记下了实验，描述了最终的10幅墨迹图在测验过程中的最终顺序，以及解释结果的基本方案。他希望能在杂志上发表那篇长达26页的论文，其中有28个样本测试结果。罗夏后来将这个框架做了扩展，但从未改变过。

罗夏认为，人们的反应有4个重要方面。首先，他记录了被试是否"拒绝"了所有卡片，以及完全拒绝反应的总数（只是粗略的测量）。他发现，正常被试从不拒绝任何卡片，"而大多数被特定情结阻断的神经官能症患者会拒绝某一张卡片"。反应的数量可能暗示被试有基本能力或不能执行任务，也可能暗示被试躁狂（反应很多）或抑郁（反应很少），但并没有揭示出一个人是如何去看这些卡片的。

其次，罗夏记录下了每一个反应，不管是描述了整张墨迹，还是指向了墨迹的一个部分。称卡片Ⅴ为一只蝙蝠是"整体反应"（W）；在卡片Ⅷ的任何一侧看到熊或是在卡片Ⅰ的中央部分看到一位举着手臂的妇女，则是"细节反应"（D）。看到一些事物几乎从不会被注意到或解释出来的微小的细节，比如卡片Ⅰ的最外面的顶角是一颗苹果，这是"小细节反应"（Dd）。这种解释往往有其自己的"代码"。罗夏将W、D和Dd的规律作为研究被试特征的途径（或者按他自己的话说，作为"把握事物的方法"），观察被试的反应倾向于从整体到部分，还是从部分到整体，或者困于整体或部分。

第三，罗夏根据图片的属性对每个反应进行了分类。当然，大多数反应都是基于形状做出的，比如在一张蝙蝠形状的墨迹中看到一只蝙蝠，在一张有部分熊的形状的墨迹中看到一只熊。他将这些称为"形状反应"（F）。

其余反应是关于颜色的，比如把一个蓝色的方块看作一朵勿忘我，把一个红色的形状看成朝霞。将一块蓝色区域当成天空时，即使没有明确地说出"蓝色的天空"，这也是一个"颜色反应"（C），因为这样的反应是基于墨迹上的颜色而非形状做出的。在正常的被试中，完全没有形状反应的纯粹的颜色反应是很罕见的。更罕见的是把颜色从形状中完全分离出来的情形。"颜色-形状反应"（CF）最为常见，主要基于颜色做出反应，但在某种程度上考虑了形状（比如将形状不是特别像大石头的灰色墨迹看作"岩石"，或是将飞溅的红色墨迹看作"鲜血"）。"形状-颜色反应"（FC）

也很常见，主要基于形状做出反应，但也在某种程度上考虑了颜色（比如"紫色蜘蛛"或"蓝色旗子"）。

那些描述卡片中运动形状的答案为"运动反应"（M），比如"跳舞的熊""两只亲吻的大象"或"两个相互鞠躬的服务员"。这在罗夏的分类中是最不明显的——为什么熊在跳舞或不跳舞会有意义？然而，罗夏的论文都关乎看到和感觉到的世界上的运动之间的相互作用。作为一位艺术家，他的专长是感知和捕捉运动，无论是铰链式影戏人偶，还是他留在患者档案中的姿态速写。罗夏在1918年版本的测试中写道，当人们给出运动反应时，他通常会看到他们运动或开始运动，在这个阶段，他认为，运动反应本质上是一种反射性幻觉。

被试对一个墨迹的几乎每一个反应都基于形状、颜色和（或）运动，但是罗夏的确偶尔会遇到一个与上述不同的抽象反应，例如"我看到一股邪恶力量"。

最后，罗夏注意到反应的内容，即人们在卡片中看到了什么。"当然，任何你能够想象的东西，"正如罗夏所说，"而且，对于精神分裂症患者，有很多是你想象不到的。"

罗夏和其他任何人一样，对参与测验的患者和非患者做出的出人意料、有创造性、时而古怪的反应感到着迷和兴奋。但是，他关注的主要是一个反应是"好的"还是"差的"，即对墨迹实际形状的描述是不是合情合理。他把注意力放到人们首先看到了什么上，以此作为一种评估他们看得好坏的途径。一个形状反应如果标记为 F+，就表示良好，F- 则相反，F 则表示无出奇之处。

罗夏在1918年8月的手稿中，提出了一个持续困扰他的问题：谁来决定什么是合理的？"当然，对智力各异的正常被试进行多次测验是必要的，以免在判断一个 F 反应到底是好还是坏的时候存在个人武断。"此时，罗夏刚发明这个测验不久，没有数据能让他客观地区分好坏，也没有一套行之有效的标准。为判断一般被试哪个反应是正常的，以及哪个反应是不寻常或独特的，罗夏打算建立一个定量基线，这是他的首要目标之一，因为一个人对形状反应好与差的百分比（F+%和F-%）是衡量认知功能的一个关键指标。

只有少数几个内容类别，罗夏认为是有意义的，比如看到人物、动物或解剖结构（分别记作H、A、Anat.）。如果一个人总是做出某一特定种类的反应，或是反应范围很广，那就要紧了。不过总的来说，内容还是次要的，罗夏关注的主要是产生反应的墨迹的形式方面：细节和整体，运动、颜色和形状。

被试的书面记录列出了被试给出的每个反应并进行编码。例如，对于卡片Ⅷ，反应为"两只北极熊"会被编码为常见的动物形状反应，该反应通常解释为细节反应，也就是对两侧的红色图形没有颜色反应（DF+A）。"炼狱之火和跑出来的两个魔鬼"编码为关于细节的运动反应（DM）。由于墨迹实际看起来并不像地毯，"地毯"编码为不良的形状整体反应（WF-）。"异常的红色、棕色和蓝色的头部静脉肿瘤的扩散"[15]，这是罗夏从黑里绍一位患有严重的非系统性妄想的过度兴奋的40岁精神分裂症患者那里听到的一个反应，这个反应是一个整体的颜色反应（WC），不用说，还有其他问题。

在对反应进行编码以后，罗夏会计算一些基本分数，比如有多少个F反应、C反应、M反应，不良反应的百分比（F-%），动物反应的百分比（A%）。测验结果是十几个字母和数字。

罗夏在1918年对测验进行概述的文章中，描述了几十种不同亚型精神病的典型结果。在黑里绍，当缺乏足够的病例数量时，他总是会小心翼翼地阐述和概括。他坚持认为，这些典型的反应，虽然看起来有些随意，

罗夏在 1917 至 1918 年发明了其他视觉测验，并利用它们来补充或证实他的发现，但随着他对测验的专业知识的增长，他逐渐放弃了这些不必要的测验。

颜色（**参见彩色图版第 5 页**）：一只青蛙色的猫（或猫形的青蛙）和一只公鸡或松鼠，用来测验形状或颜色在被试的感知中是否起到更重要的作用。癫痫患者，特别是痴呆患者看到了青蛙和公鸡，证实了墨迹测验中对颜色的强调。

运动：罗夏在去掉斧头和背景的情况下，复制了费迪南德·霍德勒（Ferdinand Hodler）的伐木工形象。自 1911 年起，这个形象就一直印在 50 法郎的钞票上，在瑞士家喻户晓。然后他把它举到一扇窗户前，画了一幅镜向的画。他向人们展示两张图片，然后问："这个人在做什么？""你觉得这两张图片哪一张画得对？"对于第一个问题，有过多次运动反应的人没有任何困难，但对第二个问题却无法回答，显然他们对每一幅图片的感觉都一样好。那些很少或没有 M 反应的人很容易回答这两个问题。霍德勒的图像显示了一个左利手樵夫，就像右上方的图片一样，但正常的右利手说这与他们相匹配，因为他们觉得这个动作就像是自己的镜像（反之亦然，对于左利手来说）。

形状：根据罗夏的说法，精神分裂症患者可能会把下面的澳大利亚墨迹称为"非洲，但不是正确的形状"，因为墨迹是黑色的，而黑人来自非洲。他还将意大利做成一个墨迹，精神分裂症患者称其为"俄国"（德语中是 Russland），因为它是油烟（德语中是 Lampenruss）。

却在实践中出现了。他写道，一个躁狂抑郁症患者在抑郁阶段不会做出任何运动反应或颜色反应，也没有任何人物反应，总是从小细节开始反应，然后才对整体进行反应，而且整体反应很少。另一方面，患有精神分裂症后抑郁的人拒绝反应的卡片更多，偶尔会给出颜色反应，经常给出运动反应，动物反应的比例少得多，而且有明显更多的不良反应（F-%=30-40）。为什么呢？罗夏没有妄加猜测，但他指出，这种鉴别诊断"在大多数情况下确实"能够区分躁狂抑郁症型抑郁和精神分裂症后抑郁之间的差异，是医学上一次真正的突破。

尤其是对精神疾病的发现，测验结果足以令人信服。当一个没有精神病症状的人产生了典型的精神病反应时，罗夏深入挖掘，经常能够发现他们有精神病遗传，有直系亲属是患者，或者最近出现过症状，有时则是病情已经得到缓解多年。即使不是，罗夏也会做出潜隐型精神分裂症的诊断。罗夏认为，一般而言，墨迹揭示的是质，而不是量；是一个人心理状态的类型，而非表现出来的倾向性的程度。无论症状是强还是弱，甚至根本不存在，该测验都能检测出精神分裂症的倾向。不久以后，他开始努力解决一个伦理问题：如何告诉被试其在测验中表现出了潜隐型精神分裂症或精神病倾向。这是一种可能完全无法预料的看不见的精神疾病。但回报是值得的："可能我们很快就能够做到判断每一个案例是否存在潜隐型精神分裂症。想想看，对精神错乱的恐惧有多么折磨人们的生活，而假如这种情况真的实现了，我们就能够让人们从这种恐惧中解放出来！"[16]

罗夏从来没有试图把一个单一的反应强加给某种心理特征。例如，他发现某些类型的反应几乎都是精神分裂症患者或是有绘画天分的人给出的，但他并不打算推断出这样的结论：绘画技巧一定与疾病相关或是相似。罗夏还写道，当看起来相似的反应来自不同类型的人时，"性质上当然会非常不同"。

从一开始，墨迹实验就是多维的，"它同时要求并测验了多种不同的能力"。令人欣慰的是，这意味着测验很大程度上能够进行自我修正。罗夏发现，如果你过段时间对一个精神分裂症患者重新测验，会有"对于卡片的非常不同的解释，但是 F-%，运动、形状和颜色反应的数量，W 和 Dd 等，基本是保持不变的——当然，前提是患者的病情没有发生显著变化"。10 张卡片中的每一张都有引发多个反应的足够的余地，一两个特别有创造力或奇特的反应不可能改变总体分数。一条长着大胡子、在月亮上跳芭蕾舞的蛇，这样的反应并不意味着你疯了。

这些分数共同作用，反映了被试的心理状况。许多不寻常的或是奇怪的反应（F-）可能是高智商和高创造力的标志，也可能意味着严重缺陷和无法看到其他人看到的东西。但是，测验作为一个整体，能够区分两者之间的差异。第一种类型的人倾向于有大量整体反应、运动反应和良好的形状反应（W、M、F+），而第二种类型，上述三种反应很少。

整体反应可能是一个好迹象，也可能是不好的迹象。[17] 罗夏发现，一个"聪明、受过高等教育、情绪良好的"人对每个墨迹都做出了创造性的整合：包含所有良好的整体反应（WF+），总共 12 个。比如，卡片 II 是"在树桩上跳舞的松鼠"，卡片 VIII 是"一个奇妙的枝形吊灯"。这与另外一位冷漠的二十五岁瓦解型精神分裂症患者的反应概况非常不同，每张卡片他只能做出一个反应，大多数都是 F-（蝴蝶。蝴蝶。地毯。动物地毯。跟前一个一样。地毯……）。

测验的实施之所以不容易，就是因为不同反应之间类似的相互作用。一个特定反应意味着什么？对此，从来没有一个明确的解释。更糟糕的是，罗夏根本无法解释测验为什么是有效的。他根据经验或凭直觉推导出墨迹测验中存在的相互关系，但没有任何已经存在的理论能够解释运动和颜色意味着什么，或者为什么被试会首先注意到它们。罗夏对任何单一反应的解释都是从整体出发，而且往往出人意料。这一切，可以说是该测验的缺点，也可以说是它的优点：这使得测验变得主观和随意，或者说丰富和多层面。

罗夏曾向一家出版社自荐，是这样说的："它涉及一个非常简单的实验，它——暂且不提它的理论影响——具有非常广泛的应用范围。不仅能对心理疾病概况进行个人诊断，而且可以进行鉴别诊断：诊断一个人有神经官能症、精神病，还是健康的。对于健康的个体，它能够提供关于这个人性格和人格非常深远的信息；对精神病患者来说，测验结果能让我们看到他们以往的性格特征，其在很大程度依然隐藏于精神疾病背后。"[18]它还是一种新型的智力测验，测验中，"一个人的教育水平，或好或坏的记忆，永远不会掩盖他们真正的智力水平"。墨迹测验"得出的结论无关乎一个人的'整体智力'，而是构成个人千差万别的智力、素质和天赋的众多个体心理成分。尤其是在这方面，理论上的进步是不容忽视的"。

"我认为我可以有把握地说，这个测验会引起人们的兴趣，"罗夏以一种礼貌性的谦虚语气总结道，"我想知道，您是否有意出版。"

第十一章

测验令人感到兴奋和震撼

1919年10月26日，星期天，一位名叫格雷蒂·布劳克利（Greti Brauchli）[1]的年轻女子来黑里绍看望赫尔曼、奥莉加和孩子们。她是罗夏以前的老板乌尔里希·布劳克利的女儿。早在1911年和1912年，罗夏在明斯特林根时就曾尝试对她进行墨迹测验，当时她只有十几岁。现在她二十五六岁了，已经订婚，正准备结婚。她很激进，不太讨父亲的喜欢。而此时，墨迹实验也获得了一些承认。

罗夏在那年10月的早些时候到明斯特林根拜访过布劳克利一家，并向乌尔里希展示了测验。"他理解！"[2]罗夏随后高兴地指出，乌尔里希·布劳克利是最早的"真正理解这个实验并就其说了些什么"[3]的人之一。格雷蒂到达黑里绍的时候，罗夏正准备到德国的弗赖堡做一个讲座，向瑞士精神病学协会的专业听众介绍他的实验。他安排10月29日在圣加仑的博物馆与格雷蒂会面，打算对她进行墨迹测验。以往的测验中，他很少能找到这般有思想的被试。

罗夏很快对格雷蒂的测验进行了分析，并将结果邮寄给她，格雷蒂大吃一惊。"感谢你的报告！对结果，我并不感到惊讶，我惊讶的是你对所有事情的看法都是正确的，至少据我所知是这样（我们知道心理学上的自我描述经常发生错误)。"[4] 罗夏还发现了格雷蒂身上鲜为人知的一些特征,这一点尤其让她震惊:"很少有人知道——你是怎么做到的?"她满腹疑问,关于她的测验结果,也关于更深层的谜团:"你认为心理因素是既定的天赋,人们只能终其一生伴随并接受它吗?一个人的心理是保持不变的,还是可以通过自我认识和意志来改变和发展的?对我来说,我们必须得改变,否则一个人就是死的,是一个客观事实,而不是活生生的、有创造性的存在。"

　　罗夏写了一封热情洋溢的回信[5],解释了自己是如何得出结论的。格雷蒂对于小细节的关注揭示了她通常隐藏得很好的过分拘泥于细节的情形;她的许多运动反应显示出她并不知晓自己拥有的丰富想象力;她在信中告诉罗夏的"空虚和乏味"的感觉,很可能是她压抑这种想象力的副作用,而不是由于抑郁。对于罗夏提及的"容易情感适应"和"移情能力强",格雷蒂问起两者之间的差异,他解释说,顺应他人的情绪与强烈的移情并不相同,移情是参与并共享他人经验的能力:"那些有智力缺陷的人也能够调整自己的感受,从而适应他人,甚至动物也能。但只有聪明的、拥有自己内心生活的人才能移情……在某些情况下,这可以升级为一种和你与之产生共情的人的认同感,或者你参与进去的无论什么感受的认同感,例如优秀演员会从别人身上学到很多东西。"与往常一样,罗夏发现女性极佳的感觉能力:"情绪适应能力加上移情能力是女性的基本特征。这种结合导致了充满感情的移情作用。"还有一种更加丰富的组合:"如果适应性心理还能具有内省性,那么它将成为一个与所发生的一切事物产生更强烈共鸣的探测板。"格雷蒂拥有这一切。

　　对于格雷蒂提的关键问题,罗夏回答,心理状态不是永久不变的,"唯一不可能通过自己的努力改变的,可能是一个人的内倾与外倾相互关联的方式,尽管由于某种成熟过程,这种联系会发生变化。这个成熟过程不会在 20 岁结束，而是会继续下去，尤其在 30 岁和 35 岁之间以及 55 岁左右"。这是他在自己 35 岁生日之前几天说的。

罗夏还意识到，格雷蒂的问题已经超越理论，涉及了现实问题：她的未婚夫需要帮助。11 月 2 日罗夏开会回来的路上，在明斯特林根遇见了他，罗夏在日记中写道："**布里牧师**，格雷蒂的新郎：谦逊，安静，行动缓慢，但聪明且有活力。"罗夏告诉过格雷蒂，人是可以改变的，于是格雷蒂鼓励未来的丈夫去罗夏那里做心理分析。在两次通信后，汉斯·布里（Hans Burri）——或者是罗夏私底下称呼他的"我的强迫性神经症牧师"[6]——开始接受治疗。

罗夏减轻了布里在治疗中对被"影响"或被"控制"的恐惧："任何分析都不能是直接施加控制，而且，任何间接的控制也都源自患者自己的心理层面。因此，被试实际上不是在被"影响"，而是在展开自己的命运。"[7]起初，布里担心心理分析和他的宗教信仰之间存在冲突，但他逐渐感觉到，罗夏尊重他的观念，也尊重所有人的观念：布里注意到，即使是讨论宾格利和翁特纳赫勒这样的异端时，罗夏也从未表现出鄙视或讽刺。

作为一名治疗师，罗夏既没有威胁性，又具有同情心。但是他拒绝和布里做太多书面讨论，他认为，治疗必须亲自进行。他告诉布里动笔记下自己的梦，并告诉布里应该怎么做："有一种技巧，你可能会发现，它对于保留和记住梦境很有用：当你醒来时，绝对安静地继续躺着，然后在脑海里重温这个梦。只有这样才可能立即写下来。动觉很可能是我们梦境的载体，我们的身体一动，这些梦就会立即受到真实神经支配的阻碍。"罗夏的方法并不是经典的弗洛伊德精神分析法——和布里的谈话一般一周 5 次，但并不总是如此；罗夏会经常讲话和打断，而不是坐在那里沉默着无动于衷；每次谈话后，布里会留下来喝点咖啡或茶，闲聊一会儿，奥莉加也会加入，格雷蒂还通过信件感谢了奥莉加的热情款待——但符合弗洛伊德精神分析的基本原则，不同之处在于罗夏所使用的新工具。

1920年1月，布里开始前往黑里绍进行治疗，罗夏给他做了墨迹测验。布里的71个反应[8]——这是一个庞大的数字——明确指出了他面临的许多问题：过度的自我监控，无法表达情感，极端过分拘泥于细节，持续的、强迫性的思考，强迫性的幻想，折磨人的疑虑，对无法完成任何事情的抱怨，缺乏生活的热情……5个月后，布里又一次接受了墨迹测验，结果显示，他"在分析过程中发生了很大的改变；他那有意识地、强迫性地监控每一个想法和经验的'反射性发作'消失了"。布里的适应能力更强了；他的"情绪应对和和睦关系更加稳定了"；他的内心世界"更自由，更强大"了，与以前相比，有了更多独创的反应和两倍多的运动反应。与此同时，布里的"智力变化最小"，这一点罗夏曾向他保证过，但他对内在冲动的强迫性抑制完全改变了。

罗夏用实际行动向格雷蒂证明，人是可以改变的，是可以被治愈的。治疗结束，而且取得了近乎奇迹的结果，布里和格雷蒂对此心存感激。格雷蒂写信给罗夏说："感谢您所做的一切！您对他的治疗这样成功，这对他来说是最好的事情，您可以想象这使我感到多么快乐！"[9] 4个月后[10]，布里夫妇邀请罗夏夫妇参加了他们的婚礼。

在精神分析中使用墨迹测验的同时，罗夏的治疗实践——以及来自布里夫妇这样的测验参与者那聪明的提问——也加深了他对测验的理解。罗夏将布里的第二次测验结果告诉他，在写给他的信中说："我从你身上学习到许多东西。"罗夏给布里的关于如何记住梦的建议，最终将几乎一字不差地写进罗夏关于实验的书里。得以如此，是因为书还未能出版。

1920年2月，罗夏为这个"非常简单的实验"写宣传稿时，已经为测验的出版努力了一年半的时间。宣传稿不是第一次写，也不是最后一次。离正式出版印刷，还有一年半时间。

主要问题在于图片，还有——与往常一样——钱。印刷墨迹图的成本很高，尤其是那些彩色墨迹。罗夏 1918 年第一次向一家杂志[11]投稿时，建议只印刷一张彩色墨迹和几张黑白墨迹，也许还大大缩减了墨迹尺寸。那位编辑是罗夏长期以来的支持者和朋友，但他建议罗夏自己出钱；而那是不可能的。接着，他告知了罗夏一个可能会提供出版资助的基金会，但也没有任何结果。由于出版商一直犹豫不决，罗夏建议把尺寸缩小到原来的六分之一，或者将所有墨迹都印在单独的一页纸上，或者用不同的交叉影线代替颜色，甚至制作一个可以让读者自己给图片上色的版本[12]。"这些办法都不难实现啊！"他写道。

为了出书，罗夏一直努力争取，结果也一直令人沮丧，他就这样被困扰了 3 年。但这也给了他深化和丰富测验的机会。罗夏向出版商和关系亲密的同事寄了一封又一封信，发了一封又一封电报——一开始是职业化的语气，接下来是恳求的，然后是威胁的，最后是绝望的。但与此同时，他对墨迹的理解也不断加深，对这种新方法更加熟练，而且对其背后的原因有了更加深入的见解。面对各种因素对测验的改变，他意识到了自己能在哪些方面做出妥协，以及在什么地方必须划定界限。直到 1920 年 1 月，他"很高兴它没有以 1918 年的形式出版——现如今，整个作品已经发展为更大规模，而且，即使 1918 年初稿的基本事实不需要更改，仍然有许多要补充的内容。1918 年（战时）纸张短缺，当时我希望使用尽可能小的篇幅，使得那个版本在很多方面很糟糕"[13]。不过，时机已经到了，"我已经做了多年的实验：有些东西已经做好了发表的准备"。

延迟出版给了罗夏收集更大的结果样本的时间。截至 1919 年秋天，他已经用相同的图片测试了 150 个精神分裂症患者和 100 个非患者——当然，正如他指出的那样，只有在使用相同的测试系列时，才能将结果制成表格。这个数字很快增长到 405——这是一个相当大的样本，使得罗夏最终书稿中的发现更具说服力，并且使他能够定量地定义"独创性"反应，即每 100 次测验中出现不超过一次的反应。他从主观判断反应的好坏，开始转向客观衡量反应是否不寻常。正如他曾在一次讲座中提到的那样，为了效果，可能会稍微夸张一点。而且，这次讲座中，为了吸引圣加仑的听众，他还援引了阿彭策尔当地的传统：

> 比如，从主观上讲，我觉得对卡片 I 来说，唯一的好反应是两个披着大衣的新年哑剧演员，每边各一个，中间是一个没有头的女性身体，或是她将头向前垂着。但是常见的反应是蝴蝶、鹰、乌鸦、蝙蝠、甲壳虫、螃蟹和胸腔。从主观上看，这些反应似乎都不好，但是由于聪明的正常被试给出了许多次这类反应，我不得不将它们看作良好的和正常的反应——除了螃蟹。[14]

也是在 1919 年，罗夏开始通过盲诊（blind diagnosis）检验测试的准确性。这是他唯一能够使用的方法。事实上，人们认为是罗夏在先前没有过私人接触的情况下进行测试评估时创造了盲诊这个术语[15]。罗夏找来进行墨迹测验的人，在他们对主题一无所知的情况下提供计分和解释方案，接下来，被试会告诉罗夏解释是否正确。这样的测验正是从罗夏最亲密的朋友埃米尔·奥伯霍尔泽[16]开始的，他曾是布洛伊勒的助手，曾在苏黎世当过私人医生。他在自己于 1920 年出版的书中提及，"对照实验是这样做的：我仅仅以测验结果为基础对完全一无所知的人进行诊断——健康、神经质以及精神病。诊断错误率低于 25%。到目前为止，如果我知道被试的年龄和性别之类的信息（而这些信息是我故意没有获知的），这些错误中的大部分是可以避免的"[17]。

罗夏对盲诊总是有一些矛盾心理。[18] 他认为，盲诊只对对照实验和主试培训有用，当他考虑出版相关内容时，他还担心其"看起来有些像魔术师在客厅耍的小花招或是什么东西"[19]。但与此同时，这又是他可以将测验被试的范围扩展至他所在的精神病院的精神分裂症患者以外人群的唯一途径。"在黑里绍，我怎么才能得到我需要的资料呢？"他一度哀叹，"伟大的艺术家，艺术大师，那些很有创造力的人，这般人等，在黑里绍有吗？！"[20]

这些盲诊比任何其他方法都更能打动罗夏的同行，其中就包括欧根·布洛伊勒。罗夏于1919年11月在瑞士精神病学协会做了讲座，面对的是少数持怀疑态度的听众。曾有几个精神病学家指责他"太简略了"，不过，当罗夏指出他能够亲自向他们解释测验时[21]，他们改变了看法。那个曾写信给海克尔寻求职业建议、向托尔斯泰询问一个地址的人，毫不畏惧地把他的墨迹交给欧洲顶尖的精神病学家，并教他如何使用这些墨迹[22]。

布洛伊勒对墨迹产生了兴趣[23]：他至迟在1918年就知道罗夏的墨迹测验。在1919年会议回程的火车上，他告诉罗夏："汉斯确实也应该探索这些东西，但他仍沉浸在想象力的研究中。"[24] 布洛伊勒在布格霍尔茨利对每个人都尝试了弗洛伊德的理论，15年后，他开始给周围的人做墨迹测验，给罗夏邮寄了很多盲诊测验结果，并对罗夏的解释感到惊叹，这些测验结果中还包括1921年6月他给他所有孩子做的测验[25]——其中一个孩子后来成为一名精神病学家，即曼弗雷德·布洛伊勒（Manfred Bleuler）[26]，他在1929年发表了一篇论文，调查了兄弟姐妹之间是否会比非兄弟姐妹之间产生更相似的结果（曼弗雷德兄弟姐妹之间的确如此）。正如罗夏写给一位同事的信中提及的那样："你可以想象，我有多么渴望听到布洛伊勒有关盲诊结果的报告。"[27] 10天后，布洛伊勒寄来明信片，非常鼓舞人心：实验很成功。布洛伊勒写道："诊断的结果很真实，这很惊人，而且心理学层面上的观察和观念可能更有价值……即使诊断缺失或发生错误，所做的解释仍将保持其价值。"[28] 罗夏这位良师益友"在每一个关键问题上对他的研究结果都给予了证实"。[29]

除了精神病院的病人，罗夏还要处理几乎所有盲诊。尽管他非常想开设一间私人诊所，但由于家庭负担越来越大，他对搬家感到紧张。他曾对身在巴西的弟弟暗示过"一个计划，但是太冒险了，而且不幸的是，还十分冒失。我还没有办法透露"[30]。1919年，在做了两场关于宗派的重要演讲后，他写信给一位同事，说墨迹的事有了进一步发展，而且"我最近在苏黎世做了关于宗派主义的两场演讲。都是黑暗的事物，你看！黑暗的墨迹和黑暗的灵魂。但是，最黑暗的是生活在诊所的枷锁之下。可能有一天我也会挣脱这枷锁"[31]。几个月后，罗夏在日记中写道："11月8日。35岁生日。希望这是我在医院诊室里过的最后一个生日。"

成为全职的精神分析学家后，就可以赚更多的钱，有更多空闲时间，还会有罗夏所谓的"内在报酬"。"一次进展顺利的分析生动有趣、令人兴奋，很难想出比这更好的智力上和精神上的享受。即使分析进展糟糕，只能与地狱的折磨相提并论"[32]，但"为了墨迹实验"，他想观察类型更广泛的病人。

随着慢慢接触到更多的被试，罗夏发现墨迹似乎不仅诊断了疾病，而且揭示了人格，他为此着迷。在1918年的手稿中，罗夏呈现的28个测验结果中只有一个是来自非患者的；而在最终的书中，28个案例中的13个结果来自正常被试[33]。正如他给格雷蒂的信中所表明的那样，内倾和外倾、移情和依恋等问题越来越突出。罗夏认为，人格的关键在于运动反应和颜色反应。

到1919年2月[34]，罗夏开始将运动反应与自我的核心联系起来：M

反应越多，一个人的"内在精神生活"就越丰富。M的数量与人的"向内的能量、沉思的倾向以及智力（我对此持保留态度）"成正比。

那些给出更多M反应的人并不是行动更加迅速，更容易；相反，他们将运动内化，他们在内部运动，甚至行动迟缓，在实践中常常不灵活或者行动笨拙。罗夏说，他曾在一次墨迹测验中收到的最多的M反应来自一个患紧张症的"完全沉浸在内倾天堂之中的人。他整日都头朝下趴在桌子上，一天又一天，整天都不动；我认识他三年多了，他总共有两天有反应，原本一句话也不说，一年又一年。对他来说，所有墨迹都充满了运动"。在论文中，罗夏把从视觉中感受到运动描述为一种人类的自然能力，同时他也承认，不同的人之间存在差异。现在他发现，这些差异是可以衡量的，而且是有意义的。

随着运动反应变得越来越重要，罗夏认识到对它们进行编码是"整个实验中最棘手的问题"[35]。困难在于，"飞翔的鸟儿"或"喷发的火山"不是真正的运动反应，因为鸟儿当然会被说成在飞翔，火山也当然在喷发。这些只是词组转换，"修辞上的修饰"或者联想，而不是实际感受到的东西。而且，仅仅做出"天空"的反应，这也是一个颜色反应，即使没有提及"蓝色的"。同理，一个反应即使没有提到运动，也可以被编码为M，只要罗夏认为反应涉及运动。他后来举了一个例子，"基于我的经验"，把卡片I看作"两名胳膊下夹着扫帚的新年哑剧演员"是一个运动反应。他说，这个形状看起来不太像描述出来的形象，所以，"只有当一个人感觉到自己融入了这个形状，才会做出这样的反应，因为这个形状总是伴随着运动的感觉"。

对某物做出M反应是移情认同，是一种融入："问题往往是，被试确实有运动的感受吗？"为了回答这个问题，测试者必须绕过被试的话语，了解他或她内心感受到了什么。罗夏最初认为，当一个人做出运动反应时，你可以看到他的运动，但后来他意识到，这太简单化了。一个和罗夏一起工作的同事[36]曾描述过他们花几个小时辩论某被试对一张卡片所做的单一的反应是否应该编码为 M。

罗夏也开始赋予颜色反应以更深的心理含义。他在 1918 年的手稿中提及，通常来说，M 反应越多，C 反应就越少，反之亦然，但他主要区分的是动态反应和静态的形状反应。在这一点上，他很少谈及关于颜色的答案，除了在他不同类型精神疾病典型测验结果的列表中。他早期的作品中对颜色没有多少关注。现在他开始明白，形状、运动和颜色之间的关系要复杂得多。

颜色反应与情绪或情感有关。罗夏使用 affect 一词表示情绪反应，无论是情感还是情绪表达。一个人的"情感性"就是他的情感模式，即他是如何被事物"影响"的。罗夏发现，具有"稳定情感"的被试（他们反应平稳、冷静，或是感觉迟钝，又或是患有病理性抑郁症）很少有或者没有颜色反应。具有"不稳定"或是易变情感的被试（他们有强烈的甚至歇斯底里的反应，或是过度敏感，又或是躁狂或痴呆）则会给出许多颜色反应。

罗夏又一次没有将这种观察根植于任何理论基础之上，超越了我们针对颜色反应的民间智慧。他只是声称在实践中注意到了这种相关性。罗夏还惊奇地发现，许多测验参与者对墨迹的颜色感到大吃一惊或焦躁不安，尤其是在若干黑白墨迹之后出现的彩色墨迹。这样的人犹豫不决，"处于一种麻木状态"，有时根本不能做出任何反应。罗夏把这种情况称为"颜色冲击"，并断言这是神经症的征兆：一种抑制外部刺激的倾向，以避免过多的刺激。

大多数人做出的仍然主要是形状反应——描述墨迹的形状是标准反应，并不特别具有诊断性或启发性，但也会与其他类型的反应相互作用。

毕竟，所有 M 反应都是运动的形态。罗夏还发现，C 反应越多，F 反应的感知越糟糕（更多的 F-，更少的 F+），反之亦然。在他看来，这样的结果是很有道理的：一个人的情绪越是阻碍他们，他们越不能理性地看到真实的情况。"颜色，"他在日记中尖锐地指出，"是形状的敌人。"[37]

人们通常会将自己的情绪反应或多或少融入意识层面，而且测验也通过 C 反应、CF 反应和 FC 反应之间的差异给出了有关这方面的信息。罗夏声称，罕见的纯粹 C 反应是情绪失控的信号，而且往往是精神病患者"或是出了名的急躁、好斗、不负责任的'正常人'"才会做出的反应。CF 反应（且 C 反应多于 F 反应）也意味着同样的但程度稍轻的结果："情绪不稳定、易怒、敏感和易受暗示。"FC 反应（主要基于形状反应，但也结合了颜色反应，例如"紫色蜘蛛"或"蓝色旗子"）是一种智力和情绪的整合反应，是对颜色进行反应，但保持着控制。

正常人的颜色反应多为有着良好形状的 FC 反应。另一方面，一个 FC 反应中的不良形状反应表明，这个人可能需要情感上的联系但理智上做不到："正常人想要送我礼物时，他就会找我喜欢的东西；但躁狂者送礼物时，他给出的是他喜欢的东西。正常人说些什么的时候，会努力调整使之适应于我们的兴趣；躁狂者说的内容只是他感兴趣的，无论说的时候有多礼貌。躁狂者似乎都是以自我为中心的，因为他们对融洽的情感关系的渴望因认知能力不足而受挫。"

直到 1919 年底，罗夏才把运动、颜色和形状整合到一个单一的心理系统中。如果颜色反应表明情绪不稳定，那么运动反应则是稳定性的标志，是深思熟虑的、反思性的表现。而且，如果 M 反应意味着内倾，C 反应则意味着外倾。如果外部世界是一个人所关心的，那他便会对外部世界做出反应，或是过度反应。

运动反应占优势的类型，"智力因人而异，创造能力较高，内在生活较丰富，情绪稳定，对现实的适应性较差，动作缓慢，身体笨拙"；颜色反应占优势的类型，"智力千篇一律，复制能力较高，更外向，情绪不稳定，对现实的适应性较好，好动，动作灵巧而敏捷"。基本上可以概括为内向的人和外向的人。但是，如果一个人做出的几乎所有形状反应，却只有极少数的 M 反应或是 C 反应，那么他不属于这两种类型的任何一种，他会是一种狭隘、迂腐，很可能还具有强迫性的人格。相反，如果 M 反应和 C 反应都很多，则意味着一种开朗豁达的平衡型人格，罗夏将其称为"双向型"。

至此，罗夏有了一个公式：M 反应和 C 反应之间的比例是一个人的"经验类型"，即他们体验世界的整体方式。参加测验时心情的好坏会改变 M 反应和 C 反应的数量，但不会改变它们之间的比例，这个比例"直接表达了在一个特定的人身上内向的倾向和外向的倾向的混合结果"，在很大程度上是不变的，尽管它在一个人的一生中会自然地发生变化，就像罗夏曾告诉格雷蒂的那样。当墨迹被用来测量人格，而不是用作诊断心理疾病时，"经验类型"就成为测验中唯一的重要结果。

即便如此，罗夏也没有试图对人进行分类。荣格以前讨论过内倾型和外倾型，但是罗夏修改了荣格的术语，用来强调不同的心理能力，而不是不同类型的人：他写的是"内向的"倾向和"外向的"倾向，而不是内倾型人格或外倾型人格。运动型的人不一定是内向的，但是具有内向的能力；颜色型的人具有"生活在自己之外的世界的冲动"，无论是否在这种冲动支配下行动。这些能力彼此之间并不能够相互抵消——几乎每个人都既能向内，也能向外，尽管大多数人在大多数情况下倾向于使用其中的一种方法。罗夏再三强调，在他的各种图表中，将更多的 M 反应从更多的 C 反应隔离开来的中间线，"并不代表两种完全不同类型之间的明显界限：更像是一个"或多或少"的问题……从心理学角度来看，这些类型不能说是对立的，就像人们不能说运动和颜色是对立的一样"。然而，经验类型揭露的"不是一个人如何生活或在努力追求什么……不是经历了什么，而是如何经历的"。

罗夏可能没有有意记起他年轻时写给托尔斯泰的信，而他实现了信中的梦想。"像地中海人民一样能够观察并塑造世界，像德国人一样思考世界，像斯拉夫人一样感受世界——这些能力可以同时具备吗？"运动反应就是我们如何将生命力注入墨迹（细细观察我们赋予其的含义），形状反应就是我们看待墨迹的方式（理智层面的加工处理）。罗夏找到了一种方法，用10张卡片将这些能力结合在一起。

罗夏承认，"从实验结果中得出一个人的生活方式，这很大胆"，但他的自信心和抱负与日俱增。1919年到1920年，他备受书籍出版延迟的折磨，而在此期间，他也让自己变得更加勇敢[38]。罗夏总结道："内向的人是'有教养的'（cultured），外向的人则是'文明的'（civilized）。"他声称，他所属的时代是外向的（科学化的、经验主义者），但他感觉到，钟摆正向"内向的、古老的诺斯替路径摆动"，拒绝接受人智说和神秘主义的"严谨推理"。对他来说，空闲时阅读的中世纪动物寓言似乎是"内向思维的完美例子，不关心现实——但当时人们谈论动物的方式，如今却用来谈论政治"。

罗夏曾打趣："如果你知道一个受过教育的人的经验型，你就可以猜出他最喜欢的哲学家：极端内向型会以叔本华的名义宣誓，豁达的双向型会选择尼采，难懂的个人主义者选康德，外向型则会选择一些时尚权威，或是基督教科学会等。"他推测，运动感觉与最早的童年记忆[39]有关。他将不同的经验型与特定精神疾病联系在一起，声称内向型精神病患者会从内部产生躯体感觉或声音幻觉，外向型则从外部获取。一位来自非洲黄金海岸的传教士[40]在黑里绍做了一次讲座，罗夏请他来家里做客，建议他使用墨迹图研究"原住民的心理特点"。罗夏还思考了色彩哲学，声称蓝色是"那些能够控制自己激情的人最喜欢的颜色"（罗夏自己最喜欢的颜色是龙胆蓝）。他还大胆分析了视觉艺术。

罗夏和奥伯霍尔泽的表兄埃米尔·吕西（Emil Lüthy）[41]成了朋友，后者是一位接受过艺术训练的精神病学家，会定期从巴塞尔到黑里绍访问，而且很快就成为罗夏在艺术方面最信任的人。1927年，吕西在永远离开医学界转向艺术界之前，对五十多名艺术家实施了墨迹测验，并且把收到的一些最有趣的测验结果寄给了罗夏。他们共同制作了一张表格，列出了各种艺术流派以及他们代表的经验型。对此，罗夏说："事实上，每一位艺术家都代表他自己的个性。"[42]——这是典型的罗夏式谨慎表达。后来，罗夏和吕西还通信讨论了一种纯粹基于颜色的诊断测验。

当罗夏的墨迹研究逐步深入时，有关他的发现的消息传开了。罗夏不是教授，但是学生们——通常是布洛伊勒的学生[43]——作为无报酬的志愿者来到黑里绍。他们并非被科勒的精神病院所吸引，而是渴望与罗夏医生一起工作。从各个方面考虑，他们给予罗夏的帮助和支持比罗夏给予他们的要少，但他们的兴趣和追求开始影响罗夏对测验的塑造和呈现。

1919年8月，汉斯·贝恩-埃申堡[44]来到黑里绍，成为一名志愿助理医师。罗夏向贝恩介绍了弗洛伊德和他自己的观点。贝恩-埃申堡的妻子回忆说："任何想要和罗夏一起进行他的感知-诊断实验的人，其本人首先要接受一个'程序'……罗夏制作了一个心理记录表，会给你看，并和你非常坦率地讨论。直到这件事完成，他才会让你和他一起展开实验。"[45]接下来，贝恩开始在自己的学术论文中使用墨迹测验的理论。

贝恩给几百个儿童和青少年实施了罗夏测验[46]，他按照年龄和性别进行分析，产生了令人惊叹的初步结果。"14岁是一个值得注意的危机时期。"⁴⁷ 罗夏在综述贝恩的研究结果时写道。青少年时期，个性往往会变得更加极端，女孩通常更加外向，男孩则更加内向；接着，第二年，他们的个性会急剧内敛，男孩比女孩更加明显，他们开始变得神经质，"太懒惰的不会抑郁，太焦虑的则不会懒惰"，罗夏总结道，"这些发现产生自250个测验，个体差异如此之大，即便是在这个年龄段，也需要有更多的材料来证实这些结论"。

自己著作出版事宜的延迟，加上贝恩试图回答的都是些简单的问题，意味着贝恩的论文将会成为关乎罗夏的研究发现的第一篇发表的著述。它有可能是无懈可击的，会给人留下好印象⁴⁸。然而，贝恩无法证明自己能够胜任这项工作，罗夏自己完成了整篇论文⁴⁹。尽管遭遇了挫折并浪费了时间，但罗夏与贝恩的合作对罗夏成就的科学与人文价值做出了更为有力的陈述。他给贝恩写了一封很长的信，讨论应该如何论述墨迹实验：

> 实验很简单，太简单了，以至一开始就令人们感到无法相信——感兴趣并无法相信，就像你多次看到的。它的简洁性与它展现出的令人难以置信的丰富视角形成了最鲜明的对比。这本身就是人们质疑的一个理由，而你永远不能对另一个人的质疑不以为然。因此，相比没有这些风险的其他主题的论文，你的论文必须更完整、更精确、更明白、更清晰……我觉得我有责任对你们提要求，希望你牢记在心，一个人所能拥有的最好的东西之一，就是意识到自己赋予了科学宝库一些真正的新东西。⁵⁰

通过这段弯路，罗夏透露了自己对墨迹测验的真实感受。

另一种压力来自格奥尔格·勒默尔（Georg Roemer）⁵¹，1918年12月他在黑里绍地区医院做志愿者时遇到了罗夏，1919年2月到5月他还是克龙巴赫精神病院的第一个志愿者助理。勒默尔曾在德国的学校系统工作，他一直在推动将这项测试作为衡量学术才能的一种方式。罗夏认识到，这意味着知识的重大胜利，也可能有真正的经济回报，但他的反应很谨慎：

> 我也认为这个实验作为能力倾向测验可能会非常成功。但是当我想象一些年轻人，他们可能从小就梦想上大学，却因为在实验中失败而受到阻碍不能去上大学，我自然会觉得有点喘不过气来。因此，我不得不说：这项实验可能适用于这样的测试。要判断它是否适用，首先必须由学者们通过一个非常大的样本进行全面、系统化、有统计意义的调查，遵循所有方差和相关因子分解的规则。我认为，当满足这些要求时，就有可能进行一种差异化的能力倾向测试。不是"是否适合做医生、是否适合做律师"等等，而是如果一个人决定成为一名医生，他应该学习理论还是实用医学，如果想成为一名律师，他应该成为商业律师还是辩护律师，等等……
>
> 而且，这个实验肯定需要与其他测验相结合……
>
> 最重要的是，必须彻底建立实验的理论基础，因为在没有极其坚实的理论基础的情况下就基于一个测验采取这样的决定性措施，很容易引发错误……
>
> 另外，贝恩博士的论文表明，一个人不能太早应用这个测验——例如，十五六岁的男孩测验成绩明显很差……还需要对17岁到20岁的男孩或年龄更大的被试做进一步研究，以确定他们的成绩什么时候能稳定在成人水平……所有这些都需要大量工作。[52]

勒默尔迫不及待（甚至暗地里制作了他自己的墨迹系列[53]），罗夏则坚持尽职尽责，而且在此过程中罗夏预料到了他的测验将面临的大部分反对意见。他将在其他场合承认："被试不知不觉进入实验，是那些反对意见的关注重点。"[54] 尤其是当测验有切实的结果，似乎是在欺骗人们去做不利于自己的证词。尽管如此，罗夏还是希望这个测试能被用在好的方面："希望这项测试能发现更多真正的潜在才能，而不是误导性的职业生涯和幻想；愿它能使得更多的人摆脱对精神疾病的恐惧，而不是承受这种恐惧；愿它带给你的安逸多于艰辛！"

多年来，勒默尔给罗夏写了许多信，促使人们对墨迹测验背后的理论以及它与荣格、弗洛伊德、布洛伊勒等思想家之间的关系做出反应。罗夏既提出了新的观点，也发展出一些没写进作品里的想法，或许是因为这些想法过于简单，或许是尚不成熟；勒默尔后来声称，那些没写进书里的想法也很有价值。罗夏曾因在深夜打字与奥莉加争执，他花了很多时间写长长的回信，来回答勒默尔的问题。他鼓励勒默尔："我觉得你的问题非常有趣，请继续问下去。"[55]

与罗夏最亲密的一位年轻同事来自他的领域之外。玛莎·施瓦茨[56]在黑里绍做了7个月的志愿医生，她的论文主题是关于火葬的研究（与精神病学相去甚远），但是她是一个有学识的人，在医学和文学之间徘徊了很长时间。罗夏发现，她的兴趣非常广泛，他不仅给了她"如何适应黑里绍生活"的建议，而且很快就开始让她从事精神病学的相关工作；他还对她进行了墨迹测验，不久她就代罗夏施行测验了。罗夏称其中一次测验获得了"我所遇到的最有趣的测试结果之一"，而且将其用作自己书中的第一个案例。施瓦茨还给患者做了非常彻底的体检（这在当时常常被忽视），并告诉罗夏："你知道，如果一个医生了解病人的身体，那么他和病人的关系就完全不同了。"

另一个学生，阿尔伯特·富勒尔（Albert Furrer）[57]于1921年春天前来黑里绍，向罗夏学习墨迹测验，他的测验对象是军队的神枪手。罗夏看到了这种情境的滑稽性："我认识的一个人正在黑里绍的营房里做实验，实验对象是非常优秀以及非常糟糕的射手！！我们生活在一个如此渴望测验的年代！"不过，给神枪手做知觉测验确实是有意义的——他们是如何看到细节的？他们如何在模糊中扫视？他们能对察觉到的事物做多大程度的解释？优秀的射手得有控制情绪的能力，抑制情绪或情感投射在躯体任何一个部位的反应。富勒尔对世界冠军射手康拉德·斯泰利（Konrad Stäheli，曾获69枚世界锦标赛奖牌，其中个人奖牌44枚，包括1900年奥运会*上获得的3枚金牌和1枚铜牌）进行了测验，结果显示，斯泰利的情绪控制能力真的到达了登峰造极的程度。富勒尔还有其他发现：罗夏回顾了士兵的测验结果，这使得富勒尔意识到，"服兵役极大改变了一个人的经验型，抑制了M反应，提高了C反应"，这"使我对体验类型相对恒定的观点产生了一丝怀疑"。尽管如此，罗夏还是叹息道："天赋总是最先被测验的，射击技术同样如此，这实在有些滑稽。"

如果他最终能够公布测验结果，这些衍生品就没那么重要了。但是即使出版商犹豫不决，罗夏还是开始意识到他自己的一套图片的独特价值，以及他需要坚持以彩色和全尺寸出版这套图片。"重点不是为了给这本书配上插图，而是为了使任何对此感兴趣的人都能用这些图片进行实验……而且他们使用我的图片极其重要。"[58]

此前，罗夏曾谦虚地邀请读者制作他们自己的墨迹，还曾鼓励贝恩-埃申堡和勒默尔制作出一系列的墨迹，但他们没能成功。埃米尔·吕西是唯一一个受到罗夏持续鼓励的人，但他最终放弃了——作为一位真正的艺

---

* 1900年巴黎奥运会是历史上第二届现代奥运会，当时仅作为巴黎世界博览会的一部分。媒体报道中多以"国际锦标赛"、"国际运动会"、"巴黎锦标赛"、"世界锦标赛"、"巴黎博览会大奖赛"等称之。——编者注

术家，他意识到，制作出在形状和运动方面都真正具有暗示性的墨迹比看起来要困难得多。罗夏完成的是一些无法复制的任务，最终，他承认了这一事实："用新的墨迹做实验可能需要做大量工作；显然，在我的系列图片中，运动反应和颜色反应之间的关联效果特别好，而且没那么容易重新创造。"[59]

在1918年的论文和1919年的讲座之后，罗夏还是无法写出最终的手稿，因为他仍然不能解决以下问题：这本书是写给精神病学读者、教育学读者，还是大众读者的；是否能在书中加上图片，图片是全尺寸还是缩小版，或者根本不放图片。他向牧师、精神分析学家奥斯卡·普菲斯特（Oskar Pfister）[60]求助，后者是瑞士精神分析学会的联合创始人，他曾鼓励罗夏出版简短通俗的关于教派研究的书[61]。最后，普菲斯特推荐的出版商也没能出版罗夏的作品。后来，罗夏来自瓦尔道的同事瓦尔特·莫根塔勒[62]为这本书找到了归宿——恩斯特·比歇尔（Ernst Bircher），这也是莫根塔勒自己合作的出版商。

那时，罗夏已经快要抑制不住写作的冲动了。他给莫根塔勒写了一封信，概述了这本书的结构，在1920年4月到6月"漫长而潮湿的黑里绍春季"[63]，他快速完成了267页的手写稿和280页的打字稿。

1919年末，罗夏想到[64]，33岁到35岁是"性格上极度内向的年龄"，是人一生中转向内心、深深挖掘内在世界的时期。他提到了耶稣、释迦牟尼和奥古斯丁，他们都是在33岁时远离世界，他曾研究过的瑞士教派创始人宾格利和翁特纳赫勒也是如此，这两个人也是在那个年纪产生了神秘的幻象。"在诺斯替主义的传统中，"他指出，"只有到了33岁，人才会准备好真正转向内在世界。"他自己的33岁到35岁（1917年末到1920年）也是如此，这段时间正好是他开发墨迹测验的时候。这一阶段即将结束，如今，是时候在世界上树立影响了。

然而，几个月过去了，罗夏还是不知道比歇尔究竟是否能将这些成果付印，经过了几个月的合同谈判，还有几个月的等待，罗夏期待着这本书的出版。比歇尔写给罗夏的第一封信[65]称他为"罗夏博士"——这可不是一个好兆头。罗夏写信给身在巴西的弟弟[66]，说他如今很需要一位商人的实用建议，但无济于事。

在合同约定的出版日期很久之后，比歇尔写信说，由于莫根塔勒的书仍在印刷，金属字模仍在使用，罗夏的书可能不得不用和这一系列其他书不同的字体印刷[67]。换句话说，这本书的出版工作甚至还没有开始。罗夏可以起诉，但这只会进一步拖延时间。两个月后，比歇尔说罗夏书中有很多大写字母"F"[68]，而印刷厂已经用完了这个字模 [F 在德语中不像在英语中那么常见，但罗夏的书里满是这个字母：形状（Form）的缩写为 F，颜色（Farbe）的缩写为 Fb]。罗夏书中的第一部分不得不最后印刷也是出于这个原因：等印刷字体空出来。

这一切也延误了罗夏的研究，因为墨迹图在出版社、排版公司和印刷厂的时候，他和同事是无法使用的。此时，他已经能接触到越来越多的病患，同事也能够提供更多的盲诊报告，但他的数据收集工作却停滞不前。罗夏尽己所能，制作了好几套类似测验，但在大多数情况下，他需要使用的仍是真正的墨迹测验，因此，他这个时期的信中总是在恳求对方归还他那唯一一套墨迹图。他请求出版商尽快印刷那些图片，或者至少将校样寄来，但是直到 1921 年 4 月他才收到一套，并且其中有错误；直到 1921 年 5 月，他才收到合意的图片。

印刷过程中罗夏写给比歇尔的信揭示了测验中许多重要的方面。其中一封信[69]提到，如果图片尺寸必须缩减的话，图片整体空间中的图形布置也必须与原始图片中图形间的相互关系完全一致，因为"不满足这些空间关系条件的图片，大量被试会拒绝反应"。即使是位于图形边缘处的微小

上图：后期制作：罗夏在印刷校样上的批注，编辑掉多余的形状来制作卡片Ⅴ的蝙蝠——"去掉划掉的小图；将大的蝙蝠形状放在矩形的中间。改后可付印。罗夏博士"

下图：最终的卡片Ⅴ

墨迹也不能忽视，因为"有些被试倾向于解释这些微小细节，这是具有重大诊断意义的特性"。这也是罗夏坚持不在卡片正面进行编号的原因，因为"即便是带有最轻微意图的痕迹，哪怕是一个数字，也足以对许多精神疾病被试产生负面影响"。订正校样时，罗夏指出某一种深蓝色太淡了，而且复制品要表现出"颜料和墨水之间的最细微的溶解度"；他否定另一张校样图时这样说:"没有斑点对轮廓影响很大。"

我们不可能知道比歇尔的拖延究竟跟莫根塔勒作品的印刷事宜有多大关系,但是比歇尔经常给罗夏提一些显然缺乏理解的建议,例如鼓励他缩小图片的尺寸;罗夏想给他这部主要作品起一个不太引人注目的书名——"知觉诊断实验的方法及其结果(解读随机图形)"[Method and Results of an Experiment in Perception-Diagnosis (Interpretation of Chance Forms)],不管这个名字是好是坏,但是莫根塔勒说服他放弃了。莫根塔勒在1920年8月向罗夏提出[70],他认为墨迹测验"不仅仅是知觉诊断",他建议用"心理诊断法"做书名。

起初,罗夏拒绝了。这样一个笼统的术语在他看来"太过了";对心理进行诊断,听起来"几乎有些神秘主义色彩",尤其是在用正常被试进行广泛对照实验之前的早期阶段。"我宁愿在一开始说得太少,而不是说得太多,"他反驳道,"这不仅仅是出于谦虚。"莫根塔勒也坚持自己的观点,认为罗夏必须让书名更加生动:没有人愿意为了"一个知觉诊断实验"花大价钱。最后,罗夏"不高兴地"让步了,他仍然认为新书名听起来"极其傲慢"[71],因此,他用他最初冗长乏味的描述做了副书名。也许莫根塔勒是对的,这本书需要更好的营销,但罗夏并不希望自己像个叫卖者。

《心理诊断法》于1921年6月中旬出版[72],共印刷1200册。罗夏的朋友埃米尔·奥伯霍尔泽是第一个读到罗夏手稿的人,他的反应非常令人鼓舞,尤其对于一个在大学系统之外工作且没有任何官方支持的人来说:"我认为这项研究以及你的研究结果是自从弗洛伊德的书问世以来最重要的发现……在精神分析领域,部分由于一些内在原因,并且无论如何,新方法总是会带来进步的,正式分类一直被认为是不充分的。每一项富有成效的突破,总是出奇简洁。"[73]奥斯卡·普菲斯特曾试图把这本书和罗夏的教派著作同时付印,他对这本书也给出了令人欣慰的回应。普菲斯特在信中将罗夏的书比喻为罗夏的孩子,字里行间透露着善良牧师那种略显做作和傲慢的亲切感,也流露出钦佩之情:

亲爱的医生,

很荣幸亲眼见证你刚刚出世的"小儿子"来到这个世界,我已经开始爱他了。他确实是一个精力旺盛、眼睛炯炯有神的小家伙,出身不凡,学识渊博,不声不响,能够洞悉事物的本质并深刻地把握。与强迫性神经症理论不同,他直面事实,是纯粹的人性的化身,没有浮夸的行为举止,也没有言过其实的狂妄。这个小家伙将会受到很多人的谈论,也会为他的父亲赢得学术界的关注——虽然他的父亲早就赢得了这种关注。我对这份珍贵的礼物表示最深切、最衷心的感谢,也希望他那拥有教派知识的小妹妹能够快点到来!

普菲斯特[74]

耽搁了那么久,墨迹测验终于问世。勒默尔当时是一家德国学生组织的商业和职业咨询负责人,他对该组织的重要人物进行测验,得到了大量测验结果,对此,罗夏感到很高兴:"可以这么说,所有被试都将是未来的部长、政治家和组织者。形形色色,从最温和的官僚到最狂热的拿破仑式分子,都有。而且,他们都是外向型。在政治上,他们必须如此吗?!"[75] 勒默尔对测验孜孜不倦,他还测试了患炮弹休克的退役军人和难以适应退休生活的养老金领取者;他还曾计划在那年冬天测试阿尔伯特·爱因斯坦[76],以及第一次世界大战期间著名的将军埃里希·鲁登道夫,甚至是魏玛共和国的领导人。

人们对墨迹测验的早期反馈基本上是积极的。1921年11月[77],在墨迹测验出版后的第一次研讨会上，布洛伊勒力挺罗夏，宣称自己在患者和非患者身上都证实了罗夏的方法。随后，罗夏走到莫根塔勒面前，笑容满面地说："好了，它成功了——我们脱离险境了。"[78]正如罗夏所看到的，"布洛伊勒已经公开且非常明确地表达了他对测验的价值的肯定。已经有了几篇评论，到现在为止，都是好的，但未免太好了；我希望偶尔出现一些争议，因为我进行口头辩论的机会太少了"[79]。怎么样都比他在黑里绍独自工作要好。

争议很快就会出现。心理学杂志发表了一些主要是摘要的评论性文章之后，第一篇详细讨论测验的文章无疑是具有两面性的。亚瑟·克龙菲尔德（Arthur Kronfeld）1922年的评论[80]称，罗夏"足智多谋，是一位有着良好直觉的心理学家，但是在实验层面或方法论上的精确性确实有限"。他认为，罗夏对性格和直觉的洞察非常令人信服，但对测验进行评分的数值方法"必定过于粗略和近似"，罗夏对测验的解释远远超出了实际结果，他不顾一切地从人们的答案中"榨取"发现。这个测验太重定量，也太主观了。路德维希·宾斯万格（Ludwig Binswanger）[81]是存在主义心理学的重要先驱，他了解罗夏，高度赞扬了罗夏的工作：清晰、深刻、客观、细致、新颖。但他也做出了强烈批评，说罗夏的测验缺乏理论基础，对此，罗夏本人也感受颇深。说到底，如果无法解释墨迹起作用的原理和过程，仅仅证实其作用是不够的。

在德国心理学界，这项测验遭到了彻底的拒绝。1921年4月，德国实验心理学学会的战后第一次会议上，勒默尔做了一次关于墨迹测验的演讲，他在原有墨迹图的基础上做出了自己的修改，旨在用于教育考试。威廉·斯特恩（William Stern）[82]是上一代心理学家中最早评论弗洛伊德《梦的解析》（他很讨厌这部作品）的人之一，他很有权势，而且广受学界欢迎。会议上，斯特恩站了出来，他说没有任何一个测验能够掌握或是诊断出人类的个性。罗夏的（实际上是勒默尔的）"方法是人为的、片面的，解释是武断的，统计数据也是不充分的"[83]。罗夏自己从未说过他的测验可以独立使用——勒默尔也从他们的通信中了解过这一点——他对勒默尔充当他代言人的行为深感恼火："甚至在我的书尚未出版之前就提出了不必要的修改意见。"[84] 他要求勒默尔退出："多个不同系列的墨迹测验只会导致混乱！尤其是在斯特恩看来！！"[85] 即使斯特恩在阅读了罗夏的真实著作后变得"更加亲切"[86]了，但罗夏仍然认为，伤害已经造成，墨迹测验无法在德国获得广泛接受了。

然而，罗夏早已放眼于欧洲之外的地方。黑里绍的一位智利医生志愿者[87]计划将《心理诊断法》翻译成西班牙文，但是罗夏知道，"北美显然更加重要。那里对深层心理学的兴趣几乎和职业倾向测验一样浓厚"[88]。罗夏说，弗洛伊德"在维也纳，除了给美国人进行'教学分析'之外，几乎什么也没有做"，而那些美国人很想投入实践。"如果美国人接受了这件事，将是非常有利的。"与此同时，"英国的《精神分析杂志》和美国的精神分析期刊正在策划长篇评论"。

最后，罗夏想要将墨迹测验应用于他的教派研究中最明显的人类学方向的兴趣。在《心理诊断法》中，他能总结概括的唯一种族或民族差异[89]，就是性格内向的瑞士伯尔尼人和外向、风趣、身体更为灵活的阿彭策尔人之间的差异，前者笨口拙舌、擅长绘画，后者则外向、机智、动作敏捷（M反应更少，C反应更多）。但他还是在继续关注民族志和教派相关的研究[90]，为弗洛伊德的杂志撰写相关评论，他和奥伯霍尔泽还讨论了中国人口[91]的测验前景。在一次演讲后，罗夏走进阿尔伯特·史怀哲的酒店房间[92]，对他进行了测验，这是"最具理性的测验结果之一"，而且是罗夏曾见过的"最极端的颜色抑制的案例"。随后，史怀哲显然同意在他传教的社区由一个非洲人对非洲人施行墨迹测验。

在出版商最终把书寄给罗夏的当天,罗夏给勒默尔写了一封很长的信,信中说道:"实验中,还有很多东西要做,更不要说或多或少的理论基础问题。当然,结果中还隐藏着其他因素,这些因素同样具有严格的价值,我们要做的就是找到它们。"[93]

到 1921 年《心理诊断法》出版的时候,这本书不仅不完备,而且已经过时一年了。如果早一两年或晚一两年写的话,这会是一部完全不同的作品。但是,关于这本书,有一点没有改变:它分为两个部分出版,书和装有墨迹图片的单独的盒子。起初,图片印在几张纸上供购买者使用;在后来的版本中,图片直接印刷在硬纸板上。它们是至今仍在使用的 10 张墨迹图。

第十二章

他看到的心理是他自己的心理

罗夏终于在黑里绍开了一家私人诊所，每天给有一系列复杂情况的客户提供一两个小时的精神分析。有一幅画作体现出患者[1]"冲动且孩子气，即使那人已经四十多岁了"，类似的体验使得罗夏开始质疑自己的工作是否值得："我再也不想治疗神经症患者了，他们几乎能够吞噬你。"

罗夏有一位同事接受过墨迹测验，发现这种体验非常有效，便请求罗夏为他进行心理治疗。罗夏勉强同意进行为期四周的测验，但后来他写道："我本应该更加关注我自己的实验。"

患者把第八张卡片上的红色动物解释为"欧罗巴，她坐在一头公牛背上越过了博斯普鲁斯海峡"。他从公牛的形状上方虚构出欧罗巴，这是一个强烈的信号；他的反应中有两个颜色反应，这是一个更加强烈的信号——[博斯普鲁斯海峡是对蓝色的反应]，"公牛"对于他来说是最红的激情。但我当时并不知道他反应中一系列决定性内容的重要性，直到后来才意识到这一点。公牛就是他自己，他有受虐幻想，这是一种受害者的感觉，还呈现出他极为疯狂的妄想倾向：他"把整个欧洲背在背上"，欧洲就在他背上。好吧，至少从这一点来看，我学到了一些东西。

在对更广泛的人群使用墨迹测验时，他在《心理诊断法》一书中所写的观点开始发生变化：测验"不能探测无意识"。罗夏开始认为，人们在墨迹中看到的东西，具备启发性的可能不仅仅是他们看到的方式，"反应的内容也可能是有意义的"。

罗夏似乎已经意识到，如果他想让自己的观点成为20世纪心理学主要思想的一部分，就得在墨迹测验和精神分析之间建立起联系，把两者结合起来，至少可以给测验提供理论基础，同时也可以把墨迹测验的意义延伸到他那独特的"心理诊断法"之外，让它通过新的形式和视觉的洞见丰富弗洛伊德的精神分析理论。

类似弗洛伊德的模型那样的心智模型被称为"动力精神病学"[2]，因为它们关注情绪过程和心理机制，关注心理的潜在"运动"，而不是可观察的症状和行为。时间来到1922年，罗夏开始实践一种真正的动力精神病学，追踪感知心灵的微妙运动。他对墨迹测验已经很精通了。

那一年，罗夏将一个墨迹测验案例[3]写了下来。奥伯霍尔泽寄给他一个案例报告做盲诊，仅仅告诉他患者的性别和年龄（男性，40岁）。罗夏写下分析报告，为瑞士精神分析学会做了一场题为"应用于精神分析的形状解释测验"的讲座。首先，他详细介绍了患者的测验结果，长达20页，给出了如何给每个反应编码以及如何解释的建议。这些建议对其他人来说不简单，但罗夏能够很好地适应患者反应的节奏，揭示他们的世界观：他们关注什么，忽视什么，压抑什么，如何行动。罗夏在自己的分析中也要求某种有条不紊的节奏："以往，我们太过关注病人的内向特征，而忽略其外向的一面。"

奥伯霍尔泽的这位病人按照10张图片的顺序做出反应，给出的运动反应比平常要慢一些。罗夏由此推论，这个人有移情的能力（他可以做出M反应），却在神经质地抑制它（他最初避免做出M反应，即便面对那些很容易做出这些反应的卡片）。患者最初有明显而大胆的颜色反应，之后是模棱两可的反应，罗夏认为，他在有意识地努力控制自己的情绪反应，而不是无意识地压抑它们。罗夏还注意到，这个人最初对每张卡片的反应都是没有创造性的，而且很模糊，但他最终的反应都是真正原创的，"明确且令人信服"。在第二张卡片中，他看到"两个小丑"，随后说，"但也可能是一条宽阔的公园道路，两边排列着美丽的深色树木"，接下来又说"这里是红色的，是一口喷出烟雾的火井"——这说明这个人的"归纳推理能力好于演绎推理能力，具体思维比抽象思维好"，而且他能够不断尝试，直到找到自己满意的东西。同时，这个人似乎从未注意到一般的、正常的细节，这表明他缺乏基本的适应能力，"是一个能够抓住要点，能够掌握任何情况的机智的实干家"。

此人心理问题之关键，在于他经常看卡片的中间。在第三张卡片中，他看到了许多人所看到的——两个戴着高帽子的人相互鞠躬，但接着他补充道："中间那个红色的东西就好像是一股要将两边分开的力量，阻止它们相遇。"有一张卡片"整体上给我一种印象，中间有很强大的东西，其他一切事物都依附在它上面"。另一张"中间这条白线很有趣；这是一条有力的线，周围的一切都围绕着这条线排列"。这些反应虽然无法分类，却是罗夏的解释核心。他不仅注意到了这种反应模式，而且做了深入研究——每个反应与中心的关系是什么？是中心抓住了其他部分，还是周围的部分抓住了中心？

罗夏得出结论：患者是内向的神经过敏者，可能伴有强迫行为，并饱受缺乏自信的想法的折磨；正是这些感觉，让他如此坚定地控制自己的情绪。

这个病人通常会抱怨自己，对自己的成就不满意；他很容易失去平衡，但是随后会恢复过来，因为他需要掌控自己。他与周围世界几乎没有充分的、自由的情感交流，而且表现出非常强烈的自行其是的倾向。他的主导情绪，他的习惯性潜在情感，是相当程度的焦虑、抑郁、被动顺从，但这一切是可控的，因为他有着良好的智力和适应能力。

总的来说，他的智力不错，敏捷、有独创性，具体思维比抽象思维好。归纳能力优于演绎能力。然而，仍然有一个矛盾，被试对于明显的和实际的刺激表现出相当微弱的感觉，说明他可能陷入了琐碎和不重要的细节反应中，但他在情绪上和智力上的自律和掌控是显而易见的。

这一切都是墨迹测验的结果。奥伯霍尔泽证实了罗夏对患者的人格描述以及更加大胆的推测，例如，患者与"有力的中心线"的关系，与分析结果所揭示出的他和他父亲的关系相吻合。奥伯霍尔泽写道："我对他进行了几个月的精神分析，但我无法给出一个更好的描述。"

罗夏在1922年的一篇文章中进一步阐述了他的形状、运动和颜色三位一体论是如何与弗洛伊德的理论相结合的。哪一种反应可以揭示无意识？罗夏认为，形状反应表现了工作中意识的力量：准确性、清晰度、注意力和专注力。另一方面，运动反应提供了"对潜意识的深刻洞察"，颜色反应也以不同的方式表现出了这一点。抽象的反应，比如"中间有很强大的东西"，是从人的内心深处产生的，很像梦的显性内容，可以通过正确的解释和分析揭示大脑的内部工作。

换句话说，"病人把一张卡片的红色部分解释为开放性伤口，还是看成玫瑰花瓣、糖浆，或是火腿片"，的确有很大区别，但究竟有多大区别？解释内容多大程度上是有意识的，多大程度上是无意识的？没有明确标准。

有时候，溅起的血就是溅起的血。但有时候，公牛背上的欧罗巴也不仅仅是公牛背上的欧罗巴。罗夏坚持认为内容的重要性"主要取决于形式特性和内容之间的关系"。罗夏怀疑一位病人有"改变世界的想法"，不仅仅是因为他在墨迹中看到了巨大的神，而是因为他"给出了几个抽象解释，在这些解释中，中心线和图片的中间部分引发了对同一主题的不同反应"。

使用这项测验的其他任何人都没有像罗夏那样，把内容和形式结合起来。例如，格奥尔格·勒默尔认为，"罗夏的测验必须从其僵化的形式中解放出来，重建为一种基于内容的象征性测验"[4]。他自己制作了几个系列的墨迹图片，"更复杂并更具结构化，更令人愉悦，审美上也更加精致"[5]——正是罗夏坚决反对的类型（参见彩色图版第7页）。罗夏虽然也承认它们在某种程度上是有价值的，但他坚持认为，它们无法代替真正的墨迹图：

> 和你的图片相比，我的看起来复杂难懂，但是在被迫丢掉很多早期不太有用的图片后，我不得不这样做……你没有使用我的卡片收集数据真是太糟糕了。仅仅假设我的卡片的M反应可能性是你的卡片的两倍，或诸如此类，这是行不通的。其中有许多细微的差别……没有办法，首先要使用我的测验，以获得经验类型以及M反应和C反应数目的稳固基础。在此之后，用你的卡片进行测验感觉像是一种美学上的放松，并且可能更能揭示情结。[6]

换句话说，勒默尔的"基于内容的象征性测验"更像是弗洛伊德的自由联想，精神分析学家关注的是人们所说的话，而不管墨迹视觉的、形状的属性。人们可以对勒默尔的图片自由联想，正如他们可以对任何东西自由联想一样。但如果罗夏想要从他的患者那里得到自由联想的结果，他只需要同他们谈话。如果他想要揭示无意识情结，他可以做字词联想测验。

10张墨迹图有着独特的运动、颜色和形状的平衡，能做的更多；勒默尔的墨迹图，在运动方面明显不足，无法达到同等的效果。

考虑到一切因素，罗夏的动力精神病学的关键是运动。1922年的一篇文章中，他用明确的动力学术语描述了他理想中的心理健康："运动、形状和颜色反应的自由混合，似乎是没有'情结'的人的特征。"他再一次提到，"关键在于从运动反应迅速过渡到颜色反应，尽可能混合了对整体的直觉的、组合的、构造的和抽象的诠释，轻松地从对第一朵花的颜色反应，尽可能快地回到运动……还有幽默的——或至少是轻松的——措辞，就像张开双臂一般，欢迎这一切"。[7]

罗夏甚至指出，洞察力也是动力学层面的。为了获得洞察力，一个人需要"既有直觉，又把直觉作为一个整体把握住它；更确切地说，他必须能够快速地从扩张转向收缩"。如果没有重心，任何直觉的闪现仍只是"粗疏的、格言一般的、不能适应现实生活的空中楼阁"。过于理性或死板的个性会完全麻痹直觉。罗夏说，这些众所周知的事实"显然没有什么新贡献"。"新的贡献是我们可以通过测验来追踪压抑意识和被压抑的无意识之间的冲突"，看到患者的强迫性自我苛求是如何扼杀他富有成效的直觉和内心活动的。墨迹测试给出的不仅仅是静态的结果——它让罗夏得以追踪大脑的动态过程。

罗夏自己的独特解释，加上贝恩-埃申堡和勒默尔这样的追随者的"笨拙"的努力，一定让罗夏产生过怀疑：其他人能不能正确使用墨迹测验？同时，卡尔·荣格一项重要的新研究也让罗夏别无选择，只能直面如何将自己的观点推广为普遍使用的测验——或是不能推广。

荣格的《心理类型》[8]也出版于1921年，比《心理诊断法》早了一个月，提出了人类的两种基本心态——内倾型和外倾型，还提出了四种主要的心理功能——通过思维和感情判断世界，通过感觉和直觉感知世界。这些类别可能听起来很熟悉——荣格的方法后来被编制成迈尔斯-布里格斯测试（Myers-Briggs test）推广开来。如何判断和感知世界的问题，显然也是墨迹实验的核心，但是荣格的《心理类型》对罗夏的意义却远不止于此。

自1911年以来，荣格一直在写关于内倾型和外倾型的文章。罗夏采纳了荣格的观点，并修改了墨迹测验的术语，与此同时，荣格的思想也在改变。读了《心理类型》之后，罗夏抱怨"荣格现在正在写他的内倾型的第四版——每当他写什么的时候，这个概念都会再次改变"[9]。最后，两个人的定义趋于一致。罗夏在《心理诊断法》中声明，他的内倾概念"除了名字之外，与荣格的几乎没有任何共同之处"[10]。这种说法有误导性，因为他指的是荣格在1920年以前发表的理论，当时罗夏正在写自己的书。

和罗夏一样，荣格也拒绝静态的归类，坚持认为真正的人通常是多种类型的混合。荣格描述了自我的部分补偿其他部分的方式——例如，有意识的内倾或思维类型会有以外向或感觉为特征的无意识表现。他对现实世界的互动进行了详尽而深刻的描述[11]，揭示了一类人的行为方式是如何通过他们的类型被其他人解释或曲解的。荣格的分类并不是为了给行为贴标签，而是为了帮助理解人类真实情况的复杂性。

然而，归根结底，人是不一样的。当荣格被问及[12]，为什么他曾说过有四种类型的心理功能，且每一种都表现为外倾或内倾的形式，他回答，这种概括是他多年精神病治疗临床经验的结果，他看到的人就是这样的。

荣格在《心理类型》一书的结语[13]中写道，任何一种心智理论"都以一种统一的人类心理为前提，就像科学理论通常都假设自然界的本质具有同一性"。不幸的是，事实并非如此：统一的人类心理并不存在。提及"自由、平等、博爱"和俄国的革命时——这些必然会引起罗夏的注意——荣格提出了坚决的反对意见，他认为，人人有平等的机会、平等的自由、平等的收入，甚至各种形式的完全的正义，会导致一些人幸福而另一些人不幸福。如果我来管理这个世界，因为钱对于 X 先生来说更有用，就应该给他两倍于 Y 先生的钱吗？或者我不这样做，因为在 Z 先生看来，平等更加重要？那些将自己的快乐建立在他人痛苦之上的人呢？他们的需要该如何满足？我们制定的法律和规则"永远无法克服人与人之间的心理差异"。科学也是如此，任何观点中的分歧也是如此，"双方的支持者都是纯粹从外部相互攻击，总是从对方的盔甲上寻找裂缝。这种争吵通常是徒劳的。如果将争论转移到最初产生争端的心理领域，那么它将具有更大的价值。立场的转变很快会显示出不同的心理态度，每一种心理态度都有其存在的权利"。每一个人的世界观"都取决于个人的心理前提"，没有一个理论家"意识到，他看到的心理是他自己的心理，而在这之上，是他这种类型的心理。因此，他会认为只有唯一正确的解释……也就是与他的类型相符合的那一个。从这个角度来看，所有其他观点——几乎可以说所有其他 7 种观点——都和他的一样正确，但对他来说，这些观点是畸变的"，他觉得"很真实，但非常令人厌恶"。

《心理类型》这本书以一个不相容的观点的案例开始：弗洛伊德认为，一切最终都是关于性的；阿尔弗雷德·阿德勒认为，一切最终都是关于权力的。荣格的工作"最初源于我需要以不同于弗洛伊德和阿德勒的观点去定义……在试图回答这个问题时，我遇到了类型层面的问题；因为一个人的心理类型一开始就决定和限制了他的判断"[14]。荣格在书中巧妙地避开了自己的局限。尽管他的整部作品呈现出对所有类型的一种令人惊叹的洞察力，他还是一次又一次地承认了自己的偏好。他直言不讳：他渴望一个全面的、包罗万象的理论，这是他自己的真实心理；就如弗洛伊德在他的方式上是正确的，荣格按照自己的方式也是正确的；荣格花了很多年[15]才认识到除他以外的类型的存在和价值，他对不同于自己的类型的讨论仍然是不够的。

荣格非常清楚，透过另一个人的眼睛去看事物几乎是不可能的。"在我的实际工作中，这是一个持续性且显而易见的事实，"他写道，"除了自己的观点，人们实际上不能理解和接受任何观点……每个人都禁锢在自己的类型中，以至根本不能完全理解另外的观点。"——其实如今人们在互联网上的表现就能证实这一点。《心理类型》的伟大源自荣格的直觉和分析能力，以及几十年来不管怎样都努力超越自我的精神。

罗夏认识到了这本书的重大贡献，而且这本书使他的思想有了重大进展，没有什么比这对他更有帮助了。以荣格心理学作为背景，罗夏自然而然地被要求重新审查自己的工作，1921年4月，他同意了。但是，研究得越多，罗夏就越不确定应该如何将这些见解融入自己的理论之中。

无可否认，荣格这本书内容庞杂，用数百页的文字记载了印度吠陀、瑞士史诗、中世纪经院哲学、歌德和席勒，以及任何其他可以表现人类经验两极的东西。"我怀着复杂的心情阅读荣格，"罗夏曾写道，"有许多是正确的，肯定有很多，但是它们嵌在一个非常奇怪的架构中。"[16] 5个月后，罗夏写道：

> 我现在已经是第三次阅读荣格的《心理类型》了，可我仍然无法开始写评论……无论如何，我需要就我之前对他的判断进行重大修正。这本书的篇幅确实惊人，而且……就目前而言，我看不出能用什么方法指责他给出的与弗洛伊德思想形成鲜明对比的演绎结构……我在"啃"这本书，但是，一旦我把一些东西放在一起，我就开始怀疑自己的观点。[17]

罗夏对黑里绍的隔绝状态频频抱怨，其中一个原因就是："我真的想在什么时候和某人就荣格进行一次畅谈。这本书里面有很多好东西，很难说具体有什么观点不合逻辑。"[18] 1922 年 1 月，罗夏仍然处于挣扎之中："我不得不认同荣格的观点，他区分了意识和无意识心态，而且他说，当意识是外向的时候，无意识则是补偿性的内向。这样的措辞有些可怕，这些构想被无情地拆开揉碎，又合并起来。但是，'补偿'的概念非常重要，这一点毋庸置疑。"[19] 实际上，荣格似乎在为罗夏的观点——原本是他的对立立场——辩护，因为"大多数案例既有内向的一面，又有外向的一面，每一种类型实际上都是两者的混合"。

《心理类型》迫使罗夏重新思考自己的观点——以及他自己的心理。"一开始，我认为，荣格的类型纯粹是推测性的建构，"罗夏向他以前的病人布里牧师透露，"但是，当我最终试图从自己的实验结果中推导出荣格的类型时，我发现这是可能的。这意味着，在抵制荣格观点的过程中，我自己的类型已经让我带着偏见，这种偏见比我想象的更严重。"[20]

罗夏认识到，这样的反应揭示了他自己的一些东西，他不仅触及了荣格理论的核心，还将其建立在他自己早期的观点之上。罗夏在学术演讲中曾承认："我关于反射性幻觉过程的描述对一些读者来说可能有些主观，例如听觉类型，因为这是由一个主要是运动型，其次是视觉型的人给出的。"他还在 1920 年 1 月 28 日的日记中写道："我们一次又一次看见这样一个事实：内向的人不能理解外向的人如何思考和行为，反之亦然。人们甚至意识不到自己在与一个不同类型的人打交道。"如今，荣格把这个问题的解决提上了日程。

荣格将世人划分出 8 种不同的世界观，但罗夏的理论框架冒着更加彻底的相对主义的风险，将一个单一的真理粉碎成几乎没有穷尽的各种感知风格。直到《心理类型》出版之前，罗夏一直能利用自己对不同特性的平衡感来掩盖墨迹测验那令人不安的含义。在解读测验结果方面，他的确才华横溢，他也试图将结果建立在坚实的数据基础上。他曾提到，如果测试者对运动反应太具倾向性或太不具倾向性[21]，将很难对测验进行正确评分——但他认为自己能够达到恰当的平衡。他往往不愿意称运动或颜色类型"更好"或"更坏"。荣格的书让他直面了自己的偏好，甚至是对不偏不倚的偏好。

罗夏不得不承认，他所描述的心理是他自己的心理；后来，他认为墨迹测验能使他接触到任何人和他们的视觉方式。不过，真正接受任何两个人都是不同的这种观念，会让他更难说出无论如何都能弥合那些分歧。

罗夏努力研究荣格理论、对神经症患者进行治疗的同时，他的观点也在继续发展，触及了"测验"在未来一个世纪中发展的多种方式。他不再把经验型和内向、外向的平衡作为测验的主要发现，他开始密切关注被试的说话方式：疯狂且强迫性的，还是平静且放松的。他提出的问题将奠定一个世纪间的辩论基调：测试者是否会影响测验的结果；测验是否能找到稳定的人格特质，显示出被试的情况或其传递的情绪；标准化会令测验更加可靠，还是仅仅让测验更加严苛；应该对反应独立评分，还是将其放在整个测验背景中评分。"我的方法仍处于起步阶段，"他在1922年3月22日写道，"我完全相信，在对主要的墨迹系列有了足够经验以后，其他更专业化的墨迹会被开发出来，这必然会产生更具差异性的结论。"[22]

罗夏的态度仍然很谨慎。他写道，测试者似乎比测验的正式内容更能影响反应的内容[23]，"当然，对这一问题进行系统的研究是非常必要的"。即使在整体分析中，获取量化的数据也是至关重要的："为了避免因某一特定变量的分数而出错，必须保留对整个测验结果的一般看法。但是，即使有了大量经验和实践，我还是认为，如果不进行计算，就不可能获得明确而可靠的解释。"[24] 至于是任意地解释结果，还是被略显粗糙的规则所束缚——"不幸的是，在测验中经常会出现这样的困境，"罗夏以科学的、客观的态度说，"我的所有工作都表明，如果情境本身并不明确，粗略的系统化分析比任意解释要好。"[25]

新的发现令罗夏一次又一次感到惊讶。当黑里绍的志愿者助手准备给圣加仑聋哑诊所的患者[26]实施墨迹测验时，罗夏预计，聋哑人会有许多动觉反应，但"最后证明这完全是错误的：他们只有视觉上的小细节反应（Dd），几乎没有 M 反应"！罗夏回想起来，觉得这是"一个尽管出人意料，但可以理解的结果"。他从这个以及其他类似的发现中得出结论：试图构建一个理论去解释墨迹测验还为时过早，只有针对更广泛的被试有了更丰富的经验以后，正确的理论才会"自行建立"。

勒默尔在德国组织了一次以罗夏为主要发言人的会议，给了罗夏与国外同行见面和分享新观点的机会，计划在 1922 年 4 月初复活节前后举行。1 月 27 日，罗夏写信告诉勒默尔他不会参加："我反复考虑，最终还是觉得留在国内比较好。这次会议很诱人，但我对一件事更加确信——目前看来，太多东西都在变化。当然，总有些事情是'在进行中'的，即便我再花上一百年来研究它，也还是会在进行中。但是，总有几个问题真正地困扰着我，无论对它们的本质有多么深刻的理解，我都无法摆脱这些内心的踌躇。"他想进一步熟悉别人的研究，尤其不愿对职业测试做任何声明，比如勒默尔组织的这次会议。罗夏写道："请原谅我，希望之后还能有机会。"

第十三章

在通往更美好未来的入口处

1922年3月,春天的暴风雪席卷了瑞士,尤其是黑里绍周围的高山地区。3月26日,星期天[1],罗夏请了一天假,带奥莉加去圣加仑看易卜生的《培尔·金特》。第二天早上,罗夏醒来时感觉肚子疼,还发了低烧。过了一个星期,他就去世了。

奥莉加曾说,罗夏的胃痛没什么——几十年后,罗夏的朋友们对此仍耿耿于怀。装模作样的科勒医生说不用担心,只是胃痛,罗夏自己会好起来的;从圣加仑请来的医生佐利科夫(Zollikofe)则认为有可能是胆结石,建议罗夏多喝水。贝恩-埃申堡夫妇那天看到罗夏穿过大厅,身体几乎弯到地上,二人还为此大闹了一场,说问题很严重,但奥莉加什么也不肯做,她认为罗夏是尼古丁中毒,他以前也出现过这种情况,爬楼梯时,疼得不得不紧紧抓住扶手,以免摔倒。罗夏夫妇的女佣最近手指发炎,无法做家务,奥莉加逼着罗夏刺破女佣手指,致其感染,住进了医院,医生为此对罗夏大喊大叫,所以罗夏也不想再麻烦医生了。罗夏的朋友、称职的护士玛莎·施瓦茨在此之前离开了黑里绍,四十多年后她仍感到不安,坚持认为如果她在黑里绍的话,罗夏就不会死。

最后,奥莉加给苏黎世的埃米尔·奥伯霍尔泽打电话。奥伯霍尔泽带着医生保罗·冯·莫纳科夫急忙赶到黑里绍,后者是康斯坦丁·冯·莫纳科夫的儿子——当年,康斯坦丁没能挽救罗夏的父亲乌尔里希。奥伯霍尔泽立刻发现罗夏得了阑尾炎,于是从苏黎世请了一位外科医生。但是,大雪覆盖了所有道路,外科医生迷路了,他没有去黑里绍,而是去了15英里外的另一座小镇。他到达时精疲力竭,已经耽搁了太久。罗夏在浴室里呻吟着,外面仍然在下雪。救护车直到凌晨两点半才把他送到医院,这时他已经半死了。1922年4月2日上午10点,罗夏死于阑尾破裂引发的腹膜炎。

奥莉加写信给身在巴西的保罗,告诉他这个令人震惊的消息和罗夏生前最后几天的细节:

> 他突然对我说:"萝拉,我想我挺不过去了。"……他谈到了他的工作、他的患者,谈到死亡,谈到我,我们的爱,谈到你和雷吉内利,他挚爱的那些人!他说:"替我向保罗说再见吧,我多希望能见到他啊。"说完这句话,他哭了起来,然后接着说,"某种程度上说,在生命的中途离开是一件美好的事情,但这很痛苦……我已经尽了我的一份力量,现在,让其他人做他们该做的吧。"(这话是就他的科学工作说的)[2]

她的信清楚地表明,到了最后,罗夏似乎更加相信别人对他的看法,而不是他自己对自己的看法。

> 他对我说:"告诉我,我是个什么样的人?你知道,当你活着的时候,你不会去想灵魂,不会去想你自己。但当你快要死去的时候,你会想知道这些。"我告诉他:"你是一个高尚、忠诚、诚实、有天赋的人。"他说:"你确定?"我说:"我保证。""如果你发誓的话,我

就相信。"接下来,我把孩子们叫过来,他吻了他们,想要和他们一起谈笑,然后我把孩子们带走了……

他获得的认可能使得他更加自由,更加自信。但他仍然表现得谦虚而平凡。认可的话语会让他变得更好!情绪饱满,精神焕发。我总是说:"我英俊的丈夫!你知道你有多么迷人,多么帅气吗?"他只是笑着回答:"我很高兴自己在你眼中是这样的,我不在乎别人怎么想。"

她写到他身为父亲的快乐:"他年轻时失去了那么多,他非常想给孩子们一个'金色童年',凭借着聪明的头脑和宝贵的品质,他本可以做到这一点。"不管她以前对罗夏的工作是什么感觉,如今,她满心内疚,觉得没能在他活着的时候充分欣赏他。直至40年后奥莉加去世前,她一直塑造着丈夫的形象:

你知道他是科学界正在崛起的一股力量吗?他的书引起了轰动。人们已经开始使用"罗夏的方法"工作,谈论着"罗夏测验",谈论着他在心理学领域创造的第一流杰出思想……他的科学家朋友说,他的死是一种无法估量的损失;他是瑞士最有天赋的精神病学家!我知道,他真的很有天赋。最近,各种各样的新思想和新思路正在从他脑子里冒出来,他打算深入研究……

我本以为,我们刚好处在通往更美好的未来的入口处——而如今,他走了。

奥斯卡·普菲斯特一直是罗夏的朋友和支持者,他对罗夏的能力感到"敬畏"[3]。4月3日,他写信告诉弗洛伊德:"昨天我们失去了最有能力的精神分析师,罗夏医生。他有着异常清晰且独到的头脑,致力于分析心灵，他发明了'诊断测验'，也许可以称之为形状分析，实在令人钦佩。"⁴ 普菲斯特还从私人角度描述了罗夏："他一生贫穷，是一个骄傲、正直的人，拥有伟大的心性；他的逝世对我们来说是巨大的损失。您不想做点什么来验证他那了不起的测试体系吗？这对精神分析肯定有巨大的帮助。"

4月5日下午2点，又是一个恶劣的天气，罗夏的葬礼在苏黎世诺德海姆公墓匆忙举行。奥莉加告诉保罗："我不想把他留在黑里绍。苏黎世在各方面都是'我们的城市'，我们爱的城市。如今，让他在苏黎世安息吧！"普菲斯特主持了葬礼；布洛伊勒，言行从不夸张的一个人，称罗夏是"瑞士精神病学一代人的希望"。多年后，埃米尔·吕西还记得自己透过棺材口看到的罗夏那张"痛苦不堪的脸"。奥莉加写信给保罗说，有"许多花环，许多许多医生、演讲"，还有罗夏大学时的朋友瓦尔特·冯·怀斯，他做了非常出色的葬礼演说："我在他身上发现了对最高级的东西的追求，他那充分理解人类心灵、使自己与世界和谐共处的深层次动力。他那理解各种各样的人的奇妙能力非常令人惊叹。他是一位个人主义者，但他奉献了自己，这是罕有人能做到的。"⁵ 路德维希·宾斯万格在1923年发表了一篇关于《心理诊断法》的文章⁶，他哀叹世上失去了"一代瑞士精神病学家的创造性领袖"，他认为，罗夏拥有"科学实验的非凡艺术、对人类卓越的理解能力、杰出的心理辩证法以及敏锐的逻辑推理……在别人只看到数字或'症状'的地方，罗夏的眼前会立即出现内在的心理联系和相互关系"。

这些颂文和奥莉加的信件并不构成我们对罗夏生命终结的全部感受，尚有其他观点描绘了一幅更为黑暗的画面。当贝恩-埃申堡走出手术室，告诉奥莉加和他自己的妻子格特鲁德罗夏已经死了的消息时，奥莉加转向格特鲁德说："我多希望死的是你！"女佣说，奥莉加"摔倒在地板上，像动物一样尖叫"。奥莉加试图把孩子们扔出窗户，最终被限制了行动。"看着他们让我受不了，"她尖叫着，"我讨厌他们，他们让我想起了他！"当时丽萨4岁，瓦季姆还不到3岁。奥莉加不能一个人待着，格特鲁德·贝恩-埃申堡连续两周和她待在一起，睡在公寓的房间里。她后来引用一句谚语来形容奥莉加："剥开一个俄国人，你会看见一个野蛮人。"最残忍的是，罗夏同父异母的妹妹雷吉内利在葬礼后胃痛，随后做了阑尾炎手术，一切都很顺利，而奥莉加指责她想患上阑尾炎，只是因为罗夏得了阑尾炎。她不相信雷吉内利真的需要做手术。

罗夏经常引用瑞士作家戈特弗里德·凯勒的话，后者的优秀小说《绿衣亨利》是19世纪经典成长小说中最具视觉性的一部。罗夏经常背诵凯勒最著名的诗歌《晚歌》的最后两行。他把这两行诗题写在为保罗准备的罗夏家族编年史的最后一页，写在给科勒家男孩子的礼物上，写在儿子的出生证明上，还在弥留之际诵读。

这首诗赞美了视觉世界以及人类的内在动力，即便注定会失败，也要尽可能多地吸纳那些荣耀。"眼睛，我可爱的小窗户，/再给我一点最美的光彩"，双眼睁开，描述即将来临的死亡：

仁慈些，让影像进来吧，
总有一天，你也会逐渐黯淡！

光一旦熄灭
疲惫的眼睑阖上，灵魂就会安宁；
她笨拙地脱下步行鞋
让自己躺在棺木的幽暗中。

然而，她看到两点微微发光的火花，
像幽暗内心的两颗小星，
直到它们也摇摆不定，最终熄灭，
似蝴蝶的翅膀时隐时现。

这首诗歌以对视觉的赞美结尾，这是罗夏钟爱的两行诗：

我仍然会在黄昏的田野散步，
与沉落的星子同行；
畅饮吧，哦，眼睛，你的每根睫毛都能盛下
世间流溢的黄金。

"丰饶"一词在德语中也有"溢出"之意，指杯子或容器满溢的形象。赫尔曼·罗夏 37 年的人生路程里，的确在满溢的世界之杯中畅饮。他开辟了一扇朝向心灵的窗，通过这扇窗，我们得以窥探一个世纪，但是，他在迎接最大的挑战之前去世了。墨迹测验有效仅仅是因为罗夏自己的心理吗？他的解释是一种独特的个人艺术，还是超越寻常人极限的一种探索？无论这些问题的答案是什么，如今，墨迹测验已经失去了罗夏的手和眼，没有了指引。

第十四章

墨迹测验来到美国

1923年，31岁的精神病学家和精神分析学家戴维·M.利维（David M. Levy）[1]在芝加哥青少年精神病研究所担任美国第一家儿童指导诊所的主任。该诊所于1909年在简·亚当斯（Jane Addams）的帮助下开业，简·亚当斯是美国社会工作的先驱，后来获得了诺贝尔和平奖；儿童指导是一项进步的时代改革运动，通过倾听"儿童自己的故事"、从孩子的社会和家庭背景看待他们来解决儿童的身心健康问题。利维是一个观察敏锐、善于倾听的人，这项工作非常适合他。

这时候，利维已经在国外工作了一年[2]，其间他计划和一位瑞士的精神病学家，即罗夏的朋友埃米尔·奥伯霍尔泽一起从事儿童精神分析方面的工作。当时罗夏已经去世，奥伯霍尔泽正在准备出版罗夏1922年的艺术讲座。1924年，利维返回芝加哥，担任芝加哥迈克尔·里斯医院精神健康科主任，他带回了一份罗夏的报告，以及墨迹图片的副本。因此，在罗夏去世两年后，美国人第一次看到了这10张墨迹图——有时是在迈克尔·里斯医院的门诊，有时是在伊利诺伊大学犯罪学系的青少年研究学会，有时是在利维位于芝加哥的私人诊所——并被要求回答："这可能是什么？"在漫长的职业生涯获得成功之前，利维发明了游戏疗法，并创造出术语"手足之争"(sibling rivalry),他还用英文发表了罗夏的论文[3],举办了美国第一次罗夏研讨会[4],并向一批学生传授"测验是什么"以及"如何使用这项测验"。

赫尔曼·罗夏一生扎根于瑞士,穿梭在德国和法国、维也纳和俄国之间。罗夏测验则是全球性的,遍布世界各地,通过截然不同的命运链条普及或尚未普及。在瑞士[5],该测验的拥护者在20世纪中叶发现了抗抑郁药;在英国,该测验的倡导者[6]是一位儿童心理学家,他在伦敦大轰炸期间发表了一篇题为"遭遇轰炸的孩子和罗夏测验"("The Bombed Child and the Rorschach Test")的文章;日本是最早介绍罗夏测验的国家之一,一种注意力测验的发明者推广了墨迹测验。如今,墨迹测验在日本仍然是最受欢迎的心理测验[7],而在英国已经完全失宠;它在阿根廷很受重视,在俄罗斯和澳大利亚无足轻重,在土耳其则正在崛起[8]。一切发展都有其独特的历史轨迹。

然而,正是在美国[9],这项测验第一次声名鹊起,经历了最引人注目的上升却又陷入争议,深深渗透到文化之中,并在20世纪的许多里程碑式事件中发挥了作用。

一开始,该测验在美国就像是一根避雷针。客观数据和专家判断哪一个更值得信任?或者说人们对哪一个的不信任更少一些?这一直是美国社会科学领域争论的关键问题。即使是在20世纪早期,主流的观点仍然是"相信数字"。

在美国的心理学领域,人们对任何超出客观数据所能证明的范围的东西存有普遍怀疑。尤其是在对所谓"低能"人群进行隔离或绝育的有争议的呼吁之后,心理学家比以往任何时候都更加相信,重要的不是从测验中得出疯狂的结论,而是使用"心理测验学"这种定量的、客观有效的测量方法。心理学的主流理论是行为主义,强调人们实际在做什么,而不是他们行为背后的神秘心理。

然而，美国社会还有一种与之对立的传统，为弗洛伊德思想和从欧洲引进的其他哲学所强化，这种传统不信任在其观念里冰冷、超理性的科学。精神治疗师在复杂的情况下与真实的人共事[10]，往往尊重精神分析的事实，即便不合理，但也比通常的逻辑论证更有力、更令人信服。他们认识到，客观测量在人类心理学中有其局限性。

如今，精神病学家往往是"硬科学家"，心理学家使用的则是"软"疗法。但是在20世纪初，情况正好相反：弗洛伊德式精神分析学家把研究型心理学家斥为"精于计算的人"，理论心理学家则鼓吹他们无懈可击的学术背景，反对弗洛伊德的神秘主义和反客观测量的方法。

如今，有了10张墨迹图。罗夏测验是否像血液检测一样，是科学的和定量的？是不是像谈话疗法一样富于成效，允许创造性的、人性化的解释？它是科学还是艺术？罗夏自己在1921年已经意识到，墨迹测验两头不讨好，在科学家看来过于感性，在精神分析学家看来则过于结构化：

> 它来自两种不同的方法：精神分析和学术研究型心理学。因此，这意味着研究型心理学家会觉得它过于精神分析主义，分析家们也经常无法理解，因为他们执着于解释的内容，认为形式方面毫无意义。然而重要的是，它确实有效：它给出了令人惊讶的正确诊断。因此，他们更加讨厌它了。[11]

如果有什么东西缺乏真正的心理学基础，那就是一切解释为什么内倾型或外倾型会产生运动反应或颜色反应的理论，而罗夏在这个问题上有些轻描淡写，因为墨迹测验在精神病学方面的应用是诊断病人。精神病学家能够有效运用测验，心理学家对此感到迷惑。但是，测验注定会导致争议,甚至导致敌意——这一点毋庸置疑。

美国最具影响力的两名早期的罗夏支持者[12]几乎完美地体现了这一分歧。1927年秋天[13],利维又花了一年时间研究罗夏墨迹之后,回到美国,开始担任纽约儿童指导研究所所长。在大厅里,他遇到一位垂头丧气的学生,后者正为论文题目感到不知所措。利维借给他一本《心理诊断法》以及罗夏的一篇论文。这为这个学生打开了一扇门。

这个学生就是塞缪尔·贝克(Samuel Beck, 1896—1980年),生于罗马尼亚,1903年来到美国,在校成绩优异,十六岁时在哈佛大学学习古典文学,在那里与利维相遇。父亲生病后,贝克回到俄亥俄州的克利夫兰,做了一名记者,开始养家糊口——这份职业经历本身就是一种心理学教育:"我见识到了大城市里'顶尖'的杀人犯,'顶尖'的抢劫犯、走私犯和贪污犯。"[14] 十年职业生涯后,他回到哈佛,于1926年毕业,然后到哥伦比亚大学学习心理学,想要"用科学的方法"弄清"人类是什么样的"[15]。

墨迹测验成为贝克一生的工作。1930年,贝克发表了美国第一篇关于罗夏测验的文章[《罗夏测验和人格诊断》(The Rorschach Test and Personality Diagnosis)];1932年,他完成了美国第一篇关于墨迹测验的学位论文;1934至1935年,他亲自去了瑞士,和奥伯霍尔泽成为朋友并共事。回到美国后,贝克跟随利维,去了芝加哥。

布鲁诺·克洛普弗(Bruno Klopfer, 1900—1971年)是德裔犹太人,反独裁主义者,银行家的叛逆之子。他年轻时因原因未明的疾病视力变得很糟糕,被迫"通过敏锐的思维弥补自己无法拥有的其他男孩那样的清晰视觉"[16]。未来的克洛普弗,将成为美国最杰出同时也最引人生疑的罗夏墨迹解释者:他可能自己没有亲眼见过,但他可以让你相信,他理解你所看到的东西。

克洛普弗在 22 岁时获得了哲学博士学位，随后在柏林工作了十多年，工作内容类似儿童指导，广泛涉猎心理学理论和现象学的相关知识——现象学是一种关注主观体验的哲学方法。他在 5 年的时间里主持了一个颇受欢迎的每周广播节目[17]，为听众提供育儿建议——那是一个具有开创性的节目，不是讲座，而是克洛普弗坐在那里讨论听众的问题。1933 年，克洛普弗住在德国。有一天，8 岁的儿子[18]从学校回家后问道："犹太人是什么？"——学校里有个男孩被人打了一顿，校长告诉小克洛普弗，不应该帮助那个男孩，因为他是个犹太人。克洛普弗回答："我下个星期告诉你。"后来，他们就离开了这个国家。

小克洛普弗在英国上了一所寄宿学校，很安全。克洛普弗收到了卡尔·荣格赞助的瑞士签证，最终在苏黎世心理技术研究所得到一份工作，向一位名叫爱丽丝·格拉博斯基（Alice Grabarski）的助教学习罗夏测验，这样一来，他每天都可以对瑞士的求职者进行两次测验。在商业发达的瑞士，罗夏测验不仅仅被严肃的心理学家使用，还被广泛应用于职业咨询和工业领域[19]；克洛普弗渐渐觉得，这项工作有些枯燥。1934 年 7 月 4 日，他来到美国，到哥伦比亚大学为人类学家弗朗兹·博厄斯（Franz Boas）做研究助理。按照克洛普弗的专业能力和经验，能拿到 556 美元的年薪，大体相当于今天的 1 万美元。他发现，纽约的人渴望进一步了解罗夏测验，他从中看到了机会。

克洛普弗将《心理诊断法》和墨迹测验带到了美国。哥伦比亚大学心理学系主任曾指导过塞缪尔·贝克的论文，对墨迹测验很感兴趣，但他坚定地站在心理测量学和行为主义一边，对克洛普弗的精神分析和哲学背景持怀疑态度，还说克洛普弗只有首先得到更值得信任的贝克或奥伯霍尔泽的支持信，才能在哥伦比亚大学任教。无法通过官方渠道获得支持的克洛普弗，最终依靠自己的努力，成为美国墨迹测验专家中的领军人物。

这个时期的纽约充满智慧和活力，城市里，从纳粹德国流亡来的学者和科学家随处可见，他们被普林斯顿大学、哥伦比亚大学的社会研究院录用。伟大的神经精神病学家库尔特·戈尔德施泰因（Kurt Goldstein）曾在布朗克斯区蒙蒂菲奥里医疗中心（Montefiore Hospital）的地下室里举办过非正式文化沙龙，人们用法语、德语和意大利语滔滔不绝地交谈[20]，这样的聚会使克洛普弗受到热烈欢迎，并且收获了跨学科的广泛联系。

尽管克洛普弗的英语很糟糕，他还是向研究生和教职工教授了罗夏测验——最初有七个学生，每周两个晚上，为期六周，地点在可以利用的任何地方，从空闲的报告厅到布鲁克林区的公寓。时间来到1936年，克洛普弗每周会开三次研讨会；1937年，克洛普弗被聘任为讲师，每学期开设一次研讨会，同时为非哥伦比亚大学的学生提供私人课程。关于墨迹测验的第一份期刊——《罗夏测验研究交流》（Rorschach Research Exchange）在克洛普弗和他的学生的松散"联盟"中诞生。1936年的第一期只有16页，由14个人集资创办，每人出资3美元；不到一年，它成了一份在全世界拥有100名订阅者[21]的期刊，而且拥有了一定影响力。随后，罗夏墨迹学会很快成立，并设立了会员资格和认证程序制度。贝克会在克洛普弗的期刊上发表文章，但没有合作很久。

贝克和克洛普弗都认为，罗夏测验是一个非常强大的工具。根据克洛普弗的说法，墨迹测验"呈现的并非一种行为图，而是揭示了一种使得行为可以被理解的潜在结构——就像X射线一般"[22]。贝克同样将之描述为"透视心灵的荧光镜"[23]：一个"极其敏感"且"客观的工具，具有深入整个人的潜力"。

然而，当他们通过这个工具进行观察时，看到的则是完全不同的东西。不同于贝克的美国行为主义传统，秉持欧洲哲学传统的克洛普弗采用了一种整体的方法：一个人的反应会产生一个整体的"完形"

(configuration)，而不是将零散的分数叠加。对贝克来说，完形充其量是第二位的，客观性才是最重要的。例如，贝克认为，无论测试者或测试团队多么有经验，决不能基于特殊的个人判断将一个反应评价为良好或不良（F+ 或是 F-）："一旦反应最终被判断为 + 或是 -，它必须始终判断为 + 或 -"[24]，无论对测验参与者可能说过的任何其他因素有怎样的整体考虑。然而克洛普弗认为[25]，要将常见的反应判断为 F+ 或 F-，要有良好反应和不良反应的清单，他认为，罕见但"敏感的"反应应该与不良反应区别开来——这就意味着要进行单独判断，因为没有可以包含所有可能反应的清单。

罗夏具有既主观又客观的人格，这一点很重要，两位学者也都了解。用克洛普弗的话讲，罗夏"在很大程度上将临床医生完美的经验现实主义和直觉型思考者的敏锐思辨能力结合了起来"[26]。贝克则在书中说，罗夏是一位理解深层心理学的精神分析学家，"知道自由联想的价值。幸运的是，他也有实验性的倾向，欣赏客观性的优点，并且具有创造性的洞察力"[27]。

时间来到 1937 年，克洛普弗和贝克的分歧已经非常明确。克洛普弗与求知心切的学生们一起即兴发挥，认为可以将临床经验和直觉作为基础，而不一定非得基于实证研究，他们决定自由更改测验，并开发新技术。例如，克洛普弗为描述非人物体运动的反应添加了一种新的编码，尽管罗夏坚持认为 M 反应与被试对人或类人运动的认同有关。事实上，克洛普弗随意添加了编码："罗夏能够使用简单的 M、C、CF、FC 和 F（C）编码处理他的测验材料，"贝克抱怨，"而克洛普弗任意增加编码，他的编码表包括 M、FM、m、mF、Fm、k、kF、Fk、K、KF、FK、Fc、cF、FC'、C'F、C'、F/C、C/F、C、Cn、Cdes、Csym，令人费解。"[28]

贝克是一个守旧的人，坚定地信奉他的学院派观点。他认为自己是

"一个受过罗夏－奥伯霍尔泽训练的研究者"[29],对标准测验的任何改变必须完全建立在实证研究的基础上。例如,克洛普弗的非人运动的概念"似乎与罗夏、奥伯霍尔泽、利维或他们的追随者对 M 反应的价值理解并不一致……如果对 M 反应的解释是基于克洛普弗的经验,人们自然会对证据感兴趣"[30]。令贝克感到自豪的是,他的工作表明,"仅仅在美国,使用了罗夏墨迹图的已发表研究几乎没有受到近年来出现的新术语的影响"[31],他甚至不屑于把克洛普弗的研究称为真正的罗夏墨迹研究。

没过多久,贝克和克洛普弗就停止了对话,这就是美国最著名的两位罗夏研究者之间的关系。克洛普弗工作室里曾和贝克一起做研究的学生[32]受到偏心同学的怀疑。1954 年夏天[33],一位名叫约翰·埃克斯纳(John Exner)的优秀研究生到达芝加哥,担任贝克的助手,很快,他便成了贝克和妻子的好朋友。有一天,埃克斯纳带着一本克洛普弗写的关于罗夏测验的书去贝克家时,贝克突然冷冷地问道:"那是什么?你从哪里弄到那本书的?"

"图书馆。"埃克斯纳紧张地回答。

"我们的图书馆?"贝克说的好像芝加哥大学是他的领地,禁止外来入侵者闯入。但事实上,克洛普弗和贝克既不像他们所扮演的角色那样狭隘,也不是死板的人,他们只是代表了罗夏墨迹研究的两种截然不同的方法。克洛普弗与科学心理学家道格拉斯·凯利(Douglas Kelley)博士共同撰写了他的第一本书,并在后来的几年里缓和了自己的立场,尽管从未达到与竞争对手和解的程度。就贝克而言,时常超越现有数据的精彩解释"使他周围的人感到敬畏"[34],他的同事回忆了"这位隐藏在坚定的经验主义外表之下的现象学家如何'走出来',如何展现其作为一名杰出临床医生的完整专业知识"的过程。尽管如此,这场纷争依然迅速蔓延。

每一门科学都存在分歧,也会发生诽谤中伤的情形,但罗夏测验的历史一直饱受不同程度的"争辩"(squabble)的困扰——"争辩"一词来自荣格的《心理类型》,暗示着非同寻常的敌意。一方面,客观的科学家被魅力十足的"江湖骗子"所讨厌;另一方面,敏锐的思想探索家不愿跪在标准化的祭坛前。墨迹测验在有意识地解决问题和无意识反应之间、结构和自由之间、主体和客体之间的平衡,使得人们特别容易仅从一个角度去看待它,拒绝其他角度。

克洛普弗与贝克之争淹没了温和派人士的声音,其中最著名的是玛格丽特·赫兹(Marguerite Hertz,1899—1992年)。作为朋友,塞缪尔·贝克首次向赫兹展示了墨迹测验;1930年,赫兹则与戴维·利维一起接受了训练。她1932年关于标准化问题的学位论文是继贝克之后关于罗夏测验的第二篇论文。她于1934年首次发表文章《罗夏测验的可靠性》("The Reliability of the Rorschach Ink-Blot Test"),其中同样运用了心理测量学的观点。1936年,赫兹也加入了克洛普弗的团队。

虽然赫兹实际上更接近贝克,但她在气质上并不是一个原创主义者,比贝克更愿意批评或对罗夏的体系有所补充。她有一项创新[35],在测试开始前用鼓励的话语向被试展示,告诉他们将要做什么。必要时,她会做出客观的批评。后来,赫兹被称作早期罗夏测验的良心。[36]她在克洛普弗的《罗夏测验研究交流》发表的第一篇文章[37]中主张,必须通过实证统计来判断一个细节反应是否"正常",反对克洛普弗用他认为合适的"定性方法"来判断问题。尽管她提倡标准化,但她同时告诫贝克和他的支持者[38],标准化决不能是"僵化的"和"缺乏弹性的"。她称赞克洛普弗"比他的许多追随者灵活得多"[39],那些追随者对克洛普弗系统以及克洛普弗本人有着"近乎狂热的追捧"。

1939年,赫兹为调和双方的关系作出了最引人注目的努力。[40]她指出，无论你喜欢或不喜欢解释墨迹测验的主观性，如果不同的计分者或解释者不能得到大致相同的可靠结果，或与其他测验、评估的结果大致相同，那么这个测验便毫无价值。然而，"因为罗夏测验的方法与大多数心理测验极为不同"，很难用标准化的方法检验其可信度。你不能将罗夏墨迹与其他墨迹系列进行对比，因为其他系列的墨迹都没有效用。你也不能采用二分法，因为如果将前五张卡片的测验结果或后五张卡片的结果单独拿出来看，是毫无意义的。如果你过一段时间后对某人进行重测，其心理可能已经发生改变，因此，不同的结果并不一定意味着测验本身有缺陷。究竟要如何检验罗夏测验的可行性呢？

受到罗夏盲诊的启发，赫兹使用墨迹测验做了一次"盲释"：提交相同的测试方案供克洛普弗、贝克和她自己进行解释。墨迹测验通过了检验：所有三项分析结果相互一致，与患者医生的临床结论一致，分析结果提供了有关患者的智力、认知风格、情绪影响、冲突、神经症的"相同的人格面貌"。实质性的差异并不存在，只是侧重点略微不同。赫兹说："惊人的一致。"这场战役的结果是"三赢"。

有几年时间里，赫兹在西储大学（现称凯斯西储大学）的布拉什基金会担任研究员，为一项规模庞大的规范性研究收集数据——3000多个来自不同群体的罗夏测验结果：儿童、青少年，不同种族，健康的、病态的，优秀的、有过失的。直到20世纪30年代末，她差不多完成了自己的手稿，是一部很全面的教科书，如果出版的话，这本书可能会改变罗夏测验在美国的历史。但后来，布拉什基金会的项目被终止了，赫兹接到一个电话[41]："有一天，他们决定处理掉那些不再使用的资料，官方认为这些东西毫无价值。我在电话里被告知，我可以保留我的资料。我立刻带着研究生和一辆卡车过去了，但令我沮丧的是，我被告知，我的资料已经'由于疏忽'被付之一炬，与其他被丢弃的东西'混淆'了。所有测验结果，所有数据，所有工作表，加上我的手稿，都化为了乌有。"数据的收集是不可重来的，损失是"无法弥补的"，而且赫兹"不愿意再写一本不将自己所说的和所研究的联系起来的书"。那场灾难之后，有关罗夏测验的"温和的"声音——在语气和精神上与墨迹测验最接近的声音消失了，或至少不再像克洛普弗和贝克的声音那般重要了。

赫兹在随后的几年里写了几十篇重要的论文，但并未将它们整理成书——克洛普弗于1942年出版了他的第一部教科书后，赫兹显然希望克洛普弗做领头人[42]。半个世纪间，她经常撰写综述论文，评估整个领域的状况，综合或批评别人的观点，而非表明自己的主张。她早期的大部分工作都集中在儿童和青少年身上，没有把重点放在医学诊断。无论如何，虽然她对罗夏测验的实施和解释方法与贝克和克洛普弗的方法截然不同，但她从未将自己的方法论作为一个综合系统进行介绍。

克洛普弗的直觉解释和主观方法往往比贝克强调的客观性更能引起强烈的反应。贝克有时会被人评价为"枯燥僵化"，克洛普弗在整个职业生涯中都被称为"魔法师"，但有时也会被骂作"骗子"。无论是在那时还是以后，都没有人质疑过克洛普弗的动员能力对罗夏测验崛起的关键作用。

到1940年[43]，克洛普弗在哥伦比亚大学教育学院教授三门课程，在纽约州立精神病研究所教授另外一门课程，在哥伦比亚大学和纽约大学指导8名研究生，参与旧金山、伯克利、洛杉矶、丹佛、明尼阿波利斯、克利夫兰和费城举办的各种专题研讨会。一年间，美国得克萨斯州、缅因州、威斯康星州，以及加拿大、澳大利亚、英国和南美洲的分支机构相继成立。赫兹从1937年开始，也一直每年教授两门研究生课程，以及一门为期6个月的管理和评分课程；贝克也在芝加哥忙碌着；甚至连1938年移民到纽约的埃米尔·奥伯霍尔泽也在1938到1939年为纽约精神分析学会做了一系列报告。美国各地对墨迹测验感兴趣的人都可以接受初级或高级培训。

莎拉劳伦斯学院[44]是纽约附近一所精英女子学院，为每一个学生量身制定了灵活的教学方案，教职工不满于通过"观察和一般的客观测试"了解学生。在这样的背景下，一位名叫露丝·芒罗（Ruth Munroe）的精神分析师开始投身于罗夏测验。克洛普弗分析了6名大一新生的墨迹测验结果，并将未署名的分析结果交给学院里这些学生的老师，老师通过分析结果，能够正确辨认每一位学生；其他盲释以及"其他各种各样的检查"也同样令人信服。

芒罗和她在莎拉劳伦斯学院的同事对测验的成功感到满意，很快，他们就"忙着使用墨迹进行测验，以至于计划中的全面科学分析都延迟了"。墨迹测验似乎比他们以往使用的任何测验都好。芒罗曾写道，罗夏测验"并非绝对可靠，教师的判断也是如此。然而，两者之间的联系其实是非常紧密的，因此我们有理由接受将罗夏测验作为教育规划中的有效工具。还需提及的是，我们从未使用墨迹测验作为唯一的或主要的判断标准，由此做出关于某位学生的任何重要决定"。在三年时间里，芒罗的团队对超过100名学生以及16名教师实施了墨迹测验，以探索师生关系的可能性。

墨迹测验的结果很快就被用来针对每个学生的需要量身制定教学方法，或者用来为处于困境的学生提建议。有个学生是律师的女儿，她兴趣狭窄，固执己见，对任何新生事物都有着强烈的抵触。起初，研究人员不清楚这些是需要进一步研究的"表面的青少年反应"，还是不可能改变的"一种深层冲动"，她的墨迹测验结果所显示出的刻板、智力平庸指向了后一种解释。"如何才能更好地帮助这个女孩？我们很难得出结论"，但让她自己确定自己的研究领域，绝对不是一个正确的方法。还有一个学生，紧张且过于认真，她的罗夏测验结果展现出独创且充满活力的想象力。把她那些要求严格的课程换成能够给她更大自由、让她追求自己兴趣的课程，最后取得了极好的效果。

罗夏测验也能够及早发现问题。一位大一新生看起来状态很好，她有着"活泼的举止"，"精神算得上饱满，也不乏幽默感"，"有良好的常识和习惯"，而且"有着非常得体的"衣着和外表。老师们认为，她学业成绩不好，主要是因为"社交生活有些过度"；她"显然非常乐于在男子学院里转来转去"，而且"与普林斯顿大学的一名男子"最近的争吵也仅仅略微缩小了"她在毕业舞会上的社交范围"。

不过，作为对照组的一员，而不是由于她有什么问题，对她进行的墨迹测验结果显示，她是班级里"心理最不正常的"学生，"出于某种原因，她害怕死亡"。她极具防御性，显示出敌意和怨恨（她有这样一个反应：人们相互吐痰，吐舌头或是什么东西），严重的情感障碍几乎完全抑制了她为数不多的生动而富有洞察力的回答中所展现出的智力成就。随后，与她所有老师和指导教师的会谈证实了她在测验中的表现：她在所有课程中都不够努力，最初显示出很感兴趣，但只停留在一个肤浅的层面，然后会突然变得心不在焉或是不屑一顾。她曾拿着一把刀追她的妹妹，"当然，这些都已经过去了"。她告诉她的指导教师，她"整天都想自杀"，但随后又会把这当成一个玩笑。

问题一直存在，但直到墨迹测验出现之前都没有人注意到。从1940年开始，所有进入莎拉劳伦斯学院的学生都要接受墨迹测验，结果能够快速显示出某些显著的问题，并被保存在档案中，以备该生日后出现问题，并被用作"研究资料的永久储存库"[45]。

来到美国后的十几年里，罗夏测验在全国范围内被教授、使用和学习。评分系统得到细化和重新定义，数据的收集和分析得以展开，技术也得到了改进和发展，并与其他测验和所有能想到的社会文化因素相关联。对此，除了要问"是什么让这个测验如此受欢迎"，问问"是什么让这个国家如此容易接受这个测验"也在情理之中。正如罗夏曾在1921年对瑞士的描述一样，美国正处于另一个"渴望测验的时期"，但还有更多的原因。越来越多美国人认为自己内心有着某种特殊的东西，用任何标准化测验都无法接近，而罗夏测验将证明自己有着独特能力可以抓住它。

第十五章

迷人的、惊人的、创新的与有统治力的

你所做的——事实上,你所做的一切——都是在表达"你是谁"。你的行为与其说揭示了你的品格,不如说揭示了你的性格:并非遵从公认的道德和美德,而是如何通过独特性脱颖而出。

类似的耳熟能详的观念是 20 世纪初美国从品格文化向性格文化转变[1]的产物。"品格"(character)是一种为更高尚的道德和社会秩序服务的理想,在 20 世纪初,它经常与公民权、责任、民主、工作、建筑、良好的行为、户外生活、征服、荣誉、声名、道德、礼仪、正直,尤其是男子气概一起出现。相反,在接下来的几十年里,"性格"(personality)经常与诸如"迷人的""惊人的""有吸引力的""有魅力的""光芒四射的""有控制力的""创新的""有统治力的""坚强的"等词语一起出现——不是名词,而是形容词;不是特定行为,而是为了产生影响所进行的大肆宣传。

这些新的赞美性的用语与道德无关:形容一个人的品格用"好"或是"坏",但形容一个人的性格则用"吸引人"或"不吸引人",如果二者之间有什么区别,那就是坏的"更好"——一个令人兴奋的反叛者总能击败一个正派的凡人。让人们喜欢你的魅力和号召力,渐渐被视为比赢得他们尊重的正直或可敬行为更为重要的东西：风度优于美德，表面上的真诚优于真正的真诚。如果你太过无趣，在人群中根本不会被注意到，那么谁会在乎你内心的样子？

从品格到性格的文化转变，在励志书籍、布道、教育、广告、政治活动、小说等任何能提供理想生活方式的东西中都有迹可循。奥利森·斯威特·马登（Orison Swett Marden）博士于1899年出版的《品格：世界上最伟大的东西》（*Character: The Greatest Thing in the World*）一书，引用美国总统詹姆斯·加菲尔德的名言作为结尾："我一定要让自己成为一个男子汉。"1921年开始写作《成功的性格》（*Masterful Personality*）时，马登与时俱进："我们的人生成就取决于别人对我们的看法。"电影明星身上也有这样的转变：电影公司起初愿意隐瞒男女演员的特质，但在20世纪初，明星的性格开始成为电影的主要卖点。道格拉斯·范朋克（Douglas Fairbanks）是第一个这样的电影名人，他在1907年被这样描述："他长得并不好看。但他有自己的性格。"电影界最伟大的演员之一凯瑟琳·赫本（Katharine Hepburn）也有这样的口号："一个没有性格的女演员不会成为明星。"全新爵士时代的典型不是"好人"盖茨比，而是"了不起的"盖茨比，而且，他如何赚钱比他那难以形容的品质、他的光芒四射、他漂亮的衬衫都重要得多。

只要可以在一定程度上控制自己给人的印象，你就可以通过改善自我表现来塑造自己的命运——典型的美国式承诺在20世纪初就以这种形式出现了，此后几十年里，时尚杂志和商业大亨也在不断重复这样的模式。当然，给人留下深刻印象的做法永远不会消失的缺点是，如果给人留下的是坏印象，风险也会随之而来。在一个不断进行社会监督和比较的世界里，自我营销的需求从未停止过：一切事情都可能会向那些持有警惕和批判态度的人透露出更多甚至你自己都不知道的信息。

罗兰·马钱德（Roland Marchand）的《美国梦的广告化》（Advertising the American Dream）一书收录了许多20世纪早期的可怕广告[2]，比如，你的口臭、乱七八糟的胡须、糟糕的服装或下垂的袜子都会被人注意到并毁掉你浪漫、成功和体面的生活。"挑剔的眼睛正在打量着你"——这是威廉姆斯剃须膏的广告词；一位女士必须拥有一把韦斯特博士牙刷，这样她从雪橇上摔下来，被一位英俊的陌生人扶起时，才能通过"微笑测试"。而更早期的广告会如实描述他们的产品，而不是提供这种半是承诺半是威胁的组合。

新广告有些夸张，但也反映了某些社会现实。用马钱德的话讲，与早期人际关系更稳定的时代相比，肤浅的事物"在移动的、城市的、没有人情味的社会中更为重要"。特别是在爱情和商业方面，如果想拥有掌控力，你也不得不"做你自己"，但这同时意味着你得在需要微笑的时候微笑、穿合适的吊带袜。没有这样的外部标记，你运气就不会好。

考虑到其中的高风险，"个性"的魅力和天赋反而变得至关重要：风格就是实质，你给人的印象就是你本人。用一位著名人类学家的话来说："直到1915年，'个性'这个词仍然带有尖刻、不可预测、聪明大胆的意味。"[3] 然而，到了20世纪30年代，弗洛伊德名显，美国人就抓住了这样一种观念——某种无法言喻的内在力量主宰着我们的生活，他们将这种力量等同于"个性"。荣格的"心理类型"描述的更像是品格而不是风格，"心理类型"的概念在美国被重新定义为"性格类型"，始于20世纪20年代迈尔斯和布里格斯的作品。虽然弗洛伊德学说中无意识的沸腾能量无可救药地混乱，但"性格"被理解为一种具有"结构"的东西，可以被分析、分类和处理。如果把这种内在力量描述为"性格"，你就会有更多可说的。

这种不断变化的自我意识正是罗夏测验所利用的，而且它反过来重新定义了这项测验。劳伦斯·弗兰克（Lawrence Frank，1890—1968年）1939年发表的论文《人格研究的投射方法》（Projective Methods for the Study of Personality）[4]，只不过是对个人在世界上的地位的一种新愿景，重新定义了20世纪心理学，并将罗夏测验作为一项"性格"测验，放在了最重要的位置。

劳伦斯·弗兰克被称为"社会科学领域的苹果佬约翰尼"[5]，因为他从20年代到40年代作为作家、讲师、导师和担任慈善基金会一系列领导职务时做出了卓有成效的工作。玛格丽特·米德（Margaret Mead）在讣告中写道，他"某种程度上开创了社会科学"，他"是基金会中那么两三个由上帝选中的人之一"。弗兰克最大的贡献是促进了有关儿童发展的研究，并将研究结果传播到幼儿园、小学和治疗机构；在接下来的几十年里，他致力于儿童发展心理学、儿童早期教育和儿科学领域。

在1939年的一篇文章中，弗兰克用尽可能宽泛的术语解释了"性格"一词。"性格的形成过程，"他写道，"可以被看作一种官样文章，个体会视情况而定。"个体"必然忽视那些对他来说无关紧要、毫无意义的许多方面，或将其放在次要地位，并有选择地对那些对个人有重要意义的方面做出反应。"我们塑造我们的世界，这意味着我们不是被动的生物，不是只能接受和回应外界的刺激或事实。在弗兰克看来，根本没有事实，没有外部世界，没有外部刺激，除非一个人"有选择性地构建它们，并对它们做出反应"。这是一个带有尼古拉·库尔宾（Nikolai Kulbin）色彩的观点，罗夏在俄国时听说过这位未来主义者，后者曾说："自我除了自己的感情一无所知，在投射这些感情的同时创造了自己的世界。"[6]

这种主观性给科学家带来了问题。不可复制，也没有对照实验，只有当"一个人有所感知，并将其归因于他感知到的事物上，将自身的意义投射于其中，然后以某种方式反应"时，独一无二的相互作用才会发生。一个人所做的每一件事都很重要，但是需要对其做出解释，而不是简单地列出表格。标准化测验是行不通的。科学家需要测量被试的性格如何对其自身经验进行组织。

对此，劳伦斯·弗兰克提出了一个解决方案，并为其取了个新名字：投射法。对弗兰克而言，尽管投射法有时被称作"测验"，但它不是"测验"。相反，投射法向一个人展示了一些开放性的东西，这意味着"不是由实验者任意决定它应该意味着什么（就像在大多数心理实验中，为了'客观'使用标准化刺激一样），而是它对于任何赋予它或强加给它的人格很可能意味着什么，它的私人的、特定的意义和组织"。接下来，被试会以一种表达自我个性的方式做出反应。与其给出一个"客观上"正确或错误的反应，被试更愿意将自己的个性"投射"到实验者能够看到的外部世界。

弗兰克投射法的极致，正是罗夏测验。

1939年，用来诱发性格的其他方法已经出现了，比如，弗兰克提到过游戏疗法和艺术疗法、未完成的句子和无标题图片、云图法等等。荣格的两位哈佛大学追随者还开发了主题统觉测验，即TAT。[7]在主题统觉测验中，测试者会向被试展示图片——比如一个男孩看着桌子上的小提琴，或一个衣冠楚楚的男子用胳膊遮住眼睛，背后有一个赤身裸体的女子躺在床上——然后要求被试想出一个"戏剧性的故事"，从而解释这个场景。但是，戏剧性的故事无法像墨迹测验那样利用运动和颜色、整体和细节等做出测量和评分，只能主观解释。对想要利用客观方法测量人的性格的心理学家来说，罗夏测验是独一无二的。

赫尔曼·罗夏去世17年后，他的墨迹测验被重新定义为终极投射法和现代人性格差异的新范式，在心理学和整个文化领域内都是如此。墨迹测验和我们对自我的认识结合在一个单一的象征性情境中：世界是一个黑暗、混乱的地方，只有我们赋予其意义，它才存在意义。但是，我是在感知事物的形状，还是在创造事物的形状呢？我是在墨迹中发现了一只狼，还是我把狼放在了那里？（我是在一个英俊的陌生人身上看到了真命天子的形象，还是我在想象他就是我的真命天子？）我，本身便是一个黑暗、混乱的存在，被无意识的力量搅乱，他人对我的所作所为，正是我对他们的所作所为。就像剃须膏广告里正挑剔地审视着你的目光，每个人都在审视自我，试图揭开自己的秘密。科学家、广告商、英俊的陌生人以及墨迹本身，都在凝视我，正如我凝视着他们一样（我在墨迹图中看到了狼，墨迹则在我身上看到了理智或疯狂[8]）。

墨迹测验于 1939 年以"投射法"被重新构想，它假定我们拥有创造性的个体自我[9]，以此来塑造看待事物的方式，提供了一种发现和测量自我的技巧，以及一种美丽的视觉符号。

罗夏没有用过类似的术语来描述自己的测验，至少没有明确表达过。他没有将墨迹测验称作"投射法"，事实上，他很少提及"投射"一词，他以一种狭义的、弗洛伊德式的理解来解读这个概念，即把某些我们自己不能接受的东西归咎于其他人（愤怒的人认为每个人对他都很生气；一个被压抑的同性恋者会否认自己的强烈欲望，并憎恨他在别人身上看到的同性恋迹象）。

然而，弗兰克对于测验的新理解与罗夏思想的基础是一致的。弗兰克所谓的投射本质上是移情的另一种形式，先将自己置于这个世界，然后对在那里看到的东西做出反应。运动反应和弗兰克的投射理念都基于自我和外部世界之间的来回转换。

1939 年之后，克洛普弗阵营和贝克阵营都将墨迹测验作为一种"研究人格的投射法"。如果罗夏测验是 X 射线，那么隐藏的但至关重要的人格就是人们希望看到却看不到的骨架，而投射使之可见。

弗兰克的理论在罗夏测验中也有了更广泛的含义。弗兰克指出，我们的个性不是从无限的选择菜单中做出的选择：我们处于社会大环境之中。"现实"是一个或多或少已达成共识的公共世界，某一特定社会中的每一个个体必须在其允许的偏差范围内接受和进行解释，否则就会被排除在外，并被视作病态。不同的社会有着不同的现实——一个社会中的疯狂的行为，在另一个社会中未必被视作疯狂。弗兰克的立场与荣格的立场一样，是相对的：文化以及文化中的个体，均以他们自己的方式看待事物。

心理学中的新关注点是强调人格差异，而非人类品质的共性，它正逐渐跨入研究文化差异的人类学领域。罗夏曾计划通过他的宗派研究和跨文化墨迹实验来实现这样的研究，但最终没能够实现。

此时，人类学也刚刚面向美国大众开始传播。在 1920 年以前[10]，这是一门有些枯燥无味的学科：无论研究主题有多么奇异，也大多是关于文物和亲属构成的描述性和历史性编目。人类学家研究的是社会制度和全部人口，特定的人仅仅被视作文化的"载体"。1928 年《美国人类学家》（*American Anthropologist*）前 40 卷的索引中，"人格"一词从来没被提及过。如果有任何一种心理学方法与早期的人类学有关联，那就是行为主义。行为主义否认普遍的本能，坚持认为每种文化都是后天习得的，每一种文化都是社会条件作用的结果。

另一方面，精神分析的对象是作为个体的特定的人，而不是作为某种文化的代表。只要患者来自相对类似的社会和文化背景，分析师几乎会忽视文化差异的问题。然而，随着精神分析传播到其他文化中，有一点也变得很明显，即心理状况实际上是由文化所决定的。因此，要了解一个人的人格，就必须从文化的背景下看待个体。

这两个领域的研究者开始意识到他们之间的共同点：人类学家一直在无意识中收集人们的心理信息，而心理学家则一直在收集人们的文化信息。从某种程度上说，精神分析是人类学的缩影，即来自患者个体的生活史。在将二者做出融合的先驱中，詹姆斯·弗雷泽（James Frazer）是一位代表，他的《金枝》（*The Golden Bough*，1890年）大体上可以看作一部心理学导向的人类学著作；在德国，威廉·斯特恩于1900年提出，个体、种族和文化差异应该通过"差异心理学"进行研究，实际上就是人类学。随着弗洛伊德获得公众的认可，这些"碎片"逐渐开始拼凑在一起。人类学家可能会抨击弗洛伊德错误地将维也纳式儿童养育模式夸大为"自然的"和"普遍的"家庭模式，但同时也有许多学者意识到，形成这种维也纳心理学或任何其他心理学的东西，恰恰是他们正在研究的社会模式。

到了20世纪30年代，人类学的主流趋势是"心理人类学"或"文化与人格研究"，领军人物有弗朗茨·博厄斯、鲁思·本尼迪克特（Ruth Benedict）、玛格丽特·米德和爱德华·萨丕尔（Edward Sapir）等。对于被称为美国人类学之父的博厄斯而言，"不同文化中形成的客观世界与人类主观世界之间的关系"[11]是这个领域的核心问题之一。布鲁诺·克洛普弗成为博厄斯的研究助手，被他带到了美国——紧密的人际关系网络是社会科学发展的基础。

文化相对主义是文化与人格研究方法的核心原则，是对弗兰克和荣格的心理学研究结果的人类学诠释：我们必须用一种文化自身的方式去看待它，而非根据另一种文化的标准进行判断。这是人类学式诠释，20世纪30年代，这一理念与弗洛伊德一样广受关注。鲁思·本尼迪克特在美国的环境之下对荣格进行了崭新的诠释（《西南文化背景下的心理类型》，*Psychological Types in the Cultures of the Southwest*，1930年），她于1934年出版的畅销书《文化模式》（*Patterns of Culture*）告诉那一代人，价值观是相对的，文化则是"个体人格的放大"。正如心理学正在转向人类学一样，人类学也在转向心理学，两者都开始专注于对人格的研究。

罗夏测验在两个领域寄予了相同的期望：成为一把开启个体秘密的强有力的新钥匙。墨迹测验起源于精神病学诊断，有着用来检测精神疾病的倾向，但是它在人类学中用于探索价值中立的文化差异方面，使它越来越脱离对病理学的关注。正如赫尔曼·罗夏从对患者进行诊断扩展到揭露人格，人类学家现在也将墨迹测验带出了精神科医生的办公室，带到世界各地去调查人类所有不同的生活方式。

1933 年和 1934 年，欧根·布洛伊勒的两个儿子先后去了摩洛哥。曼弗雷德·布洛伊勒追随父亲的脚步成为一名精神科医生，1927 年到 1928 年间，他曾在波士顿精神病院做住院医生，他是第二个把罗夏测验带到美国的人[12]。理查德·布洛伊勒（Richard Bleuler）则是一位农学家，但他也记得他父亲 1921 年向他展示过的墨迹测验。兄弟二人一起向 29 名摩洛哥农民实施了墨迹测验，试图"证明墨迹测验的适用范围超出了欧洲文明的界限"。

布洛伊勒兄弟 1935 年发表的文章[13]，尽管有时语气犹疑（比如，对生活在摩洛哥当地的欧洲人来说，那些穿着在风中飘动的宽松长袍、骑在驴或骆驼上不知疲倦地小跑或徒步跋涉的人物形象，有一种奇怪而神秘的感觉），最终还是指出，不同的文化是有差异的，而且这些差异会造成误解和迷惑。对摩洛哥人的"奇怪而神秘的感觉"因布洛伊勒兄弟"突如其来的热情理解"而摇摆不定。对此，他们引用了阿拉伯的劳伦斯的话：

> T. E. 劳伦斯在《沙漠革命记》中写道，阿拉伯人的性格中有"我们无法企及的高度和深度，尽管并没有超出我们的视野……"各个民族都能察觉到他们心理构成的差异，却无法理解这些差异。可以观察到但无法理解的民族性格差异是一个令人着迷的议题，一直吸引

着人们，驱使个体和群体离开祖国，敦促他们结交朋友，或是促使他们产生仇恨，甚至发生战争。

在不理解的情况下也能看到差异，在不理解的情况下也能尊重差异。无论如何，这些差异是真实存在的。

布洛伊勒兄弟给摩洛哥人进行了墨迹测验，发现他们的反应与欧洲人的反应一致，但是有两个例外：他们有更多的小细节反应（例如，在墨迹图两侧看到几乎看不到的牙齿状突起，像是敌人的两个步枪兵营地）；倾向于在没有连接的情况下将卡片的不同部分融合在一起给出解释。欧洲人看到卡片两边各有一个头和一条腿，可能会反应为"两个侍者"，在心里将这些部分连接成整个身体；摩洛哥人更可能看到"战场"或"墓地"这样的细节，将零散的部分看作一堆没有连接在一起的头和腿。

布洛伊勒兄弟强调，这些都是完全合情合理的反应，并参考了诸如《一千零一夜》等阿拉伯文学作品，还有零散而精细的镶嵌图案以及其他文化偏好来进行解释，这些与他们所谓的欧洲人偏爱广泛概括、欧洲人重视"整体上的秩序和整洁"等形成鲜明对照。他们还列举了具体的文化差异，比如，相对于欧洲人，摩洛哥人更不习惯看照片或图片，也不了解这些照片的惯例。欧洲人会倾向于假定图片中的每个事物是比例相同但距离不同的，较大的物体相对更重要；而摩洛哥人的解释经常将各种缩放比例的形状并排放置（比如一个女人抱着一条和她等大的豺狼腿），或更重视微小的细节。

布洛伊勒兄弟的目标是"测量外国人的性格"，而非对其进行判断或排名。墨迹测验中沉迷于极微小细节的特征，在欧洲人身上可能暗示着精神分裂症，但在摩洛哥人身上明显不是。布洛伊勒兄弟坚持认为，墨迹测验没有显示出摩洛哥人精神上的自卑，而且测验不够细致，没能捕捉到关乎文化差异的所有重要信息。他们认为，了解当地的语言和文化是至关重要的，他们倡导移情：实验者"不能让自己仅仅被刻板印象的分类所引导，而应该'感觉自己融入了'每一个反应"——当然，说起来容易做起来难[14]，但很多人往往连说都没说。罗夏曾试图判断被试是否在图像中感觉到了运动；布洛伊勒兄弟则明确表示，测试者也必须与被试感同身受。

1938 年，34 岁的科拉·杜波依斯（Cora Du Bois）[15] 带着她自己的一套罗夏测验卡片来到荷属东印度群岛的火山岛阿洛岛，其位于巴厘岛以东，帝汶岛以北。该岛长约 50 英里，宽约 30 英里，穿越整座岛屿需要 5 天时间。岛上地形崎岖不平，有着险峻的悬崖和陡峭的峡谷，在旱季几乎没有可用来种植玉米、水稻和木薯的耕地。岛上有 7 万人口，因地形险峻，社群之间相对隔绝，讲着 8 种不同的语言和数不清的方言。杜波依斯几次骑马深入内陆，与阿洛岛的酋长进行了漫长的谈判之后，最终将目的地定在了方圆 1 英里内，有 600 人居住的阿泰姆朗村（Atimelang）。

杜波依斯提出了两个基本假设：文化差异的意义重大；人在本质上都一样。她写道，我们都要吃东西，为了满足这个需求，有些人 8 点吃吐司喝咖啡，中午吃沙拉和甜点，晚上 7 点吃三道菜的一餐；另一些人则在日出后吃两把煮玉米和蔬菜，下午晚些时候吃满满一碗米饭和肉，一整天都会不时吃些点心。这些都是我们对人类需求的合理回应：每个人都有"基本的相似之处"，也能适应特定文化中"重复且标准化的经历、关系和价值观，它们发生在许多环境中，而且大多数人都能接触到"。文化背景与我们身体、大脑的基本构造相互影响，导致了一种"由文化决定的人格结构"，这一结构在大多数人身上都有，但并非每个人都有，也不会共享某种特定文化下这一结构的全部。

杜波依斯想要了解，究竟是什么造就了我们，这样的目标将她带到了遥远的阿泰姆朗："最简单的问题是：为什么美国人与阿洛人不同？他们不同——这是一个常识性的结论，但是以往的解释（从气候到种族）都被证明是不充分的。"想要得到更充分的答案，需要采取一种能与文化习俗和心理特征之间的相互作用相协调的细致入微的方法。

杜波依斯在阿泰姆朗待了 18 个月。她学会了当地的语言，将其命名为"阿布语"（Abui），而且首次给出了这个词的书面形式。她采访当地居民，收集有关儿童养育、青春期仪式以及家庭动力方面的信息，还记录下许多村民的长篇自传。她发现她所在社区的阿洛人情绪脆弱，脾气暴躁，经常在家庭内外发生言语和肢体冲突，这些特质，包括其他特质，共同构成了他们"由文化决定的人格结构"。

不过，杜波依斯需要将自己的观点建立在更加坚实的客观基础上。因此，她回来以后，将自传和其他数据交给了哥伦比亚大学的艾布拉姆·卡迪纳（Abram Kardiner），后者是当时著名的精神分析理论家（《个人及其社会》一书的作者，该书出版于 1939 年）。在没有分享卡迪纳的分析和她自己的观察结果的情况下，杜波依斯还把阿洛人中 17 名男性和 10 名女性的墨迹测验结果交给了另一位同事——埃米尔·奥伯霍尔泽。

三个人对阿洛人的研究得出了同样的结果。例如，奥伯霍尔泽发现："阿洛人疑心极重……这种恐惧是他们天生的正常情绪倾向的一部分……他们不仅容易心烦意乱、害怕，容易受惊……而且容易陷入激情状态。他们都会有情绪爆发的时候，脾气大，容易生气和愤怒，有时会导致暴力行为。"而这也是杜波依斯所发现的。他们对特定的人的分析——杜波依斯收集了研究素材，卡迪纳根据文献对这些人进行精神分析，奥伯霍尔泽将他们的墨迹测验进行评分和解释——结果也趋于一致。

杜波依斯在 1940 年 2 月写给鲁思·本尼迪克特的一封信中，称这种一致简直令人震惊："问题的关键在于，卡迪纳对个体的分析数据是否能支持对整个体系的分析。墨迹测验似乎给了他充分的证据……奥伯霍尔泽和我仍然在做这方面的工作,奥伯霍尔泽非常谨慎。如果个体的数据证实了卡迪纳的分析,那么我将永远坚持。这简直让人难以置信。"[16] 杜波依斯认识到,卡迪纳的分析与她自己的观点惊人一致;也许她无意中漏掉或歪曲了给卡迪纳的数据,"但是我不能篡改墨迹测验的数据。奥伯霍尔泽和我一样感到兴奋,但他并不知道这意味着什么——他对这种文化一无所知,只知道必须要解释这些反应。他认为,这是墨迹测验和我从社会学到心理学的整个解释的一次胜利。这很令人兴奋,不是吗?"

那时,杜波依斯在莎拉劳伦斯学院任教,罗夏测验在这个学院的使用已经如火如荼。1941年,她完成了合集《阿洛人》,并于1944年出版,其中收入卡迪纳和奥伯霍尔泽的多篇论文。杜波依斯将人类学和心理学结合在了一起。

和之前的布洛伊勒兄弟一样,奥伯霍尔泽也对测验本身进行了测试——在不了解特定的阿洛文化的情况下,我们能否从墨迹测验中发现有用的东西呢?[17] 哪些答案是普遍的,哪些又是独特的?哪些是好的,哪些是不好的?哪些细节是正常的,哪些是罕见的?所有这些数值标准使得评分成为可能吗?阿洛人的结果乍一看肯定有些奇怪,比如,一个女性对于卡片V("蝙蝠")的反应是:

(1)像猪腿(侧面投影);
(2)像山羊角(顶部中央,"蝙蝠"的耳朵);
(3)像山羊角(底部中央);
(4)像一只乌鸦(大片黑点);
(5)像黑布(大片黑点的一侧)。

尽管如此,奥伯霍尔泽最终还是认为,墨迹测验能够超越这些表面的文化差异,看到随后他与杜波依斯达成一致观点的人格类型。

杜波依斯面临的风险更大。她想要弄清楚是否有可能证明文化可以塑造人格。除非某个关于人格的信息来源能够独立于人类学家在描述文化时所研究的行为之外，否则任何类似的争论都是循环的[18]。这种直接接触人格的方法也正是墨迹测验声称能够提供的。1934年，脑电图描记器（EEG）[19]首次将人类的脑电波记录在一卷纸上，但是，这样的神经技术还有很长的路要走。然而，通过墨迹测验竟然就能够识破人们内在的文化差异，正如杜波依斯所言，这"实在是太棒了！简直难以置信！"。

人们通常认为，哈洛韦尔是将劳伦斯·弗兰克的投射法引入美国人类学的核心人物。[20]1922年，在弗朗兹·博厄斯的指导下与鲁思·本尼迪克特一起学习了一段时间之后，A. 欧文·哈洛韦尔（A. Irving Hallowell，1892—1974年）[21]转向了文化与人格问题。1932到1940年间，哈洛韦尔在贝伦斯河附近度过了好几个夏天[22]，这是加拿大的一条小河，从东边近300英里的源头流入温尼伯湖。

这里是北美洲最后被欧洲人探索的地区之一，"这片土地上有着迷宫般的水道、沼泽、被冰川磨平的岩石以及尚未被破坏的森林"[23]。由于贝伦斯河并没有通过主要湖泊或河流与温尼伯湖相连，这个地区一直保持孤立。属于欧及布威人[Ojibwe，也称齐佩瓦人（Chippewa）]的游牧猎人和渔民，分散居住在三个独立的社区，向东延伸至荒野：一个在河口处的温尼伯湖附近；一个在向内陆约100英里的地方，如果乘独木舟，要换乘50次，且没有平坦的道路；第三个则位于更远的内陆。

这种地理环境，将群落的"文化梯度"（从与外界文明接触之前到完全被同化）分为三个完全不同的阶段。湖畔的群落中有白人居民，夏天每周会有两班轮船从温尼伯市驶来，人们居住在欧洲风格的木屋中，几乎没有明显的传统生活迹象——没有当地的仪式或舞蹈，没有鼓声。然而在内陆，很少有商人或传教士去过，那里有"白桦树皮覆盖的帐篷……在地平线上幽暗而庄严的云杉的衬托下，轮廓清晰"，并且"仍保留着古老印第安人的生活风味"[24]。那里的欧及布威族人可能也穿着从商店购买的衣服，用铁锅和平底锅做饭，喝茶、嚼口香糖、吃糖果，但是，男人们仍然使用独木舟把猎得的麋鹿运到岸边，而女人们会做鹿皮鞋，用云杉的根须缝桦树皮，或是把婴儿绑在摇篮板上背在背上，再去砍伐树木。那里有巫医，有魔法小屋，仲夏时分有瓦板翁舞（wabanówīwin）。哈洛韦尔写道："在这种氛围中，人们不禁会感觉到，尽管有许多外在的表象，但原住民思想和信仰的大部分核心依然存在。"[25]我们能够不由自主地感受到这一点，但怎样才能确定呢？

哈洛韦尔第一次听到"罗夏测验这个奇怪的词"[26]是在20世纪30年代中期，是鲁思·本尼迪克特在全国文化与人格研究委员会的一次会议上提到的。哈洛韦尔在温尼伯进行的田野调查，使他进入了他所说的"人类学研究的新兴领域"，开始探究个体及其文化在心理学层面的联系，这项揭示文化背景下个体心理的方法恰好是哈洛韦尔正在寻求的。他拼凑起足够多的信息进行尝试，结合贝克、克洛普弗和赫兹的方法，通过口译员，临时制定了一项执行测验的程序：

我将依次向您展示一些卡片。这些卡片上面都有一些标记。"——这里，口译员提及了一个欧及布威族词语ocipiegátewin，意为"图片"。"在这些卡片上，你会看到一些东西（展示墨迹图片）。仔细看这张图片，用这根小棍指出你看到了什么。（将一根木棍递给被试。）告诉我卡片上的痕记让你联想到的一切，或是它们看起来像什么。它们也可能并不像你所见过的任何事物，但是如果它们与什么东西非常相似，请说明是什么。[27]

第二年夏天，哈洛韦尔从加拿大回来，手上有数十份欧及布威人的墨迹测验结果[28]。

哈洛韦尔认为，欧及布威人向加拿大白人文化靠拢的不同阶段[29]为研究个体心理与文化之间的相互关系提供了一条完美的途径，因为根据定义，这些阶段意味着将同一心理置于不同的文化力量之下。"如果像人们所假设的那样，在人格结构和文化模式之间存在着密切的联系，"哈洛韦尔写道，"那么文化的变化可能会导致人格的变化。"

和奥伯霍尔泽对阿洛人的研究一样，哈洛韦尔声称他在墨迹测验中找到了"欧及布威人的人格星座……到目前为止所研究的各个层面的文化适应水平都可以清晰辨别出来"。虽然外来文化习俗可能源自加拿大白人，但是"根本没有证据"能表明"本土心理状态的核心"发生了变化。接着，哈洛韦尔说，由于贝伦斯河岸的三个群落有着相同的遗传和文化背景，并且是在相同的条件下接受了墨迹测验，三组结果之间的任何差异都只能归因于他们不同的文化适应程度。墨迹测验可以揭示的是，不同的欧及布威人个体是如何适应或不适应新的文化压力的。

哈洛韦尔发现，欧及布威人的人格"被推向了极限"。内陆的欧及布威人的测验结果显示他们的性格主要是内向的倾向，对任何外向的倾向都有明显的抑制，对一种文化来说，这一结果是有意义的，在这种文化中，人们总是参照一种内在的信仰系统来理解事件，梦是最重要的经验，是私下进行的（大多数情况下，分享自己的梦是一种禁忌），社会关系是高度结构化的。相比之下，湖畔的社群"与周围人和事物的关系更加密切"，显示出更加广泛的人格特征，尤其在女性当中，有些人会更为外向。如果有这种倾向，人们可以表现出来，而不是压抑自己的那个方面。

哈洛韦尔发现的这种更大的与众不同的自由（尤其是在女性身上），可能是一件好事：适应能力最强的个体中，有81%来自湖畔社群。但与此同时，最不适应环境的个体中，湖畔社群的比例也高达75%。哈洛韦尔得出结论,认为白人文化在心理学层面上更有挑战性,更有可能无法适应,也有更多的自我表达空间。对此,哈洛韦尔写道:"有些推论或许可以在不使用墨迹测验的情况下得出,但是,如果没有一种能够评估具体个体的调整的调查方法,这些推论就很难得到证明。"

与杜波依斯的发现一样,哈洛韦尔的研究成果也不仅仅包括具体的结论:如果墨迹测验能够探测个体内部的文化规范,那么它也可以用来研究文化在普遍意义上如何塑造人格。哈洛韦尔在为心理学家写的《罗夏测验方法在原始社会人格研究中的辅助作用》(The Rorschach Method as an Aid in the Study of Personalities in Primitive Societies)和为人类学家写的《人格与文化研究中的罗夏测验技术》(The Rorschach Technique in the Study of Personality and Culture)这两篇开创性文章[30]中阐述了墨迹测验的独特优势:它收集的是可量化的客观数据;方便携带;人们乐于进行这个测验;它不要求参与测验的人有文化,也不要求测验实施者是专业的心理学家,因为测验结果可以由其他人进行评分和解释;那些已经参加过测验的人无法告知他们的朋友所谓"正确答案",测验没有泄露的风险。

最重要的是,哈洛韦尔写道,墨迹测验是"非文化的"。在不同的人群中,这些标准都一样稳定,这一点很令人惊讶——例如,欧洲裔美国人和欧及布威人的普遍反应几乎相同,除了有一张卡片,前者看到的常常是"动物皮",后者则倾向于看见了"乌龟"。除此之外,"由于心理意义——而非统计标准——是大多数墨迹测验解释的基础"[31],哈洛韦尔认为,即使没有大量数据样本,有价值的洞见也是可能的。写第一篇论文的时候,哈洛韦尔只收集到不足 300 份来自无文字文化区的测验结果,其中包括布洛伊勒、杜波依斯和哈洛韦尔自己的数据。几年后,这个数字超过了 1200,由此,未来任何文盲群体可能都不能被罗夏测验测试出来,这对于哈洛韦尔来说"可以想象",但似乎"也不尽然"[32]。

即使墨迹测验能够提供关于人格的"非文化性的"信息，人类学家在使用它时还面临另外一个问题。每一种文化有着自己的"典型人格结构"，但也留有个体差异的空间，文化被假定为不同的，然而人从根本上来说又是相同的。那就意味着，任何给定的结果都可以宣称其揭示了一种文化的内部特质，或者关于文化差异的概括，无论人类学家想要的是什么。

受哈洛韦尔的启发，1942年对萨摩亚人的一项研究[33]意识到了这一困境。萨摩亚人对纯色的反应异常多，这使得萨摩亚人的测验结果总体呈现出外向型倾向。但这项研究的作者菲利普·库克（Philip Cook）认为，这与萨摩亚人的颜色词汇有关：萨摩亚人的语言系统中，只有对应黑色、白色和红色（mumu，意为"火焰般的、火苗般的"，几乎总是与血液相联系）的抽象词汇，与特定事物联系在一起的颜色词非常罕见（比如，萨摩亚语中的"蓝色"一词意为"深海的颜色"，"绿色"或"灰色"是大海变化时会有的颜色，"绿色"的词义则为"万物生长的颜色"）。因此，萨摩亚人不太可能以颜色描述事物——FC反应更少。与此同时，萨摩亚人还做出了很多关于身体结构的反应，这在欧洲人和美国人身上暗示着"性的压抑或病态的身体关注"。但由于萨摩亚人从小就有性行为，他们的文化中几乎没有性的压抑，因此他们关于身体结构的反应可能是完全正常的。库克承认，墨迹测验似乎解释了萨摩亚文化的某些方面，但不能对其个体进行辨别诊断。不过，对库克来说，这仅仅意味着需要对每种不同的文化进行大量深入研究，因为"墨迹测验无疑是研究文化心理动力学的绝佳工具"。

这些都是心理学和人类学共同的设想。哈洛韦尔曾提议将这两个领域进行全面的理论整合，并称赞墨迹测验是实现这一目标的"最佳手段之一"[34]。1948年，哈洛韦尔同时担任美国人类学协会和克洛普弗墨迹测验研究所（Klopfer's Rorschach Institute）的主席[35]，这是两门学科融合的一个标志。在人们普遍的理解中,墨迹测验可以发现任何人的人格结构,无论是在美国还是在最为陌生的文化环境中。

墨迹测验"看起来像一台精神 X 光机"[36],当时的一名研究生回忆,"给人看一张图片,你就能解决他们的问题"。

第十六章

测验之最

1941年12月7日,日本人偷袭了珍珠港。3个星期里[1],布鲁诺·克洛普弗组织了一个"墨迹测验志愿小组",配合返回美国国内的研究所及其成员的工作。他还主动请缨,想要成为通过墨迹测验获取信息和建议的主力成员。1942年初,军方的问题和要求层出不穷,克洛普弗很快就与美国陆军人事程序部门合作,开始研究墨迹测验对美国战事的帮助。

此时的墨迹测验与此前人类学和人格研究前沿的使用截然不同。首先也是最重要的不同之处在于,军队需要极为高效的评估,要按照1940年制定的"陆军普通分类测验"(Army General Classification Test)[2]在接下来的5年里为1200万名士兵和海军陆战队员提供评估。莎拉劳伦斯学院的入学测试员露丝·芒罗公布了她的检测技术[3],旨在帮助测验实施者快速核查墨迹测验结果中的突出问题。尽管这项技术不是特别精细,但这种检查产生的解释能够将不同得分做出更为一致的划分,而且速度更快。

为了简化对测验的管理和评分模式,莫莉·哈罗尔(Molly Harrower)引入了团体罗夏测验技术(Group Rorschach Technique)[4],在昏暗的房间里放映幻灯片,被试写下自己的答案。20分钟里足以对200多人进行测试。做好幻灯片不是一件容易的事,几乎和当初罗夏印刷他的墨迹图片

第二次世界大战期间，战略情报局为挑选候选人而使用的罗夏团体测验

一样困难，尤其考虑到"战争期间拍摄可靠的胶片会遇到的巨大困难"[5]。但最终他们找到了可以完成任务的摄影师。

即便有了这些进步，墨迹测验在大规模使用上仍然存在两大障碍。尽管可以由不太专业的人员实施测验，测验结果仍然必须由训练有素的墨迹测验研究人员进行评分和解释。更糟的是，结果仍然无法直接归结为官僚主义、打孔卡片或是IBM评分表*的简单数字。因此，哈罗尔进一步提到，这"与罗夏的初衷相去甚远"，哈罗尔承认，她发明的实际上是"一种完全不同的程序"，她称之为"多项选择测验"（A Multiple-Choice Test），但使用的是罗夏测验卡片或幻灯片。

被试被要求从每张卡片的10个备选答案中勾选一个"你认为对此张墨迹图最好的描述建议"，并在另外一个框中写上"2"，作为第二个选择（选或不选均可）。例如，卡片Ⅰ（见第4页）的备选答案为：

□陆军或海军徽章

---

* 指IBM805考试评分机使用的填充式测试评分表。——编者注

☐ 泥土
☐ 一只蝙蝠
☐ 什么都没有
☐ 两个人
☐ 一个骨盆
☐ 一张 X 光照片
☐ 蟹钳
☐ 一团糟
☐ 我身体的一部分
其他：_____

一份绝密的答案将好反应和坏反应进行了区分。哈罗尔写于战时的一篇文章用间谍惊悚片一般的语言描述了这一程序："这份答案不能落入无关人士的手中，这至关重要，所以它没有公开过。但是如果有需求，我会立即给军中的精神科医生和心理学家发送一份副本。"坏反应少于或等于三个，被试就可以通过测验，大于或等于四个的话就无法通过。

觉得这听起来有些靠不住的人不在少数。哈罗尔后来承认[6]，"团体罗夏测验技术让人大吃一惊，但多项选择测验的引入遭到了冷遇"。然而，他们要对数以百万计的人进行筛选，想达成这样的目标，需要新的方法。"总之，"正如她最初指出的那样，筛选程序"对详细了解个体不适合的原因没什么兴趣，假如我们能发现的话"，"对一种任何人、任何地方都可以使用的简单工具更感兴趣，而对一种只有少数人能操作的极其灵敏的仪器就没那么感兴趣了"。

从某种程度上说，哈罗尔的测验似乎奏效了。他们对 329 名"随机选择的正常人"、225 名男性囚犯、30 名向大学里的精神病专家咨询的学生（"他们中有些人的诊断结果相当不好，其他人经心理治疗后情况有了很大改善"）和143名住院精神病患进行了检验，对这些人做了差异明显的分类。后面几组被试似乎更有可能无法通过测试，而接受测试的"优秀成年人"中，55%没有任何不良的反应，唯一一个有4个以上不良反应的人曾两次因为躁狂抑郁症住院。哈罗尔很快做了一些基本调整，比如考虑到医生和护士会做出更多的解剖学反应，而这些反应原本会被评价为不良反应。她还发现，一个训练有素的墨迹测验研究人员在观察人们的结果时往往会做出更好的判断，尤其是那些给出了三四个不良反应的边缘案例。即便"严格地遵守纯粹的量化条款"，也会带来切实的效果。哈罗尔认为，她的快速测试具有"不可否认的优势。并非与墨迹测验相比，而是作为一种程序本身来说"。

多项选择测验在教育界和商界受到了好评[7]，但多项研究表明，对军事筛查而言，该测验过于不可靠，而且其测验结果军方并没有广泛采用。尽管如此，罗夏测验在1939年被重新定义为揭示人格微妙之处的终极投射法，这时候又被重新定义为一种快速得出"是"或"不是"的统计数据的测验。哈罗尔写道，尽管墨迹测验本身"仍然是一种需要专门的专家来研究的方法"，但她已经把墨迹测验变成了"通常意义上的心理测验"（着重强调）。这是军队所需要的，也是美国人想要的。

仅在1944年，就有2000万美国人接受了6000万次教育、职业以及心理方面的标准化测试[8]。1940年，《心理测量年鉴》回顾了325项不同的测验，并列举了其中的200多项。大多数测验仅由少数心理学家使用，仅有一项被称作"测验之最"[9]，其原因与其说与墨迹测验本身有关，倒不如说与美国心理学界的转变有关。

第二次世界大战是美国心理健康历史的转折点。[10]战前，精神科医生在精神病医院工作；心理学家仍然是"刻板的"科学家，而不是"灵活的"治疗师，他们中的大部分都待在大学实验室里，那里只有少数临床心理学家会关注儿童和教育。弗洛伊德的思想已经被美国的精神病学家所采纳，以至精神分析几乎完全被视为治疗精神疾病的一种方法，而非科学探究或探索个人的工具。

大多数美国人从未接受过心理健康治疗，也不知道那是什么。即使精神分析的方法把一些精神科医生从医院吸引到了几个大城市的私人诊所或儿童指导诊所，心理治疗在整个社会中仍然处于边缘地位。精神科医生治疗病人，心理学家研究被试，他们中的大多数留在社区里，尽最大可能提供帮助。

随着战争的爆发，每个身体健全的人在接受智力测验和体检的同时，都要接受心理筛查。因"无法忍受的心理风险"而被筛掉的被征召士兵数量大得惊人：仅陆军就有大约187.5万人[11]，占1942至1945年间测验人数的12%。即使这个排除率是第一次世界大战的6倍，但是据报道，美国军队的战争神经症发病率也是第一次世界大战时的2倍还多。陆军医疗部门有100多万名神经精神疾病患者，海军有15万人，除此之外还有一些——而这些都是通过了筛选程序的士兵。约有38万人因精神疾病离开军队（占全部出院人数的1/3以上），另有13.7万人因"人格障碍"出院；12万精神疾病患者不得不从战场撤离，其中2.8万人需要坐飞机。

无论这些数字证明筛选是有必要的，还是根本不起作用——乔治·马歇尔将军（General George C. Marshall）于1944年下令终止筛查——这显然是一场危机。有些人是在装病，但绝大多数病例是真实的，这意味着两件事：一是精神疾病对人群的影响比任何人想象的都要大；二是"健康的"人也需要心理治疗。军队中，仅有极少数人的神经崩溃发生在前线甚至海外，大多数都是由各种各样的因素造成的，这些因素也影响着国内的民众，比如，"压力"这个概念就是从军事精神病学领域迅速传播到大众当中的。

这是一个全国性的问题。正如美国心理治疗史上一段记录中所说，美国年轻人"糟糕的"身体状况[12]已经够可怕的了——"缺少牙齿、未经治疗的脓肿和疮、未经矫正的视力问题、未经矫正的骨骼畸形、未经治疗的慢性感染"——这促使人们在全国范围内努力增加医生的数量和民众获得治疗的机会。尽管如此，"12%的精神疾病拒诊率仍然令人震惊"。

战争开始的时候[13]，美国陆军总共有35名精神科医生。据负责人威廉·C.门宁格（William C. Menninger）准将说："受过训练的人员短缺严重，不仅是精神科医生和神经科医生，还有心理学家和精神科社会工作者……真相就是如此。"到战争结束时，陆军中的35名精神科医生已经变成1000名，其他军队中还有700人，其中包括美国精神疾病协会的"几乎每个成员"[14]，且"不受年龄、残障或耳聋限制"，还包括大量新成员。

数百个疗养中心、基础训练营、惩戒所、康复中心以及国内外医院也都需要他们。除了精神病学家，军事心理学家也有一些任务，比如设计适合使用者心智能力和感知限制的复杂仪表盘[15]。门宁格后来总结道："直至战争快结束的时候，我们才有差不多足够的人手来做这项工作。"

实际上，美国全国上下都没有足够的人手。在从事神经精神病学工作的义务人员中，仅有1/3的人在战前有过治疗精神病的经验。战争结束时，有1600万返乡的军人需要照顾，对专业人员的需求更大；战后，美国退伍军人管理局一半以上的住院治疗是针对精神疾病的。普罗大众也开始了解心理健康治疗的好处。用门宁格将军在战后的话来说，"保守地说，至少有200万人因为在这场战争中士兵出现的精神疾病或人格障碍而与精神病学产生了直接接触或联系"，对这个群体中的很大一部分人来说，这是他们第一次接触精神病学。汲取教训之后，门宁格开始在全国范围内积极推广心理健康培训、预防保健和治疗。这个国家不得不像军队曾经做过的那样，加强心理健康服务。

美国国会于1946年通过了《国家精神卫生法》(National Mental Health Act)，创建了具有广泛公共服务使命的国家精神卫生研究所。法案为这一领域制定了新的标准，临床心理学家被称作"科学实践者"，旨在与公众展开合作，而不仅仅是在实验室里工作。弗吉尼亚州在其州内各家医院和附近的医学院之间建立起联合计划，以培养其所需的心理治疗师，不久之后，聘请的临床心理学家的数量就达到1940年全国的3倍还多。临床心理学在政府资金的大力支持下蓬勃发展。

罗夏测验有望令各个方面获益。作为一种诊断工具，它对职业精神科医生有切实的好处，同时它也是一种与学院心理学中可量化评分的驱动力相兼容的测验。与此同时，随着临床心理学家的崛起和他们新兴的对"科学实家－实践者"训练的兴趣，心理学越来越多地采用精神分析，而非定量分析。由于赶上了战争，直到40年代末[16]，相关的评估教科书才出现，因此，所有新兴的临床心理学项目都没有选择，不得不使用罗夏测验的相关书籍。1946年，墨迹测验成为第二受欢迎的人格测验[17]，仅次于更简单的古迪纳夫画人测验（Goodenough Draw-a-Man Test），也是包括所有测验在内第四受欢迎的测验，排在两个不同的智商测验之后。至此，墨迹测验成为多年来最受欢迎的临床心理学研究课题。[18]

在军队内部，墨迹测验的使用仍然有限。它仍然不如其他测验迅速，并且没有足够的接受过专门培训的医生来给数百万名士兵进行测验，甚至连墨迹图也不够用：战争期间被派往巴黎精神病院的一名中尉[19]怎么都找不到成套的卡片，他不得不安排妻子去曼哈顿见布鲁诺·克洛普弗，拿一套卡片寄给他（几周后，他在艾森豪威尔总部的地下室偶然发现了100套墨迹测验卡片和主题统觉测验卡片：军队订购了这些卡片，然后就把它们给忘了）。然而，尽管用于大规模筛选的多项选择测验失败了，墨迹测验本身还是有许多其他军事性应用，包括精神病学诊断、治疗病人以及心理学方面，例如，可以用它来研究空军作战飞行员的作战疲劳情况[20]。

在更广泛的背景下，测验的新价值以及精神病学家和心理学家之间的地位之争，推进了罗夏测验的发展。病例回顾研讨会[21]是一种越来越普遍的做法，始于儿童指导诊所，它把负责治疗的精神病学家、进行测验的心理学家和参与治疗的精神疾病社会工作者聚集在一起。过去，心理学家会报告病例的智商，或者其他一两个数据，然后他的工作就完成了。但是，如果他是负责罗夏测验的专家，他可能会在发言中讨论色彩冲击、经验类型或严格的问题解决方法，而他旁边的同事会点头，承认这是病人的真实情况。

成千上万的精神科医生和心理学家已经看到了令他们感到震惊的快速准确的盲诊方法，他们认识到，墨迹测验的诊断结果是其他方法无法提供的。尤其是精神分析型精神科医生，他们对问卷等"自我报告"型测验感到怀疑，他们认为，问卷低估了无意识的力量，但墨迹测验所用的语言与他们一致。正是这些精神科医生和心理学家，将墨迹测验称为"测验之最"。

在其他方面，心理学家和精神科医生都在努力确定他们的职业角色，以应对共同的威胁。匆忙接受军事训练的医务人员，他们没有心理学或精神病学学位，但干得相当不错？那社工呢？如果他们能在不那么严格的训练之后帮助他人，而且花费的成本很低（这被称为"咨询"而非"心理治疗"），那么精神科医生和临床心理学家的存在到底有什么意义？他们认为，他们的培训和专业知识是关键，而墨迹测验正是此种专业知识一个受人尊敬且令人生畏的标志。这10张墨迹卡片成为一个重要而生动的身份象征[22]，能够为临床医生提供职业安全感和自我认同。

克洛普弗的教科书《罗夏测验技术：人格诊断投射法手册》(The Rorschach Technique: A Manual for a Projective Method of Personality Diagnosis) 于 1942 年问世，可谓恰逢其时，它被当作心理测试实施人员的圣经和研究生课程的标准教科书，直接影响了下一代从业人员。克洛普弗在前言中指出，这本书的出版"正值关键时刻，要求我们尽可能最有效地利用手上的资源，无论是人力还是物力。墨迹测验方法帮助我们避免了人力资源的浪费，证明了自身的价值"[23]，无论是陆军还是民防领域，克洛普弗对能尽到自己的一份努力表示很感激。身为逃亡的犹太人，克洛普弗的爱国主义发自肺腑，这也是极好的营销手段。用著名教育心理学家李·J. 克隆巴赫（Lee J. Cronbach）[24] 的话讲，50 年代后期，没有哪本书"比克洛普弗和凯利合著的那本出版于 1942 年的书能对美国的罗夏测验技术以及临床诊断实践产生更大影响"。

纽约贝尔维尤学院的两位女性心理学硕士露丝·博克纳（Ruth Bochner）和弗洛伦斯·哈尔彭（Florence Halpern）[25] 不是什么名人，但她们和克洛普弗在同一年出版了可能最具影响力的墨迹测验相关图书——《墨迹测验的临床应用》(The Clinical Application of the Rorschach Test)。这本书是在战时的压力下写成的，当时，墨迹测验的专家们对它嗤之以鼻（"一部粗枝大叶的作品，充满了松散的陈述、矛盾和误导性结论"[26]），但它在《时代》杂志[27] 上广受好评，并在 1945 年发行了第 2 版。这本书告诉所有新进军队的陆军心理学家，要把自己迅速变成墨迹测验专家中的专家[28]，而他们中的许多人之前都是在大学实验室里研究老鼠的，或是没有接受过测试内容和使用方法的培训。

无论是否过于"粗枝大叶"，这本书确实坦率易懂，还附有一张分数表，你可以借此直接得出百分比，而不用在长除法和滑动计算尺上浪费时间。这些章节的名称类似于"第一列中的符号是什么意思"，这是罗夏测验的领军人物很少能够达到的实际清晰度。克洛普弗书中有近100页内容关于"反应位置的评分类别",涵盖了相同的内容。而贝克1944年的教科书中分6章讨论了这个问题,包括"评分问题"和"方法及顺序:记作Ap,Sep"。你觉得哪一个可以教你实施墨迹测验?

博克纳和哈尔彭很清楚克洛普弗和贝克的辩论、罗夏作品中的细微差别和注意事项以及测验不同部分如何相互作用的复杂性,但她们抓住了要害。给出某一种反应的人"显然是个有能力的人,但社会关系对他来说会比较困难";给出另一种反应的人则"是一个以自我为中心的人,充满欲求,而且易怒。由于无法做出必要的调整,他期望周围的一切做出相应的调整去适应他自己"。那些认为某张特定的卡片"凶险"的人很"容易被无边的黑暗所困扰,而且容易焦虑和压抑……""一个女人对某张卡片的抗拒反应显然与性相关,而从她回答内容的分析来看,似乎与怀孕问题有关",她试图在墨迹中通过"曲解或否认男性生殖器符号"来回避这个问题。然后,她的病史显示,六周前她和男友"超越了普通的爱抚",现在,她的月经迟迟没来。一份详细的治疗或分析报告可以用一两句话代替,以便于分类。墨迹测验可能比大多数测验更难掌握,但这并不意味着它不能被标准化。

这些意义深远的论断和其他类似论断,列举出了关乎墨迹测验的本质和意义的公认智慧。博克纳和哈尔彭坚定地将其看作一种投射法,而非知觉实验,她们淡化了实际图像的客观特性:"由于墨迹基本没有实质性内容,被试必然会将自己的观点投射到它们上面。"她们宣称,一个实验参与者"必定认为他所做出的任何反应都是好的反应",任何其他反应"都与实验的理念不相容",即使实际上反应评分有好有坏,罗夏自己也曾写道,如果测验结果会产生实际后果,便成了不道德的误导。

博克纳和哈尔彭对墨迹测验的看法影响了大众文化。没有正确或错误的答案，你可以随意说出你想说的话，在知晓自己即将被归类之前，你的秘密就被揭露出来了。与弗洛伊德式推广或鲁斯·本尼迪克特的《文化模式》的普及不同，博克纳和哈尔彭从未直接接触大众，但美国公众是通过她们了解了罗夏测验。

1942年还有一本书获得了出版：赫尔曼·罗夏的《心理诊断法》英文版。它似乎是一项权威的声明，提醒读者测试的真正意义，使测验回归本源。然而，20年来发生了太多事情。《心理诊断法》被翻译得很糟糕，内容偏颇得令人困惑，与1922年的遗作自相矛盾，而且并未提及投射法、精神X光、性格和人格、团体测验、人类学（除了瑞士的伯尔尼人和阿彭策尔人）以及贝克和克洛普弗的竞争体系。如果罗夏这时还活着，也只有57岁，完全能够亲自参与这些议题。就这本书的自身内容而言，它太小，也太迟，是一个无法控制学徒的魔法师。

第十七章

将图像用作听诊器

到了 40 年代中期，几乎每个美国人都有一个儿子、兄弟或其他亲人在征兵中接受过心理测验；越来越多的人自己也接受过这种测验。就在那时，弗洛伊德的术语——自卑情结、压抑等，连同普遍的心理治疗和墨迹测验深入流行文化之中。

1946 年 10 月，数以百万计的人在《生活》杂志上看到了一篇名为"人格测验：墨迹图用于了解人们的思维方式"（"Personality Tests: Ink Blots Are Used to Learn How People's Minds Work"）的文章，20 世纪 40 年代后期该杂志读者达到了大约 2250 万[1]，占美国成年人和青少年总数的 20% 以上。这篇文章展示了四个"成功的纽约年轻人"看待墨迹图的方式——律师、经理、制作人和作曲家（即后来的小说家保罗·鲍尔斯[2]）——以及托马斯·M. 哈里斯（Thomas M. Harris），"他在哈佛大学开设了一门将墨迹测验应用于择业的课程"。这篇文章准确地记录了诸如规范和分数等细节："评判反应的标准，与其说是根据实际内容，不如说是通过与之前给出的数千个测验中的反应进行比较……它属于一类被称作投射的测验。"这篇文章邀请读者自己尝试一下。

接下来，读者可能就会放下手中的杂志，去看电影《阴阳镜》（ The

《阴阳镜》里,双胞胎中邪恶的那一个拿着罗夏墨迹(墨迹经过修改):"可能是面具。"善良的一个则看到"两个穿着戏服的人,他们围着五朔节花柱跳舞"

Dark Mirror)[3],这是一部由奥利维娅·德哈维兰主演的奥斯卡获奖影片,她在影片中一人分饰两角,扮演一对同卵双胞胎。这部电影开场是在墨迹上滚动的字幕,在数十面镜子、对称的墙纸图案和互为镜像的场景之后;结尾则是"剧终"的字样叠加在另一个预示不祥的墨迹上。这部电影的男主人公精神科医生使用墨迹测验、字词联想测验、测谎仪和其他超现代的方法,探究双胞胎中哪一个犯了谋杀罪,与此同时爱上了双胞胎中好的那一个。环球影业曾考虑在这部电影的平面广告中使用墨迹的通用图片[4],但最终他们用了一面深色的镜子,里面有两个奥利维娅·德哈维兰,还有潦草的"Twins!"(双胞胎)。

此时的好莱坞陷入了黑暗之中。《生活》杂志于 1945 年刊登那张返航水手在时代广场亲吻一名护士的封面照片两年后,回顾了 1946 年[5],认为"'二战'后好莱坞对病态戏剧有着深厚感情。从 1 月到 12 月,深深的阴影、紧握的双手、爆炸的左轮手枪、施虐的恶棍和饱受根深蒂固的精神疾病折磨的女主角在银幕上闪过,展示了让人喘不过气的精神神经症、病态的性以及谋杀"。黑色电影(Film Noir),用黑白投射心理阴影的电影艺术,将墨迹测验中暴力和性的潜台词带到了生活中。

黑色电影和墨迹共享的不仅仅是配色方案。表现主义是另一种舶来品,来自讲德语的青少年和 20 出头的年轻人,也是将精神状态可视化的一种新方法。在"梦幻般的、奇怪的、色情的、矛盾的和残酷的"黑色电影中,正如第一本关于好莱坞风格的书《黑色电影概论》(*A Panorama of Film Noir*)中所定义的那样,使用了《卡里加里博士的小屋》和其他表现主义艺术家的经典作品中的视觉风格来处理一个令人困惑的新世界。《三楼的陌生人》(*Stranger on the Third Floor*,1940 年)因其情节,经常被当作第一部黑色电影,这部电影开启了人们的感知和诠释之门:谋杀案审判中的关键证人的所见所述是否正确。黑色电影的原型人物是在道德模棱两可的世界里寻找真理的私家侦探,以及正在被调查的神秘莫测的蛇蝎美人。墨迹测验也自然成为电影情节的主要内容。

电影不是 20 世纪中叶唯一一种令人联想到墨迹测验的艺术形式。20 世纪 20 年代,墨迹图出现在法国和德国的超现实主义视觉艺术中,这些艺术家对无意识作为梦和自动书写的起源很感兴趣。但是,超现实主义者更接近肯纳的墨迹图,而非罗夏的墨迹图。超现实主义者认为,一些偶然的方法将无意识引入视觉领域,就像肯纳自己制作的那些墨迹图,也是从另一个世界被诱惑来的。他们否认或淡化了自己在诗歌或图画的创作过程中意识的作用,又常常自相矛盾地坚持一种特定的解释:1920 年,当弗朗西斯·毕卡比亚(Francis Picabia)让墨水不对称地飞溅到散落的纸张上,他刚好在图片上写下了标题:La Sainte Vierge(圣母)。

美国人与罗夏墨迹相联系的艺术,不像超现实主义者的作品那样流于表面，而更接近墨迹的工作原理——这是一种体现个性文化的新型绘画。

《生活》杂志1949年发表了一篇关于杰克逊·波洛克（Jackson Pollock）的头版文章，标题是一个反问句："他是美国目前最伟大的画家吗？"[6]波洛克的画纯粹是"自我"的喷涌："激情的迸发""狂喜的力量"，如此生动的自我表达令这项运动被命名为抽象表现主义。波洛克说："大多数现代画家都是从内部作画的。"[7]汉斯·纳马斯（Hans Namuth）为波洛克拍摄过他在画室里的照片——泼油漆、倒沙子，任它们洒落在铺满地板的巨大画布上，这些照片具有标志性的意义，甚至比画作更清楚地呈现了这位艺术家的行动：身穿黑色衣服，叼着香烟，展示着他的个性。

这幅画作和墨迹看起来可能有着天壤之别——在对称性、色彩、节奏、背景、规模等方面。但是，对于观看的人来讲，他们是在做类似的事情。波洛克沉默寡言的牛仔形象和战后美国超级大国的历史背景相结合，使得他的艺术给观者带来了一种不屑一顾的轻蔑感：它带着一种挑衅，不在乎你会如何反应，也没有期望你应该看到什么。但同时，它又吸引着你，引导你的眼睛围着动态画布转动，促使人们接近或是远离画作。面对罗夏的墨迹图片时，感觉也差不多。大约是1950年，波洛克名声最盛的时候，无数关于现代艺术的文章、讽刺作品和漫画想当然地认为，这类艺术不值一提，不过是一种罗夏测验。

在流行文化中，墨迹也被用来为各种各样的事物增添趣味。广告商发现，罗夏墨迹集专业知识与神秘、已知与未知于一身，在男性的商业世界与女性的享乐世界中均能引人回味。1955年股票市场图表上叠加的一个墨迹表明，一家投资公司的专家比你更了解你的特质："有很多种分析……A. G. 贝克尔公司会根据您的具体投资目标，对您的投资组合进行深入评估（顺便问一下，您能说说您近期和长期的投资目标吗？如果没有，那就更有理由去咨询A. G. 贝克尔公司了）。"商业领域的专业知识并不一定是

第十七章 将图像用作听诊器 231

使用"墨迹图"的香水广告

乏味的:"有一种新颖的看待事物的方法",美国互助银行提供了"也许是目前最具创意的员工保险计划"。与此同时,在 1956 至 1957 年的一系列香水广告中,有些广告刊登了一张带有墨迹的女人照片,并解释道:"使用 Bal de Tete,你能成为你想要成为的样子,这是你个性的终极补充。"

洛厄尔玩具制造公司,一家依托于电视节目(《价格猜猜看》《赌上你的命》《荒野大镖客》)的家庭游戏发行商,于 1957 年推出了一款墨迹室内游戏,指导手册上煽情地推介说,这是个性格分析游戏,是"一款基于最新的心理科学测验技术的揭示心理的游戏"。《纽约客》上的一则广告更进一步:"在复杂的室内游戏中",性格分析是一款"全新游戏,能够让参与者对朋友和家人……甚至他们自己的私生活进行滑稽、兴奋、私人化和真情流露的'窥视'"。在这样一段美好的时光里,妈妈和爸爸都开始对墨迹感兴趣。这时候，大家提到心理学，就想到弗洛伊德，提到弗洛伊德，就想到性，但弗洛伊德的思想并没有与之相关的清晰的视觉形象。20 世纪 50 年代，墨迹图似乎意味着潜意识，而且在 1948 年和 1953 年金赛报告发表之后，美国人不那么窘迫地承认了它可能的样子。

在美国文化的每个角落，这都是罗夏墨迹的全盛时期，1954 年则是一个顶峰。作为心理学家和精神病学家实际执行的一项测验，墨迹测验是 20 世纪五六十年代全世界范围内最受欢迎的测验。仅在美国，这些墨迹图在医院、诊所和指导中心每年至少出现一百万次，"就像听诊器和医生的关系一样，墨迹也与临床心理学家有着密切的联系"[8]。

它们被用来研究每一个人和每一件事。德国的一篇论文[9]使用墨迹测验作为其他地方发表的关于女性在月经期间心理会发生变化的证据。作者将墨迹图片展示给 20 名年龄从 22 岁到 26 岁不等的医学院女同事。在她们月经期间，研究者发现了更多的性反应和解剖学反应，而且反应时间更长，出现了更多的挑剔小细节的反应，以及更武断的整体反应。测试人员

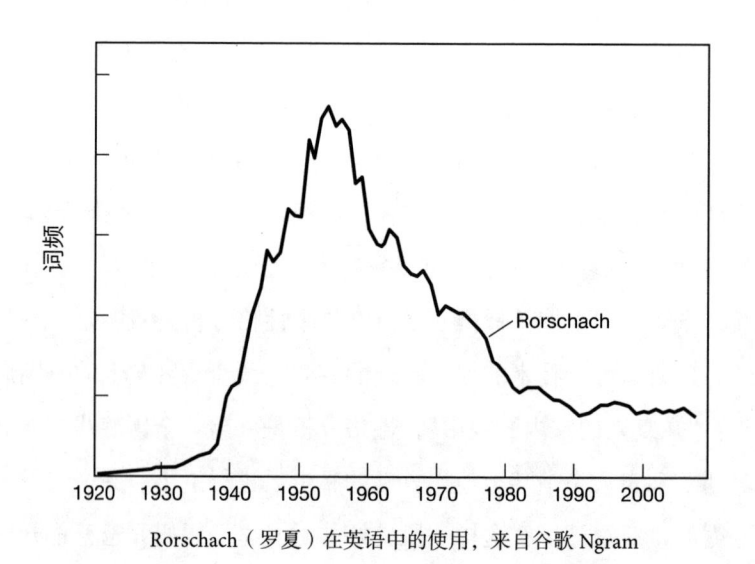

Rorschach（罗夏）在英语中的使用，来自谷歌 Ngram

还明显注意到了2倍的"血液"反应,以及6倍的"火""洞穴"和"门"的反应。经期女性做出的运动反应较少,对易于产生运动反应的卡片反应也较少,这意味着压抑,"对自己内心生活的不信任"。除此之外,还有更多的颜色反应,也意味着高度的"情绪反应"。由此,测试人员得出结论:心理学家在对女性进行墨迹测验时,应考虑月经周期。

哈佛大学教授、临床心理学家安妮·罗（Anne Roe）[10]利用罗夏测验和主题统觉测验调查科学家的心理,扭转了这个局面。例如,她发现社会科学家在罗夏墨迹上的反应多于自然科学家（平均水平是67个,而生物学家是22个,物理学家是34个）,能更自如地表达攻击性,而且"更关心——但也更为之所困扰——社会关系"。特别有趣的是她对行为主义者B. F. 斯金纳（B. F. Skinner）进行罗夏测验的结果,对方给出了196个令人难以置信的反应,总体上以"对他人的轻蔑态度"为标志。他很少有人类反应,表现出"对动物的生命缺乏尊重"的特征。当被告知被试是著名的心理学家时,人们推测可能是斯金纳。他对墨迹本身不屑一顾,在反应中发表了诸如"对称性令人讨厌""小东西让我心烦""画得很糟糕"以及"组织得不是很好"等言论。

斯金纳有使用投射法的经历。1934年一个星期天早上,他正在哈佛大学的地下室实验室里辛勤工作,听到了墙上一台机器发出的声音——"滴——答——滴——滴——答,滴——答——滴——滴——答"——他发现自己在脑海中反反复复地说:"你永远出不去了。你永远出不去了。"这激发了他的灵感,周末,他没有把更多时间花在实验室以外[11],与哈佛心理诊所的亨利·默里（Henry Murray）建立了联系,后者正忙着开发主题统觉测验。斯金纳帮助默里创建了主题统觉测验,还创建了一个自己的测验,即言语随机抽样技术,该技术包括向被试播放他收集并记录的类似于单词的声音,他称之为"类似于听觉墨迹的东西"。其他心理学家暂时接受了这一音频罗夏测验[12]。

20世纪50年代,有人试图用投射法跨越感官的最后边界。医学博士爱德华·科曼(Edward F. Kerman)[13]觉得很遗憾,因为盲人无法使用这些强大的方法,因此他创建了科曼落羽杉膝投射技术,将六个落羽杉膝的橡胶复制品放入被试手中。("落羽杉膝,"他解释道,"对于不熟悉它的人来说,是从落羽杉的根系生长出来的产物,在我们的文化中,它是一种装饰性物品,之所以能够吸引观察者,是因为它与生俱来的特性:弯弯曲曲、模棱两可的形状能够激发人们做出富有想象力的反应。")被试被告知将橡胶模型从最喜欢到最不喜欢进行排序,并说明原因;给每一个落羽杉膝起名字或是给个头衔;用这六个角色讲一个故事;然后将一个落羽杉膝指定为母亲的角色,另一个指定为父亲,再一个定为孩子,并讲述这些角色的故事。

一个18岁的盲人高中生最喜欢5号:"它有点让我联想到一个希腊怪物,或是看起来有很多脑袋的什么东西……除了这个我一无所知,我只是喜欢它。"他将其命名为阿伏伽德罗定律,根据这一化学定律,在相同的温度和压力下,任何体积相等的气体都有相同数量的分子。4号很无聊:"我不喜欢任何实质上很普通的东西。"科曼博士的解释似乎有点像自嘲——"这并不意味着"这个年轻人"临床上要么被认为是变态人格,要么是公开的同性恋,但是,这些方面的倾向是存在的"。在指出测验的有效性尚未得到证实的同时,科曼以乐观的口吻总结道:"由于验证性研究是必要的,因此作者邀请了对投射技术领域感兴趣的工作人员加入。"

科曼那种顽固的弗洛伊德主义在20世纪中叶随处可见。一种新的理论[14]认为,罗夏墨迹中有一张是"父亲卡",另一张是"母亲卡",对它们的任何反应对这个人的家庭的心理都特别重要。如果一个女人说"父亲"卡片上的手臂看起来"又瘦又弱",这对她的爱情生活来说是个不祥的征兆。

随着临床心理学家进一步向其"科学家－实践者"任务的后半部分迈进，定量分析越来越少，心理分析则越来越多，他们开始觉得，人们对罗夏测验中丰富的语言材料的忽视是一件憾事。具体的计分方式可能会更加严格，而且早些时候，适当的评分被看作一项精细而艰巨的任务，需要长期的训练、敏锐的感受性以及技巧。现在，用一位拥护者的话讲，坚持"严格的客观分析的立场"，无论"多么值得称赞，就精神科医生的需要而言，似乎仍是不够的"。

罗伯特·林德纳（Robert Lindner）[15]是一位颇受欢迎的心理学家，他的非虚构书籍《无因的反抗》有一部标志性的同名电影，他是采用罗夏测验的主要拥护者之一。他认为，"接受罗夏墨迹检查的病人所产生的结果和结果是如何产生的同样重要，而且有时候会更重要"。人们对内容的关注"极大地丰富了罗夏测验在诊断和治疗方面的价值"。根据林德纳的说法，到目前为止，他已经发现了 43 种具有诊断意义的特异性反应。例如，男性被试通常将卡片 I 的底部中央看作肉感的女性躯干，同性恋者则倾向于将其视为肌肉发达的男性躯干。博克纳和哈尔彭曾描述过发现某张卡片的"邪恶"含义意味着什么；林德纳则称之为"自杀卡"："反应中包含诸如'蛀牙''腐烂的树干''一层黑烟''腐烂的东西''一块烧焦的木头'，意味着严重的抑郁状态，带有自杀的意味和自我毁灭的思想内容。然而，如果类似的反应能够坦率地提到死亡，那么患者能从电击疗法中获益的可能性是相当大的。"

罗夏自己在内容分析方面的观点[16]一直模棱两可。1920 年，他曾拒绝做内容分析；到 1922 年，他就转变了观点，认为"反应的内容也可以是有意义的"。后来讲座内容被收入《心理诊断法》时，这两句话的引文都出现在了同一本书里，争论双方的支持者都可以引用，将其作为对自己有利的观点。

与此同时，其他心理学家开始更加关注被试的谈话方式，而非内容和测验评分。戴维·拉帕波特（David Rapaport）和罗伊·谢弗（Roy Schafer）是20世纪中叶精神分析领域专注于罗夏测验的主要人物，他们为墨迹测验反应开发了新编码，只是听起来非常疯狂："不正常的言语"进一步分类为"罕见的言语"（比如"斑马皮——上面没有斑纹"）、"异常的自我暗示"（比如"精神病学实验，超现实主义绘画，灵魂在地狱中燃烧"）、"自闭症逻辑"（比如"发生在南非的另一场战斗"），以及其他十几个类别。[17]

接受心理测验时的行为依然是行为，墨迹测验期间出现的胡言乱语或暴力幻想和其他任何情况下一样，都是糟糕的信号。为什么不将出现的一切都进行解释呢？"一团黑烟"和其他病态的反应暗示了某种阴郁的想法，很少有人会否认这一点。然而，就如20世纪20年代格奥尔格·勒默尔试图转向"一种基于内容的象征性测验"一样，这种不再对人们反应中的运动、颜色和其他形式特征进行评分的转向有可能会失去墨迹真正的独特价值。有些人认为，这让实施罗夏测验所需的时间和努力显得毫无意义。任何惯于看到"超现实主义绘画，灵魂在地狱中燃烧"的人，只要你和他们交谈5分钟，他们还可能谈及一些类似的东西。内容分析或言语分析的支持者总是使用免责声明进行回避：你必须谨慎行事；这些只是建议或指导方针；这仅仅是对传统评分的补充，从未取代它。接下来，反应的关键就出来了：烟代表着这个，男性或女性的躯干意味着那个。

无论罗夏的意图是什么，基于内容的方法——最具诱惑力和弗洛伊德式、最具争议性、易于产生主观性和误用的方法——如今已经成为其他更严肃的罗夏方法论的可行替代方案，在大众的想象中也越来越流行。看到草地上一只快乐的蝴蝶是好的反应，看到一个杀人犯是坏的反应。这是一个容易普及的观点。

在20世纪墨迹测验不受管制的使用和滥用中，一些相对深思熟虑的人停下来回顾所学到的东西，想想还有多远的路要走。罗夏曾经认为，人们在33岁到35岁之间会经历一个向内的转变，退回他们自己的世界里，对于未来的想法和计划充满信心。无论巧合与否，1917年"诞生"的这项测验在20世纪50年代初期经历了同样的反思。

正是在这个时候，亨利·埃伦贝格尔找到了奥莉加·罗夏和赫尔曼其他在世的亲戚、同事和朋友，写了一篇长达40页的论文——《赫尔曼·罗夏的生活和工作》，并于1954年发表。在此两年前，一本名为《罗夏测验文集》的新杂志的第1期中，曼弗雷德·布洛伊勒[18]——欧根·布洛伊勒的儿子，他曾给摩洛哥农民进行墨迹测验，也是第二个将墨迹测验带到美国的人——发表了一篇论文，回顾了墨迹测验30多年来在临床上的应用。

相比许多美国人的关于测验的观点，曼弗雷德得出的结论更加谨慎，即实际问题永远不能仅仅依赖于罗夏测验：它绝不是"一个在任何情况下对于个案都绝对可靠的诊断工具"。它永远无法取代诊断，只能作为补充，在日常情况下与患者交谈并对其进行观察。但是布洛伊勒认为，除了在任何个案中的应用，该测验的意义是不可估量的。"罗夏测验能做的如下"：

> 它可以清晰地描述心理学和心理病理学的重大问题，并能从新的角度揭示这些问题。……众所周知，简单的儿童玩的风筝在航空发展中起了什么样的作用。类似地，心理学家可以用罗夏测验来验证，用它来探究，而且过程中充满趣味，同时为一项艰巨的任务做好准备，即将人和他的精神异常看作一个整体，同时又分开单独来看。

> 我坚信这是墨迹测验的一项非常重要的文化使命……遵循着罗夏的个人传统：他最不愿意做的事，就是把人禁锢在公式中，并将其简化为可以根据可衡量的品质做上标记的机制。他真正要寻找的是不受传统的面纱束缚的人的形象……我认为，未来的墨迹测验研究也需要他的这种精神，这种精神不想把人模式化——尽管我们这个时代需要模式化和形式化的精神——而是想要帮助我们深入探索生命的伟大奇迹。

布洛伊勒"不受传统的面纱束缚"[19]，因为解释墨迹图是一项在日常生活中没有传统、没有规范的任务。正如罗夏在 1908 年曾写信给他妹妹所说的那样，"社交、谎言、传统和习俗等，都是阻碍我们进入现实生活的障碍"。

在转向内容分析的过程中有一个孤独的声音，呼吁着向形式的转化。在 1951 和 1953 年的两篇文章中，心理学家和视觉理论家鲁道夫·阿恩海姆（Rudolf Arnheim）[20]提醒他的读者，"作为视觉刺激，墨迹有着客观的知觉特征……"，一个特定的反应往往至少部分是"由于墨迹本身的性质，而不是由于受访者的个人特质"。换句话说，这并不完全是投射。事实上，阿恩海姆认为，"投射"的隐喻尽管是视觉的，却低估了"看"的行为，低估了与真实存在的事物之间互动的行为："在对刺激做出口头上的反应以后，我们经常谈论刺激，就好像知觉者在虚空中产生了幻觉一样"，投射出他（她）的性格所决定的任何东西，而不是对实际的、特定的形象做出反应。

即使是动作反应，也不完全是主观的，罗夏曾经将其与"情感投入"这一类似投射的概念相联系。阿恩海姆指出，客观看来，一幅图像或多或少是动态的。一些静止的图像中也存在着运动，比如一个男人转动他的头，而另一些图像中则没有运动。这些品质"并不比形状或大小更加'主观'"。卡片Ⅰ中"倾斜的楔子"本质上是动态的；卡片Ⅲ中"鞠躬的侍者"的动态曲线比起卡片Ⅷ中"攀爬的熊"客观上更具活力，后者是"缺乏视觉活力"的。

阿恩海姆开始详细描述墨迹的视觉属性。卡片Ⅱ的中央白色区域（见引言插图）很容易被看作近景，"因为它有着对称的形状、凹凸性和封闭性"，但它也"同样很好地与外部白色区域相结合"，形成了黑色形状的背景。这些是客观的视觉品质，决定了一个人的反应范围。光是卡片Ⅰ，阿恩海姆就花了近10页的篇幅阐述其复杂性。

阿恩海姆推测，以前从未有过这样的视觉分析，因为罗夏墨迹被广泛认为是"非结构性的"，而且人对墨迹的反应"纯粹是主观的"，他将其称为"片面的概念"。如果墨迹既模棱两可，又"结构化得足以引起某种反应"，那么肯定能做出一些努力来说明这种结构是什么。无论如何，这些图像非常复杂，阿恩海姆建议直接用它们研究人们处理视觉信息的方式。例如，心理学家可以直接问被试他们是将卡片Ⅰ看作"3个垂直方块的组合，还是1组上升的对角线"，而不是绕弯子问"这可能是什么"。

阿恩海姆20世纪50年代早期的论文发表以后，他逐渐成为将神经心理学和认知科学应用于艺术研究的最具影响力的理论家，逐渐倾向于摒弃罗夏测验，因为大多数人仍然认为这是一项纯粹的主观投射练习。有一位研究罗夏测验的作家响应了阿恩海姆关于特定视觉系统的呼吁——而且他也呼吁人们质疑"测验是投射的一种练习"[21]的观点。

心理学家欧内斯特·沙赫特尔（Ernest Schachtel，1903—1975年）是有史以来最接近罗夏测验的一位哲学家。他认为，贝克和克洛普弗的关注点都太过狭隘，称克洛普弗1942年的手册模糊不清[22]，自相矛盾，理论化不足，最终脱离了"整体人类经验"。沙赫特尔写道，墨迹实验的

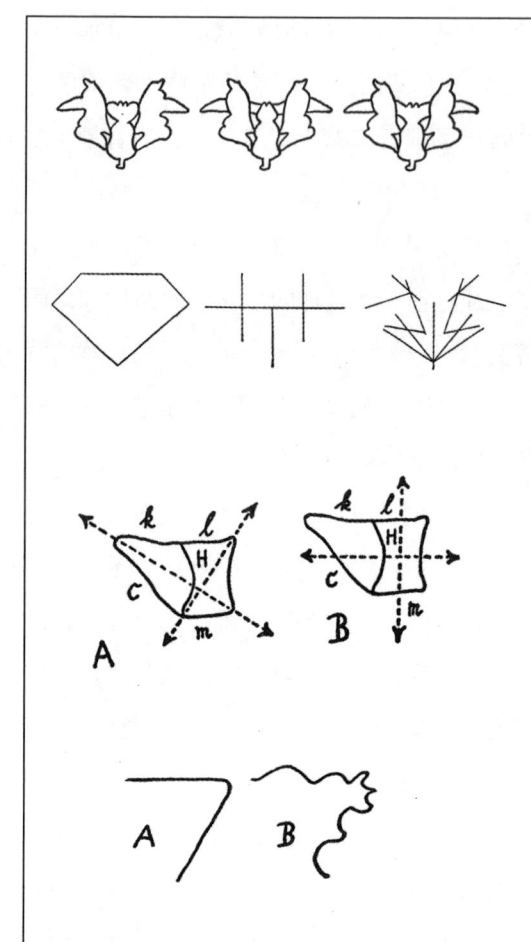

阿恩海姆对卡片Ⅰ（第4页）的视觉研究的图片。
（a）部分可以以多种方式分类：例如，任何一侧的三角形翅膀很容易被视为侧柱的一部分或作为横跨顶部的横杆的一部分，或者与中柱分离，或者与中柱连接。
（b）"视觉形状的决定性特征不是外部轮廓，而是所谓的'结构骨架'"，卡片Ⅰ符合多种可能的骨架，例如这三种。
（c）骨架，尤其是主轴，改变了知觉的动态。例如，卡片下半部分的白色三角形和灰色矩形看起来可能是倾斜的且具有很强的动态性，例如A，或者更静态的，例如B。
（d）图像的轮廓，如"翅膀"的尖端，同样适合感知平滑或感知锐化。

真正目标，就像布洛伊勒10年后所说的，是"增加对人类心理的理解"，罗夏自己"从未忘记这一目标，但在克洛普弗的书中，读者几乎从未看到这一点"。

在有关内容分析的争论中，沙赫特尔同意测试者应该使用测验情境中出现的所有东西。但是他在正式反应和基于内容的反应之间做出了更加深入的区分。罗夏测验的结果是什么？他问道，是测验参与者所说的话，还是测验参与者所看到的东西？经验主义者或一板一眼的人会说我们只能获取测验参与者大声说出的内容，毕竟，我们看不懂他们的想法。沙赫特尔的观点是，了解别人的所见所感是我们一直在做的事情。他而无论通过别人的眼睛去看有多么艰难，这都是心理学家必须要做的。沙赫特尔写道，罗夏测验分析的是知觉以及知觉过程本身，"并不是用来传达这些知觉或部分知觉的语言，尽管这些语言在心理上往往也很重要"[23]。一个人看到了什么以及如何看到的才是关键，即使测验实施者只能通过一种无法量化的、富于想象力的共情过程获取被试看到的方式。仅仅用作分析口语词汇，"该测验将成为一种没有实际价值的技术，而不是罗夏所构思并提出的用于探索人类思想的巧妙工具"[24]。

尽管沙赫特尔从未创造出一套罗夏测验的评分和解释系统——他的洞见只是对系统化的一种抵制——但他响应了阿恩海姆1951年的呼吁[25]，把墨迹测验当作实际的视觉事物，而不仅仅是投射在屏幕上的事物。他对其进行了详细的分析。沙赫特尔分析了墨迹的统一性[26]或碎片性、坚固性或脆弱性、厚重或细腻、稳定或不稳定、坚硬或柔软、湿润或干燥、明亮或黑暗，同时强调了这些特征的心理共鸣。

例如，图像的大小是一个客观事实，但其大小的意义是一个心理学事实。沙赫特尔认为，"没有一幅微型肖像画"能够像任何一位伟大画家所画的一般尺寸的肖像画那样，"以其力量、深度和真正的人性打动我们"。为了做到这一点，图像必须符合人的尺度，不是生命层面上的尺度，而是"能够表达和回应人类的全部情感"。墨迹虽然不是肖像画，但卡片的大小决定了它们如何起作用——这也是幻灯片放映的罗夏测验图不如实际的墨迹图有效的原因之一。

阿恩海姆在职业生涯后期写了一本关于平衡和对称的书，名为《中心的力量》（*The Power of the Center*）。沙赫特尔和阿恩海姆两人都曾表示过自罗夏时代以来感知科学领域[27]的发现如何支持了这种观点，即水平对称至关重要。例如，垂直对称就没那么有意义：当我们把大多数物体颠倒过来看时，它们的形状似乎会改变，但当我们把它们翻转过来看时，形状却不会改变。成年人会反射性地把颠倒的图片倒过来，幼儿则不会——他们还没有学会空间定向，不懂得垂直和水平是不同的。一系列相同的水平圆环看起来大小相同，垂直圆环则不然，这也是月亮在空中较低时看起来更大的原因之一——但是，对猴子来说，这种差异并不存在，在这个世界上，猴子在水平和垂直两个方向上移动；这一规律也不适用于学会站立之前的婴儿。这些不是几何定律，而是人类心理法则。

沙赫特尔、阿恩海姆、布洛伊勒和埃伦贝格尔对墨迹测验的性质及其创建者的生活进行了深刻的反思，从落羽杉膝、室内游戏和香水广告中脱颖而出。当时，墨迹测验知识被用于太多方面，有太多的使用场景。

在第二次世界大战刚刚结束时的德国，墨迹测验的用途具有不言而喻的重要性，但是却在很大程度上被一代人秘而不宣：墨迹测验提出了战后世界在努力应对大屠杀的恐怖时许多不愿面对的问题。1961年在耶路撒冷进行的另一项罗夏测验是20世纪的一个决定性时刻，将最终揭开这些问题的面纱。

第十八章

纳粹与罗夏测验

1945年,"纳粹"(Nazi)这个词已经成为世界各地对毫无人性的冷血虐待狂怪物的简称。600万犹太人被杀害,纳粹分子怎么可能不知道呢?人们强烈希望全世界起诉纳粹,判处他们全部有罪,处死他们,但这样做没有明确的法律依据。事实上,并非所有大屠杀的作恶者都是纳粹分子,反之亦然。从逻辑上和原则上来说,不可能把每一个纳粹成员都当作战犯来谴责。这些暴行在人类历史上是前所未有的,但正是因为这一点,当时尚不清楚哪些法律适用于这种罪行。

这些法律问题通过同盟国之间的谈判,以及法令得到解决。国际军事法庭成立后,从1945年开始,首次在纽伦堡审判[1]中出现"反人类罪"。24名众所周知的纳粹分子成为第一批被告。但道德困境依然存在,被告声称他们一直遵守自己国家的法律,这意味着要遵从希特勒的要求。人们是否能够遵照更高层面上的普世性原则追究他人的法律责任?文化的相对性程度有多深?如果这些纳粹分子真的是精神错乱的精神病患者,那么他们是不是不适合接受审判,或者甚至因为精神错乱而无罪?纽伦堡审判中的一名被告尤利乌斯·施特莱歇尔(Julius Streicher)是恶毒的反犹分子,他于1939年被免职,并被希特勒本人软禁在家中。如果说他要对战争罪行负责，那又是在哪个意义上呢？

囚犯们被单独关押在一座三层楼高的监狱大楼的底层，宽阔的走廊两边都是牢房。每间牢房宽 9 英尺，长 13 英尺，有一扇几英寸厚的木门，有一扇高高的装有铁条的窗户，朝向院子，还有一张钢制的小床和一个没有马桶圈和盖子的马桶，犯人上厕所时，守卫能够看到他们的脚。个人物品放在地板上。牢房门中间有一块 15 英寸的嵌板，一直开着，在牢房里形成了一个放饭菜的架子和一个供狱警查看的窥视孔，每个犯人都配有一个看守。灯总是开着，晚上稍微暗一些，但仍然很亮，足以让人看书。无论床上的犯人是睡着还是醒着，都必须让守卫看到他的头和手。除了在违反规则时进行严厉的惩罚外，看守从不与犯人交谈，给他们送食物时也从不说话。犯人每天有 15 分钟的时间在外面散步，与其他犯人分开，每周在监督下洗一次澡。他们还会被剥光衣服，房间被彻底搜查，之后花 4 个小时才能整理好，这种事情每周最多会发生 4 次。

犯人们还接受了医疗护理，以保证试验过程中身体处于健康状态。医护人员帮助赫尔曼·戈林（Hermann Göring）戒断了吗啡瘾，在汉斯·法郎克（Hans Frank）割腕自杀后帮他恢复了手的部分使用功能，减轻了阿尔弗雷德·约德尔（Alfred Jodl）的背痛和约阿希姆·冯·里宾特洛甫（Joachim von Ribbentrop）的神经痛。这里有牙医、牧师（一个天主教徒和一个新教徒），还有一名精神科医生——道格拉斯·凯利（Douglas Kelley），布鲁诺·克洛普弗 1942 年的手册《罗夏测验技术》的合著者。

凯利是珍珠港事件后罗夏墨迹研究所的首批志愿者之一，到 1944 年，他已经成为欧洲战区精神病学主任。1945 年，他被派到纽伦堡，协助确定被告们是否有能力受审。他和被告们待了 5 个月，每天巡视，跟他们详细地交谈，常常一连三四个小时坐在他们床边。纳粹分子孤独而无聊，非常渴望交流。凯利说他从未见过一组病人能够如此容易地接受面询。凯利写道:"除了详尽的医疗和精神检查,我还对这些人进行了一系列的心理测验。使用的最重要的技术是罗夏测验,这是一种著名且非常有用的人格研究方法。"[2]

可以自由接触囚犯的还有另一个美国人:纽伦堡的士气官古斯塔夫·吉尔伯特(Gustave Gilbert)。他的工作是监视犯人的情绪,搜集他能搜集到的一切情报。他几乎每天都去看望他们,随意地聊着他们想聊的话题,然后离开房间,再把这些都写下来。他恰巧有心理学背景,给自己起了个"监狱心理学家"的头衔,但他显然没有什么真正的职权[3]。由于没有明确的指挥体系,这个头衔就被搁置了。

实施测验的过程中,凯利需要一名翻译;吉尔伯特在诊断测验方面几乎没有经验,他学的是社会心理学,而不是临床心理学,但他是监狱里除了牧师之外唯一会说德语的美国军官。此外,他"迫不及待地想要研究纳粹分子"[4]。吉尔伯特和凯利都知道,关于这些世界历史上的罪犯的人格的客观数据是一座金矿,他们都想利用那个时代最先进的心理学技术来研究被俘人员,从而发现纳粹思想的秘密。

审判开始之前,吉尔伯特对囚犯进行了智商测验,并做出调整,以排除那些需要美国文化背景的问题。一些纳粹分子[5]怒不可遏,至少有一个可能捏造了错误信息,误导了身为犹太人的吉尔伯特(曾经担任教师的施特莱歇尔声称自己无法计算出 100 减 72)。但大多数人都玩得很开心,并对这种分散注意力的方法表示欢迎。希特勒的财政部长亚尔马·贺拉斯·格里莱·沙赫特(Hjalmar Horace Greeley Schacht)认为吉尔伯特的来访"某种程度上令人振奋"。纳粹德国国防军最高统帅部总长威廉·凯特尔(Wilhelm Keitel)称赞:"这比德国心理学家在国防军测试站那愚蠢的胡说八道要好得多。"后来人们发现,凯特尔的儿子当年智力测验不及格,后来凯特尔就取消了军队的智力测验。希特勒的前副总理弗朗茨·冯·帕彭（Franz von Papen）起初要求免除测试，后来又参与进来，吹嘘自己在被告中名列第三（实际上他是第五）。有几个人的行为就像是"聪明而又自负的小学生"。阿尔贝特·施佩尔（Albert Speer）说，每个人都"竭尽所能"想要"看到自己的能力得到证实"。

盖世太保和死亡集中营的创始人赫尔曼·戈林觉得自己特别擅长应对这种挑战。他很懂测验，并任命他的堂兄马蒂亚斯·戈林（Matthias Göring）为德国心理研究和心理治疗研究所所长；他酷爱接受测验，尤其是听吉尔伯特的恭维话。就像吉尔伯特的日记在1945年11月15日所记录的那样：

> 我对（戈林）的成绩表示惊讶，他高兴地笑了……他几乎高兴得不能自已，感到非常骄傲。整个测验过程中都保持着这种融洽的模式，测试者鼓励他说"很少有人能够解决下一个问题"，戈林的反应就像是个爱炫耀的小学生……
>
> "也许你应该成为一名教授，而不是政治家。"我建议。
>
> "可能吧。我坚信无论我做什么都比普通人做得要好。"[6]

但戈林没能通过9个数字的记忆广度测验——结果超过7个数字就表明超出平均水平——他请求吉尔伯特："哦，来吧，再给我一次机会，我能做到的！"后来他得知有两个囚犯比他做得更好，他怒不可遏，从那以后改变了对测验的看法，认为测验并不可靠。

然而事实有些令人不快，纳粹做得很好，他们的智商分数，从尤利乌斯·施特莱歇尔的106分（可能是伪造的）到沙赫特实在令人印象深刻的143分不等。在21名被测的纳粹分子当中，除了3人，其他人的分数都在120分以上，"卓越"或"非常卓越"，其中9人是门萨会员水平，智商高于 130 分。戈林的智商为 138 分，用凯利的话讲，这表明"接近最高水平的卓越的智力"[7]。

至少可以说，这些研究结果并没有被广泛报道。1946 年，凯利在一篇发布于《纽约客》的文章中称"天才并不存在"[8]，这篇文章里，凯利比他在其他地方对戈林的才智更为轻描淡写，把后者描绘成"一个 30 出头的随和小伙子，有着一头浓密的棕色头发和一丝讽刺的微笑"，他用一种 20 世纪中叶的俚语腔调讲道。他说："除了自杀的莱博士，人群中没有一个精神错乱的乔。我也没有找到什么天才。例如，戈林的智商是 138——他相当不错，但不是奇才。"

无论如何，智商测验永远也无法解开纳粹思想之谜。凯利写道，"但是在这方面工作的时间很短，于是我开始自己研究这些人的人格模式"[9]，使用的则是他曾合著的那本书中的技术。

在纽伦堡，没有人指定过罗夏测验，测验的结果也从未在审判中使用过。凯利和吉尔伯特只是想在纽伦堡那前所未有的、充满激情的氛围中自己实施测验。罗夏测验在德国并不像在美国那样普遍，曾经在纳粹统治期间使用过，但主要用于能力测验，或者用于帮助"排除破坏性的社会因素以及'种族'因素的评估"。除了为了解其他国家、发展有效的心理战[10]，纳粹对心理学的洞察力往往不感兴趣。而此时，这项测验将被用来深入了解他们自己。

凯利为 8 名犯人实施了罗夏测验[11]，吉尔伯特则测试了 16 人，其中 5 人之前接受过凯利的测验：阿尔贝特·施佩尔、鲁道夫·赫斯（Rudolf Hess）、种族理论家阿尔弗雷德·罗森堡（Alfred Rosenberg）、希特勒的外交部长约阿希姆·冯·里宾特洛甫、"波兰的刽子手"汉斯·法郎克——向每个人都展示了 10 张墨迹图，并问"这可能是什么"。戈林在接受罗夏测验时，觉得比智商测验更加开心。据凯利讲，戈林笑起来，兴奋地打了个响指,并表示"很遗憾德国空军没有如此出色的测试技术"。

犯人们的测验结果[12]有一些共同之处——一定程度上缺乏自省能力,会像变色龙一样灵活对待指令。但是,他们之间的差异要远大于相似之处,有些似乎还存在偏执、抑郁或明显精神失常的倾向。约阿希姆·冯·里宾特洛甫整体上是一个"情感匮乏"的人,有"显著的人格问题";"波兰的刽子手"的测验结果是"一个愤世嫉俗的反社会精神病患者"。其他人则是中等水平,有些"特别善于适应"。文化程度较高、快70岁的沙赫特在智商测验中得分很高,他"能够唤起一种令人满足的内在世界,这有益于缓解宣判前几个月的紧张状态"。沙赫特评价自己有着"具有卓越潜力的非常完整的人格",后来,他相当深情地回顾了他的罗夏测验过程:"如果我没记错的话,这个游戏尤斯蒂努斯·肯纳曾使用过。通过(泼墨和折叠纸张)这一过程,产生了许多奇异的、能用来检测的形状。在我们的测验中,由于同一张卡片上使用了不同颜色的墨水,这项任务变得更加有趣。"

聪明的疯子是一回事,心智健全、特别善于适应、具有出众潜能的纳粹头子是另一回事。但这些似乎就是研究结果。吉尔伯特拒绝接受这样的结果。他在1947年出版的《纽伦堡日记》中描述了戈林在有罪判决后的样子:

> 躺在他的小床上精疲力竭,泄气了……就像一个手里拿着破裂的气球碎片的孩子。判决几天后,他再次问我那些心理测验——尤其是墨迹测验所显示出的他的人格。这些问题似乎一直困扰着他。这次,我告诉他:"坦率地说,测验表明,虽然你有积极进取的思想,但你缺乏真正承担责任的勇气。你在墨迹测验中的一个小手势出卖了你自己。"戈林担忧地注视着我。"你还记得有一张带红点的卡片吗?好吧,

病态的神经病患者通常会对这张卡片犹豫不决,然后说上面有血迹。你犹豫了一下,但没有说那是血。你试图用手指轻轻拂去它,似乎你认为你可以用一个小小的手势把血擦掉似的。在整个庭审过程中,你一直在做同样的事情——在法庭上,每当你的罪证变得难以忍受的时候,你就摘下耳机。战争期间你也做了同样的事情,把那些暴行从你的脑海中抹去。你没有勇气面对它们。那是你的罪过……你是道德上的懦夫。"

戈林瞪着我,沉默了一会儿。然后他说那些心理测验毫无意义……几天后,他告诉我他给了他的律师一份声明,说监狱里的心理学家或是其他人说的任何话都是毫无意义的,带有偏见的……这正中要害。[13]

这是一个戏剧性的时刻,莎士比亚式时刻,是吉尔伯特这本书的高潮。但是,除了确认吉尔伯特从戈林的行为和过去中知晓的事情以外,墨迹测验还有什么发现呢?没有任何一项双盲测验曾证明,擦去红点的手势是一种关乎种族灭绝的道德懦弱的标志。

相比之下,凯利是一位更专业的罗夏测验专家,他对研究结果持有不同看法。早在1946年,甚至在纽伦堡的判决下达之前,凯利就发表过一篇论文,指出被告"基本上神志正常"[14],只是在某些情况下不太正常。他并没有具体讨论罗夏测验,但他认为"这种人格不仅不是独特或疯狂的,而且在当今世界的任何国家,同样的人格都会存在"。

他在1947年出版的《纽伦堡的22间牢房》(*22 Cells in Nuremberg*)中进一步阐述了这一主题,公开指出:

在欧洲,我是一名精神病专家,回到纽伦堡监狱后,我意识到,许多人——甚至是那些见多识广的人——都不理解一种观念：心理是由文化决定的。有太多人对我说过：

"那些纳粹分子到底是什么样的人？当然，所有顶尖人物都不正常。但显然，纳粹是一群疯子，但他们究竟患有哪种精神疾病呢？"

精神疾病无法对纳粹的行为做出解释。他们只是他们环境的产物，和所有人类一样；他们也是——相对于大多数人，在更大程度上——他们环境的缔造者。

战后公众所相信的，凯利持坚决的反对信念，甚至与公众所信完全背道而驰。他写道，纳粹"不是那种引人注目的类型，也不是那种一个世纪才出现一次的个性"，不仅仅是"坚强的、支配性的、侵略性的、自我中心的个性"[15]，也不仅仅因为他们得到了"夺取权力的机会"。戈林这样的人并不罕见，可以在全国任何地方找到，他们可能是商人、政治家或骗子，拥有决定重大事务的权力。

美国的掌权者也一样。至于追随者，凯利认为，"对我们中的一些人来说——尽管这可能有些令人震惊——我们作为一个民族，与20年前希特勒上台前的20年代德国人非常相似"，拥有相似的意识形态背景，都依赖情感而非智力。凯利写道，"战争结束仅一年后，小气且危险的"美国政客就利用种族迫害和白人至上主义来谋取政治利益——这是暗指密西西比州的西奥多·比尔博（Theodore Bilbo）和佐治亚州的尤金·塔尔梅奇（Eugene Talmadge）；凯利还提到了"休伊·朗（Huey Long）的强权政治，他通过警方的控制来执行他的决定"。这些"同样是纳粹鼓吹的种族偏见"，正是"纽伦堡监狱的走廊里响起的话语"。简言之，"如今的美国，正朝着纳粹主义倾向发展"。

纽伦堡审判未能定义战争和大屠杀的含义，更不用说重建一个已经支离破碎的人类社会。真正的纳粹头子——希特勒、希姆莱和戈培尔——已经死了，纽伦堡审判中的被告并非真正的纳粹高层组织，24个人中有3个人甚至在宣判前被无罪释放，其中就包括在心理测验中表现优异的沙赫特。凯利认为，即便是他最尖端的技术，也没能检测出所谓的"纳粹人格"。

这一结果没能被公众接受。作为团体与多项选择测验的发明者，莫莉·哈罗尔正在组织一次重要的国际心理健康代表大会，将于1948年举行，这将是公布纽伦堡罗夏测验结果的最佳场合。莫莉·哈罗尔将吉尔伯特的16个案例发给了世界上11位最优秀的测验专家，包括贝克和克洛普弗、赫兹和拉帕波特、芒罗和沙赫特尔，他们所有人都渴望看到这些报告，最终却都没有参会，借口是出乎意料的日程冲突或其他原因。

世界顶尖的罗夏研究者肯定能够挤出几个小时来看看这些历史上最具深远意义的测验结果吧？很难令人相信，他们的一致拒绝是某种巧合。也许他们清楚地意识到了其中的启示，但不想公开说出来，因为公众一贯认为纳粹是罪恶的，这种观点太强烈了。或者他们自己也不知道该如何看待他们所看到的东西，怀疑凯利和吉尔伯特的能力或解释[16]。1976年，哈罗尔对当时的情况做出了解释：

> 我们的做法基于一种设想，即一种灵敏的临床工具必须能够证明道德目的，或道德目的的缺乏，毫无疑问，罗夏测验就是这样的工具。这意味着，这项测验将揭示出一种特别令人排斥的统一人格结构。人们信奉着一种"恶魔在人间"的观念，非黑即白，非善即恶……人们不愿意相信科学层面的感官证据，因为我们对待邪恶的看法如此根深蒂固，为此，它在心理测验中必须是有形的、可记分的因素。[17]

虽然1948年的会议小组破裂，吉尔伯特和凯利仍然坚持不懈、继续努力，他们都渴望率先发表罗夏测验的结果。

在纽伦堡，两个人的关系很紧张，很快就演变成另一场关乎罗夏测验的世代恩怨。吉尔伯特是反间谍部队的成员，不是凯利的直接下属，但凯利少校仍称呼吉尔伯特中尉为他的"助理"。凯利说他的罗夏测验是"原始稿"，吉尔伯特则说凯利的测验"不成熟"，是"变质的"（因为使用了翻译），而且某种程度上"被篡改了"。辱骂和报复、法律威胁和反击迅速升级。[18]"很明显，他突破了基本的道德规范，这让我越来越感到震惊。"凯利曾这样写道。吉尔伯特也曾写道："我已经做出了各种确切的让步，再也无法忍受凯利的胡说八道了。"吉尔伯特的出版商"可能没有意识到他们正在出版盗版作品"。凯利这样回击。

吉尔伯特在1950年出版了他的心理学分析作品《独裁心理学》(*The Psychology of Dictatorship*)。最后，即便向戴维·利维和萨穆埃尔·贝克等人请求帮助，吉尔伯特仍然没能发表罗夏测验数据或是任何详细解释。这样的结果有三个原因：第一，迫于凯利的法律施压；第二，吉尔伯特是两个人中不那么熟悉罗夏测验解释的那个；第三，纽伦堡罗夏测验没能给出吉尔伯特想要的绝对负面的结果。凯利同样去找了克洛普弗、贝克等专家，但他并不在乎自己与他们之间的差异，他"感兴趣的只是从专家那里获得尽可能多的相关记录，从而找到最完整的人格模式"[19]。然而，尽管费力总结出了长篇报告，尽管继续相信罗夏测验技术，凯利仍拒绝发表纽伦堡罗夏测验的结果以及他的解释。最后，凯利不再回复专家们询问研究进展的无聊信件，那些资料被丢弃在箱子里，落了数十年的灰。

后来的几年里，凯利一直坚决反对将罪犯妖魔化的观点。导演尼古拉斯·雷（Nicholas Ray）请他审查《无因的反叛》电影剧本中心理学和犯罪学理论的准确性时，他扮演了一个同情外来者的角色。1957年，他在一部广受欢迎、屡获殊荣的20集电视剧《罪犯》（*Criminal Man*）[20]中担任主角，希望"公众能更好地了解罪犯"。在谈及罪犯是否存在相同的特征时，他在某一集里对着镜头大喊："不！没有犯罪类型这种东西。这只是个民间传说。就像人们曾说'世界是平的'。看是看不出来的。罪犯并不是天生的。"

凯利甚至拒绝大众对戈林的妖魔化。在纽伦堡，两人发展出一种令人不安的亲密关系。[21] "每天，当我到他的牢房巡视时，"凯利在《纽伦堡的22间牢房》里写道，"戈林会从椅子上跳起来，用灿烂的笑容向我致意，伸出手来迎接我，和我一起走到他的小床边，用他的大手拍拍床说：'早上好，医生。很高兴你来看我。请坐，医生，坐这里。'"戈林"对我每天的到来感到非常高兴，我离开纽伦堡去美国时，他毫无顾忌地潸然泪下"。凯利完全清楚戈林犯下的种种暴行，即便如此，他在书中对这个纳粹二把手的描述仍表现出一种钦佩，几乎用一种迷恋的语气说道："戈林不是任何人的玩偶，甚至希特勒也不例外。他是一位聪明、勇敢、冷酷、贪婪、精明的执行官。"

凯利特别称赞了戈林在被处决前夕吞下氰化物自杀的行为："乍一看，他的行为似乎很懦弱——企图逃避对罪行的惩罚。然而，仔细考虑他的行为就会发现，这才是真正的戈林，蔑视人为的规章制度，以自己选择的方式结束自己的生命。"戈林否认法庭有权对他进行审判或判刑，他对审判忍气吞声，最后又夺回主动权，加入了其他已经自杀的纳粹头目的行列。"他的自杀笼罩在神秘的气氛之中，突出了美国卫兵的无能，成为一个巧妙甚至绝妙的点睛之笔。"凯利甚至说，"毫无疑问，赫尔曼·戈林已经在他的人民心中重新确立了自己的地位……历史很可能会证明，戈林赢得了最后的胜利！"但另一方面，吉尔伯特则认为，"戈林死去时和他生前一样，是个试图嘲弄所有人类价值观的精神病患者，他试图通过一种戏剧性的姿态来转移人们对他罪行的注意力"[22]。吉尔伯特后来发表了一系列文章，标题类似于"赫尔曼·戈林：和蔼可亲的精神病患者"。

凯利一直是塞林格式人物——和塞林格笔下的英雄西摩·格拉斯一样，凯利也是一个神童，是斯坦福大学对加州学龄儿童进行的一项具有里程碑意义的追踪研究的被试，被认定是智商超过140的天才；和格拉斯一样，凯利最后也死于自杀[23]，而且选择了他那位反英雄主角一样的做法——吞食氰化物。有传闻说，1958年元旦，凯利在妻子和孩子面前嚼碎的那粒药丸是从纽伦堡带回去的。甚至有人说，凯利曾兼职魔术师（他是美国魔术师协会副主席），曾负责走私药丸给戈林。这些或许都是谣传，但凯利最终的自杀做法不容置疑：那是一种对戈林"巧妙甚至绝妙的点睛之笔"的认同。

吉尔伯特的命运将在20世纪的另一场审判中画上句点，这一审判将迫使人们重新审视纽伦堡罗夏测验。

1960年，一名曾负责将犹太人驱逐到死亡集中营的纳粹分子阿道夫·艾希曼（Adolf Eichmann）在阿根廷被以色列特工抓获，被带到耶路撒冷接受审判。[24] 法庭指定的精神病学家伊什特万·库尔恰尔（Istvan Kulcsar）对艾希曼进行了7次、每次3小时的治疗，展开了7次心理测验，其中包括智商测验、主题统觉测验，以及当时处于世界领先地位的人格测验：罗夏测验。

这些测验告诉库尔恰尔，阿道夫·艾希曼是一个有着"残忍的"世界观和施虐狂般极其严重的精神变态的人，甚至超越了萨德侯爵，值得一个新名词：艾希曼主义（Eichmannism）。古斯塔夫·吉尔伯特在艾希曼的审判中作证，他的纽伦堡罗夏测验资料也被承认为证据；不久之后，吉尔伯特在关于犹太人大屠杀的学术期刊《纳粹大屠杀研究》（Yad

Vashem Studies）上发表了《党卫军杀人机器的心理》（"The Mentality of SS Murderous Robots"）[25]一文，将纳粹人格类型描述为一种"病态社会的疾病症状以及德国文化中病态元素的反映"。针对库尔恰尔和吉尔伯特的解释，凯利没有质疑，但有其他人提出了异议。

《纽约客》杂志派出当时最重要的政治哲学家之一汉娜·阿伦特（Hannah Arendt）来报道这次审判。在随后出版的《艾希曼在耶路撒冷》（Eichmann in Jerusalem）一书中，她提出了"平庸的恶"这个概念。她认为，艾希曼的行为是一种新的不道德行为：官僚主义、不受品格和个性的束缚。如果他有什么不同的话，那就是他是没有个性的人，他根本没有从人群中脱颖而出，而是毫无疑问地接受了群体的价值观。阿伦特把艾希曼形容为一个"普通的、正常的人，既不弱智，也不教条，也不愤世嫉俗"，但这样的人可能"完全无法分辨是非"[26]。

用今天的话讲，艾希曼不是受指使的机器，而是一个参与者[27]。当一个人决定加入德国纳粹，或者从另一个角度看，当希特勒发现一个没有思想的参与者，而不是具有道德心的正直的个体时，问题就出现了。艾希曼是阿伦特所说的无法"站在别人的立场上思考"[28]的一个例子——甚至在某种意义上，也无法站在自己的个人立场上思考。在纳粹的背景下，这种平庸的失败可能"比所有邪恶本能加在一起造成的破坏更大"。但是，如果艾希曼没有道德准则的话，那么如何公正地评判他呢？

这个问题远远超出了艾希曼本身。当一个纳粹试图以自己只是机器上的一个齿轮为借口来为自己的行为辩解时，阿伦特慷慨陈词："就好像一个罪犯指着犯罪统计数据说，他只是做出了符合统计预期的事，这种结果具有随机性，是个意外，毕竟总会有人去做。"心理学和社会学也是如此——"从时代精神到俄狄浦斯情结"，任何理论"都用这种或那种决定论来解释行为人对其行为的责任"——这使得做出判断变得毫无意义。

阿伦特称这是"有史以来的核心道德问题之一",是一个不可能的两难选择。也许会有人试图与艾希曼划清界限,否认与其有任何共通的人性,但法治的前提是,原告与被告、法官与被审判者之间得具有共通的人性。或者有可能会坚持共通的人性,这需要一个前提:每个人都有着相同的良知和基本价值观,并且诸如客观上"危害人类"的罪行或永远不应被遵守的命令之类的事情是客观存在的。但是纳粹,尤其是艾希曼身上发生的事情,表明这些普世理想"确实是我们这个时代最后一件被认为理所当然的事"。人们做自己必须做的事情,而世界各地的公众舆论似乎一致认为,没有人有权评判别人。然而,艾希曼的案子仍迫切需要判决。

阿伦特撰写有关该试验的文章时,耶鲁大学的一名心理学家斯坦利·米尔格拉姆(Stanley Milgram)[29]设计了一个实验,探讨普通人如何参与种族灭绝,针对艾希曼做出了不同的反应。米尔格拉姆曾经问过一个著名的问题:"有没有可能,艾希曼和他的百万大屠杀追随者只是单纯地服从了命令?"起初,米尔格拉姆计划先在美国进行一次预演,再把实验带到德国,他期望在那里发现更容易服从命令的人。结果证明,这是不必要的。

从1961年7月开始,美国的志愿者被试在"教学练习"中使用了一种装置,这种装置能够使另一个房间的"学习者"受到他们认为极其痛苦的电击。整个过程都是事先安排好的,但当实验者发出口头指令时,这些志愿者实施了他们认为真实存在的电击,电击高达450伏,贴着"危险:严重电击"的标签,即便在隔壁房间的尖叫声沉寂下来之后也是如此。被试告诉实验者这么做是错的,他们并不想这么做,但还是这么做了。要找到愿意服从命令的怪物,我们似乎只需要照照镜子就可以了。

阿伦特的书和米尔格拉姆的研究都发表于1963年。他们的论点截然不同——哲学家质疑个人责任的意义,实验者展示在特定情况下强迫服从是多么容易——但他们很快就无法理清了。米尔格拉姆让阿伦特的思考具体化了；阿伦特使得米尔格拉姆的设想在全世界引起了共鸣。顺从的志愿者用电刑处罚别人，想到他们与艾希曼的联系，似乎变得更加恐怖；米尔格拉姆"服从凌驾于道德价值观之上"的观点使得人们将阿伦特的观点解读为艾希曼被迫"只是服从命令"，尽管她从未说过"艾希曼是一个不情愿的追随者"这种话[30]。

阿伦特对艾希曼的罗夏测验结果进行了错误的描述，她写道："有6名精神科医生证明他是'正常的'。"[31] 而事实上，艾希曼仅接受了库尔恰尔的检查，后者发现他精神错乱。阿伦特的总体哲学论点为，用普遍规律解释行为时，个人责任意味着什么，远远超出了任何测验能够证明或反驳的范畴。然而，从更加广泛的意义上讲，阿伦特——至少是阿伦特连同米尔格拉姆——是罗夏测验发展史中的关键人物。她的观点，或者说人们如何理解这些观点，使得测验中隐含的相对主义成为其根本性的结论。

阿伦特和米尔格拉姆最终促成了与纽伦堡罗夏测验的较量。直到1975年[32]，当被要求在一个关于美国文明的学术研讨会上发言时，1948年会议的组织者莫莉·哈罗尔才重新接受了吉尔伯特的方案。她明确表示，她和她以前的职业生涯"信奉一种非黑即白、好人和坏人的邪恶观念"，是因为"我们没有受到像阿伦特和米尔格拉姆这样令人震惊和不受欢迎的观点的挑战"。

哈罗尔将纽伦堡罗夏测验的结果重新进行盲法分析，与非纳粹的结果对照，结果证实了凯利的观点，即纳粹是正常的，或者说在某些特定方面出现异常。"在纳粹囚犯的罗夏测验结果中寻求共通点，这样的立场过于简单化，"哈罗尔总结道，"在纽伦堡受审的纳粹分子是一个多样化的群体，你可以在当今我们的政府中或是在家庭教师协会的领导中发现同样的群体。"

　　同样是在 1975 年，专门引用和分析纳粹分子的罗夏测验的第一本书《纽伦堡审判思考：纳粹领导者的心理》(The Nuremberg Mind: The Psychology of Nazi Leaders)[33] 出版，作者是弗洛伦斯·R. 米亚（Florence R. Miale，退出 1948 年会议的专家之一）和政治学家迈克尔·塞尔泽（Michael Selzer）。他们毫不含糊地站在道德审判的一方，声称纽伦堡审判中所有被告都有一种独特的病态心理。赛尔泽在《纽约时报杂志》上发表了一篇题为"凶残的大脑"("The Murderous Mind")[34] 的文章，提及艾希曼在其他两项投射测验——本德格式塔测验和房树人测验——中画的画，将艾希曼盲诊为一个"高度扭曲的个体"。凯利和吉尔伯特的争论再次得到媒体的大肆渲染，关于艾希曼的测验结果也是如此。

　　批评家立即发声，称《纽伦堡审判思考》是存有偏见的，作者写这本书是为了证明自己先前的判断。大多数心理学家认为，作者过于依赖内容分析，在 20 世纪 70 年代，内容分析被认为是罗夏测验解释中最主观、最缺乏可验证性的方法。另一些人则接受了这种主观性和偏见。在 1980 年一项对艾希曼罗夏测验结果的分析[35]中，一位心理学家毫不掩饰地承认，起初就了解被试对象，影响了他的分析，但他认为，他的目标是洞察一个个体的复杂人格——"发现更多关于这个人可能是什么样的信息"，而非一种客观的诊断。

　　尽管如此，人们还是达成了共识。正如凯利和哈罗尔所声称的那样，纽伦堡的罗夏测验表明，根本不存在"纳粹人格"这回事。普遍意识中，人与人之间存在不可逾越的差异，纳粹分子和"我们"之间存在道德鸿沟。而测验似乎得出了与之相反的结论，似乎暗示着人与人之间的这些差异是无法判断出来的。

　　艾希曼的罗夏测验结果情况更为复杂，部分原因是它涉及的是一个特定的个体。测验结果显示艾希曼是正常的还是异常的？结果由谁来解释？艾希曼真的是个魔鬼吗，或者只是"平庸的恶"的一个个案？"平庸的恶"这个词到底是什么意思？围绕着这些相互关联的问题的辩论仍在继续。

然而，综合来看，这些进展对罗夏测验等心理测验造成了毁灭性的打击。邪恶要如何定义？没有一个共同的根据，人人都能接受的道德判断依据也并不存在，而且，心理学家自身的道德权威也受到了严重质疑。

围绕着阿伦特和米尔格拉姆的争论是文化观念转变的一部分，这场变革在 60 年代后期达到高潮。美国人不仅越来越质疑心理学家的权威，而且对几乎所有制度权力越发持怀疑态度，罗夏测验的声誉也将因此而受损。

第十九章

形象危机

伊曼纽尔·布罗考（Immanuel Brokaw）也许是有史以来最伟大的精神病学家，20世纪50年代末，他在自己位于纽约的那间知名诊所消失得无影无踪。他出现过信仰危机。有一天，他听了自己治疗过程的录音，发现有一个病人说自己的丈夫"爱我最好的（best）一面"，而不是像布罗考所想的那样"爱我身上的兽性（beast）"。这是一种与众不同的婚姻。布罗考发现自己多年来一直都有听错的问题：数百个看似成功的治疗都是基于错误和幻觉。新款隐形眼镜的发明进一步撼动了他的世界观，镜子里，自己的脸上暴露出以往柔光中无法辨识的污垢和丑陋。他可能一直在错误地认识现实，但现在，他宁愿不去看。

10年后，布罗考的一位昔日密友发现他在加州新港滩一辆公共汽车的过道上走来走去。这时的他就是这样打发日子的，穿着百慕大短裤，戴着一顶洛杉矶道奇队棒球帽，脚蹬一双黑色皮凉鞋，上身是一件迷幻风格的衬衫——上面满是鲜艳的花朵，点缀着各种线条和颜色。这位伟大的医生不断询问周围人一个简单的问题："你看到了什么？"男人和女人，成人和儿童，他们看到上面有马、大波浪和超级冲浪板，有闪电、埃及护身符、蘑菇云、吃人的老虎百合，还有美丽的日出，而非日落！布罗考医生的衬衫引来大家的笑声和愉悦，他问的每一个人都有自己的答案，直到他心满意足地走下公共汽车，消失在海滩上。

布罗考在心理学史上不常被提及，因为他是一个虚构的人物。雷·布拉德伯里在一篇名为"穿墨迹衬衫的男人"（"The Man in the Rorschach Shirt"）[1]的故事里虚构了这个人，1966年发表在《花花公子》上，并于1969年以图书的形式出版。尽管情节很荒唐，但它抓住了60年代的反文化精神——怀疑权威人物和各种专家，无论是纳粹官僚、米尔格拉姆的实验者、核战争狂，还是任何超过30岁的人。这个故事将墨迹测验作为一种象征，象征着拒绝单一真理能够释放出个性中美丽的混沌。

在布拉德伯里的故事中，墨迹衬衫让布罗考医生摆脱了精神病学的死胡同。在现实世界中，临床心理学家正经历自身的信仰危机，至少有一部分实践者对他们的学科的先进测验越发怀疑。如果全国范围内的墨迹测验也是基于错误和幻觉呢？

尽管墨迹测验有许多优越之处，但模棱两可的墨迹图总是有些不太符合美国心理学家通常所认同的"心理测量学传统的强硬态度"[2]。那些将墨迹测验视作一种"投射"的支持者依然认为，墨迹测验揭示了独特的个性，这使得标准化变得无关紧要。但墨迹测验具有两面性，科学家仍然试图将其作为一种测验投入使用，因此，其有效性和可靠性仍然是广泛研究的课题。

早在20世纪50年代初期，空军科学家[3]就开始研究如何利用人格测验来预测一个人能否成为一名成功的战斗飞行员。有超过1500名空军学员接受了团体罗夏测验、背景访谈、感觉与行为问卷调查、专门为空军设计的句子完成测验、团体画人测验以及团体臧氏投射测验（要求测验参与者说出一组面部照片中哪张最吸引人，哪张最令人讨厌）。这些学员中的一些人会得到老师的好评,被同学视作领袖;另一些人虽然有着良好的飞行技能,但会因为"明显的人格障碍"而被迫退役;大多数学员处于中等水平,或是因为其他原因而失败。

1954年,科学家从最成功的学员中随机挑选了50个案例的档案,又从有人格困扰的学员中挑选了50位,并将这100个案例随机分为5组,每组20人,交给了几位评估专家,其中就包括多项选择测验的开发者莫莉·哈罗尔,还有布鲁诺·克洛普弗。他们能从测验结果中辨别出学员属于哪一类吗?或者说,国内顶尖专家进行的初步测验,能预测出学员未来会产生的心理问题吗?

在每组20个案例中,概率上的平均正确数为10,心理学家的平均正确数则为10.2。没有一个心理学家的表现明显好于随机水平。他们被要求说出他们对哪些评估结果感到特别自信,即使只计算这些案例,19位心理学家中也只有2位表现得超过随机水平,7位表现得比随机水平更差。

一些心理学家后来说,空军对标准测验的修改使得测验结果出现了偏差。对于类似的负面结果,哈罗尔也曾指出[4],也许在墨迹测验中,尚没有能够明确描述成功的飞行员的术语;也许真正优秀的士兵根本就不具备我们通常认为的"良好的心理健康水平"。墨迹测验的结果显示,无论是被授予飞行勋章的飞行员,还是那些未能完成5次以上飞行任务的飞行员,都有同样数量的"明显不稳定人格或心理变态人格"——但这些依据的都是"我们和平时期的标准"。正常情况下,一个性格平和的人可能不是战斗机这种危险且高风险环境的最合适人选。无论是否有令人信服的反驳观点,"20次中的10.2次",这样的结果看起来相当糟糕,如果不是罗夏测验本身有问题,那么肯定是选用的一系列人格测验有问题。

也有其他研究[5]显示,罗夏测验在预测工作表现或学术成就方面比更直接的工具(比如工作情况报告、工作记录或简短的问卷调查)表现更差。"恐色症"是赫尔曼·罗夏发明的一个描述被色卡惊吓的术语，表现为一种易被情绪压倒的脆弱，向被试展示黑白版本的彩色墨迹图时，人们发现被惊吓的现象同样普遍，这一术语因此遭受了质疑。还有更多研究提出，罗夏测验应与其他测验一起使用而不应单独使用，他们发现，将墨迹测验的信息整合到一系列测验中，实际上会使得诊断的精确性降低，而不是提高。

还有多项研究表明，临床心理学家总是对墨迹测验被试的心理问题做出过度的诊断。1959 年的一项研究[6]对 3 名健康男性、3 名神经症患者、3 名精神病患者以及 3 名有其他心理问题的患者实施了测验。从"被动依赖人格""具有癔症特征的焦虑性神经症"到"分裂型人格，抑郁倾向"，众多墨迹测验的测试者中，没有一个将健康的被试标记为"正常"。

针对墨迹测验的最尖锐的批评，与其一大卖点相吻合，即"测试结果取决于你是谁，而不取决于你如何展现自己"。墨迹测验像是 X 光片，被试无法造假。然而，1960 年有研究表明，测验实施者会有意识或无意识影响测验结果，被试会根据测验的目的、测验实施者对他们的看法，或仅仅是根据测验实施者的个人风格来修改自己的回答。尽管有些人将测验的人际关系层面看作重要的一部分，但这确实会使得测验变得不那么客观。

在怀疑论者看来，测验实施者喜欢称之为"临床效度"（即熟练的解释人员可以使用墨迹测验获得在实践中起作用的见解，然后在病人身上得到证实或是对照其他来源进行检查）的东西开始变得截然不同[7]，他们将这些所谓的见解描述为确认偏差的组合（过分重视甚至过度理解已经达成一致观点的信息），虚幻相关（判定一种不存在的联系是存在的）以及算命师和通灵者使用的各种技术（下意识地使用上下文信息，做出几乎适用于所有人的陈述，但让人感觉很有洞察力，在后续的问题中提供"推动"巧妙地修改甚至完全颠覆的预测，等等）。

盲诊排除了其中的一些问题，但绝不是全部。测验仍须由与被试有联系的人实施。对诊断的任何验证都需要与患者的常规治疗师等人的判断进行对比，而这并不能解决问题。此外，针对心理事实，很难说外部的确认会是什么样子的。如果一个临床医生和一个病人都认为对病人的描述是真实的，还有什么可说的呢？但这些感受并不能成为确凿证据。

但即便如此，很少有人说罗夏测验的测试者是出于有意行骗。一个受众人吹捧、经常有人对他的读心术感到惊讶的算命先生，可能也会开始相信自己有惊人的能力——这是墨迹测验的一些最有力的批评家所做的类比。他们的观点至少有一点是可取的，那就是表达了对墨迹文化的正统观点、权威论证以及反科学偏见的失望。

专业出版物上出现的这些批评，对罗夏测验几乎没有产生影响，这项测验依然被广泛使用，成为临床心理学中自我定义的核心部分。人们对墨迹测验声称的能够探索人格的能力有太多的需求。

20 世纪 60 年代，"冷战"达到顶峰，共产主义和资本主义的斗争，要求人们拥有清晰的意识形态，有些时候，世界的命运实际上取决于如何解释模棱两可的事物。1962 年 10 月，肯尼迪总统收到了从美国最先进的 U-2 间谍机上拍摄的古巴照片，照片上模模糊糊，也许是苏联的中程弹道导弹的发射场，也许不是；发动一场核战争的理由也因此而存在或不存在。

在一张照片中，约翰·肯尼迪看到了"足球场"[8]；罗伯特·肯尼迪则看到了"农场或房屋地下室的一块空地"。国家摄影判读中心（该机构确实存在过，成立于 1961 年）的副局长也承认，总统不得不"相信"照片所展示的东西。但我们需要的是确定性。10 月 22 日，约翰·肯尼迪向全国发表电视讲话时，声称这些照片是苏联导弹发射场的"确凿证据"；

这些照片在世界范围内流传，公众照信不误。

真正的模糊性和对视觉和意识形态确定性的需求相结合，产生了所谓的"图像冷战危机"[9]，影响冷战双方。资本主义者和共产主义者都在寻找每一件事物背后的机密信息，而且坚称他们已经找到了这些信息。1950年，《韦氏词典》中出现了一个新词——"加密"（encryption），指在看似随机和无意的材料中隐藏特定的含义。美国海关官员没收了从巴黎寄来的抽象画[10]，因为他们认为这些画中包含共产主义信息。墨迹这般模棱两可的东西也不再被认为是探索个性的有效方法，成为需要破译的密码。

阅读思想的努力是与控制思想的努力分不开的。在朝鲜战争时期，震撼美国行为科学的所谓"洗脑"[11]研究和辩论中，这一联系最为明显。美国政府大力提倡在人类学和更广泛的领域内探索"苏联思想""非洲思想""非欧洲思想"。美国政府资助了诸如富布赖特奖学金这样的项目，促进文化交流与渗透，并开创了地域研究（比如知名大学里的"拉丁美洲"系或"远东"系）。

心理学被视为与国家安全和民主事业之间有着内在联系的学科，甚至在拉丁美洲或苏联思想等特定热点之外，墨迹也被广泛应用于向外国人心理的渗透。布洛伊勒的摩洛哥农民，杜波依斯的阿洛人以及哈洛韦尔的欧及布威族的研究都可以算作这种渗透的初步阶段。学者丽贝卡·莱莫夫（Rebecca Lemov）统计了5000篇于1941年至1968年期间发表的关于所谓"投射测验运动"的文章[12]，即使用罗夏测验和其他投射方法进行研究，研究对象从美国西部的黑脚印第安人到生活在密克罗尼西亚珊瑚岛的伊法卢坎人（Ifalukan）。这些研究也得到了政府的大力资助。莱莫夫评论称："冷战时期，幻想充斥着人们的脑海。"[13]

在这种技术统治论的背景下，所收集到的信息最终很可能成为档案馆和大学图书馆中巨大的数据储备。康奈尔大学的维科斯收藏库记录了该校如何在 1952 年租下秘鲁的一座村庄，将其征用，交给佃农，并施加管理，令其向现代化转型，实验的每一步都使用了投射测验，以研究该村庄及其居民。威斯康星州文化与个性缩影卡片出版物与原始记录馆（The Microcard Publications of Primary Records in Culture and Personality）被称作"梦之数据库"，其中就有成千上万的微型墨迹测验记录表和传记记录、生活片段，比如一个来自威斯康星州东北部、生活正在向现代化过渡的嗜酒如命的梅诺米尼印第安人的墨迹测验反应，他说卡片Ⅵ"就像一颗死气沉沉的星球。似乎在讲述一个曾经伟大、如今却因为什么缘故消失了的民族……只剩下了一个符号"[14]。

另一个梅诺米尼人是一位佩奥特仙人掌崇拜者，他认为墨迹令人很舒服："你知道，这个墨迹测验……在某种意义上有点像佩奥特。它会进入你的脑海。看到那些你不曾公开的东西。佩奥特也是这样。通过一次几小时的会面去了解一个人，有关他的一切你都可以看到。比在其他情况下花一辈子了解他要好得多。"[15]

冷战时期，当美国国防部高级研究规划局（ARPA）派遣心理学家团队进入越南饱受战争蹂躏的丛林时，心理学这门学科的野心或许处于最低值[16]。心理学家团队用改良的主题统觉测验（没有文字说明的图片，由一位西贡艺术家根据哈佛大学的原稿进行重新绘制）测试了一千多名农民，寻找激励他们的价值观、希望以及困境。他们还会见了军方人员和文职官员，这些人渴望"将毁灭性的战争转变为一场'福利战争'"，给该地区带来"和平、民主和稳定"，希望镇压叛乱的宣传活动能够得到调整，以赢得南越人的民心。正如一位历史学家所言："越南人的心理是至关重要的政治目标。"

Simulmatics 大数据公司是一家营利性的研究公司，最初成立于 1959 年，旨在用计算机模拟 1960 年总统大选前的选民行为。从那儿以后，该公司又拓展了业务领域，并在 1966 年派哥伦比亚大学讲师、心理治疗师沃尔特·H. 斯洛特（Walter H. Slote）[17]去西贡待了 7 周。斯洛特的任务是揭示"越南人的个性"，他相信个体的一生能够揭示出塑造群体的力量——一个人的动机"越深刻，越有可能代表共性"。最后，他在 4 个人身上进行测验，肯定了自己的理论。但斯洛特自己也承认，样本太小。

这 4 个人包括一位年长的佛教徒，兼任越南 3 所大学的教员；一个浮夸的学生示威领袖，他推翻了一个临时政府，以戏剧性的叛乱为荣耀和生活目标；一位知识分子领袖，出身于贫穷的农村家庭，16 岁时到了法国，20 岁毕业后回国，成为一名异见分子和作家；还有一名炸毁了美国大使馆和其他 6 个地点的恐怖分子，"一个彻底失去人性的人"，他说"他唯一快乐的时刻就是杀人的时候"。是什么"人格结构"使得这 4 个人"逐渐发展成他们现在的样子"？为了找到答案，一周里有 5 到 7 天，斯洛特都会使用罗夏测验和主题统觉测验对他的 4 名被试展开精神分析测试，每天 2 小时，有时一天长达 7 小时。

斯洛特反复挖掘他们的生活细节，尽管这些被试在谈论这些事情时感到不舒服。最后他得出结论：家庭动力是打开越南人心理的"钥匙"。在越南文化中，孩子将专制的父母理想化，对父母的敌意通通被压制，这让他们感到不满足、不完整。他们其实只是在"寻找一个善良、慈爱的父亲形象"，他们"希望，有时几乎渴求得到权威的接纳"，而他们把美国塑造成了"全能的、可以给予一切的父亲形象"。这意味着越南人实质上根本就不是反美的，而是亲美的。不幸的是，这种彻底的压制也积累了"异常强烈的愤怒"，这种愤怒必须被引导到某个地方。这解释了"他们对美国的看法为什么非常不稳定和混乱"。

斯洛特指出了他觉得特别偏执的一种策略：有些被试倾向于"从事件的中间开始，完全无视先前所发生的事件"，从而去追究责任。例如，一位越共斗士有着明显的妄想，认为美国士兵想要杀害无辜的越南平民，说美国人向一辆满载农民的公共汽车开枪。斯洛特指出，当时这辆巴士正经过一座刚刚爆炸的大楼，美国人有理由认为这辆巴士上的平民可能是敌人，他表示，"在当时的情况下，美国人可能没有做出最好的判断，但这是可以理解的"。然而，出于某些原因，越共成员在解读美国人枪声的时候"完全无视"这些事实。在斯洛特看来，这是"极度缺乏批判性的自我评价"。

事后来看，我们很容易看出斯洛特自己也极度缺乏批判性的自我评价。他忽略了可能导致越南人憎恨美国的一切政治、历史或军事原因。从某种程度上说，美国对"造成这种不愉快的局面"应负有全部责任，仅仅是因为自身太强大了。这显然是美国人想听到的。1966年《华盛顿邮报》的头版文章称斯洛特的作品"几乎令人着迷"[18]，西贡的官员认为其"极具洞察力和说服力"[19]。

到了60年代末，反威权主义浪潮终结了斯洛特的实践。学生们走上大街，空气中弥漫着革命的气息。学者们越来越担心与不透明的政府资助扯上关系。任何一种技术都能让好奇而宽容的美国调查人员近乎完美地接近原本难以接近的人——这种想法开始变得不那么可信了。

曾有人类学家承诺，投射测验可以让被试表达自己内心的真实想法，但有一种观点越来越引人注意，用莱莫夫的话讲就是，这样的测验旨在"提供某种建议的心理X光片，通过特定的工作原理，让专家分辨出被试所说内容的真正含义，以及他是怎么想的"[20]。这与由无意识概念引起的伦理困境是一样的：如果你声称某些东西是人们没有意识到的，那么你就是在宣称为他们说话好于让他们为自己说话，从而剥夺了他们讲述自己生活故事的权利。第三世界的人民、政治家和革命者所表达的观点越发清晰：他们希望自己的声音被听到。

在人类学领域，人们越来越重视生物学，并重新转向基于行为的理论，认为社会互动比无意识的心理状态更为重要。文化和人格研究，尤其是投射测验，很快就变得无关紧要了，不管是实践层面，还是教学或阅读层面。即使是曾经的领军人物欧文·哈洛韦尔[21]，如今也在回过头来审视自己关于欧及布威族的研究，怀疑墨迹测验是否真的做出了有价值的贡献，最后得出结论：墨迹测验只是对他已经从其他渠道获悉的东西做出了补充。

精神卫生领域也在发生类似的转变。新近发现的精神药物——抗抑郁药、碳酸锂片、地西泮、麦角酸二乙基酰胺——促使精神疾病心理治疗法迅速转向我们现在所谓的"硬科学"治疗法。随着基于外部社会经济和文化力量的社区心理健康治疗的兴起，以及行为基础理论的回归，对心理或内在动机的关注似乎开始变得毫无意义。

尤其是临床心理学领域，对罗夏测验的批评越来越强烈。著名心理学家亚瑟·詹森（Arthur Jensen）[22]在该领域最受推崇的工具书《心理测量年鉴》中分享了1965年的状况，他对罗夏测验所持的坦率态度和之前或之后的一些观点一样："坦率地说，普遍的、合理的共识是，罗夏测验是一项非常糟糕的测验，对于其'信徒'所言的任何目的都没有实用价值。"

詹森在这篇文章中称，罗夏测验"与临床心理学家的关系就像听诊器与内科医生的关系一样紧密"，但这并不是一种赞美。这种测验不仅无用，它还可能"在精神病院之外，比如在学校和企业中，引发不良的后果"，因为它有过度病态化的倾向。"为什么罗夏测验仍然有如此多的信徒，并继续被如此广泛地使用？这是一个令人惊奇的现象。"他总结道，墨迹测验的解释需要"比我们现在更多的轻信心理。与此同时，临床心理学中科学进步的速度可以用其克服罗夏测验的速度和彻底程度来衡量"。

在20世纪中叶，罗夏测验仍被广泛、分散地使用，即使是该领域如此重要的声音、如此有力的控诉，也被湮没了。没有任何一个权威机构能做出最后的定夺，不管它有多么可靠。詹森的文章发表一年后，沃尔特·H. 斯洛特的报告和雷·布拉德伯里的小说都发表了——家长式冷战试验走向极端，人们对它的反应也是如此。即便斯洛特或布拉德伯里听说过詹森，他们也丝毫不会在意他的批评。

然而，用詹森的话来说，临床心理学确实以一种令人震惊的"速度和彻底性""战胜"了弗洛伊德。从60年代后期开始，弗洛伊德精神疗法从无可争议的中心地位跌落下来，时而被小范围围攻。罗夏测验的有效性受到质疑，实施它的人的信誉随之受到怀疑，很可能会遭遇与弗洛伊德精神疗法同样的命运。

在一些国家也确实如此。但在美国，无论是在整个文化环境还是在临床心理学实践中，墨迹测验都幸存了下来。

此时，墨迹已经成为一种反独裁的相对主义隐喻，正是这种相对主义对测验提出了质疑。一个人对墨迹，或是对一件衬衫的反应，这时已经很轻松就能解释了，不再需要穿白大褂或是坐在沙发后面抽雪茄的医生。文化所要求的自由的自我表达正是墨迹能够提供的，至少在大众的想象中是这样的。

布罗考医生把他的衬衫穿到人们面前的时候，墨迹测验正在成为现实生活中能够引发与众不同（但同样合理）的观点的象征。1964年，一位评论家[23]对10本关于纽约的书进行了总结性的评价："撰写一本关于纽约的书在某种程度上是一种心理投射测验，一种罗夏测验；5个行政区是一种刺激，观察者依照自己个性对其作出反应。"这是成千上万的关于罗夏测验的陈腔滥调中的第一个，至少在《纽约时报》上是如此。戴高乐很快[24]

就成为传记作家的"罗夏测验";斯坦利·库布里克的《2001 太空漫游》[25]中剧情松散的结尾也是罗夏测验的一种体现。

在一场文化范围内的权威危机中,对裁决者来说,完全停止对权威的诉求是更容易做到的。意见不一、称某种事物为"罗夏测验"意味着没有必要冒着疏远任何人的风险站在任何一边。记者和评论家不再把告知读者"对纽约市或《2001 太空漫游》的哪种反应可能是正确的"视作己任:每个人都有权表达自己的观点,而墨迹是这种自由不可或缺的隐喻。

然而,仅仅靠一个能够引起共鸣的隐喻并不足以挽救罗夏测验,从而将其视作一项真正的心理测验。事实上,到目前为止,根本就没有罗夏测验这种东西。

第二十章

罗夏测验的体系

改变这一现状的是人是小约翰·E. 埃克斯纳[1]。1928 年,埃克斯纳出生于纽约的雪城。朝鲜战争期间,他曾在空军服役过一段时间,担任飞机机械师和助理医师,后来回到美国,在得克萨斯州圣安东尼奥市的三一大学就读。埃克斯纳第一次看到墨迹图是在 1953 年,他立刻意识到自己找到了毕生的追求。随后,埃克斯纳进入康奈尔大学,攻读临床心理学博士学位。

当时,埃克斯纳面临着一片混乱。自 40 年代以来,克洛普弗和贝克的观点一直存在分歧;赫兹有她自己的方法;而在美国,另外两种理论也开始崭露头角,引起人们的关注:谢弗和拉帕波特(Schafer-Rapaport)的精神分析理论和齐格蒙特·彼得罗夫斯基(Zygmunt Piotrowski)的"知觉分析"[2]理论;在国外,还有其他各种方法。所有这些方法都以相同的顺序使用同样的 10 张墨迹图,尽管有些添加了额外的墨迹样本,用于一开始时向测验者解释他们需要做些什么。不过,管理程序、评分准则和后续提问常常相互矛盾,甚至测验的基本目的也存在很大差异。

尽管克洛普弗占主要优势,贝克位居第二,但绝大多数心理学家都没有使用他们的方法。大学教授们不知该教授哪一种体系;从业者们则将这些方法临时结合在一起。正如埃克斯纳后来所描述的那样，大家的做法是"凭直觉往自己的经验中加入'一点克洛普弗''少许贝克''少量赫兹''一点点彼得罗夫斯基'，但仍将其称为罗夏测验"[3]。

即便是最微小的细节，也会令人感到困惑。在进行墨迹测验的时候，被试应该坐在哪里？[4]埃克斯纳曾在罗夏和贝克的作品中读到过，被试应该坐在测验实施者的后面；克洛普弗和赫兹说应该坐在旁边；谢弗和拉帕波特主张面对面；彼得罗夫斯基则认为无论在什么位置，只要保持"最自然的"状态就好。观点之间分歧如此之大并不是因为座位安排无关紧要，而是因为各种方法之间都是相互矛盾的，且都有各自的充分理由。但实践中，被试还是得坐在某个具体的地方。

玛格丽特·赫兹之后的一代人试图弥合罗夏墨迹研究者之间的"家族裂痕"，但均告失败，后来，埃克斯纳接受了这个挑战。1954年，埃克斯纳还是一名26岁的研究生，一次偶然，他带着克洛普弗的书出现在塞缪尔·贝克位于芝加哥的家里，被问道："你是从我们的图书馆弄到这本书的吗？"后来，埃克斯纳将这件事告诉同事，有人建议道："为什么不打电话给老克洛普弗呢？明年夏天你就可以过去和他一起工作了。"埃克斯纳照做了，后来他回忆，说自己"同时爱上了那两个家伙"。

克洛普弗和贝克的矛盾依旧不可调和。但在贝克的建议下，且经过了克洛普弗的同意，埃克斯纳决定写一篇简短的论文，对这两个系统进行比较。克洛普弗和贝克都认为自己的系统会"获胜"。后来，那篇简短的论文发展成一本篇幅很长的书，花费埃克斯纳将近10年的时间，其内容为5个主要的罗夏墨迹研究体系的发展历史和详细说明，包括各个创始人的传记以及每种方法的完整样本解释。1961年，41岁的埃克斯纳出版了《罗夏测验体系》(*The Rorschach Systems*)一书。

埃克斯纳发现，这5个系统通常与赫尔曼·罗夏明确讨论过的关键概念重叠，例如运动反应的重要性或整体和细节反应的顺序。罗夏早逝前，除了他提出的少数准则之外，测验的许多方面是含糊不清的，或是没有提供任何指导，不管是实施规范、理论基础还是道德准则。后来的罗夏墨迹研究者们，已经走了他们自己的路。

接下来需要做什么已经很清楚了。根据数千篇已经发表的研究文章和数百名从业者的问卷调查，埃克斯纳开始编纂一份综合报告。5年后，1974年，他出版了《罗夏测验：一个综合体系》（The Rorschach：A Comprehensive System），作品长达500页，还有其他后续卷本、修订本和衍生作品。埃克斯纳的目标是："以一种单一的形式呈现罗夏测验的精华。"

埃克斯纳按部就班地考察了测验的各个方面，将其全部整合到一个框架中。顺便说一句，他最终决定，测验实施者应与被试坐在并排的座位上，以减少一切非语言暗示的影响，并指出，考虑到行为影响方式的研究，应该重新考虑各种心理测验中的座位放置。他提供了大量样本结果和解释以及更为完整的常见与不常见的反应列表，用作确定被试是正常还是异常的关键"标准"。卡片Ⅰ有92个整体反应：

良好：飞蛾
良好：神话中的生物（两侧都有）
不良：巢穴
良好：装饰物（圣诞节）
不良：猫头鹰
良好：骨盆（骨骼）
不良：锅
不良：印刷机

不良：火箭

不良：小地毯

良好：海洋生物

……

接下来是在卡片的 9 个典型的解释细节区域发现的 126 个其他事物，在 10 个很少被解释的区域另外发现了 58 个反应，所有反应都在图表中显示。然后是卡片 Ⅱ……

这个综合体系比任何其他罗夏测验方法都要复杂，包含了新的计分方式和规则。赫尔曼·罗夏最初的十几个编码，如今迅速发展到了 140 多个，其中包括：

$$当前困境（eb）=[未满足的内部需求（FM）+形势决定的困境（m）]/细微反应（Y+T+V+C'）$$

或

$$[3× 反射（r）+ 配对（2）]/ 总反应（R）= "自我中心指数"^5$$

简而言之，如果某人对罗夏测验的每张卡片给出 2 个反应，则他的反应总数（R）为 20。任何将墨迹描述为某种东西及其镜像或反射的反应（比如"一个女人看着镜子里的自己""一只熊跨过岩石和水及其在小溪里的倒影"），必须在埃克斯纳的系统中编码为反射反应 r，以及其他编码（如果"水"是卡片的蓝色部分，那么行走的熊则是运动反应，也是颜色反应，以及整体或细节，等等）。

假设某人同时给出了这两个反射反应以及四个配对反应，每个编码为2——这种反应描述了两件事，"两头驴"或"一双靴子"，对称分布于卡片的两侧，但不是如脸上的两只眼睛或剪刀的两片刀刃那样一个整体的两个部分。将这些数字代入埃克斯纳的公式中会产生一个自我中心指数：（[3×2]+4）/20=10/20=0.5。这对该被试来说是个坏兆头，因为高于0.42的得分表明"强烈的自我关注可能会导致现实扭曲，尤其是在人际关系方面"。得分低于0.31则意味着抑郁。但这位被试也并非糟糕至极：从他的测试中得出的一系列其他分数和指标可能会降低这个数字的重要性。

在某些情况下，埃克斯纳的新计分方法使得这项测验能够测量出罗夏当年没有考虑到的，或者在他那个年代甚至没有定义的状况和精神状态：自杀风险、应对缺陷、抗压能力。而在其他情况下，这些编码似乎是为了数据而数据。例如，埃克斯纳重要的评分系统 WSum6[6]（用来测量是否存在不合常理和不合逻辑的思维）仅仅是6个其他分数的加权和，这6个分数可以追溯到20世纪40年代：异常言语（现在编码为 DV）、异常反应（DR）、不协调组合（INCOM）、虚构组合（FABCOM）、污染（CONTAM）以及自闭症逻辑（ALOG）。新的评分体系提供了一个可测量的阈值：WSum6=7.2 是成人的平均值，而 WSum6 ≥ 17 是高临界值，导致在变量 PTI（知觉思维指数）上产生了另一个值，该指数取代了早期的具有较高的假阳性率的 SCZI（精神分裂症指数）。PTI ≥ 3 通常表明"由于观念障碍导致的严重适应问题"。这一切都以一种非常精细的方式来重申这样一个事实：如果你说了很多疯狂的话，你可能就是疯了。

但这种定量框架正是时代所需要的。埃克斯纳是继克洛普弗之后的罗夏测验领军人物，他不是一个华而不实的作秀者，而是一个功底扎实的学院派技术专家，他的专业知识似乎盖过了学界的分歧。罗夏测验必须被标准化，去除其直觉、情感上的强大（甚至可以说是美好）的特质，才能适应由数据驱动的美国医学新时代[7]。

1973年，埃克斯纳的综合报告发表的前一年，尼克松总统签署了《健康维护组织（HMO）法案》，其中的"管理式医疗"（一个复杂的保险规则和支付计划的新系统）旨在通过消除"不必要的"住院治疗并实行固定费率的、经济有效的治疗疗法来提高效益。家庭医生成了"初级保健医生"，负责通过关系错综复杂的专家和授权来指导健康维护组织（HMO）成员，在削减成本的压力和满足消费者（曾被称作"病人"）需求的矛盾之间，他们的处境越来越艰难。

管理式医疗政策提供了更好的医疗服务（让更多的人拥有了医疗保险），但由此产生的成本增加（更多的人使用医疗保险）也迫使保险公司严格了制度。在精神卫生保健方面，传统的人格评估开始加速转变。为治疗确立"医疗必要性"的需要，自然会给一切不涉及开药的处理方法带来压力。进行心理评估所能获得的保险赔偿通常较少，预授权的要求以及其他文书要求也使得评估变得更加困难。即使从狭隘的功利主义视角来看[8]，人们也会认为更好的初步评估和诊断可以节约成本，但事实上，除非心理学家能够证明它提供了"与治疗相关且具有成本效益的信息"[9]并且"与治疗计划具有相关性并且有效"[10]，否则这很可能是首先要解决的问题之一。管理式医疗时代的国民心理实践调查证实了医生中普遍存在的一种感觉，即"市场驱动的需求已经制造了障碍……这威胁到了传统心理学实践的生存"。

无论结果是更好还是更坏，埃克斯纳都为现代世界重新塑造了罗夏测验。他没能像莫莉·哈罗尔在40年代所做的那样让测验变得又快又简单，但他让测验得以数据化。这一直是罗夏测验吸引力的一部分，可以追溯到罗夏本人，罗夏也认为"如果不进行计算，就不可能获得确定而可靠的解释"[11]。与精神分析相比，一个人在墨迹中所看到的确实比在分析师的沙发上做的梦或自由联想更容易进行编码、计算和比较。有时候，例如当墨迹被广泛用作揭示个性微妙之处的投射方法时，一种更直观或者说定性的方法就会开始崭露头角；但是，当心理学的天平摆回数据时，墨迹测验的定量层面又总会被强调。也就是说，埃克斯纳的系统是前所未有的数据系统。这个时候，哈罗尔时代的打孔卡片渐渐发展成越来越强大的计算机——这是日益增长的管理式医疗体系不可分割的一个组成部分——可定量性变得比任何时候都更加重要。

早在1964年，也就是"数据科学"一词诞生的4年后[12]，研究人员就通过早期的计算机索引程序，对约翰·霍普金斯大学医学院的586名健康学生实施了罗夏测验，并生成了一份741页的长篇索引[13]。到20世纪80年代中期，这份材料，加上长期追踪被试生活史可获得的资料，使得完全跨越避开墨迹测验的解释成为可能。计算机只是简单地计算出每个单词在测验中出现的次数，然后寻找被试的反应与其后来的命运之间的关联。1985年，一篇令人不安的文章《罗夏测验的反馈能预测疾病和死亡吗？》[14]声称，10张卡片中至少1张提到"旋转"的人，其自杀的可能性是没有提到的人的5倍，死于其他原因的可能性是其他人的4倍。

埃克斯纳也将计算机引入了自己的研究方法中。自20世纪70年代中期开始，他开发了一些途径，"提高了计算机在解释测验中的应用"，最终形成了罗夏测验解释辅助程序（1987年，后期进行了多次升级）。测验实施者对所有患者的反应进行编码后，程序将进行数学运算，生成复杂的分数，突出其与统计标准之间的显著差异。它还将以散文形式提供"解释性假设"，并打印出来：

> 此人似乎总是把自己与他人进行不好的比较，因此会感到自卑和缺乏自信。

此人表现出足够的能力，认同其生活中真实存在的人，而且似乎能够让他人对自己形成这样的认同。

此人表现出与他人建立亲密关系的能力有限。[15]

埃克斯纳在临终前否定了使用计算机的方法，但损害已经造成[16]。罗夏测验，曾被誉为了解人类人格的最复杂的"窗口"，如今可以用机器来解读了。

即使只供人类使用，埃克斯纳的系统也有缺点。它对经验主义的严格强调，极大忽视了许多支持者眼中墨迹测验最有价值的东西：产生惊人见解的无限可能性。几代临床医生发现的很有帮助且能揭示问题的策略（比如，某个人对第一张卡片的第一个反应呈现出他或她的自我印象）在埃克斯纳的所有编码和变量中是找不到的。结果，以墨迹作为谈话疗法或其他开放式探索的起点的心理学家，要么拒绝了埃克斯纳，要么彻底背离了罗夏测验。

然而，埃克斯纳还是为墨迹测验赢得了行业内的新的尊重，尤其是在1978年，更为严谨的第二卷手册问世之后。埃克斯纳灵活、综合性的方法赢得了大多数早期坚持使用罗夏测验体系的人的支持，连那些长期批评投射方法的主观性的评估心理学家，也开始不由自主地赞美[17]埃克斯纳给罗夏测验带来的严谨性。

埃克斯纳还为罗夏测验饱受争议的历史按下了清零键：亚瑟·詹森1965年的批评以及所有其他早期的攻击，现在都能以"其针对的是该测验的早期的、不科学的版本"加以驳斥。

1984年，埃克斯纳在北卡罗来纳州的阿什维尔建立了罗夏测验个人工作室，教授了一批临床医生，在临床心理学研究生课程中，他的教科书也取代了克洛普弗和贝克的教材。有一个例外，纽约市立大学仍然坚持克洛普弗的观点，但那里的学生仍然学习埃克斯纳的系统，因为他们会在住院医生实习以及其他实习经历中使用这个系统。随着罗夏测验的相关论文和研究不断增多，埃克斯纳的墨迹测验理论成为大多数从业者绕不开的唯一资源。

布鲁诺·克洛普弗于1971年去世，塞缪尔·贝克于1980年去世。1986年，玛格丽特·赫兹将指挥棒传给埃克斯纳，评价他的研究"是第一次系统性的尝试，试图解决多年来困扰我们的一些尚未解决的问题"。赫兹还补充说："最重要的是，埃克斯纳和他的同事们给我们的队伍带来了纪律，给我们这个领域带来了乐观精神。"[18]

多年以来，埃克斯纳对他的规则不断进行微调，罗夏测验产生的结果也越来越"正确"——所谓的"正确"是分类层面的，比如，精神分裂症就是其他测试或标准所定义的精神分裂症。墨迹的使用和判断成为一种已知量的标准化测量，而非一项探索性实验。

尽管将罗夏测验与其他精神病学方法的研究成果结合起来有诸多好处，但这往往会使前者成为一种更为烦琐，也更不划算的方法。随着计算机化的不断发展，埃克斯纳越来越谴责对"普遍真理"的追求，并对一些精神病学参考著作提出了批评，比如《精神障碍诊断与统计手册》(DSM)，埃克斯纳认为这是"对遭受痛苦的人进行分类的簿记员手册"[19]，据此制定的治疗方案也都千篇一律。虽然这些标准分类是埃克斯纳的系统所提供的（其他测验和评估提供的速度更快），但他可能对如何使用这些标准分类持保留意见。

埃克斯纳的系统出现之前，也有一些致力于更加有效的测验的尝试。1968年，一项针对大学临床心理学家的调查[20]显示，罗夏测验仍被广泛使用，但有超过一半的受访者认为，"客观的""非投射的"方法的使用和重要性正在增加，特别是其中的一种方法，正迅速普及。

明尼苏达多相人格测验（以下简称 MMPI）于 1943 年首次发布，1975 年超越了罗夏测验。它由 504 个题目构成（修正后的 MMPI-2 为 567 个题目），被试需要用同意或不同意作答，题目范围从明显琐碎的问题（比如"我胃口很好""我的手脚通常都很暖和"）到明显令人担忧的问题（比如"邪恶的灵魂有时会附身于我""我能看到周围其他人看不到的东西、动物或是人"）。测验实施者为一名办事员，对一组被试进行测验，计分容易。每个 MMPI 量表（抑郁量表、妄想量表）都有两个与之相关的问题编号列表：第一个列表中回答为"正确"的项目数和第二个列表中回答为"错误"的项目数，加在一起就是结果分数。记分很迅速，而且被认为很"客观"。

从技术层面来讲，这项测验仅仅意味着"非投射性"。一个人对"有些人认为很难了解我""我没有走上正确的生活道路"或"很多人都有不良性行为"的正确或错误回答，在任何意义上都不可能是客观的。人们不愿意也不能够[21]客观地评价自己——人的自我描述充其量只能部分符合朋友和家人对他的评价或者他们的客观行为表现。有些答案甚至无法从表象分辨出来，比如，对很多令人沮丧的陈述做出"正确"的回答，对许多令人快乐的陈述做出"错误"的回答，并不一定意味着一个人有抑郁倾向。有一些量表可以衡量一个人是否可能夸大或是说谎；一个量表还可以通过其他方式影响其他量表。解释 MMPI 的结果也是一门艺术，需要主观判断。但是，"客观"和"投射"这两个带有倾向性的术语无疑给 MMPI 带来了好运。

1975 年之后的 10 年里，罗夏测验从临床心理学中第二常用的人格测验跌至第五[22]，既落后于 MMPI，也落后于其他几个投射测验：画人测验（主要应用于儿童）、句子完成测验和房树人测验。

相对来说，这些更加局限的测验，其结果是不言而喻的。画一个大头的人可能意味着傲慢；遗漏关键的身体部位是一个不良的信号；用敌对、悲观或暴力的词语完成句子也不是好的信号。因此，这样测验更容易受到"印象操纵"的影响——被试能够了解如何制造出他们想要的形象，展示出自己想要被人看到的样子。一位纽约警察[23]在招聘过程中接受了房树人测验，他说他的朋友事先告诉过他，"房子上一定要有一个冒烟的烟囱，不管你画什么，树上一定要有树叶"。他就那么做了。无论如何，这些测验虽然有弱点，但既快速又经济，也因此越来越受青睐。

测验的受欢迎程度排名并不像听起来那样精确和可靠，通常是基于少量且不具代表性的样本进行的零星调查。但趋势是明确的——墨迹正面临挑战。

在这种新的形势下，心理测评师开始发现，教育系统比医疗保健更受欢迎。保险公司不愿意花费三四千美元在医院进行综合测试——事实上，精神病患者很少被允许长时间住院——但学校会为评估买单。这些都不是莎拉·劳伦斯学院在30年代设立的那种包罗万象的项目。相反，这些心理测验针对的是个别问题青少年、在学校咨询中心或接受评估的儿童。

因此，埃克斯纳继续开发他的综合系统，扩大了其应用范围。1982年，他专门为儿童和青少年增加了一卷手册[24]。埃克斯纳认为，通常来说，孩子的罗夏测验反应与成人的反应意义大致相同（例如，纯粹的C和CF反应意味着极少的情绪控制），但标准往往会有所不同[25]（许多这样的反应对7岁的男孩来讲是正常的，但对成年人来说是不成熟的，而对成年人来说的正常反应，在孩子身上往往表明"可能存在适应不良的过度控制"）。

埃克斯纳强调，罗夏测验在行为问题的案例中作用有限，因为测验的

罗夏测验卡片Ⅷ

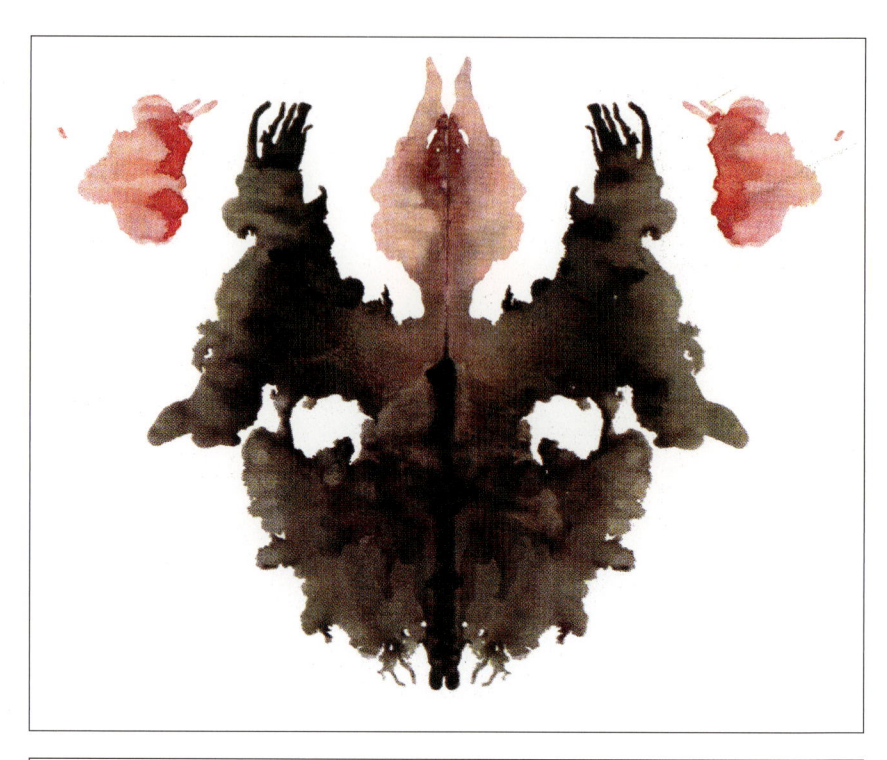

本页和对页图：卡片Ⅲ的草图版本和最终版本

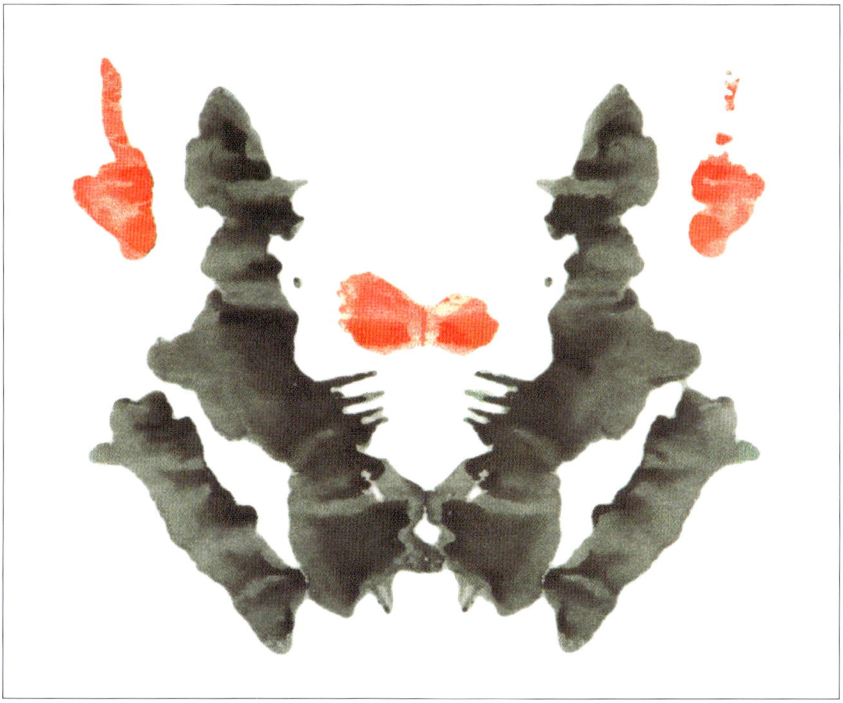

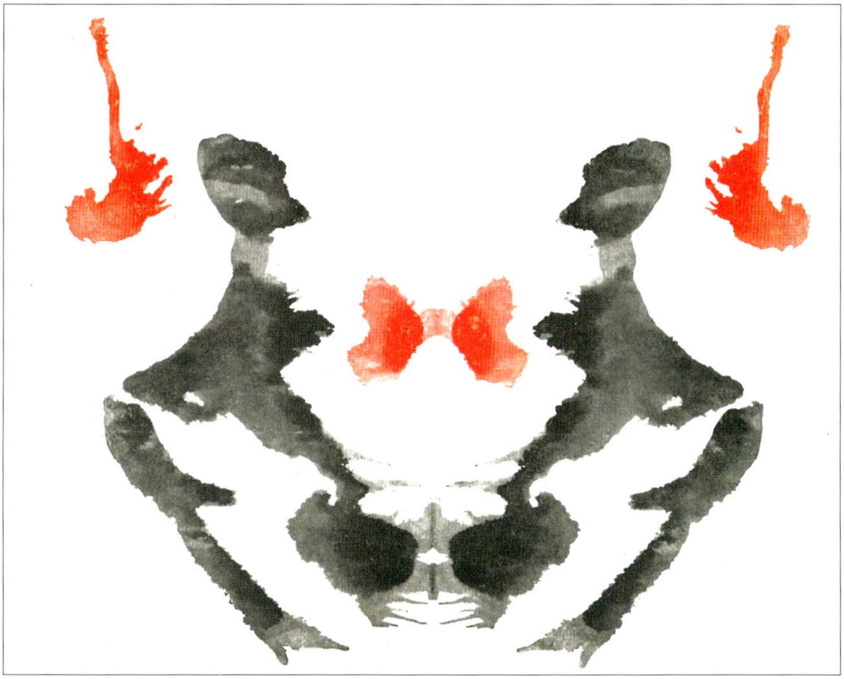

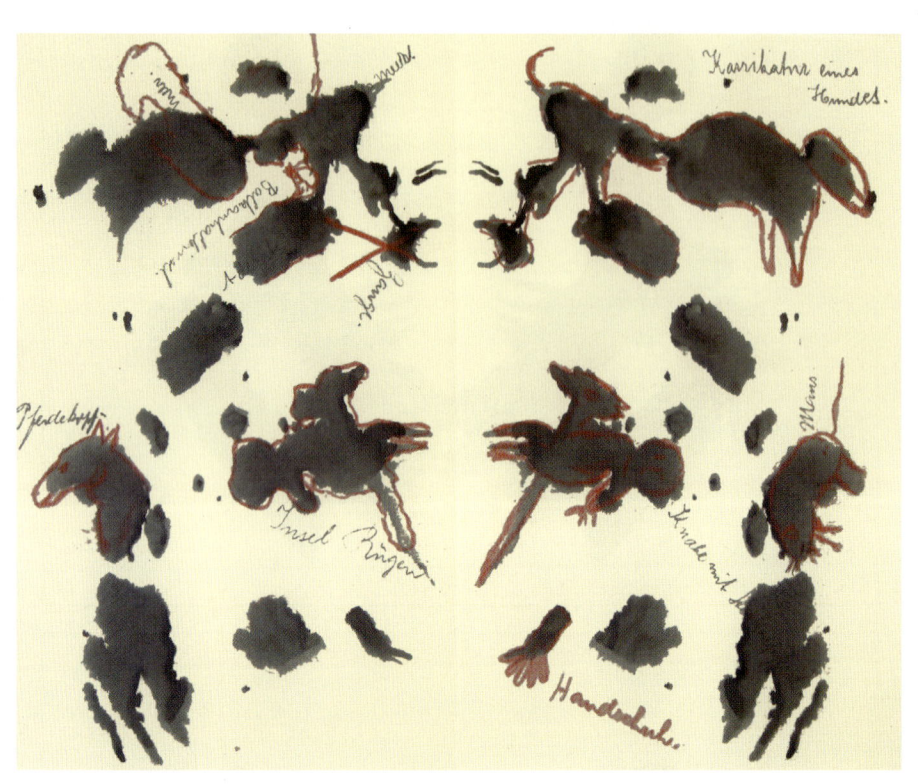

赫尔曼·罗夏为自己的工作和康拉德·格林一起创作的墨迹（1911年/1912年），页面上标有解释（可能是格林的学生的回答，由格林记录）。左侧："巴尔干半岛"（留白，标题倒置），周围是"亚得里亚海"、"爱琴海"和"黑海"、"钳子"、"马头"、"勒根岛"。右侧："狗的漫画"、"骑马的男孩"、"老鼠"、"手套"

补充性色彩测验，见第 135 页

赫尔曼·罗夏笔下他居住的公寓，1918年。丽萨出生不久，正在玩玩具，包括赫尔曼为她做的木头小动物；透过门可以看到一些照片挂在墙上，供小宝贝观看

赫尔曼记录的丽萨的生活。左上角："百试百灵"；右上角："出去走走"；右下角：赫尔曼似乎正在记录婴儿对一个左右对称的木偶的反应，木偶会挂在床上方中央，随时可见

赫尔曼为丽萨的第一个生日所作的画

格奥尔格·勒默尔绘制的图像，1919 年前后，1966 年出版。这些图像比赫尔曼·罗夏的更具艺术性，但其艺术性恰恰是问题所在："勒默尔努力尝试，竭尽所能，但他喜欢极富想象力的图像、富于幻想的图形，这毁了一切。"（1921 年 1 月 14 日赫尔曼·罗夏给埃米尔·奥伯霍尔泽的信）

罗夏为明斯特林根狂欢节庆祝活动制作的节目单（1911年），包括一幅自己身着巫师服装、手持魔杖的肖像。他身旁挎着手提包的优雅女士是奥莉加，左上角是保罗·索科洛夫，明斯特林根的另一位助理医生

罗夏在自己的公寓里，头戴假发，身穿巫师服装，手持卡尺

结论不能直接转化为行为方面的信息。没有一个具体的罗夏测验分数能够"可靠地识别出那些'表现出来'的孩子，或者区分那些有过失和没有过失的孩子"。在这种情况下，特别是当环境因素导致了孩子的行为时，该测验仅仅表现出了可能影响治疗的心理优势和劣势。在青少年心理学家所面临的最常见的案例中（学生有学业问题），罗夏测验可以帮助区分智力不足、神经功能障碍和心理障碍。

20世纪七八十年代，将临床心理学家推向教育领域的力量也将他们推向了法律体系。"法医鉴定"蓬勃发展：对监护权纠纷中的父母、虐待案件中的儿童、人身伤害诉讼中的心理伤害、刑事案件中的受审能力进行评估。埃克斯纳1982年的作品中包含了几个案例，体现了如何在儿童和法律系统中使用罗夏测验。

其中一个案件涉案人汉克和辛迪高中时是一对恋人，汉克22岁时与辛迪结婚了。两周的蜜月后，汉克启程前往越南，在那里服役1年，并在岘港因英勇行为被授予勋章。他回国后的三四年里，这对夫妇非常幸福，但接下来的几年就变了。70年代末，两人维系了13年的婚姻以分居和争夺孩子监护权而告终。汉克指控辛迪精神异常，不适合抚养他们12岁的女儿；辛迪提出反诉，称汉克对她和孩子实施"精神暴力"，只对她进行评估是不公平的。法庭对父母双方和孩子都进行了评估。

面谈过程中，两人婚姻中的问题表现得非常清楚：辛迪抱怨汉克的"坏脾气"，承认自己"出于怨恨"曾大手大脚地花钱。对此，埃克斯纳系统的调查结果十分专业且复杂。在他们女儿的墨迹测验中，"如果 ep：EA 关系的重要性已经存在很长时间"，就可以解释她最近在学校表现出的问题了。"以她的年龄段来看，Afr 数值非常低，因此她很可能会相当程度地表现出退缩。汉克的 a:p 比极高，这表明他的思维或态度不是很灵活……较高的自我中心指数——0.48，表明他比大多数成年人更加以自我为中心,这可能会对他的人际关系产生负面影响。"

辛迪的结果似乎更不正常。她对卡片Ⅰ的第一个反应是一只蜘蛛,"后来她给它加上了翅膀,使之变得更加扭曲。实际上,如果这是她自我形象的一种投射,那她有很多需要改进的地方……她的3个DQv反应都发生在彩色卡片上,表明她是一个不善于处理情绪挑拨的人"。结论是,辛迪会"很强烈地受自己感情所影响,不能很好地控制……她很可能不像大多数人那样需要亲密感"。如此一来,罗夏测验所揭示的辛迪的情感不成熟和汉克以自我为中心的固执会导致他们婚姻中出现冲突也就不足为奇了。

最后,心理学家给出了温和的建议。他们写道,孩子"非常痛苦",无论谁赢得了监护权,"孩子目前的状况都表明需要某种形式的干预",父母双方都应该参与进来。这位母亲的报告"强调,虽然她可能会从心理治疗中获益,但并不意味着她不适合养育孩子,也不意味着她可能不如孩子的父亲称职"。尽管律师一再敦促心理学家站在某一边,但心理学家"没有给出关于监护权的具体建议",也没有证据表明父母双方都不适合监护。结果,他们的意见没有达到法庭的预期,法官不得不做出共同监护的判决,要求母亲为自己寻求治疗,并为孩子安排干预措施。

埃克斯纳之所以把汉克和辛迪的案例写进去,正是因为它既不耸人听闻,也不惊天动地。这就是罗夏测验在法律背景下的探索。由于这本书是埃克斯纳关于如何使用罗夏测验的手册,很自然,书中详细介绍了三位家庭成员的罗夏测验完整记录、分数和解释。在这个案例中,心理学家将罗夏测验的结果和其他没有详细公布的信息结合了起来。尽管如此,对怀疑论者来说,将含义模糊的编码与对人格和心理的全面判断结合起来,还是会让人觉得是胡言乱语、令人厌恶,尤其是那些不太熟悉埃克斯纳测验版本的人。而对于从业者来说,这只是又一天的工作而已。

和医疗系统一样,法律系统也找到了它所需要的罗夏测验版本——一个由编码、分数和交叉测验组成，令人印象更加深刻的高深版本。美国心理学家做出了两项浮士德式交易：一是要求保险公司支付合理的医疗服务费用，要求达到保险公司的标准；二是进入法庭，要求心理学家像法官一样拥有客观上的权威。理论上来说，心理学和艺术、哲学一样，不必做出非黑即白的回答，比如"病态还是健康""理智还是疯狂""有罪还是无罪"。心理学可以是开放式的，即便没有答案，也能追求真理。[26] 但如今，心理学比以往任何时候都更为频繁地使用，被用在非此即彼的判决情形下，结果也是非黑即白的。

约翰·埃克斯纳最重要的贡献是扫除了多个罗夏测验系统造成的混乱。但如此一来，也使得针对这项测验的批评变得更加容易了：标准一致的墨迹测验，加剧了怀疑者和信徒之间的两极分化。随着20世纪接近尾声，罗夏测验的故事将陷入争论的漩涡，从而分崩离析。争论双方都不再对等地接受任何根据，任何应用这项测验的案例都不会比成千上万的其他案例更具象征意义，似乎也没有什么能够再次改变人们的想法。

第二十一章

仁者见仁，智者见智

1985年秋天，一个名叫罗斯·马尔泰利[1]的女人嫁给了唐纳德·贝尔。6个月后，怀孕的她离开了他。他们的儿子出生后，贝尔起诉，要求拥有监护权和探视权。罗斯声称自己在婚姻期间曾遭受暴力侵害，她前一段婚姻所生的女儿（届时8岁）也声称自己记得唐纳德在三年前曾对自己实施过性侵。但法官显然对于指控的时间感到可疑，因此给了唐纳德充分的亲权以及无监督的接触权。随后，儿子开始带着不明原因的瘀伤回家，最后罗斯打电话给儿童保护服务部门（CPS），声称儿子受到身体和性虐待，但没有确凿的证据。儿童保护服务部门要求父母双方都接受心理学家的评估。

唐纳德的测验结果显示正常。罗斯的心理医生报告则说她"受到了严重的困扰，可能缺乏对两个孩子的真正关心"，而且，"罗斯的思维受到严重损害以至扭曲了现实和他人的行为"。儿童保护服务部门的工作人员告诉罗斯放弃这个案子，自行寻求治疗，并且拒绝接受她随后的举报。8个月后，5岁的男孩说父亲打了他，并"捅了他的屁股"，要求带去看医生。检测结果证实了男孩的说法。

一位专门研究儿童虐待问题的心理学家对该案进行回顾，发现了大量证据，说明罗斯和她女儿的指控是可信的。唐纳德有过暴力记录；罗斯在她的社区里则有着诚实的名声。心理学家调查发现，罗斯曾说的所有"所谓的奇怪故事"都是"准确无误的"。然而，儿童保护服务部门却把最初的心理学诊断报告当作最后的结论。这位心理学家感到很震惊，他意识到，罗斯之所以被贴上"不可信"和"情绪不安"的标签，仅仅是因为一项测验：罗夏测验。

测试实施者从罗斯的罗夏测验中得出的结论，依靠的是几乎没有被证明效度或通常会过度诊断正常被试的埃克斯纳计算法，忽略了测量结果中其他更积极的因素。罗斯在一个墨迹中看到了"吃剩的感恩节火鸡"，这种"事物反应"使她被评估为"黏人的"和"依赖他人的"。但是，测验实施者应该考虑到罗斯在午休时间接受测验时没有吃过东西这样的因素，或者测验在 12 月 5 日进行，刚好在感恩节后一周，罗斯家的冰箱里可能就放着一只吃剩的火鸡。

测验实施者得出的最令人发指的结论是，罗斯"以自我为中心，对孩子没有同情心"，这是由于某个单一的镜像反应提高了自我中心指数，表明"自恋"和"自我关注"。但罗斯在墨迹中看到的"雪花剪纸，好像用一张纸折出雪花剪下来了"实际上并非镜像反应——测验实施者犯了编码错误。后来那位心理学家意识到这一切时，已经太晚了。父亲贝尔已经取得了监护权。

考虑到罗斯·马尔泰利这样的情况，美国心理学会伦理委员会前成员罗宾·道斯（Robyn Dawes）在 20 世纪 80 年代末写道："利用罗夏测验的解释来确立个人的法律地位和儿童监护权，是我的同行们最缺乏职业道德的行径。"[2] 用他的话说，尽管罗夏测验"缺乏信度和效度，但其合理性非常令人信服，以至在涉及非自愿监管和儿童监护权的法庭诉讼中，它仍然会被接受，在这些听证会上提供类似解释的心理学家已被视作'专家'"。道斯在 1994 年出版了《权力场：心理学和心理疗法的建立》(*House of Cards: Psychology and Psychotherapy Built*) 一书，将罗夏测验视作建立在神话而非科学的基础之上的心理学理论范例。

埃克斯纳对罗夏测验的重塑并没有说服所有人。

与此同时，墨迹测验继续吸引着大众的想象力。20 世纪末，许多年轻人在《守望者》(1987 年) 这部作品中第一次看到罗夏的名字，这本与心理相关的超级英雄漫画书登上了《时代》周刊 1923 年至 2005 年 100 本最佳英文小说榜单。书中有一个反英雄主义人物，名叫罗夏，他的墨迹面具背后隐藏着黑暗的灵魂。由于面具的特殊属性，其对称的黑色形状会发生变化，但不会与白色背景混合，象征着黑白分明、无灰色地带的道德准则，这个角色最终走上了残酷的极端。

1993 年，希拉里·克林顿[3] 也用墨迹来隐喻不可调和的极端："我本人就是一项罗夏测验。"她对《时尚先生》记者沃尔特·夏皮罗说道，这一形象将伴随她很多年。(2016 年，这位记者写道："我相信这是希拉里第一次说这句时常被重复的话。"而且，这句话仍被重复提及：2016 年美国大选期间出版的一本关于希拉里·克林顿职业生涯的文章选集中有一篇名为"针对我们态度的一项罗夏测验——包括潜意识的态度"的前言，这部选集"无法回答所有读者的问题，但至少让罗夏墨迹得到了更明确的关注"。) 在这个隐喻中，人们对希拉里的反应界定了他们自己，而不是希拉里；对于他们支持哪一边，她几乎不承担任何责任。罗夏测验成了一条分界线。接着，夏皮罗的文章揭穿了各种神话，说明对希拉里的一些解读是完全错误的。但他又写道："她是对的。真实的希拉里·罗德姆·克林顿基本上不为人知。我们在电视和杂志封面上看到的她的形象，是我们想要看到的。"

在两极分化的政治环境之外，"我们看到的是我们想要看到的"这种话听起来有些漠不关心的意味，没有人比安迪·沃霍尔更欢迎这种冷漠，甚至将其提升为一种艺术形式。沃霍尔从 20 世纪 60 年代就开始制作消费品的图片，用机械丝网印刷术印制金宝汤罐头图片，或是让木匠制作和超市纸箱同样大小的胶合板盒子，再让其他人在上面印上布里洛钢丝球的丝网印刷图案。这导致了一个结果：量产的系列产品看起来几乎与原版没有任何区别。沃霍尔有一句名言："我之所以这样画，是因为我想变成一台机器。如果你想了解安迪·沃霍尔的一切，只要看看我的绘画、电影以及我自己就好，我就在那里，背后什么也没有藏。"

除了冷静地削弱诸如波洛克等人的抽象表现主义之浮夸，沃霍尔完全否认了内在的自我。他认为，艺术家们不要表达任何东西。和罗夏的墨迹一样，沃霍尔也巧妙隐藏了所有意向痕迹。用一位学者的话来说："这件作品是仅仅完成了，还是传达了更多的东西？画布上的这些标记是否是刻意为之？"[4] 在其他大艺术家中，可能没有人的"实际的、体力层面的劳动如安迪·沃霍尔的那般重要"[5]——人们对某件沃霍尔作品的反应确实比"这是沃霍尔的作品"本身更加重要。

这个有抱负的、机械般工作的人雇用其他人制作布里洛钢丝球的盒子，做丝网印刷工作，替代他进行艺术演讲，在职业生涯后期，他只有那么一次，用颜料在纸上做出了属于他自己的富有表现力的标记。1984 年，沃霍尔把颜料倾倒在巨大的、有时是墙面大小的白色画布上，随后将画布对折，形成了一系列共 60 多幅对称墨迹图[6]，大多是黑色调，有些以金色为主，也有一些彩色的。它们于 1996 年首次整体展出，人们将它们称作罗夏墨迹。

这一切始于一个错误：沃霍尔认为，或者声称自己认为，"去医院这种地方时，医生会让你画画，做罗夏测验。我真希望自己早点知道有这样一套标准图片的存在",这样他就可以直接复制了。相反,他制作了自己的墨迹图,想知道自己会看到什么。很快,他就对这个过程中的解释部分感到厌烦,并表示自己宁愿雇人来假扮他。他冷漠地说,那样的话,结果会"更有意思。我只能看到一只狗的脸,或者像树、鸟、花之类的东西。而其他人可以看到更多"。

这是典型的沃霍尔式挑衅。他认为自己的那些墨迹看起来很棒——完全可以与罗夏的设计感和"空间节奏"相媲美。他甚至觉得罗夏的画作"也是依靠技巧完成的——泼颜料,叠成混乱的一团。所以,或许我那些图会更好一些,因为我就是干这个的"。

沃霍尔坚定地将墨迹带入了主流艺术,从而改变了它们的意义。他的墨迹不像罗夏墨迹那样在可解释性的边缘徘徊,正如一位评论家针对沃霍尔1996年的画展所说的那样:"这些抽象画不具备许多抽象画所具有的那种神秘、晦涩和模糊的深意。罗夏墨迹画有一种民主的、自己动手的品质:你可以读出任何你想要的东西,没有错误的答案。"[7]最重要的是,这些墨迹并不是心理层面上的——没有试图深入观者的心灵,也不是为了唤起运动反应,或是唤起某些情绪。用沃霍尔的话讲,这些目的都不是"有趣的"。看表面就可以了,仿佛像在说:我就在这里。

在罗夏测验的历史上,沃霍尔标志着心理学测验与艺术和流行文化墨迹之间的最大距离。不同于赫尔曼·罗夏对科学和人文主义的兴趣,不同于布鲁诺·克洛普弗和人类学家鲁思·本尼迪克特的观点,也不同于50年代的内容分析师和《无因的反叛》的制作人,甚至不同于布罗考医生虚构的信仰危机和亚瑟·詹森真实的信仰危机,沃霍尔所谓的"罗夏测验"和埃克斯纳的罗夏测验几乎毫不相关。沃霍尔根本不知道真正的测验到底是如何进行的;埃克斯纳则将这个测验建立在定量科学的范畴,而不是拓展其与艺术或文化的关联性。

在文学领域，罗夏墨迹也可以被看作纯粹的表面现象。1994年，实验派诗人丹·法雷尔（Dan Farrell）出版了一本扣人心弦的作品《墨迹档案》(*The Inkblot Record*)[8]，他从6部罗夏墨迹教科书上收集答案，简单地按字母顺序排列——所有卡片和应试者混杂在一起——形成一曲由所见之物组成的结构散乱的独奏，间或从灵魂深处发出呐喊：

……翅膀在这里，头可能在这里或是这里。展翅飞翔。展开翅膀，竖起耳朵，分不清面向的是哪一边，以图形示意。粗毛猎狐狸，头在这里，鼻子周围有些小图形和小茸毛。叉骨。叉骨。愿望从未成真，但假装成真很有趣。希望我真的有妈妈，但我从未有过。巫婆帽。留着大胡子，大眼睛……

一个接一个的答案，剥离了他们背后所有努力。

到有关罗夏测验在心理学上的两极分化达到顶峰时，罗夏测验可以和埃克斯纳画等号。到1989年[9]，使用埃克斯纳系统的心理学家是使用克洛普弗或贝克系统的2倍；由于在75%的罗夏墨迹测试研究生课程中都使用了这种方法，其主导地位只会随着时间的推移继续增强。埃克斯纳似乎正在扭转罗夏测验的命运。20世纪80年代后期，罗夏测验滑落到第五位，20世纪末又稳居第二[10]，仍落后于MMPI，但在美国的每年使用频率高达数十万甚至更多次，全球每年约有600万次[11]。

在法律领域，埃克斯纳也占了上风。他和另一位合著者在1996年发表了一篇简短的文章：《罗夏墨迹在法庭上受欢迎吗？》("Is the Rorschach Welcome in the Courtroom？")[12]。他们调查了埃克斯纳邮件列表上的心理学家，发现在32个州和哥伦比亚特区的4000多起刑事案件、3000多起拘留案件和近1000起人身伤害案件中，这些心理学家的罗夏测验证词从未受到质疑。因此,埃克斯纳总结道:"不管有什么不同意见,罗夏测验在法庭上是受欢迎的。"这似乎确实提出了一个重要问题——是否应该这样做,但法律对于法庭上什么证据可予采纳有现实世界的标准[13],而罗夏测验符合这些标准。1993年杜伯特规则的采用——要求证据必须是"客观且科学的",而不仅仅是习惯做法——让埃克斯纳的方法在法庭上的使用次数开始增加。

正如美国心理学会专业事务委员会在1998年授予埃克斯纳终身成就奖时所说,他"几乎是独力挽救了罗夏测验,使它起死回生"[14],促成了也许是有史以来最强大的心理测验工具的复活。埃克斯纳活了70岁,自1953年被罗夏测验深深影响,他一生都在致力于墨迹研究。授奖词提及,埃克斯纳的名字已经"成为这项测验的同义词"。

对罗夏测验的争论双方来说,这是事实。

20世纪八九十年代,罗宾·道斯和一群反对者一起发表了一系列文章,谴责埃克斯纳的罗夏测验不科学。这一浪潮的第一个高峰出现在1999年,即埃克斯纳获奖后一年。彼时,退伍军人医疗保健系统——自40年代起一直是心理测验的大本营——的成员霍华德·加布(Howard Garb)呼吁,在能够确定罗夏测验的分数效度之前,应该暂停在临床和法院系统内使用该项测验。道斯的文章开头是这样写的:"试图确定罗夏测验是否有效,就像是观看罗夏墨迹图。研究的结果和墨迹图一样模棱两可。针对研究结果,不同的人也有着不同的看法。"[15]

第二个高峰出现在2003年,当时,四位对罗夏测验持最多反对意见的批评者(包括加布在内)[16]合作出版了一本书《罗夏测验有什么问题?》(*What's Wrong with the Rorschach?*),集中了所有对埃克斯纳重新统一的罗夏测验的攻击。这本书的主要作者是心理学家詹姆斯·M.伍德(James M. Wood),他重新检验了罗斯·马尔泰利的罗夏测验数据,这本书的开篇也以马尔泰利的案例展开。

这本书呈现出迄今为止罗夏测验最为详尽的历史，而且取了一个耸人听闻的书名。四位合著者中有三位于同年合作发表了一篇文章，题为"罗夏测验有什么好处？"（"What's Right with the Rorschach？"）[17]，得出的结是，"罗夏测验谦虚且真诚"，但这本书呈现出来的并不是这样的。书中有一章关乎墨迹测验的未来图景，题为"仍在等待救世主"。作为一名科学家，赫尔曼·罗夏自身的优点和缺点论述出现在一个题为"只是另一种占星术？"的章节中，即便章末对这个问题的答案是否定的：罗夏因自己的种种缺点饱受批评，却因为在人格和知觉之间的联系上的正确性而受到称赞，并且在坚持群体研究和定量效度方面领先于时代。

不过，这本书的内容也不全是哗众取宠。它汇集了几十年来贯穿罗夏测验历史的批评，重新确立了亚瑟·詹森这样的早期学者的地位，他们不是孤立的声音，而是被忽视的科学客观性的捍卫者。伍德还回顾了批评埃克斯纳系统的新一轮研究浪潮，例如20世纪90年代试图重复埃克斯纳关于抑郁指数判定的14项研究[18]。罗斯·马尔泰利也被发现其中一项得分很高。但根据伍德的说法，其中11项研究发现，得分与抑郁症诊断之间没有显著联系，还有两项的研究结果好坏参半。

埃克斯纳的系统有一个更加体系化的问题[19]，其他人也都知道，但伍德强调了这个问题，即一个人在测验中给出的反应总数曲解了很多其他分数。给出大量反应的被试在其他方面更容易显示为不正常——反应总数会改变得分和结果，而这些与被试是否喜欢说话本不应该存在联系。埃克斯纳的系统是无法控制这些变化的。

最引人注目的是，伍德公开了一个自2001年就已经为人所知的问题。[20]1989年有人发现，用于计算规范的数百个案例都是由于笔误而捏造出来的，埃克斯纳制定的标准的可信度遭受了严重打击。很显然，有人按错了键，700人的样本中有221条记录被重复计数，而另外的221条记录根本没有统计。埃克斯纳似乎已经知道这个错误至少2年了，但他只是在自己的罗夏测验手册第5版中172页的一段话中将其披露出来，并提出一套据说有效的新标准。不管新标准是否起了作用，伍德称这是"一个巨大的错误"，并对埃克斯纳对十几年来潜在的无效诊断的轻率态度感到震惊。

伍德也提出了一般性的批评。他指出，埃克斯纳的许多结论都是基于他自己的罗夏测验工作坊所进行的数百项未发表的研究[21]，这些研究数据从未对外公开过，也极少被重复。他指责这个由大量编码和大量相互强化的出版物组成的综合系统中有一个很大的组成部分，我们可以称之为"科学剧场"，令在统计学方面缺乏训练的一代临床心理学家和不了解临床心理学争议的法律专业人士感到震惊。

在对埃克斯纳的系统进行了这些技术层面的攻击之后，随之而来的是对为什么心理学家仍然"紧紧抓住即将沉没的罗夏之船"的猜测——对专业读者来说，有些解释显得居高临下，甚至有辱人格。例如：要改变一个人的想法是很难的。当被问及这本书的分裂基调时，詹姆斯·伍德承认[22]自己"对罗夏测验运动所发生的一切感到愤怒和难以置信"。他和他的合著者认为，这些咄咄逼人的解释是合情合理的，是对60年以来罗夏测验的忠实信徒们逃避、迂回、无视或忽视不利证据的回应。

执业心理测评师和罗夏测验的专家几乎一致反对这些攻击，这并不奇怪。有几篇评论[23]指出伍德和他的同事们本就存在确认偏差，呈现的信息有选择性和倾向性，依赖传闻轶事（也是这本书本身所批评的），以及拒绝区分不良的临床实践和测验的固有弱点。他们未必是他们所声称的公正的科学仲裁者。一篇有代表性的评论称这本书"有用且信息丰富"，但警告说，"作者所引用的每一项研究都必须经过仔细审查，避免选择性的抽象化和偏见，以确定其描述是否准确"。不止一篇评论指出，罗斯·马尔泰利的案例虽令人揪心，但如果使用得当，似乎不影响对罗夏测验的价值的判断：罗斯的答案被进行了错误的编码和解读；她的律师要求专家重建检查的时候显然已经太迟了。

与此同时，批评人士呼吁法庭上暂停使用罗夏测验，但无人理睬。基于加布 1999 年的文章，伍德的书最后一章是给律师、法医心理学家、原告和被告的建议，题为"反对，法官大人！让罗夏测验离开法庭"。但在 2005 年，有一份名为"针对心理学家、其他心理健康专业人士、教育工作者、律师、法官和行政人员"的声明[24]提出反驳，引用了大量研究来重申埃克斯纳在 20 世纪 90 年代的论点，结论是："罗夏测验具有与其他公认的人格评估工具相似的信度和效度，将其用于人格评估是恰当的、合理的。"尽管这篇文章是由立场并非完全中立的人格评估协会理事会撰写的，但事实也依然如此——该测验仍在使用中。1996 年至 2005 年的上诉案件中，罗夏测验被引用的频率是前半个世纪（1945—1995 年）的 3 倍[25]，而这些证词受到的批评不足五分之一，没有一项墨迹测验结果"被对方律师嘲讽或贬低"。

最终，解决罗夏墨迹的复杂争议的任务留给了每一位心理学家和律师。虽然伍德担心他所谓的"罗夏测验崇拜"[26]会突然复苏，但他希望美国公众能推动崇拜现象的发生。"增强公众的意识或许是终结心理学家对罗夏墨迹测验长期迷恋的关键，"他写道，"消息已经走漏了。"

第二十二章

超越真假

测验陷入僵局，两大阵营和旁观者都接受了不同的人会看到不同事物这一事实。约翰·埃克斯纳于 2006 年 2 月去世，享年 70 岁，他一定认为这将是他的遗留问题。

格雷戈里·迈耶（Gregory Meyer）是芝加哥人，比埃克斯纳小 33 岁，成为埃克斯纳的继承者。迈耶写于 1989 年的论文提出了埃克斯纳系统的几个关键缺陷，这些缺陷在 20 世纪 90 年代后期得到了重视。但迈耶的目的是改进测验，而不是埋葬它。迈耶开始发表大量论文[1]，主张对系统进行更新。1997 年，在伍德早期文章的推动下，埃克斯纳成立了一个名为"罗夏墨迹研究委员会"的机构，决定对系统进行必要的调整，迈耶就在其中，以批评家的名义参加了罗夏测验的科学之战。

然而，埃克斯纳将这个综合系统的控制权——名字和版权——留给了他的家人，而非科学界的任何人。埃克斯纳的遗孀多莉丝和两人的孩子们决定，这个系统必须保持原样：经历了埃克斯纳几十年的调整和修订之后，系统将不再进行进一步的更新。谈及这一决定时，人们经常会提到"被冻结在琥珀里"这个短语，这一举动看起来匪夷所思，而且事与愿违，以至阴谋论层出不穷。不管什么理由，这个综合系统正面临着它当初创建时所要克服的那种困境。

迈耶十分圆滑，他会尽可能地减少冲突，说自己与埃克斯纳的继承人进行了长时间的谈判，最终的决定是友好的——称其为"分裂"或"对抗阵营"是"不准确的"[2]。但实际上，分裂的情况依然没有改变。迈耶和其他主要研究者——埃克斯纳"罗夏墨迹研究委员会"的6个成员中的4个（迈耶、唐纳德·维廖内、若尼·米乌拉和菲利普·埃尔德伯格）以及一位名叫罗伯特·埃拉尔的法医心理学家——感觉自己别无选择，只能从原本的系统中分离开来，创建最新版本的罗夏测验，并于2011年首次发布：罗夏测验表现评估系统（Rorschach Performance Assessment System，简称R-PAS）[3]。

R-PAS本质上是对埃克斯纳现已冻结的系统的一次更新，它整合了新的研究，进行了大大小小无数次的其他调整，将罗夏测验带入21世纪。使用手册在持续编辑中，可以在线查阅。编码的缩写被简化，使整个系统更易于学习。由于现在的打印机更先进，测验结果会以图表形式打印出来——例如，分数沿着一条线进行标记，用绿色、黄色、红色或黑色进行颜色编码，具体颜色取决于偏离常模多少个标准差。和埃克斯纳的综合系统一样，这个系统是大家一致同意的结果，而不是任何一个人得出的。

为了解决迈耶论文中所讨论的反应过多或过少会影响其他结果的问题，他和同事们提出了一种新的测验实施方法。现在，被试会被直接告知："我们想要两个，也许三个答案。"如果被试只给出一个反应或是没有反应，这个事实将会被记录下来，但被试会得到多次提示："记住，我们需要两个，也许三个答案。"如果被试过于激动，在说出第四个答案后，会接受感谢并要求归还卡片。

这给了被试一种与过去相比十分不同的微妙体验：测验更像是一项

具体的任务，少了一些开放性和神秘感，与罗夏本人的墨迹测验更远了一步——罗夏将被试的开放式体验置于标准化之上，比如，他曾在 1921 年提出用秒表测量反应时间是"不可取的，因为这样做会改变被试的注意力，而且会失去无害性……绝对不能施加压力"[4]。现在，对测验的限制和对被试施加压力都是可以的，因为这样能获得更好的统计效度。

总之，测验实施者以一种更为坦率的方式进行测验。例如，被试被要求不要说出没有正确或错误答案[5]这种话，因为这并不完全正确，这样做可能会让人们想要对某些答案做出强调。对充满好奇心的被试来说，这本使用手册提的建议显然比埃克斯纳的版本更加友好（下文引用自该版本的第 4 页）：

如何从墨迹中得到有意义的东西？
——人们对世界的看法都会有些不同，这项工作让我们得以了解你是如何看待事物的。

"看到……"是什么意思？
——这是个好问题。如果你愿意的话，我们可以结束后再聊。

我为什么要这样做？
——这能帮助我们更好地了解你，这样我们就可以更好地帮助你。[6]

最后，是时候面对互联网时代的墨迹测验了。"独立育儿数据库和资源中心"（The Separated Parenting Access and Resource Center）是 20 世纪 90 年代后期成立的主要为离异父亲服务的组织，简称 SPARC[7]，该组织认为，罗夏测验不适用于监护权案件。他们似乎是最先把墨迹图发到网上的人——他们把墨迹图放在自己的网站首页，这样会员就能以"已经看过这些图片"为由拒绝接受墨迹测验。该网站甚至讨论了对每张卡片的具体回答，同时否认这些回答"对墨迹测验来说并不一定是'好'的回答……我们不建议任何人使用这些回答方式。我们的建议是，无论出于什么原因，都不要参加罗夏测验"。

SPARC 对罗夏测验支持者的道德谴责和瑞士出版商的法律投诉置之不理——后者称这些图片是受版权保护的，但实际上，该出版方的版权已经失效，"罗夏测验"这个术语在 1991 年就已经被注册为商标[8]（也就是说，将某物称作"罗夏测验"或"罗夏墨迹卡片"并出售，是违法行为）。2009 年罗夏测验出现在了维基百科上，这家瑞士出版商发了电子邮件，说"我们正在考虑对维基百科采取法律措施"，但没激起什么水花。《纽约时报》也在头版发问："维基百科没有建立罗夏测验备忘单吗？"[9]

墨迹图早已问世；埃克斯纳的书可以在图书馆借到，也可以购买；罗夏自己的书也一样；机动车驾驶管理处的视力检查表也可以在网上搜到（即便视力不佳，人们也可以通过记住字母顺序来获得驾照，但实际上这种情况很少发生）。但几十年来，心理学界一直试图保守墨迹图的秘密。如今，这场战役失败了。

R-PAS 手册采取了务实的方法："由于墨迹图出现在了维基百科和其他网站上，也出现在了衣服、杯子、盘子等家居用品上"[10]，测验实施者应该认清一点，"仅仅是之前接触过墨迹图并不影响评估结果"。研究表明，罗夏测验的结果"正变得相当稳定"。罗夏自己也曾不止一次地在同一个人身上使用同样的墨迹图。与其假装这些墨迹图仍是秘密，莫不如教测验实施者学会识别被试是否接受过"该说什么"的训练，以应对有意的"反应歪曲"。

在 2013 年的一项初步研究[11]中，研究人员向 25 人展示了罗夏墨迹的维基百科页面，并要求他们"假装好"——从而使测验的结果更积极。与对照组相比，伪装者总体给出的反应更少，更多的是标准的、受欢迎的反应，因此有几项得分平均来说更为正常。但这带来了危险的信号，对受欢迎的反应的数量的控制很大程度上消除了其他影响。因此，这项研究的结果只是初步的，需要进行更多的研究。

除了对综合系统进行相对表面的修订外，R-PAS 的合著者、研究委员会前成员若尼·米乌拉（于 2008 年与迈耶结婚）率先开启了一个艰巨的项目，研究埃克斯纳的所有变量以及现有的所有研究。正如伍德和其他人几十年前指出的那样，严格地说，很难确定一个包含多个指标的测验[12]是否有效，只能确定每个单独的指标是否有效。运动反应是否能够预测内向指数和自杀指数是否可以预测自杀企图是两个完全不同的问题——这两个问题都不能决定"罗夏测验是否有效"。由于大多数研究同时考虑了不同的分数，因此，把所有早期研究结合起来是一项令人眼花缭乱的、极为复杂的统计工作，对此，米乌拉和她的合著者花了 7 年的时间。

他们将 65 个埃克斯纳核心变量逐一分离出来，剔除了那些效度较低或没有实际证据证明有效性或者有效但冗余的变量——这些变量占总数的三分之一。这种审查比其他测验要严格得多，比如 MMPI。MMPI 本身有数百个不同的分数和尺度，而且从未经过严格的审查。经米乌拉综合分析的变量被 R-PAS 所接受；与罗夏测验系统历史上的其他人不同，R-PAS 的创建者们没有将自己新的、未经检验的变量加入进去。

2013 年，米乌拉的研究结果[13]发表在《心理学公报》(*Psychological Bulletin*) 上。《心理学公报》是心理学领域的顶级评论期刊，几十年来从未发表过有关罗夏测验的相关研究。米乌拉的研究在海量的其他文章、批评、观点和辩论中脱颖而出，将罗夏测验置于真正的科学基础之上。与伍德和其他主要批评者的生存斗争似乎就此结束[14]。批评者称[15]，米乌拉的研究是"对已发表文献的公正、可信的总结"，并且"鉴于文章中列出的令人信服的证据"，在临床和司法领域暂停使用罗夏测验的呼吁偃旗息鼓，而且有人建议，墨迹测验可以用于测量思维障碍和认知过程。罗夏测验获胜了；伍德的众多批评也都得到了回应，因此，从某种意义上说，批评家们也取得了胜利。

创建了一个更好的罗夏测验系统之后，R-PAS 的开创者们得让人们使用它。米乌拉的文章给出了一个基准线：在引入 R-PAS 之前不久，96% 的罗夏测验临床医生使用的是埃克斯纳系统。自此，R-PAS 取得了进展，但进展缓慢；就像埃克斯纳的系统最终战胜了克洛普弗和贝克的系统一样，R-PAS 最终可能也会占据上风，但目前还没有。现在，除了理论先锋之外的大多数心理学家似乎都仍坚持埃克斯纳的观点，他们中的许多人忙于进行实践，并不一定会遵从最新的研究，甚至从未听说过 R-PAS。法医心理学家在很大程度上还是坚持埃克斯纳的系统，不管是否应该这样做，因为已有执行了多年的判例；R-PAS 创立者中有三位已经为新系统提供了法律依据[16]，但似乎还没有深入到实践中去。

两种体系在概念上的差异可能相对较小，但具体而言，埃克斯纳综合系统出现之前那个时代的问题重现了。教授们必须选择教授哪一个系统，或者同时教授两个系统，其中一个花费时间较少。截至 2015 年，在提供罗夏测验课程的博士项目中，有超过 80% 的项目[17]教授埃克斯纳，略多于一半的项目教授 R-PAS。埃克斯纳仍然是学生们最愿意学习的；R-PAS 在一部分实习和临床环境中很受青睐，但并非全部。使用一种系统进行的研究在转入另一个系统时可能仍然有效，也可能无效。

R-PAS 的折中方案和之前的埃克斯纳系统一样，试图将测验缩小至可百分之百证明有效性的范围。这一做法将辩论的范围缩小到双方都能同意的程度，但也可能在其他层面上缩小了测试的范围。另一种方法是重新开放使用测验，不是进行全面而不科学的断言，而是通过将其与更全面的自我意识重新连接起来，让它回归更广阔的世界。重新设想测验可能被用来做什么，可以使之重新焕发活力。

居住在得克萨斯州奥斯汀市的斯蒂芬·芬恩博士看起来就像电影中典型的敏感心理医生形象：温和的面孔、白色的胡须、睁得大大的眼睛、真诚而柔和的声音。如今，评估最常用来给人贴标签，然后让其他人去进行治疗。年轻的心理测评师对芬恩的钦佩不亚于该领域的其他任何人，他们为自己的技能得以起到重要作用的前景而激动不已。通过芬恩的方法，年轻的心理学家不会不偏不倚地问："这个人的诊断结果是什么？"而是会问："你想了解你自己的什么？"或者更直接一点："我能帮上什么忙？"

20世纪90年代中期，芬恩制定了一套被称作合作式/治疗性评估（C/TA）[18]的实践方法。合作式评估是指以尊重、同情和好奇的态度进行测试——想要理解被试，而非主要以进行分类或诊断为目的。在这种前提下，被试通常被视为"来访者"，而不是"病人"；治疗性评估是指利用这个过程直接帮助病人，而非仅仅向法律或医疗系统的其他决策者提供信息。这两个方法都试图理解客户，并试图改变他们，与芬恩称之为"信息收集"的模型完全不同，后者旨在了解事实，以便用诊断、智商得分或其他一些已有的分类来给人贴标签。

世纪之交的某一天，一个男人走进芬恩的办公室[19]，想知道他为什么总是试图避免冲突和批评。芬恩要求他将这个抽象的"为什么"转化成一个明确的目标时，来访者解释道："我怎样才能适应别人的不满？"

他的罗夏测验分数表明，他倾向于避免或逃避情绪问题（Afr.= 0.16，C = 0），但芬恩并没有谈及分数。相反，芬恩复述了来访者对第八张卡片的反应之一，这张彩色卡片两边有粉红色的熊形图案："这两个生物正匆忙逃离一个糟糕的处境……看起来随时都有可能发生爆炸，它们拼命逃命。"

芬恩："你认同画面里那些生物的做法吗？"

来访者笑了。"我认同！那就是我整天忙着做的事情。我想继续这样下去我会死的。它们两个正在逃离的是一场严重的爆炸。"

"对你来说也是这样吗？"

"是的，但没那么糟糕。可我此前从未真正意识到那种要死的感觉。"

"是的，这似乎是你总想避免冲突的重要原因。"芬恩说。

"我也有同感。难怪这件事让我这么难受。"

治疗只进行几次就结束了。在最后一次会面中，芬恩回到最初的评估问题："那么，从目前我们讨论的内容来看，你认为有什么办法可以使你面对他人时更自在一些？"

该男子回答："我想我只是需要意识到，如果别人对我生气，我是不会死的……也许可以从那些对我来说不那么重要的人开始。这样就不会那么可怕了。"

几十年来关于罗夏测验有效性的争论在这里变得无关紧要——卡片Ⅷ上那些极度惊恐的生物令芬恩得以了解来访者的感受，以一种帮助对方了解自己的方式呈现出来。这是把布罗考自己动手做的罗夏墨迹衬衫带回到医生办公室，一位在标准罗夏测验评分方面经验丰富的治疗师能够找到的最能说明问题的答案——在这种情况下，通常被看作行动迟缓的动物为了生存拼命奔跑。

芬恩认为，一个好的治疗师既要从患者的角度出发，也要退后一步，对患者的问题采取更加客观的观点。不管治疗师是过度认同患者，让他们的破坏性或病理行为看起来正常，还是过度专注于异常行为的诊断，导致无法认识到异常行为在患者生活或所处文化中的重要性，无法进行有效干预，这两种失败都是有害的。芬恩认为，心理测验可以从这两个方面帮助治疗师："测验既可以用作移情放大器——让我们对来访者感同身受，也可以用作外部'把手'——将自己从来访者的思绪中拉出来，从外部的角度看问题。"[20]

在实践中，芬恩的方法是将测验结果作为理论来呈现，让来访者接受、拒绝或修改。每个人都是"关于自己的专家"，需要参与自己对任何测验的反应。治疗师会用非技术性的语言，以私人信件而非报告，或者以儿童寓言的形式分享结果。他们不会试图回答"某人是否患有抑郁症？"这样的问题，在评估目标和需要解决的现实问题上，他们会与客户达成一致，比如"为什么女人说我无法敞开胸怀？我想我只是比较自立而且有自制力，但她们对我的看法正确吗？"或者："为什么我对我妈妈那么生气？""我有什么特长吗？"

这种理念的好处在于，当测试结果与个人感觉的问题或目标相联系时，来访者将更有可能接受并从中受益。来访者"来做心理评估与做血液检查或照 X 光完全不同"[21]，芬恩写道，这是一项"人际交往活动"，评估结果取决于来访者和治疗师发展出来的关系。

不用说，这种"以来访者为中心"的模式通常不会在法庭上使用，也不会在其他需要对来访者进行外部观察的环境中使用。但是，随着越来越多的对照研究[22]表明了 C/TA 的有效性——这种简短的评估实际上可以促进治疗，甚至能促成人们产生一个改变人生的自我认识，有时比传统的长期治疗更加有效——自此，保险公司开始为 C/TA 买单。2010 年对 17 项具体研究的综合分析[23]表明，芬恩的方法"对治疗有积极的临床意义",而且"对评估实践、培训和政策制定有重要意义"(有人也针对这篇文章发表了怀疑性的文章——三位研究者共同执笔了《罗夏测验有什么问题?》)。

有时,仅仅是做测验的过程就能起到治疗的作用。有一位四十多岁的成就卓著的女性[24]来参加评估,她一生都在努力工作,但几年前,她在一份要求很高的工作中筋疲力尽,一直没有恢复过来。在罗夏测验中,她努力对所有卡片做出完整回答,针对她的努力,评估小组与她进行了讨论,她也同意自己总是避免"走捷径"。评估小组向她保证,她关于"部分"的回答"还不错",并让她回顾了几张卡片,看看这样回答是什么感觉。在试探性地给出了一些细节反应,并得到评估人员的一再肯定后,她终于叹了口气,看上去轻松了很多,说:"这就容易多了。"针对她如何夸大别人对她的期望以及这种生活方式是如何在她童年时产生的,他们进行了长时间的讨论。

显然,这种对测验的不规范使用使得那些细节反应呈现出科学层面的无效性,却帮助这位女性以一种新的方式看待事物。这是否意味着测验"有效"呢?她最初的测验是以科学的方式进行的,测验结果中,W反应很多,D反应很少,这实际上给了芬恩关于她的有效信息,促成了有效的治疗干预——然而,接下来呢?

测验的目的是发现一些东西;所谓的治疗,也需要相应做一些事情:这是埃克斯纳、伍德和R-PAS创建者共同的观点。如果一项测验的分数给出了关于一个人的有效、可靠的信息,这项测验就是有意义的。测验结果可能是对的,也可能是错的,但正如赫尔曼·罗夏所说,他的发明是一项实验,是一种探索,而非测试。参加测验的目的就是为了做些什么。用芬恩的话来说:"即便外部专业人士没有因评估结果进行决策或是影响他们与来访者的互动,我们也不会认为自己的工作徒劳无功。如果来访者因评估结果深受触动并做出改变，并且能够随着时间的推移保持这种改变，我们会认为，这样的评估非常值得我们花费时间和努力。"[25]

多年来，芬恩用他的方法训练了数千名心理学家，在人格评估的学术会议上，C/TA 被认为是这一代人对墨迹测验最重要的发展。当然，其根源可以追溯到很久以前[26]——20 世纪 70 年代康斯坦斯·费舍尔（Constance Fischer）首创的"协作心理评估"；1956 年莫莉·哈罗尔描述的"投射心理咨询"，即人们与测验实施者讨论自己的罗夏测验反应，以"解决他们的一些问题"。罗夏本人以及格雷蒂、布里牧师等许多人也是用这种方式使用墨迹的。C/TA 既是最新的，也是原创的。

作为一种有助于提高洞察力的开放式方法，治疗性评估似乎与 R-PAS 创建者改进和验证科学测验的努力形成了某种平行宇宙。然而事实上，R-PAS 和芬恩的 C/TA 以相似的方法重新定义了罗夏测验的本质。

投射的概念渐行渐远，更不用说 X 光了。正如芬恩关注测验中的"人际交往活动"，R-PAS 把测验当作测验实施者要执行的一项任务。正如 R-PAS 手册中所述："罗夏测验的核心是一项行为任务，允许人们以广泛的行动自由去表现他们的个性特征和事件处理方式……""罗夏测验的分数能够识别人格特征，是对人们有意识地认识到并愿意呈现出来的特征的一种补充。因此，罗夏测验能评估到被测者本人可能无法认识到的内隐特征。"[27] 接受罗夏测验意味着展示自己的一切，要在压力下解决问题，而且是非弗洛伊德式的。人们的行为并非他们心理的"投射"，只是作为我们共同的客观世界中所存在的行为。对于被试而言，这些测验与测验之外的生活之间联系并不明显。事实上，我们不太确定自己被要求做的是什么，也不确定究竟是什么使得测验有效。

迈耶和芬恩对人际关系表现的重视又回到了早期罗夏哲学家欧内斯

特·沙赫特尔的观点，尽管他们很少引用。R-PAS和协作评估都以不同的方式重申了沙赫特尔的观点："罗夏测验的成绩和被试在罗夏测验情境中的经历是一种人际关系表现和人际关系体验。"[28] 正如沙赫特尔在其他地方所说的，"与墨迹的世界相遇"[29] 是生活的一部分。对于测验实施者来说，对墨迹做出反应的行为可以被人为地与这个人的生活背景剥离开来，但它并不真正存在。

C/TA被用于帮助那些其他疗法无法触及的人[30]——那些已经熟悉传统心理疗法的语言和世界观且受过教育的白人、上层或中产阶级来访者以外的人——的时候，这一点尤为明显。位于加利福尼亚州奥克兰的西海岸儿童诊所为数千名易受伤害和经常受虐待的儿童提供服务，其中有许多儿童与养父母生活在一起，大多数家庭由于没有经济或交通资源，不能使用许多服务。这家诊所成立的初衷，是将这些孩子放在他们通常所处的极端环境中去看待，而非简单地用标准化方法（比如"行为问题"）去进行分类。从一开始，诊所就试图采取灵活和尊重的方式；2008年开始，诊所尤其重视芬恩的C/TA的应用。

11岁的非洲裔美国女孩兰妮斯[31]不再与患有轻中度智力障碍的母亲一起生活，而是和姑姑葆拉以及葆拉已经成年的女儿同住。兰妮斯在学校和家里有失当行为：有一次，她把指甲油倒进表姐的饮料里，然后静静地坐着，等着看她喝下去会发生什么。葆拉倾向于把兰妮斯在家里出现的问题最小化，而把注意力放在兰妮斯在学校里日益增多的问题上。兰妮斯上三年级时，老师敦促葆拉为她申请一次评估，但最终学校对兰妮斯进行测验时，已是葆拉提出申请的一年半以后——他们认定她不符合获得服务的条件，即便她的阅读能力只有幼儿园水平。葆拉带她到西海岸儿童诊所寻求帮助。

与葆拉和兰妮斯的母亲合作完成的评估问题包括："兰妮斯真的没有

学习障碍吗？""她为什么总是这么愤怒？"突破点的出现是由于 C/TA 鼓励看护者观察孩子的测验过程，以帮助他们更好地理解孩子是如何行动的。在第一次会面中，大部分时间里兰妮斯都被允许放任的行为，建立融洽关系后，第二天，她接受了罗夏测验以及其他测验。这一次，当她在座位上扭来扭去，趴在桌子上，或是像转动篮球一样转动手指上的罗夏测验卡片时，测验者设定了比以前更加严格的限制。葆拉通过视频直播观看了这一切。

经过了一天的测验后，兰妮斯直接去课外活动，在那里，她的行为似乎比以往更加糟糕：愤怒地拉开老师，拒绝听从指令。葆拉去接兰妮斯时被告知她行为失当，有被开除的可能，葆拉感到措手不及——那天下午早些时候，明明一切都很好。

第三天，葆拉和兰妮斯的母亲前来观看最后一次会面时，葆拉大发脾气，她把兰妮斯的行为归咎于治疗师，坚持认为是他们允许兰妮斯行为放任，破坏了兰妮斯在公共场合的表现意识。接下来，治疗师需要讨论的就不仅是兰妮斯的问题了，还有葆拉的期望和愤怒。治疗师们说，他们会尽力帮助葆拉，并与课后老师进行沟通，解释情况；他们"承认，前一天的会面相当紧张，所以我们会为兰妮斯从测验阶段过渡到学校制定更多计划"。

那天会面结束时，葆拉认清，兰妮斯的行为很大程度上是因为感到不知所措，而且葆拉的期望加重了她的问题。行为失当是一种交流方式；兰妮斯不知道该如何用语言表达自己的感受，包括对母亲感到羞愧以及因被抛弃而产生的愤怒，但是这些感受在评估中表现出来了，葆拉在现场视频中看到了，也开始理解了。

在随后的一个共同讲故事的任务中，兰妮斯必须和姑妈、母亲一起编一个故事，这个家庭"开始倾听、容忍并认识到兰妮斯的愤怒和沮丧"。

这种治疗方式将评估过程扩展到兰妮斯的家庭和社区——为了帮助兰妮斯，治疗师需要理解她的母亲，帮助她的姑妈，重新考虑她们自己的处理方法，并与学校的决策者进行交谈。对兰妮斯心理的洞察，意味着深入了解她更广阔的生活背景。

在 R-PAS 框架中，罗夏测验是一个操作性的挑战，因为它十分神秘。墨迹图和解释墨迹图的任务很不常见，而且令人迷惑，迫使人们在无法贯彻自我表现策略或"印象管理"的情况下做出反应。作为一种协作疗法，罗夏测验之所以有效，是因为人们在墨迹图中看到的事物并不是神秘的：爆炸或尖叫的蝙蝠都是具体的、生动的，随时可以与治疗师分享并进行有意义的讨论。

从这两个角度来看，罗夏测验超越了客观和主观的二分法。这项测验不仅仅是一组图片，不仅仅是我们在卡片里找到或臆想中的一只狼，而是一个在充满期望和要求的混乱环境中应对复杂局面的过程。

芬恩和迈耶的发现让我们看到，将测验作为一项要执行的任务或作为来访者和治疗师联系起来的一种可行方法，可能比所谓的客观性或纯粹的主观投射更能捕捉到测试的复杂性。这就是迈耶提议废除"客观""投射"等旧标签[32]，而将这项测验称为"自我报告测验"和"基于表现的测验"的原因。这两种测验都能得到真实的信息，而且都是主观的，但在第一种测验中，你会说出你是谁；在第二种测验中，你会将自己是谁表现出来。

以这种方式界定差异是很微妙的，目的是强调罗夏测验所能提供的东西。毕竟，在怀疑论者看来[33]，"在罗夏测验与传记信息和 MMPI 结果相冲突的情况下仍严重依赖于它"，简直是"把最薄弱的信息来源放在第一位"，这样做"落后于时代 40 年，与科学依据并不同步"。迈耶和芬恩[34]

都广泛研究了罗夏测验与MMPI结果之间的关系，认为两种测验都是有效的，但工作原理不同。结果之间的冲突传达了有意义的信息，但不是拒绝任何一种方法的理由。

MMPI是高度结构化的、非交互式的，通过填充气泡纸或按按钮的方式在教室里进行。其真正的/虚假的答案反映了一个人有意识的自我形象和有意识或无意识的应对机制。在芬恩看来，如果一个人的行为还算正常——可能会去做心理咨询，或者有人际关系问题，但没有出现严重的心理危机——他很可能会在这些结构化任务中做得很好。但罗夏测验能揭示出他潜在的问题、情感上的挣扎或行为上的"疯狂"倾向，这些本来只会在私下里或亲密关系中呈现出来，与墨迹测验一样，是非结构化、交互式、情绪化的。这些困难无法被意识到，也就无法在MMPI中表现出来——然而他起初去寻求心理健康服务，可能是因为他的生活中存在着与其自我形象不符的问题。罗夏测验发现了其他测验没能发现的东西，可能会有"过度诊断"的倾向，也可能触及了我们通常能够自行掌控、不表露出来的实质问题。

芬恩发现了相反的情况，即如果一个人的罗夏测验结果正常，MMPI结果不正常，这似乎是不常见的情形。这样的结果通常意味着两种可能性：要么被试在假装，可能是为了申请伤残津贴，释放"求助"信号，有意识地在MMPI上进行夸大，却不知道该如何夸大罗夏测验的结果；要么是罗夏测验这种在情感上更具挑战性、压迫性的任务会让被试"封闭"自己，产生乏味且不起眼的测验结果，其中的反应很少，也很简单。在第一种情况下，罗夏测验是"正确的"；在第二种情况下，MMPI更准确。

从这个角度来看，MMPI的自我报告方式既是其优势，也是劣势。这样的测验可以显示你是如何表现自己的。而罗夏测验的优势和劣势在于它避开了这些有意识的意图。你可以控制你想说什么,但你不能控制你想看到的。

第二十三章

——

展望未来

今天，罗夏测验作为一种诊断工具和治疗方法，其科学基础比以往任何时候都更加坚实，但使用频率却越来越低。在美国，墨迹测验的使用次数已经从20世纪60年代估算的每年100万次的峰值，下降到现在的不到十分之一，也许只有二十分之一。在MMPI出现之前，罗夏测验几十年来一直是美国最常用的人格测验，80年代稍显衰退，屈居第二。如今，一切都不在了。

几十年来，心理学家克里斯·彼得罗夫斯基（Chris Piotrowski）[1]一直在追踪罗夏测验的使用情况。据他2015年估计，在心理测评师使用的人格测验中，罗夏测验排名第九，或许更低。它落后于几个自我报告式测验（MMPI；米隆临床多轴问卷，简称MCMI；人格评定量表）、简短的量表（如症状自评量表，贝克焦虑自评量表以及贝克抑郁自评量表）、针对特定精神病学诊断的结构化访谈脚本以及更高效的投射方法（比如画人测验和句子完成测验）。有证据表明，罗夏测验使用次数的逐渐减少并非《罗夏测验有什么问题？》的发表导致的，但是目前还没有研究确切地揭示出这种转变发生的时间和原因，以及2011年R-PAS的引入和2013年米乌拉的文章是否加速、减缓或逆转了这一趋势。

伍德的书似乎是造成这种衰落的一个看似合理的原因，但也很难衡量其真正的影响。大多数心理学家和评估者会继续他们已经在做的事情。那些不喜欢罗夏测验的人乐于见得这种趋势；相反，那些知道并使用过墨迹测验的人大部分都对这本书不屑一顾，或利用其批评来推动有限但真实的改进。也不可能将伍德从更广泛的动态领域中分离出来。在弗洛伊德之后，罗夏测验已经成为人们不喜欢的关于心理治疗的一切的象征[2]：太多无法证实的推论，太多偏见的空间，这一切让它不足以被称为科学。许多罗夏测验的批评者也是弗洛伊德的批评者[3]，反对的理由也一样。因此，尽管大多数相同的问题也会影响其他类型的测试，但罗夏测验的研究人员（而非评估心理学家）不得不为自己所做的事情辩护。许多人选择了其他斗争方式。

至少在大众媒体中[4]，怀疑论占据了主导地位。每当《科学美国人》和《石板》提及实际的罗夏测验并引述某位专家的话时，这位专家几乎总是《罗夏测验有什么问题？》的合著者之一，总是会说这项测验在科学界已经被揭穿了，但仍在使用。这些批评都是21世纪初针对埃克斯纳系统提出的，没有人提及此后的任何进展。

相比使用该测验的频率，传授该测验的频率的相关信息更为混杂。无论是因为怀疑论，还是由于该领域的转变，比如专业化程度的提高，经过认证的研究生院和实习机构已经减少了对项目或"基于绩效"的技术的重视。在2011年的一项临床心理学项目调查[5]中，罗夏测验没有进入十大最受关注的测验之列；彼得罗夫斯基称这种下降[6]是"急剧的"，并得出结论，说罗夏测验很快将"在美国临床心理学培训中不复存在"。后来则有一项研究表明，彼得罗夫斯基的这一预测过于粗陋：尽管罗夏测验课程覆盖率[7]从1997年的81%下降到2011年的42%，但在2015年，这一比例反弹至61%。几乎所有"针对从业者"[8]的课程（而非"以研究为核心"

的课程）都继续教授罗夏测验，尽管这样的培训在研究生院的整体比例有所下降。

其次是罗夏测验的教学质量。美国心理学家协会要求临床心理学家具备进行心理评估的能力[9]，但没有说明这是什么意思：学生上完5个学期的有关人格评估的课程，现在可能还要上一个学期的人格理论课程，还有如何在测验情境中建立融洽关系以及各种特定测验。2015年，整个罗夏测验（包括其发展历史、理论以及实践，埃克斯纳或R-PAS或两者兼而有之）可能会有2次3小时的教学安排[10]。

欧根·布洛伊勒致力于将弗洛伊德昂贵的治疗方法带给最需要它的人们——穷人、住院病人和精神病患者。罗夏也渴望创造一种对每个人都适用的方法。然而，更广泛的不平等和专业化力量似乎与这一愿景背道而驰。大体来说，评估和心理治疗变得越来越像自费咨询或辅导：试探性，即兴的，而且不再强调定性诊断。试图全面了解一个人的评估精神似乎并不适合我们今天仍在使用的管理式医疗保健系统。也许技术统治论小的罗夏测验根本就无法在市场上进行竞争，而更具探索性的罗夏测验将走弗洛伊德精神分析和其他开放式客户服务的道路，这对于那些负担得起的人来说是一种享受。只要人们想要更多地了解自己，这种方法就可能持续下去。

"即使是对我这样的支持者来说"[11]，活跃在评估领域的年轻心理学家克里斯·霍普伍德（Chris Hopwood）说，罗夏测验"有点像黑胶唱片，只有一个人真的想要听优质的音乐时，才会用到"。如果说罗夏测验只是一系列评估中的一个虽细致但效率低下的测验，那故事也就到此为止了。

我们不应该夸大罗夏测验在临床心理学上的衰落：R-PAS逐渐普及，

一年里近一百万次的使用量仍然不少。墨迹图在全世界被用作测验，有时用作诊断，有时能加深治疗师对来访者的理解。若一个女人[12]因进食障碍向心理医生求助，而且在罗夏测验中自杀指数得分很高，她的心理医生可能会以不同的方式跟她说话："你有很多方式让自己的世界井井有条，许多自杀的人也一样。我们能谈谈这个吗？"

对心理学家或非专业人员来说，这样的例子似乎有些靠不住，他们认为，罗夏测验能在每个人身上都找到些疯狂的东西。但这项测验也被用来检测心理健康状况。最近，一名有暴力倾向的男子正在刑事司法系统的一个州立精神病院接受治疗，该精神病院收容因精神失常或因不能接受审判而被宣布无罪的人（为了保密，这个案例的描述必须模糊化）。治疗似乎奏效了——该男子的精神病症状消失了；从表面上看，他不再对自己或他人构成危险——但他的医生团队存在分歧，有人认为他真的好转了，有的认为他是为了出院假装健康。于是，他们给他做了罗夏测验，结果没有发现任何思维障碍的迹象。作为此类问题可靠且灵敏的指标，这项测验得到了医生们的信任，最后，该男子被允许出院了。

罗夏测验也被继续用于研究之中。阿尔茨海默病和其他年龄、精神疾病造成的影响通常很难区分——墨迹能把它们区分开吗？在2015年的一次会议上，一位芬兰科学家[13]介绍了他对巴黎老年医学中心60名年龄在51到93岁之间（平均年龄79岁）的患者进行的罗夏测验分析。其中，20名患者患有轻度或中度阿尔茨海默病，40名患者患有一些其他情绪障碍、焦虑症、精神病和神经系统问题。测验发现了两个群体之间的许多共同点，但也有一些不同特征。6个罗夏测验得分显示，阿尔茨海默病患者的心理应变能力更差，认知能力、创造力、同理心和解决问题的能力也较差；他们会歪曲信息，不能把观念和认知整合在一起。最有趣的是，尽管阿尔茨海默病患者在加工复杂刺激和情绪刺激方面付出了正常的努力，但他们给出的人体反应（一种仍被普遍认为是对他人感兴趣的表现）较少。阿尔茨海默病患者比他们的同龄人更加远离社会环境。这是阿尔茨海默病研究中的新发现，对其治疗和护理具有重要意义。

在临床心理学之外，关于墨迹如何被感知的数据太多了，这一事实使得墨迹在一系列应用程序中变得非常有用。2008年，日本的一个神经科学研究小组想要研究"当人们以独创性的方法看事物时会发生什么"，他们需要一个公认的、标准化的标准来判断一个人所看到的事物是普遍的、罕见的还是独特的。因此，他们将"先前研究中使用过的10个模棱两可的图形"[14]投射到一个装有声音扫描仪的核磁共振成像管中，当被试对墨迹做出典型或非典型反应时，实时追踪他们的大脑活动。

研究表明，以普遍的方式看实物会使用更多本能的、预知的大脑区域，而创新的视觉则需要更具创造性地使用大脑其他部分，将感知和情绪结合起来。正如日本科学家所指出的，罗夏测验的实践者们早就明确指出，独创性的反应"是因情绪或个人心理冲突对认知活动的干扰而产生的……"磁共振成像研究证实了罗夏测验，墨迹也使得磁共振成像实验成为可能。

这项研究的另一个结论是，那些不能很好地看到形状的人杏仁核较大，这标志着大脑中处理情绪的区域被激活的频率更高。"这表明情绪的激活能极大影响一个人扭曲现实的程度"[15]，正如一个世纪前罗夏提出的，颜色和较差的形状反映（F-）之间存在的关联。

最近，其他关于知觉的研究也使用了新技术，来研究测验过程本身。典型的被试平均每张卡片给出2个或3个反应，但如果是被提问，他们可以给出9个或10个反应。底特律大学的一个心理学研究团队在2012年提出，人们一定是在过滤或审查自己的反应。也许绕开这种审查规则会让测验更能揭示真相。如果人们对一张图片有无意识的反应，或者至少是"相对更难审查"的反应就好了——有一点，那就是我们说话前扫描墨迹时的眼部运动[16]。

因此，基于1948年罗夏测验的眼动研究，有研究者在13名学生身上安装了头戴式眼动追踪器，向他们展示墨迹并询问："这可能是什么？"然后让学生把每个墨迹再看一遍，问："这还可能是什么？"他们量化并分析了每一名被试停下来注视图片的某个地方的次数、注视的时间、眼球离开整个图片开始环顾四周的时间以及他们的目光跳动了多远。研究者们也得出了大致的结论，比如在第二次观看的时候，目光停留的时间更长，因为重新解释图片是在"试图获得更为复杂和困难的信息"。这是在关注我们如何看，而非我们说了些什么。眼动永远不会像我们在墨迹中看到的那样揭示很多有关大脑的信息，但研究者正在探究我们如何看事物，以及这到底能揭示些什么——这也是罗夏最初对测试的看法，一种理解知觉的方式。

罗夏去世前没有回答一个最基本的问题：这10张卡片最初是如何产生如此丰富的反应的。心理学的主流趋势，从贝克到内容分析师，再到埃克斯纳和他的批评者，都把这个基础问题抛在了一边。经验主义者将它当

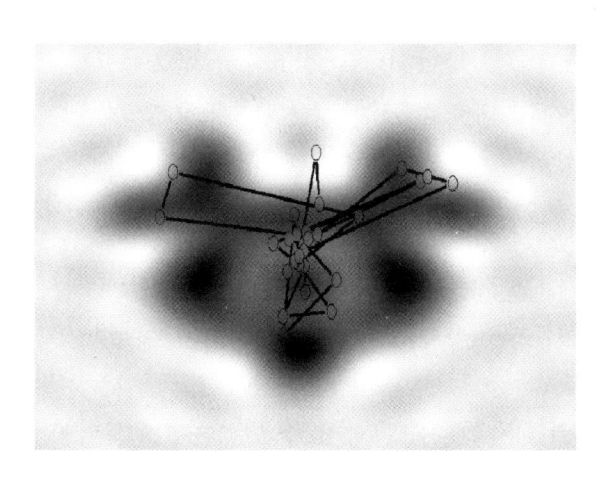

不是你看到了什么，而是你怎么看：当你看着卡片Ⅰ时的眼球运动。研究人员呈现的墨迹是模糊的，这样就不会显示出真实的图像。线条是扫描路径，圆圈是暂停或固定；这个被试最关注的是墨迹的中心部分

作一个会引发反应的测验,他们花费数十年时间进行调整,想将这些反应制成表格。对罗夏自己以及后来的几个人来说,墨迹测验则引发了更深层次的思考。欧内斯特·沙赫特尔认为,测验结果不是人们所说的话,而是人们看待事物的方式。"必须强调的是,这是一个关于人如何感知和吸收事物的测试。"[17] 罗夏在 1921 年这样写道。

今天,我们对科学和感知心理学的了解比以往任何时候都多。随着罗夏测验摆脱了临床心理学文化战争的冲击,也许我们终于可以将墨迹整合成一个成熟的感知理论,或者至少勾勒出使墨迹具有力量的视觉的本质。正如罗夏所希望的那样。

仔细看这张图片[18]。将会有一个小测验。

想象一下,你有足够的时间来研究这张图片,然后它被拿走,你则被带到了一间暗室。现在,想象两个不同的情境:在第一个情境中,你必须闭着眼睛回答关于这张图片的一个简单的知觉问题——这棵树的宽度是否大于它的高度?在另一个情境中,你必须回答同样的问题,但你的眼睛得睁开,这张图片也在屏幕上模糊地显示,被问及这个问题的时候你可以看着它。

测验实施者使用各种图片和类似的问题对 20 个人实施了这项测验。

每个情境都会测量被试的大脑活动——那间暗室是一台核磁共振扫描仪。结果表明，这两种情境的大脑活动有92%是重叠的，这表明当你看到某个事物时，你的所有大脑活动几乎与你想象的时候的大脑活动是相同的——或者至少在大脑的同一区域。实际上，视网膜是否接收光线造成的影响只占整个过程的8%。知觉主要是一个心理过程，而非生理过程。

当你看某个事物的时候，会把注意力集中在某一部分而忽略其他部分。当你看到手中的书或棒球朝你飞过来，你会选择忽略眼前的所有其他信息，比如桌子的颜色、天空中的云朵。你会不停地重复检验那些与你认识、记忆的事物和思想相抵触的东西。信息和指令沿着神经从眼睛传导到大脑，也从大脑传至眼睛。在另一项研究中，树形可视化研究的合作者、当今视知觉研究领军人物之一斯蒂芬·科斯林[19]监测了这种在视觉行为中"上行"和"下行"的双通道神经活动，发现两者的比例为50∶50。即行为和反应一样多，付出和接收一样多。

即使是看起来绝对简单的视觉任务，也绝不仅仅是被动的或机械的。我们的眼睛可能会注意到波长，但一块木炭无论是放在袋子底部还是在夏天的阳光下炙烤，看起来都一样黑——虽然它反射的光是不同的，但我们把它看作黑色，因为在我们的认知中这就是黑色。同样，一张白纸，不管房间里的光线如何，它看起来都是白色的。画家必须抛弃这种看东西的方式，这样他们才能用不同颜色去画"黑色"或"白色"的东西。正如日本设计师原研哉[20]在一本名为《白》的书中所写的那样："就像打碎的鸡蛋里蛋黄浓郁的金黄色，或者茶杯里溢出的茶的颜色，这些都不仅仅是颜色；人们通过其物质本质上所固有的属性，诸如质地和味道，在更深层次上感知它们……在这一点上，我们不仅仅是通过视觉来感知颜色，也是通过我们所有感官来进行理解。"换句话说，世界上最大的样本书中最完美的蛋黄样本并非凝聚在半熟的蛋壳里，也不是在平底锅里逐渐变硬的透明层上泛着油光、混着开始升温的橄榄油气味的东西，这不可能是我们实际看到的蛋黄色。颜色与唤醒人记忆和欲望的有颜色的事物有关。没有客观的颜色系统——潘通色卡、色环、"每一种"颜色的像素网格——可以真正代表任何颜色。甚至，"看到一种颜色"也是一种自我的行为，而不仅仅是眼睛的行为。

罗夏在《心理诊断法》中的观点与此相同，他引用了他的老师欧根·布洛伊勒的话："知觉有三个过程：感觉、记忆和联想。"[21] 正如罗夏所认识到的那样，布洛伊勒的"联想主义"理论在许多方面都是不充分的，但基本的事实仍然说得通：视觉综合了（1）在视觉上记录物体；（2）识别客体，即通过将其与已知事物进行比较，将客体确定为某物；（3）将我们看到的融入我们对这些事物的态度和我们的世界观。这不是三个步骤序列，而是同一行为不可分割的三个部分。你并非先看到树木、面孔或广告，然后对其进行加工，再做出反应——这一切是同时发生的。

这意味着我们可以冲动地、迷糊地、迟疑地[22]去看，而不是先去看，再冲动地、迷糊地、迟疑地去做。心理学家能观察到你焦虑的目光，而不仅仅是你焦躁得坐立不安的表现，或焦急地讲话。这就是为什么我们有理由将观看一幅墨迹图的行为看作一种"表现"。感知是发生在内心世界的，是私密且难以接近的，测验中的"表现"是在观看行为之后发生的——这一点似乎显而易见，但罗夏的观点与此相反。

正如他在1921年面对瑞士的学校老师的讲座中所说：

> 我们看一幅风景画时，会有一系列的感觉，这些感觉会触发我们的联想过程。这些过程则会唤起记忆中的图像，让我们去理解这幅画作，既作为图像，也作为风景。
>
> 如果这是一幅我们了解的风景画，我们会说：我们认得这幅画。

如果我们不了解这幅风景，我们可以把它解释为（或不能够解释为）沼泽、湖岸、侏罗山谷等。识别、解释、确认——所有这些知觉的不同之处仅仅在于它们所涉及的次级联想工作的数量。[23]

换言之，每一种知觉都结合了"传入的感觉和这些感觉在我们体内唤起的记忆痕迹"，但在日常生活中，这种"内在匹配"是自动发生的，而且不会被注意到。罗夏向观众说明，"解释"仅仅是一种需要努力的知觉，"当匹配发生时，我们注意到并感知到它"。我们觉得自己正在拼凑有关未知风景的线索，然后得出一个或多或少有点主观的答案。墨迹只不过是把不熟悉的风景发挥到极致的情况而已。但即便如此，对墨迹的解释也不是在知觉之后发生的。你不是在解释你已经看到的事物，而是在看的同时进行解释。

知觉不仅是一个心理过程，也是（几乎总是）一个文化过程。我们通过我们个人和文化的"透镜"，根据特定文化所塑造的一生的习惯进行观察。对于一种文化的成员来说，另一种文化中人迹罕至的荒野间充满了详细而有意义的信息，还有具体的植物和动物；有些人会注意到朋友的发型，其他人则不会注意到；观察者的眼中不只有美好的事物。罗夏测验的一个巨大的优势在于，它在很大程度上避开了这些透镜——正如曼弗雷德·布洛伊勒所说，它为我们揭开了"传统的面纱"。

欧内斯特·沙赫特尔于半个多世纪前指出[24]，当我们被要求说出墨迹可能是什么时，任何情况下，我们都不可能合理预期某些事物（而非其他事物——昏暗的客厅，雾蒙蒙的道路，水族馆）会出现在我们的视野中。因此，解释一个墨迹图，需要比我们通常所承担的更多的主动、有组织的知觉；我们被迫通过更广泛的经验和想象力挖掘关于墨迹图的想法。墨迹中的狼并非一种威胁，不同于黑夜中真实存在的狼，所以我们是否找到了狼并不重要。神志正常的被试知道,墨迹与我们生活中遇到的任何东西都不同,它根本不是"真实的"东西,只不过是一张印刷出来的卡片而已。风险也很低——我们所看到的不会立即应验。我们的想象力可以自由地去放松和漫游,只要我们愿意给它足够的空间。

这有助于解释为什么罗夏在测验中提出的问题如此关键。如果有人问我们"这让你感觉如何",或者"给我描述一下这个场景",这项任务并不是在检测我们的知觉。在主题统觉测验中有一个拿着小提琴的小男孩的图片,无论我们怎样描述,这张图片看起来都应该是一个拿着小提琴的男孩。但我们可以通过墨迹进行自由联想,深入思想和感情,但为了达到这个目的,这些图看起来比云彩、污迹、地毯或其他任何东西都好不了多少;罗夏本人认为,墨迹并不是特别适合做自由联想。但是,被人问"你看到了什么?"或"这可能是什么?"[25],能够揭示我们应对这个世界的最基本的层面——这个过程需要我们整个的人格和经验的参与。

在没有任何线索或参考的情况下自由地去感知,不须拘泥于严格的传统约束,可能是一种充满力量的体验。布罗考医生可能对此有所了解,所以他穿着迷彩衬衫向公交车乘客提供了这种体验。致幻剂[26]不会像人们预期的那样,刺激或过度刺激大脑的视觉部分;相反,它们会抑制或关闭大脑功能的"管理层":大脑中隔离其他一切的部分——例如,将视觉中枢与情绪中枢隔离开来。在类似药物的作用下,你的知觉不受管理、筛选和指导方针(所谓的"传统的面纱")的约束。威廉·布莱克的这句话因奥尔德斯·赫胥黎和吉姆·莫里森的引用而出名——"知觉之门被净化"(The doors of perception are cleansed)——正如戈特弗里德·凯勒诗歌中罗夏最喜欢的那句话提及的"窗户",世界的丰盈就从这里涌入。很显然,观看罗夏墨迹图并不像服用致幻剂那么有效,但两者的作用方式是相似的。

知觉不仅仅是视觉层面的:"这可能是什么?"和"你看到了什么?"

并非完全相同的问题。但是，罗夏测验之所以是墨迹图测验，而不是音频测验、落羽杉膝测验或嗅觉测验，不仅仅是因为个人偏好或技术限制。视觉与触觉、味觉不同，是一种可以远距离操作的官能；与听觉和嗅觉也不同，是一种可以专注和定向的官能。我们会注意到特定的声音、气味，或试图忽略它们，但我们耳朵不能"眨"，鼻子不能"瞄准"——眼睛则活跃得多，能进行更多的控制。视觉是最好的知觉工具，是我们与世界互动的最重要的方式。

在弗洛伊德主义的全盛时期，人们认为无意识是最重要的，投射无意识的方法可以揭示真实的人格。人们对于罗夏测验在现实生活中的应用感到如此愤怒的部分原因是，人们仍普遍认为，罗夏测验是产生"投射"的一种方式——"摇晃婴儿"案例中的父亲就对"被要求看抽象艺术"感到愤怒。不过，视觉测验的作用要大得多，它能解释一个人对现实的把控，认知功能，情绪的敏感性，展示一个人如何完成一项任务，并且给了他一个与治疗师产生联系并获得治愈的机会。正如罗夏在写给托尔斯泰的信中所说，与其他观看行为一样，接受罗夏测验是塑造、思考和情感的结合的一种行为。

情感尤其重要。一系列研究表明，有效的心理治疗必须是情绪层面的，仅仅用理智的语言交流是不够的。2007年的一项综合分析[27]显示，那些特别关注情感，会做出诸如"我注意到当我们谈及你们的关系时你的声音变了一点，我想知道你现在的感受"的评论的治疗师，会比那些没有关注情感的治疗师取得更好的治疗效果。事实证明，相比治疗师和病人之间的融洽关系，这种对情感的关注具有更大的积极影响。

斯蒂芬·芬恩认为，视觉测验会在整个过程中建立情感关注点。"基本上，我建议罗夏测验这样的测验更多地利用能反映大脑右半球功能的材料，因为这些测验具有视觉上的、刺激情绪的属性和情绪唤醒方面的施测程序。其他测验，比如 MMPI，利用更多的则是大脑左半球功能，因为它们是语言测验形式和非情感唤醒的施测程序（我不想过于简化——很明显，两种类型的测验都在某种程度上利用了两个半球）。"[28] 罗夏测验中的反应——比如熊、爆炸——不仅仅是容易谈论的，病人仅仅被要求看一眼，治疗师就可以衡量出"其他评估程序没有能够很好地捕捉考察到的情感和人际功能方面的情况"。测试的关键隐喻是视觉——芬恩的这个说法是有道理的：罗夏测验是一个"移情放大镜"，而非移情扩音器。视觉任务可以创造情感纽带，有助于康复。

在一次对一个 8 岁的问题女孩[29]的合作式 / 治疗性评估中，母亲告诉心理学家，罗夏测验让她对孩子有了新的认识，这是评估中最有帮助的部分，"因为这证明了女儿并不是彻头彻尾地在演戏，事实上，她看待事物的方式是真的与世界上的其他人不同"。后续的治疗过程显示，他们的家庭发生了真正的改变，母亲和女儿都报告说，家庭冲突和女儿的病症减少了，父母双方都表示对女儿"更有耐心，更有同理心和同情心，而且充满希望"，而且"沮丧感变少了，想要放弃的情况减少了，束手无策的情况也少了"。用自己的眼睛去看，比听女儿说话更能拉近与女儿的距离。

除了情感力量，视觉在其他方面也不同于其他任何认知过程。鲁道夫·阿恩海姆的经典著作《视觉思维》（1969 年）仍然是这一激进观点最具说服力的论据。这部作品认为，视觉并不先于思考[30]，也不会给大脑提供思考的内容，视觉本身就是思考。他展示了"被称为思考的认知运动"——探索，记忆和识别，模式掌握，问题解决，简化和抽象，比较、联结和情境化，象征——并非发生在视觉行为之上的某个地方，而是"知觉本身的基本要素"。不仅如此，模式的掌握或复杂现象的特征等组织结构问题只能在知觉行为中得到解决：如果没有先被看见，就无法对联结问题进行分析或思考；理解能力存在于视觉之中。

在我们这个图像越来越饱和的世界里，对视觉思维的兴趣[31]这一相对边缘化但长期存在的传统越发受人关注。充满激情的少数派继续倡导重视艺术教育和"视觉素养"，认为这是成为更好公民的必要条件。爱德华·塔夫特（Edward Tufte）的《定量信息的视觉展示》（*The Visual Display of Quantitative Information*）及其后续的出版物（1983年、1990年、1997年）说明了，在看似简单的信息呈现任务中，视觉智能需要发挥多大的作用才行。唐纳德·霍夫曼（Donald Hoffman）的《视觉智能：我们如何创造所见》（*Visual Intelligence: How We Create What We See*，1998年）依据数十年的新科学成果重申了阿恩海姆的观点。丹·罗姆（Dan Roam）的《餐巾纸的背面：用图片解决问题和销售创意》（*The Back of the Napkin: Solving Problems and Selling Ideas with Pictures*）倡导了商业活动中的有效视觉思维，该书成为一本畅销书，也证明了这一观点。约翰娜·德鲁克（Johanna Drucker）的《图形学：知识生产的视觉形式》（*Graphesis: Visual Forms of Knowledge Production*，2014年）则将阿恩海姆带入了互联网、智能手机时代。

这里想传达的重点，并非墨迹应该用来显示定量信息或在餐巾纸背面兜售创意。我们只有像罗夏那样理解墨迹，才能理解墨迹作为一项心理测验在更广阔的视野中的作用，包括所有情感、智慧和创造力。

原则上，罗夏测验建立在一个基本的前提之上：视觉不仅是眼睛的行为，而且是心理的行为；不仅仅是视觉皮层或大脑其他孤立部分的行为，而是整个人的行为。如果这是真的，那么一项能够充分调动我们的知觉能力的视觉任务将会揭示大脑的工作状态。

格雷戈里·迈耶最近的一项分析有助于量化墨迹激活我们知觉的独特能力。一切无定形的形状都无法发挥效用——这是不对的；正如罗夏和许多人都认清的那样，墨迹并非"毫无意义"或"随意的"。毕竟，在人们研究墨迹——对看到的、你能想象到的和很多你想象不到的东西进行统计、分类和重构——的一个多世纪里，有一个事实毋庸置疑：卡片 V 看起来像蝙蝠，或者蝴蝶。

2000 年到 2007 年间对 600 名没有患病的巴西男性和女性[32] 进行的罗夏测验中，有 370 人在卡片 V 中看到了蝙蝠；其他人中的大多数看到了蝴蝶或飞蛾。和往常一样，很多人在卡片 II 中看到了熊。事实上，在大约 14000 个反应中，只有 6459 个不同的反应，而且只有 30 个反应是较为常见的，由 50 个人或更多的人给出。客观来看，墨迹确实看起来像某些东西，但也需要进行解释。如果每个人都看到了完全不同的东西，或几乎每个人都看到了相同的东西，那就算不上什么好的测验。在这 600 次测验中，个人差异的长尾由每个答案都由两个人给出的大约 1000 个反应和仅被给出一次的足足 4538 个反应组成，包括一个沮丧的农民看到的"可悲的不为人所理解的花椰菜"。

如果用图表来表示这些人的反应，左边近乎垂直的线显示了墨迹的共同点——明显是蝙蝠和熊。水平线则显示了个人特征的变化空间。迈耶称之为罗夏测验的结构和界限。该图还揭示了一个更具体的模式：最常见的答案是第二常见的答案的 2 倍，是第三常见的答案的 3 倍，以此类推。

这就是所谓的齐普夫分布（Zipf distribution），它是数学排序原则之一。其他原则（比如鹦鹉螺壳中的斐波那契数列，随机分布的钟形曲线）虽更广为人知，但齐普夫分布描述了从地震规模（很少见的大型地震和常见的小型地震）到城市人口、企业规模以及词频现象：在英语中，the 的词频是 of 的 2 倍，是 and 的 3 倍，这样推演下去，一直到 cormorant（鸬鹚）和 methylbenzamide（甲基苯甲酰胺）。罗夏测验在大样本中的反应也遵循着同样的模式。卡片 V 上的蝙蝠就是罗夏测验的 the。

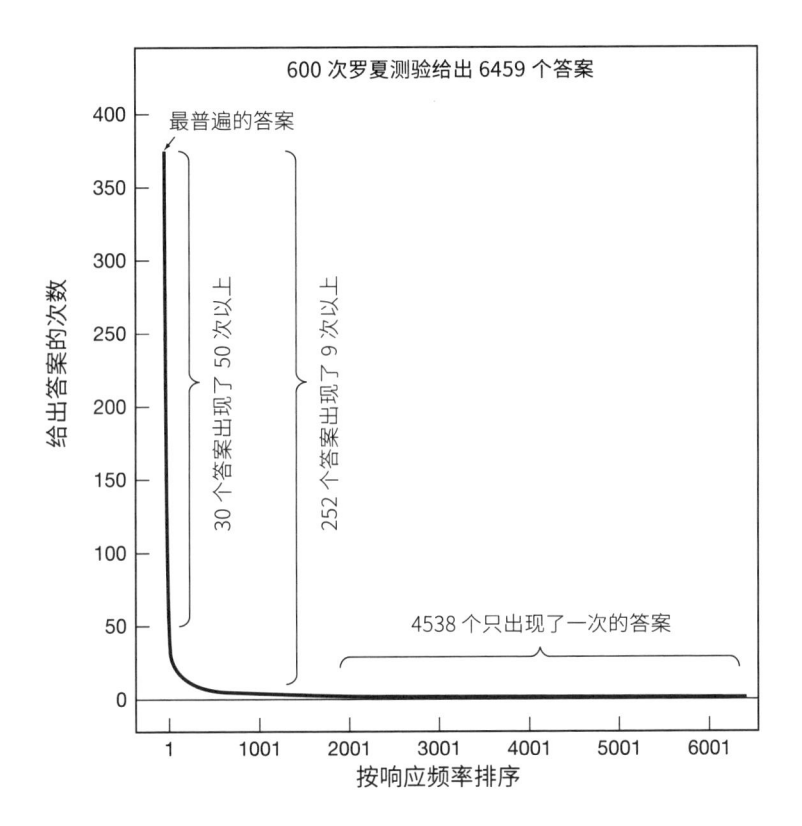

```
600 次罗夏测验给出 6459 个答案
```

图中标注：
- 最普遍的答案
- 30 个答案出现了 50 次以上
- 252 个答案出现了 9 次以上
- 4538 个只出现了一次的答案
- 纵轴：给出答案的次数
- 横轴：按响应频率排序

单个测验也会产生多个数据点。在测验过程中，一个人通常会给出 20 至 30 个反应，一个健康的测验结果不会卡在齐普夫曲线的任何一边。只有显而易见的答案才会表明你非常谨慎或刻板，或对任务不感兴趣，或是无聊；过于不寻常或奇怪的答案可能意味着你对现实把握不好，或是躁狂，或者可能你是一个试图与众不同的反叛者。

最后，罗夏测验会在一个序列中生成多个数据点。测验是由 10 张卡片组成的固定系列，但被试可以自由地以任何顺序给每张卡片做出多个反应。一个人的反应会在齐普夫曲线上上下移动，这种移动本身是有结构和界限的。测验结束时，你的反应是散落在彩色卡片上，还是混杂在一起？每张卡片，你的反应是从一些显而易见的东西开始，过渡到一些古怪的东西，还是只是逐步地做出一些流行的、普遍的反应？即使两名被试对每张卡片给出了完全相同的翻译，但顺序不同，可能其中一个人也会有一种刻板的强迫行为。每张卡片先给出一种反应，然后再给出另一种反应，这种模式对于敏感的测验实施人员是很有意义的。

赫尔曼·罗夏仅凭直觉、艺术技巧、试错以及一些关于对称性的想法，创作了一组内在秩序如同自然语言或地震一般灵活的图片。就这一点而言，很难想象它们会被超越——多年来，心理学家设计了一系列不同的墨迹，但都很快被搁置了（或多或少）。罗夏的墨迹图就像是视觉行为，其本身既有结构又有界限。有些东西确实存在，但没有什么能够完全束缚我们。世界的视觉本质客观地存在于事物之中，但我们在墨迹图里看到了；我们主观地把我们对世界的看法强加给事物，但这有一个前提，即这种看法要与我们所看到的相符。即使看到的有所不同，但我们看的是同一事物。

罗夏墨迹的独特性不仅仅在于形状。颜色会引发情感，颜色的重要性有时甚至会压倒形状。将运动融入静止的图像并非易事——这需要艺术家（不是未来派艺术家，而是米开朗琪罗那种艺术家）有真正的技巧以及用罗夏所谓的"空间节奏"。想要向某些人潜在性地传达一种移动的感觉，而不向另一些人传达，则更加困难。几乎每个人都能在图片中看到运动的迹象，比如罗夏笔下与罐头较劲的人。但是，正如罗夏在1919年写的那样，"有一点很关键，这项实验的设计，使得运动反应变得困难了。如果你向某人展示带有积极倾向的图片，那么每个人，甚至有缺陷的人士，看起来都会是运动型的"[33]。

正如罗夏所承认的那样，墨迹的对称性使人们看到"特别多的蝴蝶，等等"，但他也认为，这带来的"益处远远大于弊端"。墨迹的水平对称性帮助人们与它们建立联系，甚至产生认同感。墨迹的对称，并非数学意义上的对称——它们在微小的突起、线条和阴影处都有差异——而动物和人也都一样，这也正是这些墨迹被视为"平衡的""有生命的"的原因。此外，由于我们在现实生活中遇到的人是彼此相邻的，而非重叠在一起，水平对称会在图片的两侧创建一种"社会性的"联系[34]。这使得墨迹的不同部分进行交互，就像两个人或两个其他生物。如果没有水平对称，墨迹测验就无法奏效，墨迹就无法对个体产生作用。

人们对评分系统、施测程序和测验意义的理解发生了种种变化，但罗夏测验始终如一，这是有充分理由的。

哲学家让·斯塔罗宾斯基[35]在一篇关于罗夏墨迹的文章开篇充满诗意地写道："蒙田曾写道：'我们的一举一动都在揭示我们的内心。'今天，我们可以加上一句：'每一种知觉也都是一种举动，也能揭示我们的内心。'"时至今日，罗夏关于运动知觉的见解仍然被认为是他工作中最具原创性、影响最为深远的方面。[36] 在过去的30年里，最受关注的一些神经科学研究也直接证实了这一点。

20世纪90年代初[37]，意大利帕尔玛大学的科学家有一个看似简单的发现：当猴子执行一个动作（比如伸手去拿一杯水），或是看到其他猴子（或人）执行同样的动作（或执行该动作的图片），大脑中会被激活的脑细胞是相同的。随后，他们进行了一系列巧妙的实验，结果发现，当猴子观察到相同的但没有意图的动作（手呈握着的姿势，但没有伸手去拿杯子），这些脑细胞不会被激活；不过，如果是出于同样的意图，但执行的是不同的动作时（比如用左手代替右手，或使用颠倒的拿法，手指分开而不是捏在一起），这些细胞会被激活。这些神经元做出的反应，针对的似乎是行为背后的意图。这并非简单的无意识或运动过程，而是一种条件反射，将意图和欲望带入大脑。

如果确实是我们从神经学角度反映，确切感受别人正在尝试做的事情，那么学习如何理解他人或解读他们的行为的问题——他人心灵的哲学问题——就不复存在了。科学家将这些细胞称为"镜像神经元"，并展开了大量研究和推测，将其与一切事物联系在一起，从自闭症的本质到对友善行为、人类社会的基础的政治观点，等等。

2010 年，另一支意大利科学家团队对罗夏测验进行了研究。[38]他们假设，如果一个人看到一个动作中的意图时，镜像神经元会被激活，那么当他看到图片中的运动时，镜像神经元也会被激活："我们推测，这种心智化非常接近一个个体观察罗夏测验刺激时清楚地表达 M 反应时人们认为会发生的情况。"他们把脑电图仪戴在正在看墨迹图的志愿者头上，发现当被试给出人类运动反应（而非动物的运动、无生命的运动、颜色、阴影或形状反应）时，镜像神经元的激活"非常显著"。"据我们所知，这是第一次"，他们总结道，"运动反应被证明具有神经生物学基础。""而总的来说，这一结果完全符合罗夏的理论和经验。"对罗夏测验和镜像神经元进行的后续研究[39]由 R-PAS 的合作者唐纳德·维廖内促成，芬恩和迈耶也经常引用。

镜像神经元的真正意义仍存在争议[40]——MRI 这类可以直接读取大脑活动的扫描技术也是如此。但无论它们是什么（或不是什么），镜像神经元的研究重新唤起了人们对罗夏论文中关于反射幻觉的描述以及罗夏测验中运动反应所显示的内容的兴趣：我们的身心能感受到世界上发生的一切，而且这些实际存在的或想象中的运动，就是我们最初的感知方式。

近些年也有其他实验[41]表明，当别人微笑的时候你也会微笑，别人点头时你也会保持同步（这种行为被称为"运动同步"），这样的同步不仅能产生情感上的融洽，其本身就是一种情感融洽。我们都知道，看到别人痛苦的面部表情时，你会感受到他们的痛苦，但模仿是感知的原因，而非结果：在一项研究中，被试因用牙齿咬着铅笔，不能做出微笑、皱眉等动作，对于别人面部表情中的情绪变化就不太敏感。模仿是一种肢体运动，也是知觉的前提条件。"事实证明，对一张脸的知觉几乎总是暗示着运动。看着一张脸，却不去想它的运动、做出的面部表情，是很难做到的。"

罗夏曾说过，只有像画中的骑士那样抱着自己的手臂，他才能想象出这幅画。埃德加·爱伦·坡在《失窃的信》中给予明星侦探杜宾同样的策略："当我想知道一个人有多么聪明或愚蠢、多么善良或邪恶，或者当时他有什么想法的时候，我会尽可能精准地在自己脸上复制他的面部表情，然后等着看，我的脑海或心里会产生哪些与表情相匹配的想法或情感。"这似乎有悖直觉，但仅基于这样一个框架来看，大脑就像电脑一样工作，眼睛是照相机，身体则是打印机或扬声器：输入——加工处理——输出，知觉——识别——模仿。但事实并不是这样的。

运动反应——从某种意义上说，也是整个墨迹实验——都是建立在这一前提之上："看"这一行为看的时候"投入感情"的过程，而这种感情是通过"看"的行为发生的。这一观点起源于1871年左右德国的美学理论，至今已经取得很大进展，尤其是在英文语境下：移情（empathy）。

近年来，人们对移情的讨论甚至超过了镜像神经元[42]，一本又一本的大众非虚构书籍都将其置于人类意义的中心。但有些人没有随波逐流，比如保罗·布鲁姆（Paul Bloom）[43]，他甚至反对这种观点：如果移情偏向于熟悉的和有吸引力的事物，超越了数量层面的事实（比如我们对近处井里一个婴儿的感受要远远强于远方数千人的伤亡），就沦为了彻头彻尾的"狭隘、偏见和反科学"，这样一来，即便没有移情，我们也可以在复杂问题上作出更好的决策。

针对罗夏测验的讨论可以为今天的辩论带来有益的视角。自该测验诞生之日起，人们就在精神病学应该定义疾病还是理解个体的问题上争论不休，测验的整个历史，也是"站在他人的立场进行感情投入"和"保持理性客观的疏远立场"之间相互竞争的一种平衡。斯蒂芬·芬恩的工作[44]，尤其可以用来重新构建关于移情的争论。芬恩对 C/TA 方法进行了反思，他认为移情有三个作用。首先，移情是一种收集信息的方式：通过感受某人的痛苦或站在他们的立场，而非简单地监控他们的行为，你会开始理解他们。其次，移情是一个互动的过程：当治疗师试图理解的时候，这个渴望被理解的人会"在跟随我的同时，给我提供信息，帮助我更好地理解他的内心世界"。最后，移情本身也是一种治疗的要素：同情能够治愈他人；芬恩的许多来访者都曾表示，他们深深地感到被理解，这改变了他们的生活。移情的这三种模式可能指向不同的方向：一个骗子可能非常敏感，能够读懂他人，这在某种意义上是一种"移情"；但如果他利用这些信息做坏事，他则是反社会的、没有同理心的。从这个角度来看，布鲁姆的这类观点指出了移情作为收集信息的工具的弱点，但也忽视了其作为一种联结和治疗手段的价值。

　　罗夏测验给我们的最有价值的提示或许是，移情不仅仅是话语和故事，也是想象力：感受这个世界，用身体去感受与你相连的东西。移情是一种反射性的幻觉，是一种运动反应。它不仅需要想象力，某种识别力，还需要敏感而准确的知觉。如果没有"看"到一个人的真实面目，你就无法感受到他的感受，这意味着，你需要通过他的眼睛去看世界。

第二十四章

罗夏测验不只是罗夏测验

一开始接触墨迹时,我基于的是文化角度,而非执业心理学家或反对人格测验的改革者的角度。我并不关心这项测验属于哪个系统,应该排在第二名还是第九名;和我交谈过的大多数人一样,我惊讶地发现,罗夏测验仍在诊所和法庭上被使用。对我来说,"罗夏"是一个奇怪的词——是一个人物,一个领域,还是一个事物呢?而且,当时的我对赫尔曼·罗夏的生活是一无所知的。我所知道的仅仅是,我曾见过一个叫作罗夏测验的东西。我看到过墨迹图,或自以为自己看到过。我想知道更多。

我迈出的第一步,是体验真正的墨迹测验。从那时起,我了解到,并非所有人都知道如何使用它,专家们往往也不会沉迷于无聊的好奇心。我要寻找一个"幻想破灭"的人,他知道所有技巧和规则,但仍把墨迹测验看作一种探索,一些你可以谈论的东西。最终,我认识了兰德尔·费里斯博士(Dr. Randall Ferriss)[1]。

在他的办公室里,他把他的椅子拉到我前面,稍微侧向一边,拿出一本便签本和一个厚厚的文件夹,然后从文件夹里抽出一张硬纸板卡片递给我。"你看到了什么?"在卡片V中,我看到了一只蝙蝠——这是自然。在卡片Ⅷ中,我看到了"冬天的女巫"。在曾被称作"自杀卡片"的那张图上，我看到了"一只耷拉着耳朵的友好大狗"。

"哦！"他递给卡片Ⅱ时，尽管我已经知道并非所有墨迹都是黑白的，我还是被上面的红色吓了一跳。"情感震惊。"费里斯记下来。

我说卡片Ⅲ是"提着水桶的人"，而且灰色的条纹"让人觉得它们在动"。后来，当我对技术细节了解得足够多，可以和他一起讨论时，费里斯告诉我，这可能是一种阴影反应：某个灰色的东西在移动或是被某种紧张状态所控制。许多阴影反应被认为暗示着焦虑。费里斯告诉我。但我的回答中也有合作运动，这是一种普遍反应。"所以，一切都很好。"

整个过程耗时大约一个小时。周末我又去拜访，听取了基本的解释和结果。测验有效吗？我只能说，这次测试并不是为了对我进行诊断、解决诉讼问题或是进行治疗，所以从这个意义上说，测验是没有效果的。但就测验结果而言，似乎是很有启发性的，费里斯博士对我的性格的解读多少是有些见地的。最打动我的是那10张卡片本身，它们丰富多彩，又很奇特——总之，足以吸引我在接下来的几年里对它们的历史和力量进行探索。费里斯告诉我，我有点强迫倾向。

即使到现在，我也不太清楚卡片上的颜色有什么含义。"五颜六色的墨迹是不好的"，而且颜色"对任何画家都都有排斥作用"——画家兼神经学家的妻子伊连娜·明科夫斯卡（Irena Minkovska）[2]如是说，她本人认识赫尔曼·罗夏和奥莉加·罗夏。伊连娜的嫂子弗兰齐斯卡·明科夫斯卡（Franziska Minkovska）[3]也来自喀山，她也同意这一观点。1915年，弗兰齐斯卡搬到巴黎，后来写了一份关于文森特·凡·高的重要的心理学研究报告，而且，当她给巴黎的许多现代艺术家做罗夏测验时——我真希望知道是谁——她说他们对颜色的反应都很糟糕。

颜色可能是墨迹测验的弱点，也说明了罗夏在他生命的最后阶段才开始发展新的测验，他的艺术家、心理学家朋友埃米尔·吕西专门致力于颜色的研究。尽管如此，一旦颜色的"震惊反应"被认作"神经症"的诊断，罗夏那更宏大的观点——颜色与情绪有关——就会如连同洗澡水一起被倒掉的婴儿一般。半个世纪以来，罗夏测验中几乎没有关于颜色的研究。事实，人们对彩色卡片的反应通常是震惊的反应[4]，但这种行为可以解释。我清楚这一点。罗夏设计彩色卡片是为了让被试失去平衡（如果他们觉得自己处于被抛弃的处境），因此，他们的令人不安的反应可能意味着这些卡片正在按照计划起作用。

无论如何，无论有没有红色，那些无穷无尽迷人的黑白墨迹的强大设计，显然是罗夏经久不衰的杰作——不完全是艺术，但也不能说不算艺术。

一些艺术史学家终于开始认真对待墨迹图了。传统的研究偶尔会提到罗夏墨迹，但通常会陷入"简单列出先驱者"的窠臼，尤其是列奥纳多·达·芬奇墙上的斑点和肯纳的墨迹图，它们对罗夏墨迹的影响一直被夸大。2012年发表的一篇长文[5]首次对墨迹进行了彻底的研究，将其与恩斯特·海克尔、新艺术主义和现代主义做了细致入微的联系。纽约现代艺术博物馆2012年举办的开创性展览"抽象的发明"（Inventing Abstraction）[6]的图录中有一篇文章，讨论了罗夏墨迹与马列维奇的抽象绘画、爱因斯坦的思维实验以及罗伯特·科赫（Robert Koch）的诺贝尔奖成果结核杆菌的可视化。尚有无数的视觉联系[7]有待建立。

赫尔曼·罗夏的父母都是艺术家，赫尔曼毕生都坚信，知觉是精神、身体和世界的交汇点。他想要了解不同的人是如何看待事物的，而在最基本的层面上，正如画家塞尚在谈到颜色时所说的，视觉是"我们的大脑和宇宙相遇的地方"[8]。

在心理学的先驱中，罗夏是一个重视视觉的人，也是他创造了视觉心理学。这是主流心理学没有走的一条伟大道路，尽管我们今天的大多数人，即使是最健谈或是最爱读书的人，也生活在一个表面和屏幕上的图像占主导地位的视觉世界里。我们进化成了视觉动物。我们的大脑在很大程度上致力于视觉处理，比例估计高达85%[9]，科学家们开始严肃对待这一事实；追求"页面上的眼球"的广告商们很久以前就开始认真对待了。视觉，要比谈论更加深入。

然而，弗洛伊德是一个用词语表达的人。他创立的整个传统，从注意双关语和"弗洛伊德口头禅"到谈话疗法本身，都旨在揭示我们说什么或者不说什么的潜意识。这是用语词表达的人的心理学，也是为词语而生的人的心理学。与此同时，现代心理学则崇拜统计数据——这是数学人士的复仇。几乎每一个知识领域都偏重语言或数学。教育是通过讲课和考试展开的，人们对统计测量的迷恋甚至超过了对心理学的迷恋。在精神生活中，数字或文字、数据或故事、科学或人文、硬科学或软科学似乎是仅有的二选一。

但这还不是全部，视觉工作者、音乐人、运动员和舞蹈家有着杰出的身体智能，有强大的安慰和控制情绪的能力。想象一下：历史论文被期望包含主要人物或风景的素描，而不仅仅是文字；历史学家们被训练得画的和写的一样好——如果是这样，那每个艺术家都会知道，这是真实而严肃的知识来源。

爱他也好，恨他也罢——把弗洛伊德塑造成一个语词人改变了这一切，因为我们都知道，并非每个人都是语词人。我就是一个语词人，娶了一个视觉人、画家和艺术史学家。每天我都要面对这样一个事实：这两种类型的人看待世界的方式往往是互不相容的——或者说，视觉型的人观察世界，语词型的人则是阅读世界。我和很多家庭里有视觉人的语词人交谈过，也和家庭里有语词人的视觉人交谈过，我发现，这一根本的区别对他们来说并非什么新鲜事。赫尔曼·罗夏是最早利用人类经验的全部来探索心灵的人之一。

人们来自不同的"类型",这一事实引起了相对主义者的恐惧,这种恐惧隐约出现在荣格的《心理类型》一书里,并随着20世纪60年代权威的崩溃凸显出来。罗夏的基本见解是荣格类型的视觉版本:每个人都以不同的方式看世界。但事实上,正是视觉,造成了一切的差异。理解真正的墨迹和它们特定的视觉特性为我们提供了一种超越相对主义的途径,至少大体上是这样。这种论调并不武断:有些东西确实存在,我们都能以自己的方式看到。在不迫使我们否认有效判断的存在的情况下,罗夏的洞见是成立的。"真相"(truth)一词的首字母,也是"类型"(type)一词的首字母。

我已经记不清有多少次,在我向别人描述《心理类型》这本书后听到他们说:"就好像罗夏测验!可以对这本书进行各种理解!"我想说的是:"不,事实并非如此。"不管墨迹测验有多么吸引人,到目前为止,它都是真实的,具有特定的历史、实际用途和客观的视觉品质。墨迹看起来是有一定规律的;测验要么是以特定的方式起作用,要么不起作用。事实比我们对它们的看法更重要。

罗夏测验的隐喻也在发生变化。最初,它以一种个性文化在美国声名鹊起,这种文化强调独特的个人品质,并要求有一种方法进行衡量。它成为推翻上一代精神病学专家的那种反专制冲动的象征。几十年来,罗夏测验一直是不可调和的个体差异的象征。而现在,它往往反映出人们对分裂越来越不耐烦,以及想与他人分享自己的世界的迹象。

我开始看到,罗夏测验不再是用来描述我们的反应、揭示我们的个性的工具,而是用来描述我们如何表达自己。2014年8月,《幸运》杂志刊登了一篇文章,作者称自己拥有八条几乎一模一样的黑色紧身牛仔裤:

"我称它们为我的罗夏裤。我想要让它们成为什么，它们就会成为什么。"同年，交友网站 OK Cupid 的数据分析人员发布了一份在线个人资料中关于自我描述的分析报告，揭示了不同性别和种族的组合中，哪些词语是最典型的，哪些是最不典型的：与其他人群相比，"我的蓝眼睛""雪地摩托"和"网络钓鱼"是白人男性中使用最多的词；"晒黑"和"西蒙和加芬克尔合唱团"是黑人女性使用最少的词。他写道，使用最少的词是"我们的语词罗夏测验中的消极空间"[10]——呈现出我们自我表现的一幅生动的画面。

这些含糊的隐喻存在争议，没有意识到构成罗夏测验的是展示给我们的图片，而非我们自己创造的图片。我认为，这些错误在十年或五十年前是不会出现的。

即便墨迹被用作测试，我们的反应也并不重要，重要的是我们用它来做什么。2013 年 11 月 8 日，罗夏诞辰纪念日的当天，谷歌涂鸦是一个可互动的罗夏测验。画面里，忧郁但不知为何十分讨人喜欢的赫尔曼正在做笔记，你可以进行点击，看到不同的墨迹，然后在谷歌+、脸书（Facebook）、推特（Twitter）上分享你的答案。"你看到了什么？"已经变成了屏幕上的指令："分享你所看到的内容。"

2008 年，距离希拉里·克林顿首次称自己为"罗夏测验"已经过去 15 年，总统候选人贝拉克·奥巴马[11]也这么做了，但他想表达的意思有所不同。"我就像是一项罗夏测验，"他说，"即使人们最终发现我是令人失望的，他们可能也会有所收获。"奥巴马没有给人们贴上"红色美国"或"蓝色美国"的标签，而是将自己比喻成一个合作式/治疗性的形象：让人们了解自身并向前迈进。每个人的不同的反应并不会把我们分裂开来。显然，罗夏测验不会像奥巴马当总统时那样让我们团结在一起，这个比喻的重点已经从分裂转向了团结[12]。

对于罗夏测验，有一个观点可谓老生常谈：不存在错误的答案。哈勃望远镜拍摄的模糊图像从来不会被称作"竞争理论的罗夏测验"，因为在这种情况下，天文学的解释是正确的，其他人是错误的。但现在，这个比喻也可以这样使用，与对单一的客观真理的信念相一致。

最近有一篇文章，提及有一种新技术能让考古学家飞越亚马孙上空，收集过去需要几十年的时间才能完成的数据。文章中提到："在茂密的森林地区，这一技术产生了罗夏式图像，就连专家也无法破译。"这样的说法有些模棱两可，似乎在传达，真相就在那里，更好的技术会找到它。安迪·沃霍尔不接受自我表达和潜在意义，他曾说："我想成为一台机器。"但当 Jay-Z 用了一张沃霍尔版墨迹图作为他的回忆录《解码》的封面时，无论是书名还是书本身，都充满了对歌词的解释和背景故事，让人相信编码背后的真理。演员杰夫·高布伦最近正在演一部剧，他将这部剧描述为"有点像罗夏测验或某种立体派的表演，这样你就可以同时得到相互矛盾但具有可行性的故事"。一幅立体派绘画作品能顾及每一个方面，所以在高布伦的比喻中，我们都是部分正确的，也只能部分正确，但整体的真理也存在于那里。

少数几个例子并不能证明这是一种时代思潮，尤其是其中一个还来自杰夫·高布伦，但还有一个例子。威瑞森自 2013 年开始推出"现实核查"广告活动，活动中，人们在布满墨迹图片的艺术画廊里被提问："当你第一次看到这个时，你会做何反应？""这有点像一个舞者。"第一个迷惑不解的参观者一边回答，一边动了动她的手臂（一个运动反应！）。也有其他参观者说，这是一个巫婆似的悍妇，或者是一堆浆果。这些图片实际上是手机信号覆盖范围内的地图——那些图变形成了对称的、罗夏式的——面对威瑞森的地图时，人人都知道这"显然是一幅美国地图"。地图上没有维度。最后一个观看者手里拿着一杯拿铁，给出了唯一获得认可的理解：“我应该立即换威瑞森用！”个人解释只是由技术的失败造成的无关干扰；"现实核查"依赖于一个需进行核查的现实。

然而，这种共同的现实要如何强加给那些根本看不到的人呢？这是关于诊断的争论，关于"给人贴标签"的争论，关于是否应该因为一项测试而阻碍某人的事业，或者彻底干预他的生活的争论。对此，汉娜·阿伦特提出一个问题：是什么赋予了某人评判我的权利？50年过去了，这个问题比以往任何时候都更加有力。人们似乎觉得他们有权了解自己的事实，而不是只了解自己的观点。但在某些情况下，风险太高，或者我们不愿意承认，对不同的世界观的存在，或者我们不愿意放弃不同世界观的存在，并称之为"罗夏测验"。

针对任何人的评估都存在主观性，最终，人们可能会不同意或憎恨评估者。即便没有我们想要的可靠的信息，我们也必须依靠错误的判断在诊所、学校、法庭做出真正的选择。随着时间的推移，我们可以改善这种判断，但只能通过实践来实现，而且永远不可能做到完美。

正如几十年来人们围绕有效性和标准化所作的激烈斗争那样，我们需要努力把自己的决定建立在尽可能坚实的基础上。R-PAS 的广泛采用就是一种很好的改变，它解决了埃克斯纳体系的严重缺陷，让测验回归到持续研究和开发的科学原则。但是，那种试图了解一个人是否应该被称作一名学校老师、是否需要治疗，或者是否应该拥有孩子的监护权的想法，仅仅是一个幻想。使用任何工具，人都有可能犯错误。当陪审团造成了一场悲剧性的误判时，我们并不认为陪审团的审判存在原则性的错误。

罗丝·马尔泰利这样的案例是反对罗夏测验的强有力的轶事证据，但另一面的轶事证据同样也很多多，比如维克多·诺里斯那令人难以置信的故事，本书一开始就提到了这个故事。正如诺里斯的评估者告诉我的，美国心理学家的工作并非测验，而是不进行过度分析。她是第一个承认罗夏测验"因被很多人错误地使用而终结"[13]的人。即便罗夏测验是一种奇迹般可靠而客观的技术，训练人们正确使用它仍然是一门艺术，错误可能会以无数种方式潜入其中。最近一项研究发现，法官在一大早或吃过饭后审理案件，通常有三分之二的概率会批准假释[14]，随着时间的推移和血糖水平的下降，假释的概率几乎降到零。而罗夏测验不会受这些复杂因素的影响：世界上没有任何东西与我们混乱的生活隔绝。

这就是为什么，无论是拥护者还是怀疑者，以谦虚的态度对待测验都很重要。赫尔曼·罗夏比任何人都清楚测验的具体局限性，但也更清楚地意识到，测验为人们的思维打开了更广阔的视野。

以此作结吧：最后的心理学家，最后的墨迹。

当费里斯博士把罗夏墨迹图给我时，他的墨迹卡片已经有一段时间没有用过了，他很少再做测验了。他承认，测验必须标准化才能用在诊断和法律环境中。但在费里斯看来，埃克斯纳的系统似乎已经"耗尽了生命力"：仅仅计分这一项，就"失去了人情味"。费里斯更喜欢做内容分析，他觉得这是"最有趣和最精神分析的"方法，而这正是定量分析所拒绝的。

不过，费里斯不使用罗夏测验还有其他原因：他与刑事司法系统的被告方合作，不会想找到任何可能会把被告送进监狱的证据。在我之前，他做的最后一个罗夏测验是在监狱里。那里的大多数被试都得出了令人不安的测验结果——这不足为奇，因为监狱是最令人不安的一种环境。费里斯对一个因携带枪支而受审的年轻非裔美国人进行了测验，后者的哥哥刚刚在洛杉矶中南部被枪杀，他知道自己也将成为袭击目标。他给人的印象是"愤怒且怀有敌意"，任何人在那种环境下都会是那样，那么为什么要对他进行测验呢？"你会尝试讲他的故事，"费里斯博士说，"除非你是为了治疗他们而进行诊断，否则你是不想知道他们有多不安的。"但是，没有人考虑给这个年轻人进行任何治疗，只关心是否要把他关起来。

对这个被告来说，"完善罗夏测验"意味着什么呢？并不是调整分数、编纂更好的规范、重新定义施测程序，或者重新制作图片，而应该是在一个人道社会中，用它帮助每个需要精神卫生保健的人，作为其精神卫生保健的一部分。可以这样说，费里斯博士之所以没有给他的来访者做测验，是在隐瞒真相，但真相取决于其被用于什么样的背景下——可能是决定某人是否需要帮助，或决定是否该把他投进监狱。

为了穿越过去对罗夏测验的争论的死胡同，并充分利用这些测验揭示我们思维的方式，我们必须公开我们对它的要求。事实上，我们必须回到赫尔曼·罗夏本人的广泛的人文主义视野。

最后，我们来聊聊卡片Ⅰ。[15]

2002年1月，加利福尼亚州圣拉斐尔市曝光了40岁的史蒂文·格林伯格对12岁的芭西亚·卡明斯卡长达一年多的猥亵。后者是一位移民来的单身母亲的女儿，租住在前者的一间公寓里。后来人们发现，卡明斯卡从9岁起就一直遭受虐待。警察带着搜查令出现在格林伯格的家里；几个小时后，格林伯格驾驶自己的新雷克萨斯去了佩塔卢马市机场，乘坐一架单引擎飞机起飞，然后飞入索诺玛山。媒体的报道也没有掀起什么风浪。

与我在本书开头撰写的故事有所不同，这次事件涉及的名字和身份细节未做更改，因为芭西亚想让别人知道她的故事。

心理学家看到芭西亚时，发现她倾向于将自己的问题最小化或进行否认，这使得自我报告测验基本毫无用处。儿童创伤症状检查表（儿童部分）、贝克抑郁指数、贝克无望感量表、儿童显性焦虑量表、皮尔斯-哈里斯儿童自我概念量表以及与心理学家的交谈都表明，她淡化了自己的症状，说她对格林伯格没有好或坏的情感，并声称自己觉得这些事情已经过去了，她不想讨论。

只有两项测验给出了可靠的结果。根据韦氏儿童智力量表（WISC-III），她的智商非常高。她在罗夏测验中的分数则显示出了她在情绪上的退缩，她的心理资源比人们想象的要少，认同感也严重受损。

她对卡片Ⅰ的第一个反应（通常被理解为能呈现出一个人对自己的态度）表面上是常规的，但实际上存在着严重问题。这张墨迹通常也被看作蝙蝠，尽管不像卡片Ⅴ那般常见。芭西亚看到的是一只翅膀上有洞的蝙蝠："看，这是头，这是翅膀，但它们都乱七八糟的，它们身上有洞。看起来像是被人袭击了，这很可悲。这里看起来像是撕裂了，因为蝙蝠翅膀的形状通常都很精确。翅膀一般会从这里展开。它不太正常。"接下来的测验，包括反应和得分，都证实了卡片Ⅰ呈现出的第一印象。进行测验的心理学家在她的笔记中写道："受到严重伤害，她在用老练的外表保护自己。"她在报告中得出结论，芭西亚"尽管外表冷静，提出了与结果相反的言论，但很显然，创伤性环境给她造成了情感上的伤害"。

芭西亚最终起诉，要求格林伯格以房产赔偿她的损失。四年后，该案诉诸法院。格林伯格的律师试图利用她早期的最小化和否认言论来进行抗辩。随后，心理学家向陪审团宣读了芭西亚的罗夏测验反应结果。

要在法庭上产生影响，证据必须是有效的，也必须是生动形象的。法医心理学家必须掌握有关罗夏测验的技术辩论，才能对针对测验的批评做出回应，比如《罗夏测验有什么问题？》。但他们也要避免完全陷入这些辩论。研究表明，用清晰的日常语言[16]表达临床观点比统计或方法论层面的细节更具说服力。而自相矛盾的是，证据的数量和专业化越是令人印象深刻，陪审团就越会感到无聊或困惑，就更有可能拒绝或忽视证词。

芭西亚那只悲伤的、乱七八糟的蝙蝠将真相呈现了出来，让陪审团觉得他们穿过起诉和辩护的重重迷雾，进入了这个女孩的内心世界，她的真实经历。这不是魔法。只要看着芭西亚,并确信她是在说谎或假装,任何人都不会因为测验结果或其他任何事情而改变主意。但是,芭西亚在墨迹中看到的东西讲述了她的故事,这有助于让法庭上的人们深刻而清晰地看到她,这是其他证据无法做到的。

没有任何一种争论、测验、技巧或诡计能回避这样一个事实:不同的人对世界的体验是不同的。正是这些差异让我们成为人类,而不是机器。但是,我们看待趋同或不趋同的方式是客观存在的:正如罗夏所坚持的那样,解释不是想象。罗夏创造了神秘的墨迹,那个时代的人们更容易相信,图片可以揭示心理真相并触及我们生活中最深刻的现实。经历了种种之后,这些墨迹依然存在于世。"这可能是什么?"——看着眼前的事物之时,这个问题就有了答案。

附录

罗夏一家,1922—2010

奥莉加、瓦季姆和丽萨,1923年

1922年赫尔曼·罗夏去世后[1],奥莉加被允许留在了黑里绍。赫尔曼还在黑里绍的几年里,奥莉加做的是医生的工作,但也只是在主管科勒不在的时候。后来她得到了一个在克龙巴赫的职位，但做的是行政工作——因为她缺乏在瑞士工作的资历，对病人来说，她看起来像是个"外国人"，而且她"作为医生的权威性"不如男性。1924 年 6 月 24 日，奥莉加过了 46 岁生日后不久，这份工作就结束了。

据奥莉加说，赫尔曼生前通过墨迹测验一共赚了 25 法郎[2]。奥莉加用赫尔曼的人寿保险支付的一笔为数不多的款项，在附近的托伊芬买了一套房子，她把房子建成了一个小型的住院诊所，可以同时容纳和看护两三个病人。赫尔曼与恩斯特·比歇尔签订的《心理诊断法》出版合同规定，从书的第二版开始提供版税，而这个条件直到 1932 年才达到，部分原因在于恩斯特·比歇尔曾在 1927 年破产。一位名叫汉斯·胡伯的前雇员曾为罗夏测验的最初印刷工作提供过帮助，后来他以汉斯·胡伯·韦拉格公司（即现在的霍格雷夫公司）的名义买下了这本书的版权并重新开始这项业务，直到今天，这家公司仍在继续出版罗夏测验的相关图书。

奥莉加过着孤独而不稳定的生活，抚养着两个孩子，很少有机会充分发挥自己的医学潜力。她没有再婚，于 1961 年去世，享年 83 岁。1961 年时，丽萨 44 岁，和奥莉加一起生活到了最后，她在苏黎世大学学习英语和罗曼斯语，还当过老师。她终生未婚，于 2006 年去世，享年 85 岁。瓦季姆在苏黎世学习医学，最终从事精神疾病的治疗工作，于 2010 年去世，享年 91 岁。罗夏没有孙辈。

1943 年 6 月 26 日，瑞士精神病学协会第 99 届会议在明斯特林根举行，就在赫尔曼和奥莉加曾举办婚礼的康斯坦茨湖畔，65 岁的奥莉加·罗夏做了题为《赫尔曼·罗夏的一生和性格》的演讲。演讲前半部分所提供的生平资料，我已在本书中加以运用；后半部分，我在此做全文的翻译。

赫尔曼·罗夏的性格

赫尔曼·罗夏的理论发展[3]建立在科学基础之上，但他对生活、人、世界的态度是感性的。他性情平和、和谐、友好、开朗。他不喜欢人际关系中的问题和冲突，几乎会本能地拒绝任何"令人不满的"或"自相矛盾的"人和事。他一直都在寻求一致和清晰。

他在日常生活中非常谦虚直率，节俭低调，永远抱着学习的态度；在实际工作中，他从没有恶意，甚至有点儿粗心大意；他没有野心；是帕西法尔类型的人。他在一生中始终保持着一种孩子般的冒险精神，对任何事物都充满渴望。他绝对活在当下，很有幽默感，也喜欢别人的幽默。

他的身体动作充满活力，自认为是一个运动型的人。他对朋友有着很深的感情，但往往不愿表露出来。只有在家人的小圈子里，他才会完全表现出来。他对感情非常忠诚，不霸道。他认为，深切的尊重是人类最重要的美德，并根据人们是否存在这种品质来评判他们。他是一个宗教信仰者，但并不虔诚，对官方教会并不在乎。

最重要的是，他对人类动力学中显现出来的思想或精神感兴趣。由此，他产生了对宗教、宗教创始人以及宗教的产生过程的极大兴趣；还有神话、教派以及民间传说。在这些现象中，他看到了人类创造性的、动力性的精神的真相。从古希腊到浪漫主义，再到我们的时代，从酒神狄俄尼索斯到安东尼·翁特纳赫勒再到拉斯普京，从基督到圣方济各，他在脑海中看到了几个世纪以来的人类地下暗河。他爱生活的潮流，爱它的多样表现，爱它的寻觅和漂泊。他经常提及戈特弗里德·凯勒的诗句："畅饮吧，哦，眼睛，你的每根睫毛都能盛下世间流溢的黄金。"他觉得这个世界是多么丰饶啊！作为人类思想斗争和形式变革的途径，历史也引起了他的兴趣。他有明显的综合倾向，总是在寻找将事物连接在一起的方法。

他对经济问题不感兴趣，也不了解，对金钱漠不关心，也不追求世俗的财富。

他热爱大自然，喜欢高山。虽然不是登山运动员，但他每年都会在某些时候去山上徒步旅行。他在山里往往不怎么说话。他喜欢色彩；他最喜欢的颜色是龙胆蓝。他对音乐的态度是纯粹感性的：他喜欢浪漫主义的抒情歌曲。在绘画方面，一方面，他更喜欢浪漫主义，如施温德和斯皮茨维格；另一方面，他也欣赏霍德勒对运动的表现，以及勃克林对色彩的表现，尽管后来他发现勃克林"死了"。他也欣赏肖像画家，尤其是俄国画家。在戏剧方面，他更喜欢欢快的喜剧，而非悲剧和剧情起伏的作品。他喜欢看电影，主要是因为电影那丰富的表情和手势的表达能力，他觉得很有趣。

除了所在领域的专业文献之外，他并不特别博览群书。但当住在诊所时，他在安静的夜晚和妻子一起读过很多书：比如被誉为"生活的摄影师"的左拉；不过，出于医学原因，他避开了斯特林薄格。他喜欢耶利米亚·戈特赫尔夫、托尔斯泰，他和戈特弗里德·凯勒都认为，托尔斯泰是"最伟大的艺术家"。他对陀思妥耶夫斯基特别感兴趣，对后者意气风发的活力、对人生问题、对神的探索以及基督特别感兴趣。他还读过俄文原著，这是当然。他曾计划写有关陀思妥耶夫斯基的文章，但没能写成。

他对弗洛伊德的态度并不是"正统"的：也就是说，他没有全盘接收，仅仅是把精神分析看作一种在某些情况下而非其他情况下的医学治疗方法。他坚决反对那个时代的主流趋势，即把精神分析应用于生活中的每一个问题，甚至应用于作家，他认为，这种趋势可能阉割掉人类的精神，让人类变得愚蠢，消除一切精神动力作用所必需的两极性。他自己从来没有接受过精神分析，而且总是笑着拒绝他的精神分析学派朋友的相关建议。

对于女性，他最看重的是女性气质、"心灵的高贵"、善良、对家庭的热爱、日常生活中的勇气和快乐。他不喜欢妇女参政权论者，也不喜欢只对知识感兴趣的女性。他没有花太多时间研究哲学，并将这视为自己的不足；他喜欢说他要到 40 岁以后再开始学习哲学。不过，他确实研究过诺斯替主义。

相比其他瑞士人，他对伯尔尼人更感兴趣：他觉得他们充满活力，喜欢他们的脚踏实地和"扎根性"。他最喜欢的瑞士城市是苏黎世，因为它能提供比任何一个瑞士城市都多的东西，而且苏黎世是他年轻时生活过的城市。假期时，他会在提契诺州尽情享受。

赫尔曼·罗夏工作起来非常轻松，就像在玩一样，而且富有成效。他工作效率高的秘密在于，他经常在不同的活动中转换。他从来没有一次在一件事情上工作好几个小时；他喜欢在脑力劳动和体力劳动之间来回转换。他从不在晚上工作，而是把这些时间留给自己的家庭；同样，度假时他也从不工作，只是放松自己，悠闲自己。从智力创造到木工或阅读的转变，让他恢复了精神，让他的思想和感受性焕然一新。他也喜欢他人来访，但不喜欢不请自来的，也不喜欢停留太久的。即便觉得一个话题很有趣，就这个话题进行长达一个小时的交谈也会使他感到厌倦。

他认为他的《心理诊断法》是了解人及其能力的关键，也是理解文化和人类精神工作的关键。他从大处着眼，看到了这种方法在未来对探究人类自身综合性的联系的可能性。对他来说，《心理诊断法》并非一个已经完成的结晶，而是一个开始——他把它看作处于萌芽状态、在流动中的一种探索。他希望能找到和他一起工作的人或追随者，但由于羞怯，他不敢公开这么说。对他来说，他的书已经"过时"了。凭借着永恒的内在创造力，他所做的其实已经比现存图书版本所保留的内容走得更远了。

他知道，他的方法没有任何理论基础，因此在第一本著作中，他坚持对他的术语和概念进行"不容置疑的定义"，这是有"初步的必要性"的。他对过于广泛地推广他的方法持严肃的保留态度，认为这种方法有可能被拉低到"算命机器"的水平。格奥尔格·勒默尔将他的方法引入其他领域（顺便说一句，勒默尔本人声称自己从未与赫尔曼·罗夏"合作"过），对此，他深感不安。他认为，这样的做法并非一种进步的、发展的过程，而是一种只会引起误解的变异和分裂。甚至在去世前的三天，他还谈到了这个话题，一想到这个，他就痛苦不堪。

赫尔曼·罗夏去世后，欧根·布洛伊勒写信给我说："你的丈夫是个天才。"作为他的妻子，我无法说出这样的话，但我始终能清楚地意识到，我与一位才华横溢、独一无二、极其随和、非常可爱的人分享着人生道路，他拥有非凡的智慧、天赋和丰富的艺术灵魂。他将自己的经验类型从内倾型稳步地扩展到外倾型。因此，他获得了一种令人羡慕的两向的平衡。但是显然，他自己并没有意识到这一点。

最后，我想用他自己的一句话（来自他给格奥尔格·勒默尔写的一封信）结束，来表达他对这种平衡的理解："真正活着的人、完美的人，是两向的：他可以从强烈的内向转变为广泛的外向。这种理想的人类就是天才。这似乎意味着天才就是普通人！不过，这似乎也有些道理。"从这个意义上说，赫尔曼·罗夏是一个普通人。

罗夏自制本人剪影

致谢

我开始写这本书的时候,有关传记部分的线索似乎已经消失了。赫尔曼去世时,两个孩子分别为 2 岁和 4 岁,他们分别于 2006 年和 2010 年去世。这个家庭保护了他们的隐私,很多个人资料都被销毁了。2004 年出版的《罗夏书信选集》删去了被认为"仅仅是私人信息的"信息;在档案的信件和日记部分,页面缺失或涂黑了。

瑞士伯尔尼的赫尔曼·罗夏档案与博物馆是一个极其简朴的地方,位于一栋公寓楼的一层,里面有几个玻璃柜,展示着罗夏那顶标有"Klex"的帽子、墨迹草稿以及一些图画。他们设法说服继承人捐赠所有剩下的资料,但除了纪念品和小饰物外,留下来的东西也不多了。

没过多久,发生的事情就有点像是被诅咒了。2012 年,一场大火烧毁了罗夏档案所在大楼的顶层,自动洒水装置导致整个大楼被水淹掉。幸运的是,该档案得以保存,但被重新安置到伯尔尼的大学图书馆,公众访问被无限期关闭。第一个使用了大量档案材料的墨迹历史作者纳玛·阿卡维亚于 2010 年因癌症去世;克里斯蒂安·米勒是罗夏书信集的编辑,撰写过许多关于罗夏的文章,他本来计划撰写一部传记,但于 2013 年去世。在互联网世界的一个遥远角落里,我发现了一份长达 10 页、于 1996 年发表的罗夏传记梗概，上面说，作者为沃尔夫冈·施瓦茨，正在"准备""第一部根据未发表的第一手资料撰写的长篇传记"。这本传记从未出版过，施瓦茨已于2011年去世。

我申请了档案中一个标签为"与沃尔夫冈·施瓦茨的通信"的文件夹。最早建立联系的信是在1959年，1960年9月4日丽萨来了一封信，安排施瓦茨和自己一家——丽萨、瓦季姆和奥莉加——会面。施瓦茨是1926年出生的德裔美国人，1946年，他在大学图书馆发现了《心理诊断法》并通宵阅读，对罗夏的生活产生了兴趣。获得美国国立卫生研究院在医学史上的第一笔拨款后，他追踪并采访了所有他能找到的人，并组织和翻译了这些材料。在此期间，他还作为精神科医生工作了62年，养育了8个孩子。他一直与赫尔曼的妹妹安娜通信，安娜一直活到1974年。档案中最吸引人的文件是《医学博士赫尔曼·罗夏：他的生活和工作》的19页大纲和内容目录，以及丽萨在2006年手写的便条："终于在2000年1月份完成，正在寻找出版商。"

2013年6月一个炎热的晚上，我坐在苏珊·德克尔·施瓦茨位于纽约郊区塔利敦的客厅餐桌前，面前放着一个大金属保险箱。她告诉我，里面有她已故丈夫的毕生心血。她没有读过这些资料，也不懂德语，她的丈夫花了几十年的时间寻找罗夏生活中的每一个事实，但没有向任何人展示过结果。

盒子里装着数百张罗夏家族的照片、信件和图画，既有复印件也有原件；赫尔曼手写的测验报告；第一次印刷的墨迹图。大部分资料都与我在伯尔尼档案馆看到的相同，但也有很多是前所未见的，包括一些引人注目的家庭照片，以及奥莉加写给赫尔曼弟弟的长信，信中描述了赫尔曼最后的日子。保险箱旁边有一个装得满满的购物袋，是一千页施瓦茨手稿的打印件。施瓦茨曾对他的儿子谈起瑞士的档案馆，说："他们有一半，我有一半。"

苏珊·施瓦茨后来发现的两个大塑料箱里装着沃尔夫冈研究的核心内容：362页采访笔记。沃尔夫冈找到了罗夏的同事、他在学校最好的朋友、他和奥莉加的住家女佣，并和他们进行了交谈；还有康拉德·格林的遗孀，罗夏的第一个墨迹诊断就是和格林一起做的；以及奥莉加被告知罗夏去世的消息时，在同一个房间里的女士。不过，手稿几乎完全是罗夏信件和文件的翻译件。施瓦茨想让罗夏自己"发声"，他发现的越多，就越不忍心丢掉任何东西。这些资料并没有被编辑成一部传记，却是一个不可或缺的研究宝库。

我非常感谢沃尔夫冈·施瓦茨的遗孀和孩子们给了我接触所有这些资料的机会，以及他们的祝福。现在，这些资料已经被捐赠给罗夏档案馆，供他人使用。

我还要感谢许多其他人和机构，让我有可能写成这本书：纽约市立大学毕业生中心的利昂·列维传记中心和纽约公共图书馆的多丽丝与刘易斯·B.库尔曼作家与学者中心为我提供了奖学金。感谢列维传记中心的加里·吉丁斯和迈克尔·盖特利；感谢库尔曼中心的让·斯特劳斯、玛丽·奥里尼、保罗·德拉瓦尔达克、凯特琳·基恩和茱莉亚·帕格曼塔；还有其他鼓舞人心的团队成员。感谢瑞士伯尔尼赫尔曼·罗夏档案馆的丽塔·西格纳和乌尔·杰曼；感谢瑞士弗劳恩菲尔德的图尔高州国家档案馆的贝亚特·奥斯瓦尔德、埃里希·特罗施以及他们的同事们；感谢2010年伯尔尼那两位彬彬有礼的东道主汉斯·普鲁雷希特和玛丽安·阿丹克；感谢瓦尔泽·韦尔维特研讨会在2013年将我和其他来自世界各地的罗伯特·瓦尔泽译者聚在一起；感谢雷蒙达斯·马拉斯奥卡斯和芭芭拉·莫斯卡邀请我在伯尔尼的保罗·克利中心的赫尔曼·罗夏暑期学院发表演讲；感谢雷托·索尔格在许多方面表现出的善意和慷慨。感谢皇冠出版社的编辑阿曼达·库克、多梅尼卡·阿利奥托和梅根·豪斯以及我在麦考密克经纪公司的经纪人爱德华·奥尔洛夫为这本首次面世的叙事性非虚构书籍投入的大量心血，是他们让这本书最终得以完成；也要感谢乔恩·达尔加和皇冠出版团队的其他成员，特别是设计师埃琳娜·贾瓦尔迪，感谢你制作出如此美丽的产品。感谢杰伊·雷博德、斯科特·哈姆拉和马克·克罗托夫在项目进行中的阅读，他们以及许多其他朋友提供了宝贵的帮助和鼓励。

最后，这本书献给丹妮尔和拉尔斯，感谢他们用一生的时间教会我如何看见。

插图引用来源

罗夏测验墨迹图复制自1921年的第一次印刷：这套墨迹图印在黄色纸上，由赫尔曼·罗夏交给汉斯·贝恩-埃申堡；存于沃尔夫冈·施瓦茨档案，经许可使用。

以下未列出的所有其他图片均来自瑞士伯尔尼大学图书馆的赫尔曼·罗夏档案中心，经许可使用。沃尔夫冈·施瓦茨档案中有许多复制品，现已并入赫尔曼·罗夏档案。

第010页：照片©Rudy Pospisil, rudy@rudypospisil.com。经许可使用。

第031页：恩斯特·海特尔的70号和58号图版，《自然界的艺术形式》（莱比锡和维也纳，1904），由阿道夫·吉尔奇根据海克尔的绘画雕刻而成。

第75—79/122/345页：摘自瑞士弗劳恩菲尔德市图尔高州国家档案馆的相册，经许可使用。

第84页：尤斯蒂努斯·肯纳，选自他去世后出版的 *Klecksographien*（斯图加特，1890年）。

第107页：威廉·布施，"Forte vivace"和"Fortissimo vivacissimo"，

选自《艺术大师：新年音乐会》(*Virtuos: Ein Neujahrskonzer*，慕尼黑，1865年）。

第126页：希蒙·亨斯的图版8，《对学生、正常成年人和精神病人进行的无定形斑点的想象力测验》（苏黎世，1917年）。

第228页：奥利维娅·德哈维兰在《阴阳镜》中的角色，导演罗伯特·西奥德梅克（环球影业，1946年）。

第231页：Bal de Tete 的香水广告，1956年。

第232页：英语中"罗夏"（Rorschach）一词的使用情况，来自谷歌词频统计器，2016年5月访问。

第240页：图2、3、5和6摘自鲁道夫·阿恩海姆《一张罗夏墨迹卡片的知觉分析》（1953年，《走向艺术心理学》，加利福尼亚大学出版社，1972年，平装本，第92—94页。©加利福尼亚大学出版社。

第317页：图1摘自巴里·多芬（Barry Dauphin）和哈罗德·H. 格林（Harold H. Greene）《正在看着你：罗夏墨迹图的眼动探索》，经许可复制自《罗夏测验文集》33（1）：3-22。©2012 Hogrefe Publishing，www.hogrefe.com，网址：10.1027/1192-5604/a000025。

第318页：©Can Stock Photo Inc.

注释

除非另有说明,所有翻译均来自作者。

缩写和简称

案卷

HRA:赫尔曼·罗夏档案(Archiv und Sammlung Hermann Rorschach),瑞士伯尔尼,HR 合集,除非另有说明。
StATG:瑞士弗劳尔菲尔德市图尔高州国家档案馆。
WSA:沃尔夫冈·施瓦茨档案,现已捐赠给 HRA,可在那里检索和访问。
WSI:沃尔夫冈·施瓦茨对 [姓名] 的采访引自 WSA 的笔记,为更好理解和提高译文的准确性进行了修正。
WSM:沃尔夫冈·施瓦茨未完成的手稿,其中大部分是罗夏书信中的语录被翻译成英文。

罗夏的主要著作

PD:《心理诊断法:基于知觉的诊断测试》(伯尔尼:汉斯休伯出版社,1942 年;1964 第 6 版),保罗·列姆考(Paul Lemkau)和伯纳德·克罗嫩伯格(Bernard Kronenberg)译自《心理诊断法:知觉诊断实验的方法及其结果(解读随机图形)》[*Psychodiagnostik: Methodik und Ergebnisse eines wahrnehmungsdiagnostischen Experiments (Deutenlassen von Zufallsformen)*,恩斯特·比歇尔,1921 年;增补第 4 版,汉斯休伯出版社,1941 年)]。译文质量不佳,我重新翻译了所有引文,但我的注释中注明了英文版的页码。
Fut:迄今为止,以英文发表的另一篇罗夏文章是《未来主义心理学》,薇罗妮卡·策特纳(Veronika Zehetner)、皮特·斯维尔斯(Peter Swales)和乔舒亚·伯森(Joshua Burson)译,见阿卡维亚,174—186 页。在这里,我也参考了德文并更正了译文(HRA 3:6:2;网址:www.history.ucla.edu/academics/fields-of-study/science/RorschachZurPsychologiedes Futurismus.pdf)。

德语文献

CE:收集的论文,K.W. 巴什编(汉斯休伯出版社,1965 年)。
日记:1919 年 9 月 3 日至 1920 年 2 月 22 日(HRA 1:6:6)。

草稿:"健康人和病人的知觉和理解调查",标题为"1918年草稿",为后来用另一台打字机添加的字样,1918年8月(HRA 3:3:6:1)。

L:书信集,编辑克里斯蒂安·米勒和丽塔·西格纳(汉斯休伯出版社,2004年)。该精选版本是在罗夏的孩子们还在世的时候制作的,省略了部分被认为"纯粹是私人信件"的信件或信件的部分内容。

一小部分信件发表在《赫尔曼·罗夏给弟弟的书信集》,丽塔·西格纳和克里斯蒂安·米勒编(路西法·阿莫尔:《精神分析史杂志》第16期(2005年),第149—157页);格奥尔格·勒默尔,《赫尔曼·罗夏和他生命最后两年的研究成果》[《心理》第1期(1948年),第523—542页];CE,第74—79页;安娜·R,第73—74页。有些信件采用WSM的译文(经我本人修订),而原始信件在WSA或丢失。

所有罗夏的往来信件都是按照日期引用的,不管它们在哪里发表过,或是否出版过。HRA是这些其他出版物的来源,也是研究人员的唯一来源,因为它包括了WSA。

关于罗夏的主要作品

关于赫尔曼·罗夏和墨迹测验的有用的非技术性文献很少,主要来源如下:

阿卡维亚:纳玛·阿卡维亚,《运动中的主体性:赫尔曼·罗夏作品中的生活、艺术和运动》(纽约:劳特利奇出版社,标示出版时间2013年,实际上是2012年)。

埃伦贝格尔:亨利·埃伦贝格尔,《医学博士赫尔曼·罗夏,1884—1922年:传记研究》,《门宁格诊所公报》18.5(1954年9月):第171—222页,在《超越无意识:亨利·F.埃伦贝格尔在精神病学史上的随笔》(普林斯顿:普林斯顿大学出版社,1993年)第192—236页中更容易找到,但其中的版本有删节,且没有指出所有的删节。我的注释给出了《公报》的页码。与此同时,CE(第19—69页)的德文译本"在得到作者许可的情况下,由K. W. 巴什在安娜·贝希托尔德 - 罗夏的评论基础上稍加修改和拓展"。非英文资料引自CE。

ExCS:小约翰·E. 埃克斯纳,《罗夏测验:一个综合系统》,第一卷,除非注明,引用年份表示该版本。

ExRS:小约翰·E. 埃克斯纳,《罗夏测验系统》(纽约:格伦和斯特拉顿出版社,1969年)。

加里森:彼得·加里森,《自我形象》,摘自《谈论中的事物:来自艺术和科学的经验教训》,洛林·达斯顿主编(纽约:Zone Books,2008年),第257—294页。

伍德:詹姆斯·M.伍德(J. M. Wood)、特蕾莎·内兹沃斯基(Teresa Nezworsk)、S. O. 利林菲尔德(S. O. Lilienfeld)和H. N. 加布(H. N. Garb),《罗夏测验有什么问题?科学面对有争议的墨迹测验》(旧金山:乔西 - 巴斯出版社,2003年)。

其他语言文献

安娜·R:安娜·贝希托尔德 - 罗夏,《我的青年时代》,CE收录,第69—74页。

ARL:安娜·贝希托尔德 - 罗夏,《个人履历》,1954年9月7日(HRA罗夏ER3:1)

布卢姆/威斯奇:艾丽斯·布卢姆和彼得·斯威奇主编,《奥莉加和赫尔曼·罗夏:不同寻常的精神病医生夫妇》(黑里绍:阿彭策尔费尔拉格出版社,2008年),特别是布卢姆(第58—71、72—83页)、威斯奇(第84—93页)和布里吉塔·贝尼特和雷内·艾格洛夫(第108—120页)的论文。

甘博尼:达里奥·甘博尼,《科学与艺术:赫尔曼·罗夏和他的测验》,摘自《知识的权威:对话中的艺术与科学史》,安妮·冯·德·海登和尼娜·乔克主编(苏黎世:Diaphanes,2012年),第47—82页。

莫根塔勒:沃尔特·莫根塔勒,《回忆赫尔曼·罗夏:瓦尔道时期》(1954年),载于CE,第95—101页。

奥莉加·R：奥莉加·罗夏－什捷姆佩林，《赫尔曼·罗夏的一生和性格》，发表于 CE，第 87—95 页；后半部分翻译后收入本书附录。

施韦茨：弗朗茨·施韦茨，"回忆赫尔曼·罗夏"[《图尔高人民报》(Thurgauer Volkszeitung)，分四期，1955 年 11 月 7 日至 10 日]。

学术期刊

JPA：《人格评估杂志》(Journal of Personality Assessment)，前身为《投射技术杂志》(Journal of Projective Techniques)

JPT：《投射技术杂志》，前身为布鲁诺·克洛普弗创办的《罗夏测验研究交流》

RRE：布鲁诺·克洛普弗创办的《罗夏测验研究交流》

作者的话

1. "simply having previous exposure"：格雷戈里·J. 迈耶 (Gregory J. Meyer) 等，《罗夏测验表现评估系统：管理、编码、解释和技术手册》(Rorschach Performance Assessment System: Administration, Coding, Interpretation, and Technical Manual，托莱多，OH：罗夏测验表现评估系统，2011 年)，第 11 页。见第二十二章注释。

引言　茶渣

1. Victor Norris：卡罗琳·希尔，采访，2014 年 1 月。
2. Any questions：这些摘自当时的标准罗夏手册，指导主试如何转移问题：ExCS (1986 年)，第 69 页，引自加里森，第 263—264 页。
3. were "perverse"：伊丽莎白·韦尔 (Elizabeth Weil)，《婴儿乔丹身上发生了什么》("What Really Happened to Baby Johan？")，Matter，2015 年 2 月，见于 medium.com/matter/what-really-happened-to-baby-johan-88816c9c7ff5。
4. One movie reviewer：David DeWitt，"Talk About Sex. Have It. Repeat"，《纽约时报》，2012 年 5 月 31 日。
5. "spatial rhythm"：PD，第 15 页。
6. CeeLo Green remembered：奈尔斯·巴克利，《疯了》，Blind website，见于 www.blind.com/work/project/gnarls-barkley-crazy。
7. "The method and the personality"：沃尔特·莫根塔勒，第二版前言，PD，第 11 页。
8. "a tall, lean, blond man"：埃伦贝格尔，第 191 页。

第一章　一切皆为运动的、有生命的

1. One late December morning：这是基于信件、照片以及罗夏的习惯想象的场景。典型的德国－瑞士儿童游戏：雷托·佐尔格 (Reto Sorg)，伯尔尼罗伯特·瓦尔泽中心，个人通信，2012 年。
2. their ancestors：海尼·罗夏 (Heini Roschach)，1437 年；约尼·威登凯勒 (Jörni Wiedenkeller)，1506 年；自汉斯·罗夏 (Hans Roschach，生于 1556 年) 和巴尔塔扎·威登凯勒 (Balthasar Wiedenkeller，生于 1562 年) 开始有完整的细节 (HRA 1:3；埃伦贝格尔，CE，第 44 页)。
3. Hermann was born：HRA 1:1。
4. Ulrich did well：WSM，引自安娜和乌尔里希的成绩单。乌尔里希在小学 (7 岁至 12 岁) 和实科中学（12 岁至 14 岁按学制升入文理中学，12 岁至 16 岁进入职业培训）任教。
5. Schaffhausen is a small：1880 年人口为 11795 人，约是今天的 3 倍。
6. "On the banks"：*Schaffhausen und der Rheinfall*, Europäische Wanderbilder 18 (Zurich: Orell Füssl, 1881), 3.
7. "the spray fell thickly on us"：Mary Shelley, *Rambles in Germany and Italy in 1840, 1842, and 1843* (London: Edward Moxon, 1844), 1:51-52.
8. "A heavy mountain"：*Schaffhausen und der Rheinfal*，第 28 页。
9. The house was roomier：该部分出自安娜·罗夏；WAM，引自 1960 年对安娜的采访；埃伦贝格尔，第 175—177 页。
10. "could look at something"：WSI，范尼·绍特（Fanny Sauter）。
11. "I can still see this modest man"：施韦茨。
12. a small compilation: Feldblumen：*Gedicht für Herz und Gemüth*（阿尔邦：G. Rüdlinge，1879 年），是一本当时常见的地方诗歌选集，收录了乌尔里希 27 首诗歌中的 8 首。
13. a hundred-page "Outline"：HRA 1:7。
14. symptoms more severe：WSI，雷吉内利。目前尚不清楚这种疾病究竟是什么——在 WSM 中，沃尔夫冈·施瓦茨推测是帕金森病或是"一种脑炎"。
15. When Ulrich died：乌尔里希的讣告证明了这一点："他不仅是个绘图员，也是个哲学家，他把大部分时间用于对终极问题的详细思考。他有真正的艺术家精神，会在纯粹的艺术工作中找到最大的满足感，但他无力接受普通教育和参加修学旅行；他被对家庭的物质生活的忧虑牢牢捆绑。尽管他在学校的时间很短，但自学为他奠定了全面的知识基础，并给了他专家般的创造能力。罗夏（指乌尔里希））唯一缺乏的是真正的自我肯定和艺术自信，即表现得游刃有余的能力；他不知道如何将自己的知识和能力付诸实践。"乌尔里希"总是乐于赞美他人的成就；他如此谦虚，不曾标榜自己的价值。"（Schaffhauser Nachrichten，1903 年 6 月 9 日）。
16. "I am afraid that"：致安娜的信，1911 年 8 月 31 日。
17. "I think back"：致安娜的信，1910 年 1 月 31 日。
18. "the Schaffhausen mind-set"：致安娜的信，1909 年 1 月 24 日。

第二章 克莱克斯

1. Swiss-German fraternities：WSM；WSI，Theodor "Schlot" Müller 和 Kurt Bachtold；*100 Jahre Scaphusia: 1858-1958*，同样由 Kurt Bachtold 编辑（沙夫豪森，1958 年）；*125 Jahre Scaphusia*（沙夫豪森，1983 年）；沙夫西亚兄弟会活动日志和 1903 年的剪贴簿（HRA 1:2）。
2. Rorschach attended：该部分：安娜·罗夏；施瓦茨；WSI，雷吉内利和以前的同学。
3. a toothache：*CE*，第 133 页。
4. "Women's Emancipation"：HRA 1:2:1；参见布卢姆/威斯奇，第 60 页。
5. In one picture：这张照片展示了沙夫豪森高级文理中学的伙伴赫伯特·豪格（Herbert Haug）正在看一张女子的照片，而一只黑狗正阴森地盯着他。这幅照片的下面是一首诗，同样暗示了豪格梦幻般的忧郁。几年后，他溺水而亡，很可能是自杀。（致安娜，1906 年 10 月 31 日，WSM）。
6. Ernst Haecke：Robert J. Richards, *The Tragic Sense of Life: Ernst Haeckel and the Struggle over Evolutionary Thought*（芝加哥：芝加哥大学出版社，2008 年），第 2—4 页；Philipp Blom, *The Vertigo Years: Europe, 1900-1914*（纽约：Basic Books，2008 年），第 342 页。海克尔还提出了一种通过原生质遗传的波动理论，这将决定性影响尼采对权力意志的阐述："生命起源于储存在原生质的微小物质结构中的周期性振动，这是一种彻底的机械遗传方法。"（Robert

Michael Brain, "The Pulse of Modernism: Experimental Physiology and Aesthetic Avant-Gardes circa 1900," *Studies in History and Philosophy of Science* 39.3 [2008]: 403–4 及注释）。

7. An aspiring landscape painter：Irenäus Eibl-Eibesfeldt, "Ernst Haeckel: The Artist in the Scientist"，见海克尔《自然界的艺术形态：恩斯特·海克尔的作品》（慕尼黑：Prestel, 1998 年），第 19 页。

8. Darwin praised Haeckel：Richards, *Tragic Sense of Life*, 1, 第 262 页。

9. visual vocabulary for Art Nouveau：Olaf Breidbach, "Brief Instructions to Viewing Haeckel's Pictures"，见海克尔《自然界的艺术形态：恩斯特·海克尔的作品》（慕尼黑：Prestel, 1998 年），第 15 页。

10. household showpiece：孩子们和祖辈都一样，将这本书"一有机会就带出来，展示、鉴赏、甚至赞美。"（理查德·P. 哈特曼，《自然界的艺术形态》序言，第 7 页）

11. the ultimate atheistic science: Richards, *Tragic Sense of Life*, 385. 尼采指出，今天的生物学家对人格化的上帝的信仰比其他任何领域的科学家都要少——只有 5.5%，而顶尖科学家的这一比例为 39.3%，美国公民的这一比例为 86%，如果算上对"更高权利"的信仰，则这一比例为 94%。1914 年的一项调查显示出同样的结果。

12. "Your misgivings"：出自海克尔，1902 年 10 月 22 日。

13. several people：安娜·罗夏，第 73 页；奥莉加·罗夏，第 88 页；莫根塔勒，《赫尔曼·罗夏》，见 PD，第 9 页；埃伦贝格尔，第 177 页。"向名人寻求建议这一大胆举动似乎是罗夏的特色"：L, 25n1。"令人生疑的是，罗夏会把他对未来职业的全部选择交给一个陌生人，从他的信件中可以看出，罗夏的大部分行为似乎都是经过深思熟虑和预先计划的"：WSM。1962 年，德国耶拿的恩斯特·海克尔故居通知施瓦茨，没有找到罗夏写给海克尔的信。

第三章　我想参透人心

1. graduating from high school：罗夏以全班第四名的成绩毕业，他对自己的成绩很失望，但他的老师告诉他，他说的还不够畅所欲言——罗夏的朋友 Walter Im Hof，一个外向健谈的人，未来的律师，比罗夏这位沉默寡言的倾听者和未来的精神病学家做的要好（WSI；Walter Im Hof，成绩单，HRA1:1）。

2. French lessons：WSM。

3. straight to Paris: 安娜致沃尔夫冈·施瓦茨的信，答其所问，约 1960 年，WSA。

4. "nowhere stupider"：致安娜的信，1906 年 2 月 18 日。

5. private diary：HRA 1:6:4。

6. "Everyone knows" and other quotes：给家人的信，1904 年 8 月 13 日。

7. "They like to talk"：致安娜的信，1908 年 5 月 26 日。

8. the Dukhobors：Orlando Figes, *Natasha's Dance: A Cultural History of Russia* (New York: Picador, 2002), 307; Rosamund Bartlett, *Tolstoy: A Russian Life* (Boston: Houghton Mifflin, 2011), 271; Andrew Donskov, *Sergej Tolstoy and the Doukhobors* (Ottawa: Slavic Research Group, University of Ottawa, 1998), 4-5; V. O. Pashchenko 和 T. V. Nagorna, "Tolstoy and the Doukhobors: Main Stages of Relations in the Late 19th and Early 20th Century" (2006), 杜霍波尔派谱系网（Doukhobor Genealogy Website），www.doukhobor.org/Pashchenko-Nagorna.html，最后一次访问是在 2016 年 8 月。

9. In 1895, Tolstoy called：1899 年的一位访客发现，虽然托尔斯泰比任何人都"蔑视门徒"，但一群绰号为"枢机主教团"的人聚集在他周围：弗拉基米尔·切尔特科夫、帕维尔·比留科夫和伊万·特列古博夫 [James Mavor, *My Windows on the Street of the World* (伦敦和多伦多：J. M. Dent and Sons, 1923 年), 2:70；参见 Chertkov, Biryukov, and Tregubov's pamphlet *Appeal*

for Help (London, 1897)]。这三个人很快就被赶出了俄国；特列古博夫于 1905 年返回，在 1917 年革命前煽动抵抗，之后在农业部门任职，继续试图保护杜霍波尔派的利益 [Heather J. Coleman, *Russian Baptists and Spiritual Revolution, 1905-1929*（布卢明顿：印第安纳大学出版社，2005 年），第 200 页］。他一直活到 1931 年。

在日记里（HRA 1:6:4），罗夏第一次在政治语境中提到特列古博夫："……晚间参与杜霍波尔派活动。"致安娜的信，1909 年 4 月 14 日，1907 年 1 月 21 日；安娜·罗夏，第 73 页。

10. apparently mastering：奥莉加·罗夏，第 88—89 页；埃伦贝格尔，第 197 页。
11. "I want to know"：安娜·罗夏，第 73 页。
12. "I never again want to read just books：致安娜的信，1906 年 2 月 19 日。
13. go to university：1904 年 10 月 20 日入学考试，注册编号 15174。
14. showed up in Zuric：该部分：施瓦茨；致家人的信，1904 年 10 月 23 日；参观葡萄酒广场，2012 年 11 月。
15. "went to two art exhibits"：致安娜的信，1904 年 10 月 22 日。
16. an extra in the student theater：罗夏之子瓦季姆的回忆（布卢姆/威斯奇，第 85 页）。
17. the Künstlergütli：来自贝德克旅游指南系列之《瑞士》的详细信息（1905 年和 1907 年）。
18. Rorschach took the lead：来自瓦尔特·冯·怀斯的回忆，见埃伦贝格尔，第 211 页。
19. "I was the only one：致安娜的信，1906 年 5 月 23 日。
20. "the large number of revolutionary-minded young foreigners"：包括赫尔岑、巴枯宁、普列汉诺夫、拉狄克、克鲁泡特金、卡尔·李卜克内西等人 [Peter Loewenberg, "The Creation of a Scientific Community: The Burghölzli", *Fantasy and Reality in History*（纽约：牛津大学出版社，1995 年），第 50—51 页］。
21. the debates in Little Russia："Es wurde heiß debattiert und kalt gesessen"，引自 Verena Stadler-Labhart, "Universität Zürich"，见 *Rosa Luxemburg*, Kristine von Soden 编辑，插图读本（柏林：Elefanten Press，1995 年），第 58 页。
22. university students：Stadler-Labhart, "Universität Zürich"，第 56 页、63n2；布卢姆/威斯奇，第 74 页；苏黎世大学，"历史"，未注明日期，www.uzh.ch/about/portrait/history.html，2016 年 7 月 8 日访问。
23. "It was simply unthinkable"：迪尔德丽·贝尔（Deirdre Bair），《荣格传》（*Jung: A Biography*，波士顿：利特和布朗出版社，2003 年），第 76 页。尽管爱玛做了父亲多年的助手，还是为了父亲的商界朋友，被送到巴黎做了一年的上层阶级互惠生，并在业余时间追求适当的文化兴趣。见 Stadler-Labhart, "Universität Zürich"，第 56—57 页；约翰·科尔（John Kerr），《最危险的方法：荣格、弗洛伊德与萨宾娜·斯皮尔林的故事》（*A Most Dangerous Method: The Story of Jung, Freud, and Sabina Spielrein*，纽约：Knopf，1993 年），第 34 页。
24. "semi-Asian invaders"：Stadler-Labhart, "Universität Zürich"；布卢姆/威斯奇，第 62—63 页。
25. "the Christmas angel"：指 Christchindli，一个戴铃铛的小女孩，飞到每家每户送礼物。
26. presumably his looks：罗夏的室友施瓦茨在 50 年后记下了这段逸事，但他没有提及这些吸引人的地方，只是说"有艺术天赋的唯美主义者罗夏"对俄国之美很感兴趣，他们的房间里挂着"所有人都钦佩的托尔斯泰的信"。托尔斯泰的信没有保存下来，但有一张他亲笔签名的照片是罗夏的珍贵财富之一。
27. Some truly were revolutionaries ... others were "thoroughly bourgeois"：施瓦茨。
28. Sabina Spielrein：贝尔，《荣格传》，第 89—91 页；科尔，《最危险的方法》；亚历山大·埃特金德，*Eros of the Impossible: The History of Psychoanalysis in Russia*（Boulder, CO: Westview，1997）。斯皮尔林和罗夏可能见过面，毕竟他们有同一个导师，他总和俄国人泡在一起，且斯皮尔林"每天都去上课，无论到哪里都守时，以充分参与其中为荣"（Loewenberg, "Creation"，第 73 页，引自荣格的话）。

29. Olga Vasilyevna Shtempelin：Штемпелин。德语拼写为"Stempelin"，首音是 Sht-，经常被引入英语，在英语中它的发音被误认为是 St-。1910 年，奥莉加在一份公证文件上签署了她的中间名韦莉格莫娃（Vil'gemovna），表示同意结婚；在赫尔曼·罗夏与瑞士当局关于他的婚姻手续的通信中，他也称她为威廉明娜（Wilhelmowna，我感谢丽塔·西格纳提供的信息）。然而，在罗夏后来制作的家谱和许多其他瑞士文件中，她的中间名是瓦斯列夫娜（Wassiljewna）。
30. a perk：据赫尔曼和奥莉加的女儿伊丽莎白（布卢姆/斯威奇，第 73—74 页和 126n139）。
31. "My Russian friends"：致安娜的信，1906 年 9 月 2 日。1908 年，赫尔曼在信中第一次提到了奥莉加的名字。
32. "Dear Count Tolstoy"：HRA 2:1:15:25。这里的翻译和收录经由莫斯科列夫·托尔斯泰博物馆的尤里·库季诺夫许可。
33. far from alone：这本书还没有写第一次世界大战前俄国文化对西方的影响，从伍尔夫到汉姆生再到弗洛伊德，俄国小说和戏剧让读者感到震惊；俄国芭蕾舞是巴黎的宠儿，俄国集幅员辽阔、思想深邃和政治落后于一体，激起了整个欧洲大陆的敬畏和焦虑；"信仰托尔斯泰的人"遍布欧洲，他们开素食餐馆，宣扬基督教的兄弟情谊。关于这一主题的一长串不可或缺的小说列表从约瑟夫·康拉德的《在西方目光下》开始，故事发生在 1907 年前后的俄国和瑞士。

第四章　非凡的发现与战争中的世界

1. The professor's compact silhouette：奥古斯特·弗雷尔（Auguste Forel）的描述，引自罗夫·默斯利（Rolf Mösli），《欧根·布洛伊勒：精神病学先驱》（Eugen Bleuler: Pionier der Psychiatrie，苏黎世，Römerhof-Verlag，2012 年），第 20—21 页；贝尔，《荣格传》，第 58 页；见本章注释"Eugen Bleuler"条。
2. Another lecturer：贝尔，《荣格传》，第 97—98 页；见本章注释"Carl Jung"条。
3. Zurich in the ftrst decade：关于现代精神病学的兴起，最好的单一资料来源是科尔的杰出著作《最危险的方法》（又名《危险方法》），这本书长达 22 页的参考文献本身就是一座图书馆。亨利·埃伦贝格尔的《无意识的探索》（纽约：Basic Books，1970 年）仍然是最详细、最深入的研究。乔治·马卡里（George Makari）的《思想革命：精神分析学的创造》[Revolution in Mind: The Creation of Psychoanalysis（纽约：哈珀·柯林斯，2008 年）] 是一部不错的近现代通史著作。
4. "medicine in Chekhov's day"：Janet Malcolm, Reading Chekhov: A Critical Journey（纽约：兰登书屋，2001 年），第 116 页
5. 351 copies：Sigmund Freud, The Interpretation of Dreams（John Wiley, 1961）, xx. 相比之下，泰奥努尔·弗卢努瓦（Théodore Flournoy）关于无意识的重要著作也在 1899 年出版，并在三个月内推出了第 3 版，在整个欧洲和美国的学术期刊及大众媒体上获得了如潮好评 [From India to the Planet Mars: A Case of Multiple Personality with Imaginary Languages (Princeton: Princeton University Press, 1995), xxvii–xxxi）。关于弗洛伊德的《梦的解析》在很大程度上被忽视这一"传说"的修正观点，见埃伦贝格尔，《探索》，第 783—784 页。
6. "better known locally for the brothel"：科尔，《最危险的方法》，第 40 页。
7. Eugen Bleuler：埃伦贝格尔，《探索》；贝尔，《荣格传》；科尔，《最危险的方法》；马卡里，《思想革命》；默斯利，《欧根·布洛伊勒》；Daniel Hell, Christian Scharfetter 和 Arnulf Möller, Eugen Bleuler, Leben und Werk (Bern: Huber, 2001)；Christian Scharfetter 编, Eugen Bleuler, 1857–1939 (Zurich: Juris Druck, 2001)；Sigmund Freud 和 Eugen Bleuler, "Ich bin zuversichtlich, wir erobern bald die Psychiatrie": Briefwechsel, 1904–1937, Michael Schröter 编（Basel: Schwabe,

2012；以下简称"F/B"）。布洛伊勒通常被描述为有些霸道和令人难以忍受，主要是因为荣格就是这么看他的（科尔则更加平和，*Most Dangerous Method*, 43）。随着更多关于布洛伊勒的资料发布，这种观点开始显得不够公允。

8. "We know now：引自 Loewenberg, *Creation*, 第 47 页，经修订。
9. "The great mass"：埃米尔·克雷珀林所著教科书《精神科诊所导论》（*Einführung in die psychiatrische Klinik*）1921 年第 4 版，引自克里斯蒂安·米勒，《告别疯人院：精神病学史论文集》（波恩：Huber, 2005 年），第 145 页。米勒继续写道："这句出自伟大的、无可争议的精神病学大师的话到底是哪里让我感到困扰？是风格，还是用词？是他给一个对他来说完全客观的现实上贴上了残酷的标签？这句话强调了我们与整个人类苦难的关系发生了巨大转变，我们变得更加敏感。"
10. six to eight hundred patients：默斯利说有 655 名病人（《欧根·布洛伊勒》，第 114 页），马卡里说病人"超过 800 名"（《思想革命》，第 183 页）。
11. as an adjective：欧根·布洛伊勒，"早发性痴呆的预后"，见 *The Clinical Roots of the Schizophrenia Concept: Translations of Seminal European Contributions on Schizophrenia*, 约翰·卡廷和迈克尔·谢泼德编（英国剑桥：剑桥大学出版社，1987 年），第 59 页。近来一位作家说，简单地消除痴呆症这个概念在给患者和他们的家人带来治愈的希望方面发挥了很大作用（（Daniel Hell, "Herkunft, Kindheit und Jugend"，见默斯利，《欧根·布洛伊勒》，第 25—26 页）。
12. One of Bleuler's assistants：Abraham Arden Brill, 引自默斯利，《欧根·布洛伊勒》，第 153 页。
13. "The way they looked at the patient"：Brill 引自 Loewenberg, "Creation"，第 65—66 页。
14. Carl Jung：关于荣格的文献繁多且充满争议；Sonu Shamdasani 的 *Jung Stripped Bare by His Biographers, Even*（伦敦：Kamac, 2005 年）是一本关于荣格传记的争议的书。科尔的《最危险的方法》是最好的开端，对荣格个性的概括很难超越该书开头的一段："强调 [荣格] 天赋的近乎拉伯雷的本性是很重要的。"（第 53 页）。另参见贝尔，《荣格传》；Sonu Shamdasani, *Jung and the Making of Modern Psychology: The Dream of a Science*（英国剑桥：剑桥大学出版社，2003 年）。
15. "complexes"：正如荣格在 1934 年解释的那样："'情结'这个词在心理学意义上已经是德语和英语中的日常用语。如今，每个人都知道，人们都'有情结'。尽管在理论上更为重要，不太为人所知的是，情结可以控制我们。"[《荣格文集》（*Collected Works of C. G. Jung*），普林斯顿：普林斯顿大学出版社，1960—1990 年，8，第 95—96 页]。
16. "unprecedented and extraordinary"：科尔，《最危险的方法》，第 59 页；马卡里称之为"重磅炸弹"（《思想革命》，第 193 页）。
17. Independent of Freud：至少在荣格对自我兴趣的重述中——他事实上 1900 年就读过《梦的解析》。
18. "that was how"：布洛伊勒，1910 年，米夏埃尔·施勒特尔（Michael Schröter），*F/B* 引言，第 16 页引用。
19. "opened up a new world"：同上，第 15 页。
20. "Dear Honored Colleague！"：F/B, letter 2B.
21. asking for tips："虽然我第一次读到你关于梦的书时就意识到这是正确的，但我很少能成功地解释我自己的任何一个梦……我的同事和我的妻子——她天生就是心理学家，都无法破解这个难题。所以，如果我向大师本人求助，您一定会原谅我的。"弗洛伊德答应了，然后布洛伊勒又发来更多的信。1905 年 11 月 5 日，他坐在打字机前，按照弗洛伊德教的，试着自由写作："会有什么结果吗？……在我的联想中，也只有旧的东西出现。就某种意义而言，这是不是在某种程度上与弗洛伊德的理论相矛盾呢？这个原理是正确的。所有的细节都适用于每一种情况吗啊？个体差异不重要吗？……以我有限的经验而言，我的怀疑是愚蠢的。但我很少能够解释我的梦，这也很愚蠢。僵局。（被雨声分散了注意力，想起即将到来的客人。)"

"如果我知道，"布洛伊勒非常难过地总结："应该如何无意识地写作就好了。"（F/B, letter 5B, 8B）邮购分析很快就结束了。

22. "An absolutely stunning acknowledgment"：致弗利斯的信，引自 Schröter，F/B 引言，第 15 页。"我确信"：F/B, etter 12F。
23. "two warring worlds"：《弗洛伊德与荣格书信集》(*The Freud/Jung Letters: The Correspondence between Sigmund Freud and C. G. Jung*)，威廉·麦圭尔（William McGuire）编（普林斯顿：普林斯顿大学出版社，1974年），下文称"F/J"3F。
24. It was Jung："Freud's Theory of Hysteria: A Reply to Aschaffenburg"，一篇充斥着肤浅的赞美和冷漠的优越感的长达七页的文章（荣格，《作品集》4，第 3—9 页）；荣格在 F/J, letter 83J 中表达了他的真实感受。以下引文：F/J, letter 2J、219J、222J、272J。
25. "I am the city of Naples"：该病人是一位裁缝，这是荣格最喜欢举的例子之一 [荣格，《作品集》2，第 173—174 页；*Memories, Dreams, Reflections*（纽约：Vintage, 1989 年）]。
26. Jung's accusation：贝尔，《荣格传》，第 98 页，转述荣格，《回忆录》，第 114 页；见 683n8。
27. running a large hospital：布洛伊勒的关键论文直到 1908 年才发表——在他回到布格霍尔茨利十年后和开始在莱茵瑙工作二十余年后——他关于精神分裂症的著作于 1911 年出版。他把自己的时间和精力都投入到他的病人身上，还改善了布格霍尔茨利精神病院的条件（员工增加了一倍。入院人数增加了两倍，预算增加了十倍）："宣传他的学术发现让位于经营精神病院的问题（科尔，《最危险的方法》，第 43 页）。
28. "twenty years"：贝尔，《荣格传》，第 97 页。
29. never met Rorschach：1957 年的一次采访，摘自 *C. G. Jung Speaking: Interviews and Encounters*（普林斯顿：普林斯顿大学出版社，1977 年），第 329 页。
30. "in Vienna"：致莫根塔勒的信，1919 年 11 月 11 日。1916 年的演讲（见第八章）指出，精神分析现在可针对的疾病类型较少——"甚至弗洛伊德也已经在某种程度上逐渐限制适应证"——而且通常没有必要一直挖掘童年时期的创伤以治疗神经官能症患者。
31. word association test：有一次，罗夏留出 60 法郎，也是他所有积蓄的 1/3，买了一块有 1/5 秒指针的手表"用于心理实验"，毫无疑问是字词联想测验（致安娜的信，1909 年 7 月 8 日）。没出一个月，这块表就派上了用场，当时一名退伍军人偷了一匹马，被带到医院接受评估。罗夏用这个测验做出了精确诊断，并发现他的行为不需要承担法律责任（CE，第 170—75 页）。
32. "fascinated by archaic thought"：奥莉加·罗夏，第 90 页。
33. "For this reason"：Jung, *Collected Works*, 3:162.
34. on the pineal gland：《论松果体肿瘤的病理学和可操作性》("On the Pathology and Operability of Tumors of the Pineal Gland")是唯一一篇被编辑从《罗夏文集》中故意剔除的罗夏的文章，因为这篇论文"与他的其他作品几乎毫无关联，而且篇幅太长，无法收录"（CE，第 11 页）。
35. none of these prejudices：默斯利，《欧根·布洛伊勒》，第 174 页。布洛伊勒与他的妻子密切合作，并一直认为她（及他的母亲）的心理洞察力是不可或缺的。
36. "if an old person"：致安娜的信，1908 年 7 月 7 日。
37. pledge of abstinenc：致安娜的信，1906 年 5 月 23 日。
38. Johannes Neuwirth：《消除健忘症的联想实验、自由联想和催眠》("The Association Experiment, Free Association, and Hypnosis in Removing an Amnesia"，CE，第 196—205 页）。罗夏称这个士兵为 J. N.，为便于阅读，我将其扩展为化名。

第五章　一条自己的路

1. "Real work with real patients"：致安娜的信，1906 年 5 月 23 日。
2. "The doctor meets with"：致安娜的信，1908 年 9 月 2 日。
3. "two months busy being extraverted"：致汉斯·布里的信，1920 年 7 月 16 日。
4. "I know too many people"：致安娜的信，1906 年 9 月 2 日。
5. "Berlin with its millions"：同上。
6. "I'm in total solitude"：致安娜的信，1906 年 10 月 31 日。
7. "a little stone"：致安娜的信，1906 年 11 月 10 日。
8. the modern metropolis：见彼得·弗里切（Peter Fritzsche），《阅读柏林 1900》[*Reading Berlin 1900* (Cambridge, MA: Harvard University Press, 1996)]，尤其是第 17、109、192 页。
9. "cacophonous blowing"：引同上，第 109 页，出自基奥伦（Walter Kiaulehn），弗里切称之为"20 世纪柏林伟大的编年史家"（17）。弗里切书中许多内容都对罗夏有所启发，例如，"用一系列无休止的锐化的、视觉上引人注目的图像刻画城市"意味着"男人、女人、儿童，以及初来乍到者、无产者和游客都以不同方式想象着这个城市"（第 130—131 页）。
10. "In a few years"：致保罗的信，1906 年 11 月 5 日。
11. "cold" and "boring"：致安娜的信，1906 年 10 月 31 日。
12. the society "despicable"：致保罗的信，1906 年 12 月 5 日。
13. the whole experience "idiotic"：致安娜的信，1907 年 1 月 21 日。
14. "worship the uniform"：致安娜的信，1907 年 1 月 21 日；关于科佩尼克上尉，见弗里切，《阅读柏林 1900》，第 160 页。
15. "the land of unlimited possibilities"：致安娜的信，1907 年 1 月 21 日。
16. "You can see and understand more"：致安娜的信，1908 年 11 月 16 日。
17. "retracing our father's steps"：致安娜的信，1907 年 1 月 21 日。
18. No one rereads War and Peace：致安娜的信，1909 年 1 月 25 日。
19. "disappointed and a bit depressed"：奥莉加·罗夏，第 89 页。
20. "Bern isn't bad"：致安娜的信，1907 年 5 月 5 日。
21. Anna jumped at the chance：她留在俄国是她自己的决定：赫尔曼更喜欢英国，他曾经敦促她去英国做一名家庭教师，因为与俄国相比，那里是"培养人格、生活方式，洞察人性的学校"，但安娜拒绝了；几个月后，她热切地接受了俄国的工作。（致安娜的信，1907 年 9 月 17 日、1908 年 1 月 31 日和 2 月 6 日）
22. "When I read your ftrst letter"：致安娜的信，1908 年 9 月 9 日。
23. Russian paintings：罗夏特别提到了伊万·尼古拉耶维奇·克拉姆斯柯依一幅"非常美丽的灰色画作"，名为《基督》，他曾经把这幅画挂在伯尔尼办公室的书桌上方；他自己的房间里还挂着俄国民俗学家、浪漫的现代主义者维克多·瓦斯涅佐夫的《天父》。他还提到一张画面是伊萨克·列维坦的《超越永恒的安静》的明信片，伊萨克·列维坦是所谓"情绪风景画"的大师。
24. "Do it"：致安娜的信，1908 年 11 月 16 日。
25. "I'm enclosing one of my photos：致安娜的信，1909 年 10 月 21 日。第二年，他写道："我终于学会了如何恰当地拍照。我附上了一些我们最好的作品，带有说明。告诉我你觉得如何。你的摄影技术怎么样了？"（1910 年 8 月 3 日）
26. "I could come to him"：ARL, 2.
27. "meat market" of Berlin streetwalker：致安娜的信，1906 年 10 月 31 日。
28. "Shockingly many men see women"：致安娜的信，1907 年 9 月 17 日。
29. "The stork question"：致安娜的信，1908 年 6 月 15 日。

注释　367

30. "You will probably know more"：致安娜的信，1908 年 11 月 16 日。
31. "see a country only when"：致安娜的信，1908 年 9 月 9 日。
32. "You only learn to love"：致安娜的信，1907 年 9 月 17 日。
33. "You have to write me"：致安娜的信，1908 年 5 月 26 日。
34. "You know, Annali"：致安娜的信，1908 年 5 月 26 日。
35. at age four：Fut，第 180 页。
36. "My love"：HRA 2:1:48。这是现存信件的一贯基调；为了保护隐私，大多数信件被奥莉加和他们的孩子销毁了（HRA 目录注释）。
37. "She doesn't feel well"：致安娜的信，1908 年 11 月 27 日。
38. "Four people died on me"：致安娜的信，1908 年 9 月 2 日。
39. "I've had it up to here"：致安娜的信，1908 年 9 月 9 日。
40. "ftnally, ftnally! be done"：致安娜的信，1908 年 11 月 27 日。
41. his professional options were limited：埃伦贝格尔，第 180 页。
42. He hoped he could earn enough：致安娜的信，1909 年 1 月 25 日。
43. "If science is not very far advanced here"：致安娜的信，1909 年 7 月上旬。
44. "I like Russian life"：致安娜的信，1909 年 4 月 14 日。
45. "This waiting!"：致安娜的信，1909 年 4 月 2 日。
46. "Kazan is not a large city：致安娜的信，1909 年 4 月 2 日。
47. Hermann helped Olga study：致安娜的信，1909 年 4 月 14 日。
48. "lacking in understanding"：致安娜的信，1909 年 7 月上旬。
49. "and obviously we didn't want to"：同上。
50. "No human society treats women：致安娜的信，1908 年 5 月 26 日。
51. "trying to prove that Woman"：致安娜的信，1909 年 11 月 22 日。
52. "it is true and it remains true"：同上。
53. "a doctor or engineer"：同上。
54. one last maddening incident：致安娜的信，1909 年 8 月 27 日。

第六章　形状各异的小墨迹

1. These were a few：CE，第 115 页（另一个医生的病人），第 112 至 113 页，118 页。
2. collection of psychiatric cases：HRA 4:2:1。
3. Münsterlingen Clinic：StATG 9'10 1.1（报告），1.6（小册子），1.7（相册）。
4. spoke German and Russian：致安娜的信，1909 年 9 月 24 日。
5. "The director is very lazy"：同上。
6. "It's totally natural"：致安娜的信，1909 年 10 月 26 日。
7. "At last"：致安娜的信，1909 年 9 月 24 日。
8. "a very nice little town：奥莉加致安娜的信，1910 年 8 月 3 日。
9. the same route：Mikhail Shishkin, *Auf den Spuren von Byron und Tolstoi: Eine literarische Wanderung* (Zurich: Rotpunkt, 2012)。奥莉加·罗夏，第 89 页："他热爱明斯特林根，在那里他感到非常快乐，在他有两个房间的'自己家'里，他几乎就是个王，那里无论任何天气都能看到他心爱的康斯坦茨湖。"
10. "Lola and I are doing well"：致安娜的信，1910 年 11 月 14 日。
11. "There is a fair"：奥莉加和赫尔曼致安娜的信，1910 年 8 月 3 日。
12. a large cargo ship：1913 年年度报告，第 11 页。
13. her "perfect" gift：致安娜的信，1910 年 12 月下旬。"在所有的俄国作家中，"赫尔曼写道，

"我最喜欢读的是果戈理，因为他语言优美。"
14. "to give her something"：同上。
15. sent his sister Goethe's Faus：致安娜的信，1909年12月22日。
16. art therapy：布卢姆/斯威奇，第92—93页；约翰·M. 麦格雷戈，《发现精神病人的艺术》(*The Discovery of the Art of the Insane*，普林斯顿大学出版社，1989年)，第187页和n8。1908年，柏林附近一家精神病院，"运动、园艺和艺术疗法全面开展"，那里的病人有宠物，包括一头驴。(埃伦贝格尔，《无意识的探索》，第799页)
17. from a troupe of traveling players：Urs Germann，私人书信，2014年。"菲普斯"这个名字仅存在于一张猴子照片的手写说明书中：StATG 9'10 1.7。
18. got hold of a monkey：埃伦贝格尔，第192页。
19. eleven articles：其中三篇是他在阅读或实践中遇到的关于性意象的简短笔记，只是为了正式记录而发表；还有一些是直接应用弗洛伊德理论的精神分析论文，比如《失败的升华作用和一例忘记名字的案例》、《一个神经症患者生活中的时钟和时间主题》和《一个神经症患者对朋友的选择》——这篇论文探索了在选择中起作用的无意识因素。有一篇文章根据荣格的思路使用了字词联系测验："神游状态下盗窃一匹马。"（皆引自 CE）
20. "For a period"：罗兰·库恩（Roland Kuhn），"Über das Leben …"，StATG 9'10 8.4。他称赞罗夏的散文和论文"写得好，引人入胜，而且特别关注人的人性，巧妙地刻画了他们的个性和命运，并突出了他们的能力"。
21. a patient's drawing：《一位精神分裂症患者画作的分析性评论》(*CE*，第178—181页)。
22. about a wall painter：《精神分裂症和绘画分析》("Analysis of a Schizophrenic Drawing"，*CE*，第188—194页)。
23. would take the patient's hand：WSI，格林夫人（名字未记录）。
24. "I'm glad"：致保罗的信，1914年12月8日。
25. "Mother gave me nothing"：致安娜的信，1911年5月23日。
26. "despite everything he went through"：致安娜的信，1910年11月14日。
27. Swiss and German newspapers：罗夏作为一名专栏作家的工作——"他渴望交流，表达思想，并承担当天的重要事务"——是"非常与众不同的"（米勒，《告别疯人院》，第107、103页）。
28. "Russian Transformations"：*März* 12（1909）；HRA 6:1。"新的俄国社会正在经历飞速的变革。就像是处于青春期的个体……"
29. Andreyev was considered：他的戏剧广泛演出并被排成电影，其中包括《被扇耳光的人》(1924年)。《意念》，见列昂尼德·安德烈耶夫，《梦境》(圣迭戈：Harcourt Brace Jovanovich，1987年)，第31—78页。
30. "This writing for the papers"：致安娜的信，1909年7月上旬。
31. "his constantly moving"：奥莉加·R，第94页；在附录中翻译。
32. "fanatical"：丽塔·西格纳和克里斯蒂安·米勒，《20世纪初，精神病学家读什么书？》["Was liest ein Psychiater zu Beginn des 20. Jahrhunderts?"，《瑞士神经学和精神病学档案》(*Schweizer Archiv für Neurologie und Psychiatrie*) 156.6 (2005)：第282—283页]。他摘录了荣格的《力比多的象征与转换》，长达128页；在他对教派、神话和宗教的研究中，他对诸如保罗·马克斯·亚历山大·埃伦赖希（Paul Max Alexander Ehrenreich）的《一般神话及其民族学基础》和《南美洲原始民族的神话和传说》，路德维希·凯勒（Ludwig Keller）的《宗教改革和旧的改革政党》、卡尔·鲁道夫·哈根巴赫（Karl Rudolf Hagenbach）的七卷本《教会历史演讲》和雅各布·布尔克哈特（Jacob Burckhardt）的《意大利文艺复兴时期的文明》等著作都做了笔记。
33. Justinus Kerner：埃伦贝格尔，《探索》；Karl-Ludwig Hoffmann 和 Christmut Praege，"Bilder aus Klecksen: Zu den Klecksographien von Justinus Kerner"，载于 *Justinus Kerner: Nur wenn man*

von Geistern spricht，Andrea Berger-Fix 编辑（斯图加特：Thienemann，1986 年），第 125—152 页；Friedrich Welzien，Fleck—Das Bild der Selbsttätigkeit: Justinus Kerner und die Klecksografie als experimentelle Bildpraxis zwischen Ästhetik und Naturwissenschaft（哥廷根：Vandenhoeck und Ruprecht，2011 年）。

34. botulism, the bacterial food poisoning：厄尔博和瑙曼，"Historical Aspects of Botulinum Toxin：Justinus Kerner (1786–1862) and the 'Sausage Poison'"，《神经学》（Neurology）53（1999 年）：第 1850—1853 页。

35. "curiously gifted"：肯纳早期的小说《影戏表演者卢克斯的旅行之影》（The Travel-Shadows of Lux the Shadow-Player）1918 版的后记，引自肯纳的《旅行之影》（Die Reiseschatten，斯图加特：施泰因科夫出版社，1964 年），第 25 页。

36. Klecksographien：古登堡计划，gutenberg.spiegel.de/buch/4394/1。第一首诗的第一节是典型的开头："Everyone carries his death inside him— / When all outside is laughing and bright / You roam today in the light of the morn / And tomorrow in the shadow of night"。

37. "daguerreotypes"：1854 年 6 月肯纳致奥蒂莉·维尔德穆特（Ottilie Wildermuth）的信（引自 Weltzien 的 Fleck，第 274 页）："在某些方面，这些图像让我想起新的摄影作品，人们不需要特殊的设备，而是依靠于一种非常古老的材料：墨水。最新奇的图像和人物完全是它们自己形成的，不需要我的任何协助，就像是照相机里的照片一样。你既不能影响它们，也不能引导它们。你不可能让它成为你想要的；你经常会得到与你期望相反的结果。值得注意的是，这些图片常常与来自远古的人类出现时代的图片相似。对我来说，它们就像是对不可见世界的银版照相法，尽管由于它们与墨水的黑色联系在一起，它们只能让那些低等的灵魂看到。但是，如果更高等的灵魂，来自中界和天堂的灵魂，不能按照他们自己的方式规划摄影的化学过程，从而在其中发光，我会感到非常惊讶。如果不是在光中游荡的话，那么这些灵魂到底是什么呢？"

38. many historians：埃伦贝格尔，第 196 页；E. H. Gombrich，Art and Illusion：A Study in the Psychology of Pictorial Representation（纽约：Pantheon，1960 年）；H. W. Janson，"The 'Image Made by Chance' in Renaissance Thought"，载于 De Artibus Opuscula XL: Essays in Honor of Erwin Panofsky（纽约：纽约大学出版社，1960 年），1：第 254—266 页；"Chronological and geographico-cultural proximity makes a direct link more than likely"[达里奥·甘博尼，Potential Images：Ambiguity and Indeterminacy in Modern Art（伦敦：Reaktion，2002 年），第 58 页]。奥莉加·罗夏说她的丈夫很早就知道肯纳的这些图片，但她描述它们是通过想象而不是感知，第 90 页（对于为什么这是误导见第十章）："他一直对'想象力'很感兴趣，并将其视为人性中的'神圣火花'。这就像他内心半意识的预感，也许这些'偶得的形态'可以作为检验想象力的桥梁。"

39. Rorschach was asked：1920 年 5 月 21 日和 5 月 28 日汉斯·布里的来信和回信。这些都是私人信件，是在罗夏测验出版之前写的；罗夏没有理由对肯纳的影响撒谎。
罗夏测验有时也与笔迹学联系在一起，但直到 1920 年，罗夏对笔迹学还一无所知，当别人告诉他时，他也不是很感兴趣（WSI，玛莎·施瓦茨-甘特纳）。

40. child's game：荣格，《回忆录》，第 18 页。Henry David Thoreau, The Journal, 1837-1861（纽约：《纽约书评》，2009 年），1840 年 2 月 14 日，附一页墨迹图，未出版，但保存在纽约的摩根图书馆。WSI，伊连娜·明科夫斯卡。

41. used before：Alfred Binet 和 Victor Henri，"La psychologie individuelle"，Année Psychologique 2（1895-1896）：第 411—165 页，引自 Franziska Baumgarten-Tramer，"Zur Geschichte des Rorschachtests"，《瑞士神经学和精神病学档案》50（1942 年）：第 1—13 页，1；参见加里森，第 259—260 页。

42. It reached Russia as well：F. E. Rybakov，Atlas dlya ekspiremental'no- psikhologicheskogo

issledovaniya lichnosti（莫斯科：Sytin，1910 年），摘自 Baumgarten-Tramer，*Zur Geschichte*，第 6—7 页。
43. an American, Guy Montrose Whipple：参见他的《精神和身体测验手册》（Baltimore：Warwick and York，1910 年），第 11 章，《想象力和创造力测验》，测验 45：墨迹测验。
44. Binet's own inspiration—Leonardo da Vinci：Baumgarten-Tramer，*Zur Geschichte*，第 8—9 页，引用了列奥纳多的《论绘画》，推测比奈从这段话中得到了启发。列奥纳多的经历被德米特里·梅列日科夫斯基编进他的著名小说《列奥纳多·达·芬奇》（1902 年，重印本，纽约：兰登书屋出版社，1931 年），第 168 页，这本书赫尔曼和奥莉加一起读过（埃伦贝格尔，第 198 页，引用场景）。George V. N. Dearborn，*Notes on the Discernment of Likeness and Unlikeness*，*Journal of Philosophy, Psychology, and Scientific Methods*，7.3（1910 年）：第 57 页。
45. early blots：HRA 3:3:3；WSI，格林先生。

第七章　赫尔曼·罗夏感到他的大脑被切成了片

1. "In my ftrst clinical semester"：罗夏的论文（*CE*，第 105—149 页），第 108—109 页。本章中的引语和例子未加注明者均摘自罗夏的论文。
2. Robert Vische："On the Optical Sense of Form"（1873 年），收录于 *Empathy, Form, and Space*，Harry Francis Mallgrave 和 Eleftherios Ikonomou 编（Santa Monica, CA：Getty Center for the History of Art and the Humanities，1994 年），引自第 90、92、98、104 和 117 页，在某些地方进行了修订。参见编者对同上的介绍；Irving Massey，*The Neural Imagination*（Austin：University of Texas Press，2009 年），特别是 "Nineteenth-Century Psychology, 'Empathy,' and the Origins of Cubism"，第 29—39 页。Carol R. Wenzel-Rideout 在一篇论文中细心地发现，罗夏和费肖尔的移情理论之间没有直接的联系，但是有令人信服的间接证据表明，他很熟悉这些作品，他们的观点 "至少有很强的联系"［"Rorschach and the History of Art: On the Parallels between the Form-Perception Test and the Writings of Worringer and Wölfflin"，心理学博士论文（罗格斯大学，2005 年）］，第 199—207 页；第 70—74 页是关于沃林格的）。
3. "gift for entering"：Richard Holmes，"John Keats Lives！"，《纽约书评》，2013 年 11 月 7 日。
4. a medical student：Massey，*Neural Imagination*，xii 和第 186—189 页，把济慈的诗《普赛克颂》当作神经科学的神话来读，这首诗倡导普赛克在万神殿中的地位，并引出了神经学上的细节，如树突脑细胞（"工作的大脑的花棚架"）和神经可塑性（"分支思想，在伴随愉快的痛苦中成长"）。
5. Since Freud wanted：他在 1937 年告诉安德烈·布勒东 "对于梦的表面，我称之为显梦，我并不感兴趣。我一直关注的是可以通过精神分析解释的源于显梦的'潜在的内容'。"［1937 年 12 月 8 日的信，引自 Mark Polizzotti，*Revolution of the Mind: The Life of André Breton*（波士顿：黑寡妇出版社，2009 年），第 406 页，参见第 347—348 页］
6. Karl Albert Scherner：1825—1889 年。弗洛伊德特别欣赏舍纳对愿望满足、梦的前一天的经历，以及作为梦的转化物的性欲的关注（费肖尔，*On the Optical Sense*，第 92 页；弗洛伊德，《梦的解析》，第 83、346 页，多处）。最近一位学者称费肖尔是 "一位有趣而神秘的人物，被深深埋没在思想史的沙滩"，尽管 "舍纳是迄今为止最有理由称自己是弗洛伊德的主要先驱的人，他主要采用了美学理论，并使其成为他的梦的心理学的基础"［Masse，*Neural Imagination*，第 37 页，以及 Irving Massey，"Freud before Freud: K. A. Scherner (1825–1889)"，*Centennial Review* 34.4（1990 年）：第 567—576 页］。
7. *Abstraction and Empathy*：Wilhelm Worringer 著，Michael Bullock 译（1953 年；重印本，芝加哥：Ivan Dee，1997 年）。鲁道夫·阿恩海姆称《抽象与移情》是 "新世纪艺术理论中最具影响力的文献之一"，其 "对现代运动的影响是迅速且深刻的"［《艺术心理学新论》（伯

8. no more valid or more aesthetic：沃林格将西奥多·利普斯（Theodor Lipps，1851—1914 年）看作"科学的"移情心理学理论之父的代表，利普斯剥去了费肖尔神秘的泛神论色彩，将移情简单地定义为"对象化的自我享受"。根据利普斯的观点，现实歪曲是"消极移情"，也是"令人厌恶的"。沃林格直接反驳说，对现实的歪曲给了其他文化、其他个体同样的"有机生命形式带给我们的幸福与满足"（《抽象与移情，第17页》）。

9. "valuable parallel"：*A Contribution to the Study of Psychological Types*（1913 年），荣格，《文集》，6：第504—505 页。在《心理类型》一书中，荣格用了整整一章来讨论沃林格。

10. proposed ftve ideas：1910 年10 月17 日；埃伦贝格尔，第181 页；阿卡维亚，第25 页及其后各页。

11. reflexhalluzination：德国精神病学家卡尔·路德维希·卡尔鲍姆（Karl Ludwig Kahlbaum）提出了偏执狂这个术语（F/J，29n10），他也在19 世纪60 年代解释了这个术语，它一直是按照字面意思翻译的。

12. John Mourly Vold：1850—1907 年；*Über den Traum：Experimental-psychologische Untersuchungen*，第2 卷（莱比锡：J. A. Barth，1910—1912 年）。"人们很难想象这两种梦的理论完全对立"：埃伦贝格尔，第200—201 页；阿卡维亚，第27—29 页。

13. stepping on the foot：HRA 3:4:1，日期为1911 年3 月18—19 日。病人被命名为Brauchli。

14. forced to drastically shorten：致布洛伊勒的信，1912 年5 月26 日，1912 年7 月6 日，1912 年7 月16 日；*L*，120n3。罗夏的论文 *Reflex Hallucinations and Symbolism*（1912 年）包含了从毕业论文中删除的与精神分析有关的材料（*CE*；埃伦贝格尔，第182 页；阿卡维亚，第29 页）。

第八章　最黑暗、最复杂的妄想

1. In 1895：《两个瑞士教派创始人（宾格利和翁特纳赫勒）：一项精神分析研究》（"Zwei schweizerische Sektenstifter (Binggeli-Unternährer): Eine psychoanalytische Studie"），发表在弗洛伊德的精神分析与文化杂志 *Imago* 13（1927 年）上：第395—441 页，而且编辑为一本50 页的书（莱比锡：Internationaler Psychoanalytischer Verlag，1927 年）；两篇较早的论文是《论瑞士教派和教派创始人》和《关于瑞士教派形成的进一步思考》（均收录于 CE）。

2. Hermann Wille：WSI，Manfred Bleuler。

3. Rorschach followed Brauchli：碰巧的是，德国经典犯罪小说之一《在马托的王国》（*In Matto's Realm*，1936 年）的故事发生在"兰林根"（Randlingen），几乎就是完全没有伪装的明辛根，讲的是精神病院院长乌尔里希·布劳克利被谋杀的故事。1919 年，弗里德里希·格劳泽（Friedrich Glauser，1896—1938 年）是那里的病人，在那里，他一开始就讨厌布劳克利（其他人一致认为他热情又善良）——后来又厌恶了一次。他的小说生动地刻画了瑞士精神病院的气氛、房间和走廊、病人和治疗，以及那里生活的观感，而且，根据真正的精神病院二把手马克斯·米勒（Max Müller）的说法，他"非常准确地刻画了布劳克利"，"不仅仅是他的外表，还有他所有的弱点，如果他有个副本，那他会没命的"。米勒开始审查布劳克利的邮件，以确保他从未听说过这本书。[*Matto regiert* (Zurich: Unionsverlag, 2004), 265n；德文版有令人回味的明辛根的说明和照片。《在马托的王国》，麦克·米切尔（Mike Mitchell）译（伦敦：Bitter Lemon Press，2005 年）]。

4. was fascinated：莫根塔勒，第98 页；见埃伦贝格尔，第186 页；布卢姆/威斯奇，第112 页。

5. his lifework：埃伦贝格尔，第185 页；罗夏对伯尔尼大学的哲学教授卡尔·哈伯林（Karl Häberlin）说了这句话。

与宾格利一样疯狂的是一个偏执型精神分裂症患者 Theodor Niehans，1874 年住院，从1895

年到 1919 年一直在明辛根。他的症状包括刺伤他的护理人员,并按照上帝的指令放火焚烧精神病院的木工店;阿卡维亚全面地描述了这些症状。罗夏起草了一份长篇案例研究(HRA 4:1:1),采用了 1910 至 1914 年间发表在由荣格编辑的布洛伊勒和弗洛伊德的短命期刊——《精神分析与精神病理学研究年鉴》中的几篇重要文章的模式。他还编辑了一份 12 页的表格,将弗洛伊德的两个典型精神分裂症患者 Niehans 和 Schreber 进行比较,"追随荣格和布洛伊勒的脚步",而且比他们走得更远,而且 "期待当下弗洛伊德的解读 Schreber 的评论"(HRA 3:1:4;阿卡维亚,第 111 页及其后各页。米勒,《告别疯人院》,第 75—88 页)。

6. "a thick book":致普菲斯特的信,1920 年 10 月 16 日。
7. Russian state medical exam:L,128n4;奥莉加·R,第 90 页。
8. Silver Age:埃特金德,*Eros of the Impossible*;伊琳娜·希特罗金娜(Irina Sirotkina),《诊断文学天才:俄国精神病学文化史》(*Diagnosing Literary Genius: A Cultural History of Psychiatry in Russia, 1880-1930*,巴尔的摩:约翰霍普金斯大学出版社,2002 年);马格努斯·永格伦(Magnus Ljunggren),《第一次世界大战前夕俄国精神分析的突破》(*The Psychoanalytic Breakthrough in Russia on the Eve of the First World War*),选自《俄国文学与精神分析》,Daniel Rancour-Laferriere 主编(阿姆斯特丹:约翰·本杰明出版社,1989 年),第 173—192 页;约翰·E. 鲍尔特(John E. Bowlt),《莫斯科和圣彼得堡,1900—1920 年:俄国白银时代的艺术、生活和文化》(*Moscow and St. Petersburg, 1900-1920: Art, Life and Culture of the Russian Silver Age*,纽约:旺多姆出版社,2008 年),第 13—26 页,引自亚历山大·伯瓦努(Alexandre Benois)的话,他是佳吉列夫领导下的俄国芭蕾舞团的设计师,也是世界艺术运动的创始人员。
9. "to heal":希特罗金娜,《诊断文学天才》,第 100 页,修订版。
10. Osipov, for instance":希特罗金娜,《诊断文学天才》,第 112 页;永格伦,《精神分析的突破》,第 175 页。
11. sanatorium gave preferential treatment:希特罗金娜,第 104 页;埃特金德,*Eros of the Impossible*,第 131 页。
12. a number of themes:鲍尔特,《莫斯科与圣彼得堡》,第 29、68、90、184 页。
13. advertising brochure:尼古拉·维鲁博夫(Nikolai Vyrubov),引自永格伦,《精神分析的突破》,第 173 页。同年,维鲁博夫发表了一篇他在克留科沃使用弗洛伊德心理疗法的经历的文章,从而拉开了俄国接受弗洛伊德的序幕。
14. "rational therapy":希特罗金娜,第 102 页。
15. Tolstoy, the wise, humanistic soul-heale:这是埃特金德的 *Eros of the Impossible* 的主旋律。"在俄国,将精神分析与托尔斯泰的学说联系起来,是促进人们接受精神分析的最好方式。"(希特罗金娜,《诊断文学天才》,第 107 页)。另一个共同的基础是弗里德里希·尼采在俄国对弗洛伊德和荣格不可估量的影响,(埃特金德,*Eros*,第 2 页)。有些概述文章不关注弗洛伊德在俄国的受欢迎程度,而是将德国式的生物医学精神病学描述为主流:从埃米尔·克雷珀林(1886 至 1891 年间,他在俄国工作)到巴甫洛夫及其他学者。在这种观点影响下,克留科沃的精神分析精神病学家是"值得注意的"例外 [Caesar P. Korolenko 和 Dennis V. Kensin,"Reflections on the Past and Present State of Russian Psychiatry",选自《人类学与医学》9.1 (2002):第 52—53 页]。
16. Freud had joked:F/J, 306F。
17. "censorship," an explicit allusion:引自埃特金德,*Eros*,第 110 页。
18. a tale of Russian culture:埃特金德,*Eros*;埃伦贝格尔,《探索》(例如,第 543、891—893 页);Sonu Shamdasani,Flournoy,*From India* 序言。弗洛伊德"最喜欢的病人和他最喜欢的作家(陀思妥耶夫斯基)一样是俄国人",这并非"偶然"——弗洛伊德的母亲是加利西亚人,他自己也有一半"俄国人"的血统 [埃特金德,*Eros*,第 110—112、151—152 页;

James L. Rice, *Freud's Russia: National Identity in the Evolution of Psychoanalysis* (New Brunswick, NJ: Transaction, 1993)。

19. In a lecture：该演讲发表在克里斯蒂安·米勒的 *Aufsätze zur Psychiatriegeschichte*（Hürtgenwald: Guido Pressler，2009 年），第 139—146 页；这本书主要讲述了罗夏自己的经历中几个相当生动的精神分析干预案例。

20. journalistic opening：Fut，第 175 页。大概在 1915 年：阿卡维亚，第 135 页。

21. modernist pressure-cooker：《俄国未来主义》，作者弗拉基米尔·马尔科夫（Vladimir Markov，伯克利：加利福尼亚大学出版社，1968 年），可能是最好的出处。

22. "walk with painted faces"：第 133 页。罗夏几乎可以确定他亲眼看到了伟大的诗人弗拉基米尔·马雅可夫斯基——令人惊讶的吃橘子的人——马雅可夫斯基以他的明黄色或多色衬衫而闻名，偶尔还会配上橙色夹克等配饰，手里拿着鞭子，或者翻领上插着一把木勺，而且罗夏的 Niehans 案例研究将 Niehans 的"幼稚"与"去年冬天我有机会在俄国观察到的一种现象"相比较："一群俄国未来主义者：他们在脸上涂脂抹粉，穿着色彩艳丽的衬衫四处走动，行为举止非常粗野。"（引自阿卡维亚，第 133 页）

23. Mikhail Matyushin：鲍尔特，《莫斯科与圣彼得堡》，第 310 页；马尔科夫，《俄国未来主义》，第 22 页；全部选自 Isabel Wünsche，*The Organic School of the Russian Avant-Garde: Nature's Creative Principles*（英国法纳姆：Ashgate，2015 年），第 83—139 页。

24. Nikolai Kulbin：马尔科夫，《俄国未来主义》，第 5 页及其他各页；Wünsche，Organic School，第 41—49 页；Victor Shklovsky 的 *Third Factory* 中对库尔宾的描述令人回味 [1926 年；理查德·谢尔登译（芝加哥：达尔基档案出版社，2002 年），第 29 页]。罗夏在他的文章中提出："我们看到的一则公告中，P 是红色的，Ш 是黄色的 [西里尔字母 R 和 Sh——也许是巧合，这正好是 Rorschach（罗夏）和 Shtempelin（什捷姆佩林）的首字母]；库尔宾在他的一次演讲中提到一个蓝色的 C[西里尔字母 S]"（Fut，第 179 页）。这一说法也出现在库尔宾的宣言《词语是什么》（*What Is the Word*）中（马尔科夫，《俄国未来主义》，第 180 页）。

25. Aleksei Kruchenykh：马尔科夫，《俄国未来主义》，第 128—129 页。罗夏引用了克鲁乔内赫（Kruchenykh）的"单元音诗"——"o e a / i e e i / a e e i"——以及他作为未来主义语言的例子的一个毫无意义的短语 [Anna Lawton 和 Herbert Eagle，*Words in Revolution: Russian Futurist Manifestoes, 1912-1928*（华盛顿，DC：New Academia，2005 年），第 65—67 页；阿卡维亚，第 143 页；马尔科夫，《俄国未来主义》，第 131 页]。

26. "bring about movement and the new perception"：马尔科夫，《俄国未来主义》，第 128 页，对克鲁乔内赫的改写。

27. the poet is in a movie theater：马尔科夫，《俄国未来主义》，第 105 页；这首诗是诗坛领袖瓦季姆·舍尔舍涅维奇写的。

28. "the time has now passed"：Fut，第 175—176 页。

29. In the most original analysis：Fut，第 183—184 页。他对"错误"的巧妙解释是，未来主义者的画里一条腿接着另一条腿，因此，在他画画的时候，他的身体感受到了一系列的态度，留下了"一种连续不断的印象"，他把这种印象归因于绘画本身——"在他看来，这是一种真实的运动，但仅仅是对他来说"。

30. "A picture—The rails"：Fut，第 183 页。这可能是他亲耳听到的——在任何已知的未来主义作品中都没有出现过（约翰·鲍尔特，私人通信，2014 年）。

31. ahead of his time：尽管据说 E. P. 拉金博士是俄国人，但他在 1914 年写了《未来主义与疯狂》一书，比较了儿童、疯子和先锋派画家的作品："拉金博士对文学分析的涉猎显得有些笨拙，至少可以说，他批判性解读油画和素描的能力是有限的。最后，他接受了科学的客观性观点，并指出没有足够的数据表明未来主义者患有精神疾病，但他警告他们走的是一条危险的道路"（马尔科夫，《俄国未来主义》，第 225—226 页）。除了 1921 年出版的一本名为《苏维埃政权如何保护儿童健康》的小书外，我没有发现过任何关于拉金的更多踪迹。

32. Freud would freely admit：" 他周围爆发了绘画、诗歌和音乐的革命，弗洛伊德没有受到任何影响；当这些巨变引起他的注意时（这种情况极少发生），他表示强烈反对"（Peter Gay, *Freud: A Life for Our Time* [纽约：诺顿出版社，1988年]，第165页）。

33. Jung would write：荣格"不读当代小说，蔑视当代音乐，对现代艺术漠不关心"，他的这两篇文章都遭到了"媒体和公众的猛烈抨击……公众的嘲笑是很丢脸的"（贝尔，《荣格传》，第402—403页）。

34. German surrealist Max Ernst：麦格雷戈，《发现精神病人的艺术》，第278页。

35. "bevies of girls"：汉斯·阿尔普，引自 *Movement and Balance: Sophie TaeuberArp, 1889-1943*（达沃斯：Kirchner Museum，2009年），第137页。

36. Alfred Kubin：*PD*，第111—112页；见阿卡维亚，第127—132。库宾（1877—1959年）与蓝骑士团体有联系，还写了一部感人的奇幻小说《另一侧》（1909年）。罗夏读库宾的书时做了大量的笔记（HRA 3:1:7；日记，1919年11月2日；阿卡维亚，第131页），特别是关于联觉的笔记，而且在 *PD* 中，他追溯了库宾在整个职业生涯中内向和外向的变化，并将其与他不同的艺术作品联系起来。

37. "chronic question"：致保罗的信，1914年5月。

38. "European longing"：奥莉加·R，第90—91页；"他一直是，也希望保持是百分百的欧洲人"。

39. "It's very hard to work"：1909年4月2日。还有一次，他半开玩笑地为自己的瑞士式克制辩护，反对人们对俄国人热情的期望，在一封给安娜的信的结尾他写道："你最近写信问我为什么不给你一个吻。亲吻在俄国稀松平常，而且种类更多。这里却很少，我的确实更少，你忘了吗？你只能将就着收到这点问候，但那是你哥哥赫尔曼的亲切问候。"（1909年1月25日）

40. Anna later recalled：*CE*，32n。

41. "after our endless gypsy wanderings"：见莫根塔勒。

42. end of Olga's six weeks：奥莉加写给保罗的信，1914年5月15日。

43. by choice：雷吉内利（WSI）在谈到奥莉加留下来时说："也许这是对意志的考验。"

44. hard work：他有大约100名男性病人，每天要快速巡视两次，这样就有时间做他感兴趣的其他事情。"对他来说，一切都非常迅速且简单……他很快和病人建立起联系，看到了需要做些什么，并给出了指示……他也很快写好病例记录——对于典型病例，写下几句触及关键特征的话。"他花了更多时间在他感兴趣的病人身上，而且"主任和爱发牢骚的工作人员有时会抱怨他对病人的'衣服、鞋带、床头柜等等'不够关心"，这让罗夏非常恼火，尽管几分钟后，讲一两个笑话，他就会恢复正常（莫根塔勒）。

45. pioneering study of art and mental illness：瓦尔特·莫根塔勒，《疯狂与艺术：阿道夫·韦尔夫利的生活与作品》（林肯：内布拉斯加大学出版社，1992年）；参见麦格雷戈，《发现精神病人的艺术》。另一个关于这个主题的开创性作品是汉斯·普林茨霍恩的《精神病人的艺术》（*Bildnerei der Geisteskranken*，1922年；重印本，纽约：SpringerWienNewYork，2011年），而且罗夏也直接和他有了联系。1919年，普林茨霍恩称赞罗夏1913年发表的一篇关于精神分裂症绘画作品的文章"极具启发性"，罗夏也把他从病人那里收集的艺术品寄给了他。1921年，他写信问罗夏的书能否及时出版，以便能够像他想的那样，把它与荣格和莫根塔勒的书一起引用；出版商的拖延使得这些都不可能实现。（卡尔·维尔曼斯的来信，1919年12月13日；致比歇尔的信，1921年2月12日。）

46. schizophrenic named Adolf Wölfli：韦尔夫利（1864—1930年）"可以作为局外人现象研究的证据……他的成就是一个启示"（Peter Schjeldahl，"The Far Side"，《纽约客》，2003年5月5日）。

47. André Breton grouped：André Breton, *L'écart absolu catalog*（巴黎：Galerie l'Œil，1965 年）；参见 José Pierre, *André Breton et la peinture*（巴黎：L'Âge d'Homme，1987 年），第 253 页。
48. "will help us someday gain"：里尔克，写给露－安德烈亚斯·莎乐美的信，1921 年 9 月 10 日。
49. visually interesting material：莫根塔勒后来说，他收藏的许多艺术作品"是通过（罗夏）对病人的不懈努力获得的"（埃伦贝格尔，第 191 页）。罗夏对胶片的研究也鼓励莫根塔勒把时间花在韦尔夫利身上。莫根塔勒也一直对教派很感兴趣：他早期在伯尔尼对治疗精神病的历史所做的研究使他找到了翁特纳赫勒，而且他收集了一份资料档案，打算重回这个主题。但当他发现罗夏已经做的事情，并意识到罗夏能够更好地利用他的这份档案，他就把它交给了罗夏，放弃了这个课题（莫根塔勒，第 98—99 页）。

第九章　河床上的鹅卵石

1. early autumns：致保罗的信，1920 年 9 月 27 日；埃伦贝格尔，第 185—187 页。有一年 8 月，赫尔曼写信给保罗说："唉，暑假是夏天的结束。在黑里绍这里，冬天就要来了，晒完日光浴没几天，我们就已经得点燃火炉，抽着鼻子到处走。"（1919 年 8 月 20 日）
2. The Krombach：科勒，《回忆录》，引自 WSM；埃伦贝格尔，第 185—187 页；*Historisches Lexikon der Schweiz*, Marco Jorio 主编（巴塞尔：Schwabe，2002 年），"黑里绍"。
3. Rorschach identified more closely：莫根塔勒，第 96 页；WSI，雷吉内利。
4. When the moving van arrived：WSI，索菲·科勒；致保罗的信，大约 1915 年 11 月下旬。
5. his son remembers telling：WSI，弗里茨·科勒。
6. "somewhat small-minded"：致保罗的信，1916 年 3 月 16 日。
7. "Statistics Week"：致勒默尔的信，1922 年 1 月 27 日；致奥伯霍尔泽的信，1920 年 1 月 8 日；致奥伯霍尔泽的信，1921 年 1 月 6 日。
8. Koller's son Rudi remembered：WSI，鲁迪·科勒。
9. Rorschach's workdays began：WSI，玛莎·施瓦茨－甘特纳和伯莎·瓦尔德布格－阿布德哈尔登。
10. "More or less exactly at midnight"：日记，第 75 页。
11. Rorschach was personally responsible：致莫根塔勒的信，1916 年 10 月 11 日；日记，第 54 页。
12. Koller was afraid that his superiors：科勒的来信，1915 年 6 月 28 日。
13. "As you can see"：致莫根塔勒的信，1917 年 3 月 12 日。
14. Swiss Psychoanalytic Society：这个组织比瑞士精神病学协会更支持弗洛伊德的思想，但又独立于弗洛伊德自己的国际精神分析学会路线。罗夏在写给莫根塔勒的信中鼓励他加入这个组织："即使弗洛伊德在各地出现时带着一种过于教皇式的光环，但当人们聚在一起、代表不同的观点时会形成一种平衡，完美避免了等级化的危险。"（致莫根塔勒的信，1919 年 11 月 11 日；另参见 *L*, 139n1 和 175n5，以及致奥伯霍尔泽的信，1919 年 2 月 16 日）欧内斯特·琼斯（Ernest Jones）在给弗洛伊德的信中写道："最优秀的成员是宾斯万格、精神病学家罗夏和奥伯霍尔泽博士的夫人。"（1919 年 3 月 25 日，引自 *L*, 152n1）
15. "It's too bad"：致莫根塔勒的信，1920 年 5 月 21 日。
16. "Here in the provinces"：致奥伯霍尔泽的信，1920 年 5 月 3 日。
17. While his friends said they were jealous：奥伯霍尔泽的来信，1922 年 1 月 4 日。
18. "interesting people"：致勒默尔的信，1922 年 1 月 27 日。
19. "if you put a piece of paper：莫根塔勒，第 98 页。
20. Rorschach had tried to volunteer：莫根塔勒，第 97 页。
21. He and Olga volunteered：致保罗的信，1916 年 3 月 16 日。
22. "There was a sudden reversal"：致保罗的信，1918 年 12 月 15 日。

23. "I'm only just beginning"：致保罗的信，1920 年 9 月 27 日。
24. "What do you think"：致布里的信，1920 年 12 月 28 日。
25. ftnancial situation：WSI，伯莎·瓦尔德布格 – 阿布德哈尔登。罗夏在给保罗的信中写道："事事用度不菲。工资涨了，所以裁缝挣得和我差不多……简直是疯了。"（1919 年 4 月 24 日）。几个月后，罗夏又说："我们的工资状况有所改善，但也只是到了我们偶尔能够换掉近年来穿坏的衣服的地步，不能再多了。"（1919 年 7 月 22 日）
26. "At least we have always gotten"：致保罗的信，1919 年 8 月 20 日，稍加修改。
27. "I am constantly in the woodworking shop：致保罗的信，1919 年 4 月 24 日。Bookshelves：日记，第 83 页，1920 年 1 月 28 日。
28. His great joy in Herisau：见 WSI，特别是伯莎·瓦尔德布格 – 阿布德哈尔登和安娜·伊塔；致奥伯霍尔泽的信，1920 年 5 月 3 日和 5 月 18 日；以及致保罗的信，1920 年 5 月 29 日。
29. "one genuine Swiss name"：致保罗的信，1919 年 5 月 6 日。
30. Anna made it out of Russia：致奥伯霍尔泽的信，1918 年 8 月 6 日。
31. married soon afterward：安娜的丈夫是一名有三个孩子的丧偶的父亲，名字叫海因里希·伯克托尔德，罗夏很快意识到了这个家庭的氛围，他在给保罗的信中写道："当然，抚养三个男孩并不容易，但有一件好事是，最大的那个基本上已经不在那儿了，因为他不会在那里住太久了。最小的是一个可爱的孩子，她可能会完全把他当作自己的孩子。中间的一个肯定会给她带来最大的麻烦。"不管怎样，"小安娜和她的新郎会相处得很好。他可能会看到安娜有时表现出放荡不羁的样子，这是她在俄国同学圈子里学来的，但我相信这种情况很快就会消失。"（致保罗的信，1919 年 4 月 24 日）。
32. Paul was married, too：他在昂布瓦斯兹遇到了莱娜·西蒙娜·洛朗（Reine Simonne Laurent），并带她去了巴西；他们在巴黎结婚，他们的女儿西蒙娜（Simonne）于 1921 年在巴伊亚出生。PD（案例 6，第 136—137 页），保罗是"内向的性格，职业则需要外向的表现，"赫尔曼用诊断的语言表达对这个兄弟的看法，"这个人来自一个颇有天资的家庭，他成为商人更多的是由于外部原因，而不是追随自己的本能冲动……他有着非常明显的内向特质，但是由于生活对他提出了自律思维的强烈要求，他没有时间去养成这种特质。良好的情感秩序，兼顾深度和广度的良好的人际关系能力，尤其是良好的情绪适应能力……总之，这些品质构成了某种幽默天赋的基础。他是一名优秀的观察者，也是他所见事物的独家报道者。"
这些出生和婚礼唤醒了赫尔曼对自己家族历史的兴趣，他的家谱研究成果是一本 32 页的漂亮手抄书，这本书用厚重的纸精心手绘，用古老的编年史风格书写，并配有丰富的插图，包括罗夏伯爵城堡的废墟、饰物、剪影、家庭成员故乡的景象，以及想象中祖先生活的场景。1920 年，他把这份文件作为迟来的圣诞礼物送给了保罗。（HRA1:3；参见日记，1919 年末）
33. She later remembered Hermann：WSI，雷吉内利。
34. His cousin remembered him：WSI，范尼·绍特。
35. licked it：普里西拉·施瓦茨（Priscilla Schwarz），沃尔夫冈·施瓦茨的女儿，她和丽萨·罗夏是最亲密的朋友，采访，2013 年。
36. For Christmas one year：日记，1919 年 9 月 15 日。
37. "I'm hoping to send you"：致保罗的信，1919 年 4 月 24 日
38. But not all was well：WSI，弗里茨·科勒、索菲·科勒、雷吉内利、玛莎·施瓦茨 – 甘特纳。
39. The Kollers：罗夏与科勒家最大的孩子艾迪（Eddie）特别亲近，艾迪是一名艺术家，他计划去罗夏的父亲曾经就读的苏黎世的同一所艺术学校学习。直到 1923 年，19 岁的艾迪自杀之前，他遭受着越来越严重的抑郁的折磨——罗夏预言了这一发展趋势，并对其忧心忡忡。
40. On a boat ride with family：WSI，范尼·绍特；另参见致保罗的信，1916 年 3 月 16 日；L，139n3；埃伦贝格尔，第 187 页。

41. staging plays：布卢姆/威斯奇，第 84—93 页。
42. "He could instantly"：罗夏"特别擅长观察、捕捉和记录运动"[米茨瓦夫·明科夫斯基（Miecyzslav Minkovski），《赫尔曼·罗夏的讣告》，CE，第 84 页]。
43. "My wife would like"：致奥伯霍尔泽的信，1920 年 12 月 12 日。
44. In mid-1917：奥莉加后来写道，"1917 年"，她的丈夫"重新对他搁置多年的'偶然形成的墨迹'产生了兴趣（也许是受到了 S. 亨斯论文的启发，显然这篇论文让他想起了 1911 年在明斯特林根做的实验）"（奥莉加·R，第 91 页）。"毫无疑问，这种刺激性的推动力来自希蒙·亨斯的研究工作。"（埃伦贝格尔，第 189 页）在 1959 年的 3 次采访中，亨斯说他与罗夏有过两次会面，间隔 6 个月，然后又说间隔三四个月；会面是在 1917 年，然后他不确定第一次会面是不是在 1916 年，继而他想知道是不是在 1918 年。他还说那正是他 25 岁的时候（1916 年 12 月至 1917 年 12 月），在他的论文发表之前（1917 年 12 月）。决定性会面最有可能发生的日期是 1917 年中后期。
45. Hens used eight crude black blots：希蒙·亨斯，《对学生、正常成年人和精神病人进行的无定形斑点的想象力测验》（*Phantasieprüfung mit formlosen Klecksen bei Schulkindern, normalen Erwachsenen und Geisteskranken*，苏黎世：Fachschriften-Verlag，1917 年）。他有时被说成是对被试的"幻想"进行测验，但这是对 Phantasie 的错误翻译，"想象力"。

亨斯的余生都确信罗夏剽窃了他的想法，他把这种说法传递给了他的女儿和孙女["说的好听点，我父亲的墨迹被罗夏'采纳了'"：尊敬的乔伊斯·亨斯·格林，口述历史项目，哥伦比亚特区巡回历史学会，1999—2001 年，第 4—5 页（www.dcchs.org/Joyce HensGreen/joycehensgreen_complete.pdf）；"我的祖父是罗夏测验的作者……因为罗夏博士在他的报告和研究中使用了我祖父的研究，因此轻易获得了赞誉"：Ancestry.com，姓亨斯，帖子"纽约西部亨斯"，2010 年 11 月 4 日发布的消息（boards.ancestry.com，最后检索日期是 2016 年 8 月）]。人们仍然会提到亨斯走在前头，尤其是在试图将剽窃或智力欺诈归咎于罗夏的报道中。

罗夏在 1919 年 2 月的一次演讲（HRA 3:2:1:1）中提及亨斯，见于信件和 *PD*："亨斯提出了这些调查的形式问题，尽管无法深入探讨这些问题"，因为他只关注内容。其他地方："我必须强调，我自己的工作并非源于亨斯的工作。多年来我一直探索一种感知诊断形式解释的实验，早在 1911 年，我在明斯特林根时就在阿尔特瑙中学实施过实验，与我关于反射性幻觉的论文有关。"这个测验的出发点是他论文中对反射性幻觉的调查，尽管"当然，整个精神病学的方法和心理学的思维方式都可以追溯到布洛伊勒及其著作的影响"（*PD*，第 102—103 页；致亨斯·迈尔的信，1920 年 11 月 14 日；致勒默尔的信，1921 年 6 月 18 日）。

亨斯本人（WSI）有时说他对这个测验的贡献不大，有时说这个测验不够充分，有时说"如果我说罗夏测验不科学，人们会攻击我的"，有时说一次学术会议举行关于罗夏的最大规模圆桌会议"是错误的"："也许我是在嫉妒那是罗夏，而不是亨斯。应该是亨斯–罗夏。"他也承认"也许罗夏确实在 1917 年之前的四五年就有了这个想法"，在这之前，他说罗夏的一切都是从他那里得到的："罗夏的观点还能从哪里得到？"

希蒙·亨斯移民到美国，改名为詹姆斯·亨斯，后来因为在第二次世界大战期间试图帮助想要逃避兵役的人而被判处 5 年监禁 [Harry Lever 和 Joseph Young，*Wartime Racketeers*（纽约：G. P. Putnam's Sons，1945 年），第 95 页及其后各页]。1959 年，沃尔夫冈·施瓦茨对他进行了 3 次令人印象深刻的采访（WSI）。施瓦茨声称自己观察到亨斯对病人不恰当的操纵和调情，"这完全是对他自身医生这一角色的滥用"，还发现他很偏执，时常担心如果他说出自己的真实想法会"树敌"，同时"沉迷于无所不能的感觉"，以至于施瓦茨觉得他"似乎精神错乱了"。
46. purely by content：亨斯，《想象力测验》，第 12 页。
47. "his girlfriends"：WSI，亨斯。

48. "The mentally ill do not interpret"：亨斯,《想象力测验》, 第 62 页。

第十章 一项简单的实验

1. The blots had to not look "made"：加里森称墨迹图是 "一种淳朴的精美艺术"（第 271 页, 参见第 273—274 页）；测验的 "中立性" 是加里森那篇优秀论文的核心, 我在写这本书的早期读过这篇文章, 它对我的思想影响比这些笔记中所反映的要大。甘博尼详述（第 65—72 页）。关于墨迹 "制造自己" 的重要性, 见第二十四章注释 "countless visual connections" 条。
2. After "spending a long time"：致勒默尔的信, 1922 年 3 月 22 日。具体来说, "有助于更好地比较结果, 更可靠的计算, 以及运动反应的更大可能性"。
3. "conducted either like a game"：草稿, 第 1 页。
4. an *experiment*：它最初的目的是作为 "感知诊断实验与心理学和精神病学理论进一步发展的动态工具", 而不是 "它后来成为的僵化的心理技术 '测验'"。（阿卡维亚, 第 10 页）
5. The choice to make the blots symmetrical：后来, 他读了恩斯特・马赫（Ernst Mach）关于对称性的著作, 并盛赞他是 "一位独立的思想家", 但是在里面找不到任何东西来补充他自己的想法。（日记, 1919 年 10 月 21 日）
6. from Vischer's essay：《论光学感觉》, 第 98 页（见第七章）。
7. to use red：参见欧内斯特・沙赫特尔,《论色彩与情感：对罗夏测验理解的贡献》,《精神病学》6（1943 年）：第 393—409 页。
8. Anthropologists would discover：布伦特・柏林和保罗・凯,《基本颜色词：普遍性与演化》（伯克利：加利福尼亚大学出版社, 1969 年）；马歇尔・萨林斯（Marshall Sahlins）,《色彩与文化》(1976 年), 选自《实践中的文化：散文选集》（纽约：Zone Books, 2000 年）, 给出了更多关于红色的事实, 并将这事看似生物学的发现重新置于文化背景中。
9. "to come up with an answer"：*PD*, 第 104 页。
10. whether or not he told：*PD*, 第 16 页。
11. Two responses: 草稿, 第 24—25 页；*PD*, 第 103、137—139 页。
12. "*Barack Obama*"：James Choca 引用,《从经验主义典当行中收回罗夏测验》, 人格评估学会会议, 纽约, 2015 年 3 月 6 日。
13. *Interpretations of chance images*：*PD*, 第 16 页。
14. on August 5：致米茨瓦夫・明科夫斯基的信, 1918 年 8 月 5 日。*PD* 使用草稿中的案例, 由于进行对比时需要使用 "相同系列的图版" 或 "适当标准化的类似系列"（*PD*, 第 20、52 页）, 这些图片必须在 1918 年之前敲定。现在编号为 III 和 VI 的卡片之后一度出现空白, 但在他给明科夫斯基的信中提到 10 张卡片, 给比歇尔的信中也是如此, 1920 年 5 月 29 日。罗夏的出版商从 "带有 15 张原始卡片的手稿" 中 "仅仅接受了十张卡片" 的声明是站不住脚的（埃伦贝格尔, 第 206 页, 参见 *L*, 230n1）。
本章其余部分的摘要, 除非特别说明, 均摘自草稿。
15. "*The resurrection*"：在 *PD*（第 163 页）中, 他将答案称为 "非常复杂的污染", 并对其进行更全面的评分：整篇说明是 "DW CF– 抽象原型 –"（"DW" = 从细节中虚构的整体）；"复活"（指的是正在复苏的红色动物）是 "DM+A"（"A" = 动物）；颜色命名为 "DCC"；"静脉" 是 "Dd CF– 解剖原型"；以及 "无法获得解释的其他决定因素"。
16. "Maybe we'll soon reach the point"：致布里的信, 1920 年 5 月 28 日。
17. Whole responses could be a good sign：草稿, 案例 15；*PD*, 案例 16。
18. "It concerns a very simple experiment"：致尤利乌斯 – 施普林格・费尔拉格（Julius-Springer Verlag）的信, 1920 年 2 月 16 日。

第十一章　测验令人感到兴奋和震撼

1. Greti Brauchli：日记，1919 年 10 月 26 日至 11 月 4 日；格雷蒂和汉斯·布里的来信，见下文；WSI，汉斯·布里和格雷蒂·布劳克利 – 布里。
2. "He understood it!"：日记，1919 年 10 月 6 日。
3. "who truly understood the experiment"：布劳克利是"继奥伯霍尔泽之后的第一个人"，参见本章注释"Emil Oberholzer"条。
4. "Thank you for your report!"：格雷蒂·布劳克利的来信，1919 年 11 月 2 日。
5. Rorschach wrote a warm reply：致格雷蒂·布劳克利的信，日期 1919 年 11 月 5 日，写于 11 月 4 日。
6. "my compulsive neurotic clergyman"：致奥伯霍尔泽，1920 年 5 月 6 日。
7. "An analysis must never be"：致布里的信，1920 年 1 月 15 日。
8. Burri's seventy-one responses：*PD*，第 146—155 页和日记，第 77—83 页；见 1920 年 2 月 7 日的日记，以及 1920 年 5 月 20 日致布里的信和 5 月 21 日布里的来信。
9. "Thank you for everything"：格雷蒂的来信，1920 年 5 月 22 日。
10. Four months later：致布里的信，1920 年 9 月 27 日。50 年后的 1970 年，布里称罗夏的死是一场灾难，而格雷蒂的眼中则充满了泪水（WSI）。
11. a journal：康斯坦丁·冯·莫纳科夫（Constantin von Monakov，1853—1930 年）的《瑞士神经学和精神医学》，罗夏经常在上面发表文章（*L*，148n2）。参见致莫纳科夫的信，1918 年 8 月 28 日和 9 月 23 日；致莫根塔勒的信，1920 年 1 月 7 日。莫纳科夫是一位国际知名的俄国神经学家，曾经担任苏黎世大学医学院神经学首席教授，在罗夏的一生中多次出现。他可能是俄国第一个让罗夏感兴趣的人。他给罗夏的父亲乌尔里希进行治疗。罗夏从 1905 年开始跟随他学习，并在他的指导下研究松果体。到 1913 年，他们成为了亲密的同事——当罗夏离开瑞士去往俄国时，莫纳科夫为当地一家报纸写了一则公告，称"[明辛根]当地的机构没能把他留在这里，是非常遗憾的"。他直接写信给罗夏说："不要在莫斯科待太久，无论是做一名神经医生还是精神科医生，你在瑞士可以做的更好。"罗夏曾经开玩笑说，不要让莫纳科夫参加他关于教派的讲座，"否则他可能再次崩溃，那会让我良心不安。需要有人告诉他，这个主题贯彻始终的是精神分析——也就是说，对他来说，可以说是危及生命的"。1922 年，他考虑过回莫纳科夫那里工作，"就像我曾经在明辛根计划的那样"；在理智上，他知道"布洛伊勒的知觉概念已经过时了"，而且他说，"不仅我的个人意愿，也是现实，斗争把我推向莫纳科夫式的生物学方向"（安娜·R，第 73 页；WSM；*L*，127n1，128n4；致米茨瓦夫·明科夫斯基的信，1918 年 8 月 5 日；致莫纳科夫的信，1918 年 8 月 8 日和 12 月 9 日；致奥伯霍尔泽的信，1919 年 6 月 29 日；致马克斯·米勒的信，1922 年 1 月 6 日）。
12. a version where buyers would color：致莫纳科夫的信，1918 年 9 月 23 日（字面意思是"如今人们的思想如此陈旧"）。
13. "happy that it hadn't been printed：致莫根塔勒的信，1920 年 1 月 7 日。
14. "Subjectively, I feel"：在圣加伦教育心理协会的演讲，1919 年 2 月，HRA 3:2:1:1。
15. coined the term：埃伦贝格尔，第 225 页。
16. Emil Oberholzer：1883—1958 年。他的妻子是俄国犹太裔精神病学家米拉·金斯伯格（Mira Gincburg，1884—1949 年），后者本身就是一位重要的精神分析学家，1913 年将奥伯霍尔泽送到弗洛伊德那里之前，她曾经对他进行过分析。1919 年，（*L*，第 138—139 页 n1；克里斯蒂安·米勒，*Aufsätze zur Psychiatriegeschichte*，Hürtgenwald: Guido Pressler，2009 年），第 160 页。
17. "the control experiments were as follows"：致尤利乌斯 – 施普林格·费尔拉格的信，1920 年 2 月 16 日。

18. a bit ambivalent：*PD*，第 121 页。
19. "it looks so much like"：致奥伯霍尔泽的信，1921 年 6 月 15 日。
20. "Where in Herisau"：致勒默尔的信，1922 年 3 月 15 日。
21. when he was able to explain：日记，1919 年 11 月 4 日。
22. handed his blots over：莫根塔勒，第 100 页。
23. already intrigued："1918 年之后，布洛伊勒只对一位分析师的工作产生了浓厚的兴趣：赫尔曼·罗夏。他无论是在公开场合还是私下里都对罗夏测验赞不绝口"（Schröte，*introduction to Freud and Bleuler*，"Ich bin zuversichtlich，"第 54 页）。
24. "Hens really should have explored"：日记，第 63 页，1919 年 11 月 2 日。
25. tests of all his children：致奥伯霍尔泽的信，1921 年 6 月 3 日。
26. future psychiatrist Manfred Bleuler："Der Rorschachsche Formdeutversuch bei Geschwistern"，*Zeitschrift für die gesamte Neurologie und Psychiatrie* 118：1（1929 年）：第 366—398 页；参见米勒，《告别疯人院》，第 164 页。
27. "You can easily imagine"：致勒默尔的信，1921 年 6 月 18 日。
28. "Amazingly positive"：引自罗夏写给奥伯霍尔泽的信，1921 年 6 月 28 日。
29. "confirmed his results"：*CE*，第 254 页。
30. "a certain plan"：致保罗的信，1919 年 8 月 20 日。
31. "All dark things, you see!"：致勒默尔的信，1919 年 9 月 21 日。
32. "An analysis that goes well：致勒默尔的信，1922 年 1 月 27 日。
33. from normal subjects：其中 9 个来自健康被试，4 个来自神经症患者，但他们没有精神分裂症等严重精神疾病。将之看作一种转变也许有些夸大其词："从一开始，甚至从 10 年前的第一次实验开始，我就一直在用各种各样的正常被试进行实验。这一点书上很清楚——首先，它是关于正常人的。"（致勒默尔的信，1921 年 6 月 18 日）
34. By February 1919：本段和下一段引文均摘自圣加仑的演讲（参见第本章注释"Subjectively, I feel"条，以及 *L*，第 182—184 页 n）。
35. "the trickiest problem"：除非注明，均引自 *PD*：第 25—26、31、33—36、77—79、86—87、94—95、107 和 110—113 页。
36. A colleague：格奥尔格·勒莫尔，*Vom Rorschachtest zum Symboltest*（莱比锡：Hirzel，1938 年）。在一个案例中，他们的讨论将测验中的 M 反应的总数从 7 个变为 2 个。
37. "Color"：日记，1919 年 10 月 21 日。
38. ever more daring：载于 *PD*（参见本章注释"the trickiest problem"条），以及日记，1919 年 9 月上旬和 12 月 12 日。
39. earliest childhood memories：罗夏推测，运动记忆与早期童年经验有关，因此 M 的数量表明了一个人最早记忆的年龄——或者如果年龄不匹配，这是一种压抑那些记忆的标志（日记，1919 年 11 月 3 日）。他很快就放弃了这个理论，认为它太简单了，但在此之前，他收集了几个人的最初记忆，并记录了自己最早的童年记忆：
"六七岁——和母亲最小的妹妹、哥哥和姐姐在编织学校的走廊里玩的模糊记忆——一条长长的走廊，尽头很昏暗——我觉得这与'模糊'记忆有关——游戏名叫'女巫'：姨妈拿着扫帚跟在我们后面追——一切都变得黯淡而模糊了——"
正如他想必意识到的那样，这段记忆把他童年的不同时期交织成了一个整体。他当时一定是七八岁，因为保罗是在赫尔曼 7 岁时出生的。他母亲的另一个妹妹，不是最小的，在他的生活中扮演了至关重要的角色，成了他的继母。丝绸编织学校无疑是其出生地苏黎世的著名学校。那些扫帚又出现了，就像他奇怪地坚持把"夹着扫帚的新年演员"作为运动反应一样。（HRA 3:3:14:2）
40. missionary from the Gold Coast：H. Henking。

41. Emil Lüthy：1890—1966 年。*L*，208-9n6；WSI，吕西；日记，1919 年 10 月 11 日。
42. "In truth, every artist"：*PD*，第 109 页。致吕西的信，1922 年 1 月 17 日，其中包括十多种色卡和令人着迷的猜想——比如紫色是最复杂和神秘的颜色，因为它在红色与蓝色、暖色和冷色之间摇摆。浅紫色看起来令人难以置信的清新和年轻，而"深而重的浓郁的蓝紫色看起来很神秘（神智学的色彩！）"。
43. students, usually Bleuler's：最古怪的是海德薇·埃特尔（Hedwig Etter），她计划写一篇关于墨迹实验的论文并于 1920 年联系了罗夏。尽管罗夏持保留态度，她还是得到了克龙巴赫的志愿者职位，并在她开始工作的前两天使科勒和罗夏陷入困境。在罗夏和奥伯霍尔泽花了很多时间为她收集测验材料后，她前往维也纳去见弗洛伊德，1921 年 9 月之后再也没有消息（*L*，第 213—214 页 n1 及多处）。
44. Hans Behn-Eschenburg：1893—1934 年。*L*，第 187 页 n5 及多处；米勒，《赫尔曼·罗夏的两名学生》，载于《告别疯人院》第 10 章。
45. "Whoever wanted to work"：格特鲁德·贝恩 - 埃申堡，《与赫尔曼·罗夏博士一起工作》，*JPT* 19.1（1955 年）：第 3—5 页。
46. Behn gave the Rorschach：他的毕业论文是"Psychological Examination of Schoolchildren with the Form Interpretation Test"。
47. "The fourteenth year"：致布里的信，1920 年 7 月 16 日。
48. unassailable and make a good impression：致贝恩 - 埃申堡的信，1920 年 11 月 14 日。
49. Rorschach wrote whole sections："他关于我的实验的论文写得实在太糟糕了，最后我自己不得不完成了几乎所有的工作"（致保罗的信，1921 年 1 月 8 日）；"我不能袖手旁观，看着他把所有那些问题和新观点如此丰富的材料搞砸"（致奥伯霍尔泽的信，1920 年 12 月 12 日）。致贝恩的导师汉斯·迈尔（Hans Maier）的信中说："我发现这样的项目实际上需要比方法显示出的简单性多得多的东西，而且它们不适合初学者。"（1921 年 1 月 24 日）贝恩的一系列图片后来被儿童心理学家汉斯·祖利格（Hans Zulliger）称为"贝恩 - 罗夏测验"，但贝恩本人没有发表过任何关于墨迹的进一步研究。
50. "The experiment is very simple"：致贝恩 - 埃申堡的信，1920 年 11 月 28 日。
51. Georg Roemer：1892—1972 年。米勒，《两名学生》；*L*，第 164—166 页 n1 及多处；布卢姆 / 威斯奇，第 94—107 页。在勒默尔的许多报告中，最重要的是 *Hermann Rorschach und die Forschungsergebnisse seiner beiden letzten Lebensjahre*（《心理》1 [1948 年]：第 523—542 页）。和保罗一样，勒默尔在 *PD* 中匿名出现；案例 2："被试是一位科学家，多才多艺，会画画。敏锐的观察者和清晰的思考者，受过全面的教育，有点倾向于分散思维。很容易心烦意乱；对自己感兴趣的话题不厌其烦，但很快就从一个话题跳到另一个话题……任由自己被情绪主宰；他的情绪不稳定是非常以自我为中心的。"
52. "I too think the experiment"：致勒默尔的信，1921 年 1 月 11 或 12 日。
53. making inkblot series of his own：日记，1919 年 11 月 13 日。
54. "the subject being taken"：*PD*，第 121—122 页。
55. "I find your questions extremely interesting"：致勒默尔的信，1921 年 1 月 11 日或 12 日。
56. Martha Schwarz：即后来的玛莎·施瓦茨 - 甘特纳（生于 1894 年。WSI；*L*，第 322 页 n2。有趣的是，她认为他的面试竞争会非常激烈，但当然他们迫切需要填补黑里绍的无薪职位。罗夏问她是否可以在剧中表演——她将扮演严肃的角色，而他演滑稽的角色。她会唱歌吗？会弹钢琴吗？会跳舞？很好，她被录用了。他们成为很好的朋友，经常一起去城里闲逛，买茶或蛋糕。她对全家都进行了墨迹测验，说从罗夏的解释中学到了很多关于人性的东西——"从那以后，我可以更加公平地对待我的父母。罗夏默默地做了这件事"。
57. Albert Furrer：*L*，284n3，引自致勒默尔的信，1921 年 5 月 23 日和 6 月 18 日，以及致保罗的信，1921 年 10 月 16 日。

58. "The point is not to illustrate"：致比歇尔的信，1920 年 5 月 19 日。
59. "Trying the experiment"：致奥伯霍尔泽的信，1919 年 7 月 18 日。
60. Oskar Pftster：1873—1956 年。如果说布洛伊勒和荣格是将弗洛伊德带入医院的关键人物，那么普菲斯特则是将他带入文化领域的关键人物。作为一名牧师，普菲斯特最终出版了 270 多本书，他仍然相信心理学与宗教信仰是兼容的。1918 年，他通过荣格接触到精神分析，1913 年他撰写了第一本精神分析教科书，由弗洛伊德作序；他的"彻底的基督教精神分析观已经被证明是令人不安的，但对弗洛伊德来说不是完全无法接受的"（科尔，《最危险的方法》，第 210 页），他仍然是弗洛伊德和宗教故事中的关键人物。弗洛伊德请普菲斯特回应他的关键著作《一种幻想的未来》(1927 年)，普菲斯特在"The Illusion of a Future: A Friendly Disagreement with Prof. Sigmund Freud"(1928 年；译自《国际精神分析杂志》74.3 [1993 年]：第 557—579 页) 中这样做了。西格蒙德·弗洛伊德和奥斯卡·普菲斯特，《精神分析与信仰：西格蒙德·弗洛伊德和奥斯卡·普菲斯特书信集》(伦敦：霍加斯出版社，1963 年)；Alasdair MacIntyre, *Freud as Moralist*, 《纽约书评》，1964 年 2 月 20 日。
61. popular version：罗夏已经把他的教派研究搁置了将近一年的时间来做这个测验，但在 1920 年 10 月，他认为 *PD* 迟早会出版，于是打算重新开始。"这是我的建议，"普菲斯特写道，"现在厚厚的书太贵了，没有人买，因此也没有人去读。但是，出版教派题材的专著吧！首先，给我们写一本，《教派与精神疾病》。通俗易懂，但要有充分的科学依据——对你而言，不用多说。即使对一位研究科学家来说，为大众读者写作也是一种很好的做法，这样你经常可以接触到更广泛的读者。"罗夏很快就同意了——"就这个主题写 50 页纸并不是什么难事。我想今年冬天我可以为你写这本书"——尽管，正如他告诉奥伯霍尔泽的那样，"我当然不想把我最好的素材，关于宾格利和翁特纳赫勒的，用在一本通俗小册子上，所以我不得不把其他资料放在一起，这比我预期的要花更多的时间"。(普菲斯特的来信，1920 年 10 月 18 日和 11 月 3 日；致普菲斯特的信，1920 年 11 月 7 日；致奥伯霍尔泽的信，1921 年 3 月 20 日)
62. Walter Morgenthaler：很久以后，他成立了罗夏委员会（1945 年），创立了国际罗夏学会（1952 年），并建立了赫尔曼·罗夏档案（1957 年）。但除了第 2 版 *PD*[丽塔·西格纳的小册子《赫尔曼·罗夏档案馆和博物馆》（伯尔尼，未注明出版日期），第 28 页及其后各页；米勒，《告别疯人院》，第 153 页]，他在 20 世纪 20 年代和 30 年代没有发表过任何关于罗夏的文章。
63. "the long wet Herisau spring"：致莫根塔勒的信，1920 年 5 月 21 日。"我的手稿完成了"：致比歇尔的信，1920 年 6 月 22 日。草稿：HRA 3.3.6.2 和 3.3.6.3。
64. he had mused：罗夏从 1919 年 9 月开始写了 6 个月的日记——这对他来说很不寻常，进一步证实了他在 33 岁到 35 岁变得更加内向。第一个反对意见说这只是"一种日记"，因为"记日记是一件很学究气的事"。
65. Bircher's ftrst letter to Rorschach：1919 年 11 月 18 日。
66. Rorschach wrote to his brother：1919 年 12 月 4 日。
67. in a different font：致奥伯霍尔泽的信，1921 年 1 月 14 日。
68. so many capital "F"s：致勒默尔的信，1921 年 3 月。
69. One letter：致比歇尔的信，1920 年 5 月 29 日。
70. Morgenthaler argued in August 1920：致莫根塔勒的信和对方的回信，8 月 9 日—20 日。
71. "extremely arrogant"：致勒默尔的信，1921 年 1 月 11 日或 12 日。
72. Psychodiagnostics was published：致比歇尔的信，1921 年 6 月 19 日。
73. "I think that this research"：奥伯霍尔泽的来信，1920 年 7 月 12 日。
74. "Dear Doctor"：普菲斯特的来信，1921 年 6 月 23 日。
75. "All of them future ministers"：致布里的信，1921 年 11 月 5 日。
76. he had plans to test：同上。

注释　　383

77. in November 1921：CE，第 254 页。
78. "Well, it's made it——"：CE，第 100 页。
79. "Bleuler has now expressed"：致玛莎·施瓦茨的信，1921 年 12 月 7 日。
80. Arthur Kronfeld's 1922 review：CE，第 230—233 页。
81. Ludwig Binswanger：CE，第 234—247 页，最初发表于 1923 年，但宾斯万格在 1922 年 1 月 5 日的一封信中，直接向罗夏表达了对 PD 的赞扬以及对其缺乏理论基础的批评。
82. William Stern：L，218n4，335n1。
83. "approach was artiftcial"：埃伦贝格尔，第 225—226 页，他认为斯特恩的反应使罗夏很"抑郁"——甚至这种抑郁使得罗夏第二年没有去寻求治疗——但没有证据能够支持这个看法。
84. "proposing unnecessary modiftcations"：致奥伯霍尔泽的信，1921 年 6 月 17 日。
85. "Multiple different series"：致勒默尔的信，1921 年 6 月 18 日。"总的来说，"罗夏接着说，然后列出了一长串说明和担忧，"你大大低估了管理和解释测验所涉及的困难。"
86. "more approachable"：1921 年 7 月 11 日写给 Guido Looser 的信。参见他在 1922 年 2 月 3 日写给宾斯万格的信中对勒默尔的行为的抱怨。
87. A Chilean doctor：Fernando Allende Navarro。
88. "North America would obviously"：致勒默尔的信，1922 年 1 月 27 日。
89. the only racial or ethnic difference：PD，第 97，112 页。"当然，阿彭策尔人比内敛、冷漠、迟钝的伯尔尼人在情绪上适应性更强、人际关系更融洽、身体更灵活，这并不是什么新鲜事，但值得指出的是，这项测验证实了这一常识。"在其他地方，罗夏将阿彭策尔人的高自杀率归因于他们比其他瑞士人的情绪表达更强烈，所以他们将抑郁表现出来了（1920 年卫生委员会会议，WSA）。最近的一篇文章对这样一个事实进行了调侃，因为罗夏在 PD 中很少谈及文化差异，奥伯霍尔泽在讨论 20 世纪 40 年代印度尼西亚的阿洛人时不得不与瑞士阿彭策尔人进行比较（布卢姆/威斯奇，第 120 页）。值得一提的是，荣格也告诉他的研究生，在访问美国西南部时，"普韦布洛村落的印第安妇女与阿彭策尔州的瑞士妇女的相似之处让他印象深刻，阿彭策尔州有蒙古人的后代"。这是他对"为什么美洲人比欧洲人更接近远东"提供的一种解释（《荣格心理学导论：1925 年分析心理学研讨会笔记》[Introduction to Jungian Psychology: Notes of the Seminar on Analytical Psychology Given in 1925（普林斯顿：普林斯顿大学出版社，2012 年），第 116 页］。
90. ethnographic and sect-related research：罗夏在弗洛伊德的期刊 Imago 上发表的最后一篇评论摘要是关于欧洲儿童和达科他印第安人的绘画的两项比较研究，一本关于原住民儿童抚育的非精神分析类书籍，以及对安东尼纳的研究（CE，第 311—314 页，1921 年全年）。
91. Chinese populations：WSM。
92. Albert Schweitzer's hotel room：致奥伯霍尔泽的信，1921 年 11 月 15 日；致玛莎·施瓦茨的信，1921 年 12 月 7 日；WSI，索菲·科勒。1921 年 11 月 5 日，罗夏给布里的信中写了进一步的细节："每一种颜色，直至最深的深蓝色，都让他感到厌恶。我是一个彻头彻尾的理性主义者，他却成了一名传教士。他坚持认为丛林中的黑人只知道丛林的'永远的令人作呕的绿色'，而且他们从来没有机会看到过红色。红色的鸟儿，红色的蝴蝶，红色的花朵——没有这样的东西，我问他，他这样说。最后，他不得不惊奇地承认，至少黑人在砸别人的头或压碎自己的手指时，他们看到了红色。"
93. "There is a lot more"：致勒默尔的信，1921 年 6 月 18 日。

第十二章　他所看的心理是他自己的心理

1. One patient：致勒默尔的信，1922 年 1 月 27 日；L，403n1；PD，第 207 页。
2. "dynamic psychiatry"：埃伦贝格尔的《无意识的探索：动力精神病学的历史与演变》（Discovery

of the Unconscious: The History and Evolution of Dynamic Psychiatry）是权威著作；第 289—291 页"动力"的定义。
3. one of these virtuosic performances：PD，第 184—216 页，收录于第 2 版及其所有版本。除非特别注明，以下引文均摘自第 185 页（奥伯霍尔泽序言注释）和第 196—214 页。
4. "the Rorschach test must be liberated"：勒默尔，Vom Rorschachtest zum Symboltest，引自 L，第 166 页 n1。
5. "more complicated and structured"：致勒默尔的信，1922 年 3 月 22 日，引自第十章。
6. "My images look clumsy"：致勒默尔，1922 年 1 月 27 日。与纳粹合作事件发生以后，勒默尔痛苦的晚年都在徒劳地试图在德国和美国获得认可：尽管付出了数十年的努力，他还是找不到出版商，最终在 1966 年自行出版了他的图片。他继续强调他与罗夏三年的所谓"密切的日常合作"，并声称自己继承了罗夏的遗产，但与此同时，他不断地曲解罗夏的想法，并歪曲这个测验。
7. "The essential thing"：致勒默尔的信，1922 年 1 月 28 日。
8. Jung's Psychological Types：荣格，《文集》，1976 年第 6 卷。弗洛伊德收到了一份副本，并称其为"一个自命不凡的人和一个神秘主义者的作品，其中没有什么新思想"（1921 年 5 月 19 日致欧内斯特·琼斯的信，选自《西格蒙德·弗洛伊德与欧内斯特·琼斯通信全集，1908—1939 年》[美国剑桥，MA：哈佛大学出版社，1993 年]，第 424 页）。
9. "Jung is now on his fourth version"：致勒默尔的信，1921 年 6 月 18 日。
10. "hardly anything in common"：PD，第 82 页。罗夏对内向和外向的运用可以追溯到他的教派研究；他对荣格关于内向的观点的理解是一个复杂的发展过程，有人能够清楚追踪到这一点 [阿卡维亚和 K. W. 巴什（K. W. Bash），Einstellungstypus and Erlebnistypus: C. G. Jung and Hermann Rorschach，JPT 19.3（1955 年）：第 236—242 页，以及 CE，第 341—344 页，缺乏资料来源]。
11. In long, insightful description：例如，荣格在《心理类型》第 160—163 页，谈到内向的人可能会抱怨外向的人坐不住，但只有内向的人才会感到烦恼——外向的人还是过着自己的日子。
12. When Jung was asked：C. G. Jung Speaking，第 342 页。
13. Jung wrote in the epilogue：第 487—495 页；除非特别注明，以下均引自此处。
14. "sprang originally from my need"：引自荣格，《心理类型》，第 5 版；参见第 60—62 页和 C. G. Jung Speaking，第 340—343、435 页。
15. it had taken Jung years：1915 年，荣格聘请了一位外向的精神病学家同事汉斯·施密德 - 吉桑（Hans Schmid-Guisa）作为切磋的搭档，他不会让荣格摆脱自己的偏见。当时，荣格仍然认为外向思维本质上是不够好的，这种感觉是非理性的，而且大体上任何与他自己相反的特征都是"反常"。对话以双方的沮丧告终，因为双方都无法理解对方——尤其是荣格，他给人印象就像个独断专行的混蛋，但他本来就应该是这样的，因为他扮演的就是一个专横、内向的幻想家的角色，反对另一个外向、善于社交的同僚。然而，这招奏效了：5 年后，荣格开始认识到其他类型人格的存在和真实性。"内向的人不可能知道或想象自己在与他相反的类型看来是什么样子，除非他允许外向的人冒着不得不与他决斗的风险当面告诉他。"荣格在《心理类型》一书中写道——但这正是荣格所做的，而且站到了另一面（The Question of Psychological Types: The Correspondence of C.G. Jung and Hans Schmid-Guisan, 1915-1916，普林斯顿：普林斯顿大学出版社，2013 年；荣格，《心理类型》，第 164 页；贝尔，《荣格传》，第 278—285 页 ）。
16. "I am reading Jung"：致奥伯霍尔泽的信，1921 年 6 月 17 日。
17. "I am now reading Jung's Types"：致奥伯霍尔泽的信，1921 年 11 月 15 日。
18. "I really want to have"：致布里的信，1921 年 11 月 5 日。

19. "I have to agree with Jung"：致勒默尔的信，1922 年 1 月 28 日。
20. "I thought at ftrst that Jung's types"：致布里的信，1921 年 11 月 5 日。罗夏发现内向情感、内向感觉和外向知觉这 3 种类型"尤其令人怀疑"，事实上，这 3 种类型比其他 5 种心理类型更缺乏说服力——这恰好是本可以从荣格的人格中预测到的。荣格，*C. G. Jung Speaking*，第 435—446 页；荣格，《荣格心理学导论》；1919 年 10 月 7 日荣格写给萨宾娜·斯皮勒林的信，信中用图表描绘了他自己、弗洛伊德、布洛伊勒、尼采、歌德、席勒、康德和叔本华在思维／情感和感觉／直觉维度上的位置 [Coline Covington 和 Barbara Wharton，*Sabina Spielrein: Forgotten Pioneer of Psychoanalysis*（纽约：Brunner-Routledge，2003 年），第 57 页；重要段落引自荣格和施密德-吉桑，《心理类型问题》，第 31—32 页]。
21. too inclined or too disinclined：*PD*，第 26、75、78 页。
22. "My method is still in its infancy"：致汉斯·普林茨霍恩的信（参见《艺术与精神疾病的开创性研究》注释，第 348 页），也许是罗夏写的最后一封信。
23. able to influence the content：致勒默尔的信，1922 年 1 月 27 日。
24. "A general view"：*PD*，第 192 页，摘自 1922 年论文。
25. "All my work has shown me"：致勒默尔的信，1921 年 6 月。
26. patients at the Deaf-Mute Clinic：致乌尔里希·格吕宁格尔的信，1922 年 3 月 10 日；致勒默尔的信，1922 年 3 月 15 日。

第十三章　在通往更美好未来的入口处

1. On Sunday, March 26：奥莉加致保罗的信，1922 年 4 月 8 日和 4 月 18 日；WSI；科勒医生的病例报告（*L*，第 441—442 页）；埃伦贝格尔。
2. "He suddenly said to me"：1922 年 8 月 8 日。
3. "awestruck"：罗夏给普菲斯特寄去了一份详细的盲诊报告，普菲斯特回答："多棒的工作啊！你判断的准确性让我肃然起敬。"（1922 年 2 月 10 日）
4. "yesterday we lost"：普菲斯特，《精神分析与信仰》（*Psycho-Analysis and Faith*）修订本。4 月 6 日（同上），弗洛伊德带着某种矛盾的心情回答："罗夏的去世令人悲伤。我今天要给他的遗孀写几句话。我的想法是，也许你高估了他作为一名分析师的地位；从您的信中，我很高兴地看到您对他本人的高度尊重。"
5. "I found in him a seeking"：HR 1：4。
6. When Ludwig Binswanger published an essay：选自 *CE*，第 234—247 页。

第十四章　墨迹测验来到美国

1. David Mordecai Levy：1892—1977 年。参见戴维·M. 利维的论文，Oskar Diethelm Library，DeWitt Wallace Institute for the History of Psychiatry，特别是 Box 1；《美国行为矫正精神病学杂志》8.4（1938 年）：第 769—770 页。戴维·M. 利维，《儿童指导运动的开端》，《美国行为矫正精神病学杂志》38.5（1968 年）：第 799—804 页；戴维·沙科，《行为矫正精神病学的发展》，《美国行为矫正精神病学杂志》38.5（1968 年）：第 804—809；页；《美国精神病学杂志》134.8（1977 年）：第 934 页，以及《纽约时报》1977 年 3 月 4 日的讣告；塞缪尔·J. 贝克，《罗夏测验如何来到美国》（"How the Rorschach Came to America,"），*JPA* 36.2（1972 年）：第 105—108 页。
2. stepping down for a year abroad：布鲁诺·克洛普弗和道格拉斯·麦格拉申·凯利，《罗夏测验技术：人格诊断的投射方法手册》（哈德孙河畔扬克斯，NY: World Book，1942 年；第 2 版，1946 年），第 6 页。
3. Levy published Rorschach's essay：赫尔曼·罗夏和 E. 奥伯霍尔泽；《图形解释在精神分析中

的应用》（"The Application of the Interpretation of Form to Psychoanalysis"），《神经与精神疾病杂志》第 60 期（1924 年）：第 225—248 页。译者的身份没有得到确认，但时间、利维与杂志的关系，他流利的德语和罗夏墨迹的专业知识，以及他在《精神诊断》（David M. Levy Papers）中的笔记都能证明，这极有可能是他的翻译。根据埃克斯纳的说法，利维在 1926 年发表了一篇翻译，是"第一篇出现在美国期刊上的关于罗夏墨迹的文章"：除了日期之外，这一描述与之相符。（ExRS，第 7 页。）

4. ftrst US seminar：1925 年（M. R. 赫兹，"Rorschachbound：A 50-Year Memoir"，*JPA* 50.3（1986 年）：第 396—416 页 ］。

5. champion in Switzerland：罗兰·库恩（另见第 78—79 页和第六章注释 "For a period" 条）。

6. advocate in England：Theodora Alcock（参见 R. S. McCully，"Miss Theodora Alcock, 1888–1980"，*JPA* 45.2（1981 年）：第 115 页，以及贾斯廷·麦卡锡·伍兹（Justine McCarthy Woods）《罗夏测验在英国的历史》（"The History of the Rorschach in the United Kingdom"），《罗夏测验文集》（*Rorschachiana*）第 29 期（2015 年）：第 64—80 页。

7. most popular psychological test in Japan：Yuzaburo Uchida（参见 Kenzo Sorai 和 Keiichi Ohnuki），《罗夏测验在日本的发展》（"The Development of the Rorschach in Japan"），29 期（2015 年）：第 38—63 页。

8. on the rise in Turkey：陶菲卡·伊基兹（Tevfika İkiz），《罗夏测验在土耳其的历史与发展》（"The History and Development of the Rorschach Test in Turkey"），《罗夏测验文集》32.1（2011 年）：第 72—90 页。弗兰齐斯卡·明可夫斯卡，法国罗夏研究的先驱，在大屠杀期间及之后与犹太儿童一起工作；参见第二十四章注释 "Franziska Minkovska" 条。

9. in the United States：关于罗夏测验在美国的早期历史，参见 ExRS；ExCS（1974 年），第 8—9 页；约翰·E. 埃克斯纳等，《社会史》（"History of the Society"），载于《历史与名录：人格评估学会 50 周年》（*History and Directory: Society for Personality Assessment Fiftieth Anniversary*，希尔斯代尔，新泽西：劳伦斯·厄尔鲍姆出版社，1989 年），第 3—54 页。伍德写得很全面，但也有争议，第 48—83 页。

10. Psychotherapists, having worked：埃伦贝格尔，《探索》，第 896 页。

11. "It comes out of two different approaches"：致勒默尔的信，1921 年 6 月 18 日。

12. The two most influential：他们最初的争执见于塞缪尔 J. 贝克的《罗夏测验中进一步研究的问题》（"Problems of Further Research in the Rorschach Test"），《美国行为矫正精神病学杂志》5.2（1935 年）：第 100—135 页；贝克，《罗夏测验方法导论：人格研究手册》（"Introduction to the Rorschach Method: A Manual of Personality Study"，纽约：美国行为矫正精神病学协会，1937 年）；布鲁诺·克洛普弗，《罗夏测验方法理论发展的现状》（"The Present Status of the Theoretical Development of the Rorschach Method"），*RRE* 1（1937 年）：第 142—147 页；贝克，《当前罗夏测验的一些问题》（"Some Present Rorschach Problems"），*RRE* 2（1937 年）：第 15—22 页；克洛普弗，《关于"最近一些罗夏测验问题"讨论》（"Discussion on 'Some Recent [sic] Rorschach Problems"），*RRE* 2（1937 年）：第 43—44 页，在克洛普弗的杂志上有一期发表了反对贝克的文章；克洛普弗，《罗夏测验揭示的人格面貌》（"Personality Aspects Revealed by the Rorschach Method"），*RRE* 4（1940 年）：第 26—29 页；克洛普弗，《罗夏测验技术》（*Rorschach Technique*，1942 年）；贝克，《克洛普弗的〈罗夏测验技术〉评论》（*Review of Klopfer's Rorschach Technique*），发表于《精神分析季刊》第 11 期（1942）：第 583—587 页；贝克，《罗夏测验》，第 1 卷（纽约：Grune and Stratton，1944 年）。

后来的反响：贝克，《罗夏测验：人格的多维测验》（"The Rorschach Test: A Multi-dimensional Test of Personality"），载于《理解行为动力的投射技术及其他方法导论》（*An Introduction to Projective Techniques and Other Devices for Understanding the Dynamics of Human Behavior*），Harold H. Anderson 和 Gladys L. Anderson 主编（纽约：普伦蒂斯·霍尔出版

社,1951 年);1969 年 4 月 28 日,对贝克的口述历史采访,《美国心理学历史档案》,俄亥俄州阿克伦大学;贝克,《罗夏测验是怎么来的》("How the Rorschach Came");社论,《布鲁诺·克洛普弗二十五周年纪念》,*JPT* 24.3(1960 年);波利娜·G. 沃豪斯(Pauline G. Vorhaus),《布鲁诺·克洛普弗小传》(Bruno Klopfer: A Biographical Sketch),*JPT* 24.3(1960 年):第 232—237 页;伊夫林·胡克,《寓言》,*JPT* 24.3(1960 年):第 240—245 页。又见约翰 E. 埃克斯纳为贝克撰写的讣告,《美国心理学家》36.9(1981 年):第 986—987 页;K. W. Bash,*Masters of Shadows*,*JPA* 46.1(1982 年):第 3—6 页;Leonard Handler,*Bruno Klopfer, a Measure of the Man and His Work*,*JPA* 62.3(1994 年):第 562—577 页,*John Exner and the Book That Started It All*,*JPA* 66.3(1996 年):第 650—658 页,以及 *A Rorschach Journey with Bruno Klopfer*,*JPA* 90.6(2008 年):第 528—535 页。安妮·墨菲·保罗,《人格崇拜》(The Cult of Personality),(纽约:Free Press,2004 年),有关于克洛普弗和贝克的原始资料,但关于罗夏的资料不可靠。

13. fall of 1927:贝克,《罗夏测验方法导论》(Introduction to the Rorschach Method),第 ix 版。
14. "I saw some of the best":对贝克的口述历史采访,引自保罗,《人格崇拜》,第 27 页。
15. "by scientiftc method":同上。
16. "make up through his keen thinking":沃豪斯,《布鲁诺·克洛普弗小传》
17. popular weekly radio program:Handler,*Rorschach Journey*,第 534 页。
18. his eight-year-old son: Paul,*Cult of Personality*,第 25 页。
19. In business-friendly Switzerland:埃伦贝格尔,第 208 页。
20. voluble conversations:Molly Harrower,描述了 1937 年 10 月她遇到克洛普弗的地方,载于埃克斯纳等人的《社会史》,第 8 页。
21. a hundred subscribers:《回顾与展望》,*RRE* 2(1937 年 7 月):第 172 页。
22. "does not reveal a behavior picture":克洛普弗,*Personality Aspects Revealed*,第 26 页。
23. "a fluoroscope into the psyche":贝克,《多维测验》("Multi-dimensional Test"),第 101 页和 104 页;贝克,《罗夏测验方法导论》,第 1 页。
24. "Once the response has been ftnally judged":贝克,《当前罗夏测验的一些问题》("Some Present Rorschach Problems"),第 16 页。
25. Klopfer, while he agreed:ExRS,第 21 页。
26. "combined, to a marked degree":克洛普弗,《罗夏测验技术》,第 3 页。
27. "knew the value of free association":贝克,《罗夏测验:一项多维测验》,第 103 页。
28. "Rorschach was able to handle":贝克,克洛普弗的评论,《罗夏测验技术》第 583 页。
29. "a student trained in":同上。
30. "does not seem consistent":贝克,《当前罗夏测验的一些问题》,第 19—20 页。
31. "little influence deriving from":贝克,《罗夏的测验》第 1 卷,第 xi 页。
32. Students at Klopfer's workshops:埃克斯纳等,《社会史》,第 22 页。
33. In the summer of 1954:Handler《约翰·埃克斯纳》,第 651—652 页。
34. "awe those around him":埃克斯纳,贝克的讣告。贝克后期的著作,尤其是反映被试"被看作整体心理活力的内在状态"的经验实际评分,进入了相当思辨的领域。
35. One of her innovations:ExRS,第 158 页。
36. she has since been called the conscience:ExRS,第 27、42 页。
37. Her ftrst article in Klopfer's:《罗夏测验中的细节》("The Normal Details in the Rorschach InkBlot Tests"),*RRE* 1.4(1937 年):第 104—114 页。
38. she cautioned Beck:*Rorschach: Twenty Years After*,*RRE* 5.3(1941 年):第 90—129 页。
39. "far more flexible":选自埃克斯纳等,《社会史》,第 14 页。
40. Her most dramatic effort:Marguerite R. Hertz 和 Boris B. Rubenstein,*A Comparison of Three*

'Blind' Rorschach Analyses,《美国行为矫正精神病学杂志》9.2（1939 年）：第 295—314 页。正如她所指出的那样，从技术上讲，她自己的分析是"部分盲目的"，因为她亲自进行了测试，只知道被试的年龄。她给出了所有必要的警告：这个练习没有确认有效的实验程序，也没有确认罗夏测验是否揭示了人格结构，当然还需要更进一步的研究。但是"这些记录中的显著相似只能被解释为肯定的结果"。在该领域，这是一次"著名的对峙"［欧内斯特·R. 希尔加德，Psychology in America：A Historical Survey（圣迭戈：Harcourt Brace Jovanovich，1987 年），第 516 页］。

41. Hertz got a phone call：ExRS，第 26—27 页和第 157 页，引用赫兹的私人信件，并报告"手稿即将完成"。灾难发生的日期不清楚——可能是 1937 年，也可能是 1940 年（"玛格丽特·罗森堡·赫兹"，《克利夫兰历史百科全书》，最后一次修订是 1997 年，见 ech.case.edu/cgi/article.pl?id=HMR；道格拉斯 M. 凯利，《罗夏研究中心第一届年度会议报告》["Report of the First Annual Meeting of the Rorschach Institute Inc."，RRE 4.3（1940 年）：第 102—103 页］。
42. apparently willing to let Klopfer：ExRS，第 44 页。
43. By 1940：凯利，《美国罗夏测验方法培训设施调查》（"Survey of the Training Facilities for the Rorschach Method in the U.S.A."），RRE 4.2（1940 年）：第 84—87 页；埃克斯纳等，《社会史》，第 16 页。
44. At Sarah Lawrence：Ruth Munroe，《罗夏测验在大学指导中的应用》（"The Use of the Rorschach in College Guidance"），RRE 4.3（1940 年）：第 107—130 页。
45. "a permanent reservoir"：露丝·芒罗，"Rorschach Findings on College Students Showing Different Constellations of Subscores on the A. C. E."（1946 年），选自《罗夏读本》（A Rorschach Reader），默里·H. 谢尔曼（Murray H. Sherman）主编（纽约：International Universities Press，1960 年），第 261 页。

第十五章　迷人的、惊人的、创新的与有统治力的

1. a shift：由 Warren I. Susman 在《"个性"与 20 世纪文化的形成》（'Personality' and the Making of Twentieth-Century Culture）中界定，见《作为历史的文化：20 世纪美国社会的转型》（The Transformation of American Society in the Twentieth Century，纽约：Pantheon，1984 年）第 14 章。他的表述，连同 Roland Marchand 的 Advertising the American Dream: Making Way for Modernity，1920-1940（伯克利：加利福尼亚大学出版社，1985 年）中的例子，自那时起，被跨学科用作一系列论点的基础；例如，Susan Cain 用它们来论证个性文化赋予了外向型性格的特权 [Quiet: The Power of Introverts in a World That Can't Stop Talking，纽约：皇冠出版集团，2012 年），第 21—25 页］。
2. One classic study：Marchand，Advertising the American Dream。
3. "As late as 1915"：Alfred Kroeber 引自哈洛韦尔，《心理学与人类学》（"Psychology and Anthropology"，1954 年）重印本，见 Contributions to Anthropology（芝加哥：芝加哥大学出版社，1976 年）第 163—209 页。
4. 1939 essay：转载于 Rorschach Science：Readings in Theory and Method，Michael Hirt 主编（纽约：Free Press of Glencoe，1962 年），第 31—52 页；参见 Frank，Toward a Projective Psychology，JPT，24（1960 年 9 月）：第 246—253 页。
5. Lawrence K. Frank：讣告，《纽约时报》，1968 年 9 月 24 日；Ellen Herman，The Romance of American Psychology: Political Culture in the Age of Experts（伯克利：加利福尼亚大学出版社，1995 年），第 177 页。1941 年，作为梅西基金会的主席，他同意赞助第一次学术会议，用罗夏测验将理论心理学家和临床医生聚在一起（埃克斯纳等，《社会史》，第 17 页）。
6. "The self does not know"：马尔科夫，《俄国未来主义》，第 5 页。参见本书第八章。

7. Thematic Apperception Test：首次发表于克里斯安娜·D. 摩根和亨利·A. 默里的《一种研究幻想的方法：主题统觉测验》("A Method for Investigating Fantasies: The Thematic Apperception Test")，*Archives of Neurology and Psychiatry* 34.2（1935 年）：第 289—306 页。时至今日，TAT 仍有其倡导者，使用相对广泛，适应多元文化，包括"黑人主题统觉测验"和一组为老年人设置的图片。

8. I see a wolf：加里森提出了类似的观点："在罗夏墨迹的世界里，当然是被试制造客体：'我看到一个女人，''我看到一个狼头。'但是客体也会影响被试：'抑郁'、'精神分裂'。"（第 258—259 页）

9. assumed that we have a creative：罗夏墨迹"既反映了这个新的内在 [自我]，更积极地提供了一个有影响力的评估程序，一个公认的视觉符号，以及一个有说服力的重要隐喻"（加里森，第 291 页）。

10. Prior to 1920：这段历史摘自哈洛韦尔的《心理学与人类学》("Psychology and Anthropology")和《人格与文化研究中的罗夏测验技术》("The Rorschach Technique in the Study of Personality and Culture")，《美国人类学家》47.2（1945 年）：第 195—210 页。

11. "was the relation between"：引自哈洛韦尔，《心理学与人类学》("Psychology and Anthropology")，第 191 页。

12. second person to bring：贝克，《罗夏测验是怎么来的》("How the Rorschach Came")，第 107 页。

13. The Bleulers' 1935 essay：M. 布洛伊勒和 R. 布洛伊勒，《罗夏测验和种族心理学：摩洛哥人的心理特性》("Rorschach's Ink-Blot Test and Racial Psychology: Mental Peculiarities of Moroccans")，《人格杂志》(*Journal of Personality*) 4.2（1935 年）：第 97—114 页。这本杂志本身就是展现那个时代的产物，充满了笔迹分析、刚出生就分离抚养的双生子测验，以及跨文化比较等。它最初是一份双语期刊，德文名为 *Charakter*，英文名为 *Character and Personality*，第 1 期（1932 年）的开篇文章是威廉·麦独孤的 *Of the Words Character and Personality*，为上面讨论的从品格到性格的转换提供了丰富的证据。

14. easier said than done：塞缪尔·贝克恰恰批评了这种对移情的提倡，他说测验需要的是固定的标准，而不是更多的主观性（"Autism in Rorschach Scoring: A Feeling Comment"，*Character and Personality* 第 5 期 [1936 年]：第 83—85 页，引自 ExRS 第 16 页）。

15. Cora Du Bois：1903-1991 年。《阿洛人》（明尼阿波利斯：明尼苏达大学出版社，1944 年）。现状有一本传记：Susan C. Seymour，《科拉·杜波依斯：人类学家、外交官、特工》(*Cora Du Bois: Anthropologist, Diplomat, Agent*，林肯：内布拉斯加州立大学出版社，2015 年）。

16. "The crux of matters"：引自西摩（Seymour），《科拉·杜波依斯》（Cora Du Bois），电子书。

17. Could anything useful be learned：埃米尔·奥伯霍尔泽，*Rorschach's Experiment and the Alorese*，载于杜波依斯，《阿洛人》，第 588. 页。回答如下选自第 638 页。

18. Any such argument would be circular：乔治·伊顿·辛普森（George Eaton Simpson），《国外社会学家》(*Sociologist Abroad*，海牙：Nijhoff，1959 年），第 83—84 页。

19. An EEG：约翰·M. 雷斯曼（John M. Reisman），《临床心理学史》(*A History of Clinical Psychology*，纽约：欧文顿出版社，1976 年），第 222 页。

20. The figure usually credited：例如，Gardner Lindzey，《投射法和跨文化研究》(*Projective Techniques and Cross-Cultural Research*，纽约：Appleton-Century Crofts，1961 年），第 14 页；Lemov，《内心世界的 X 光：20 世纪中期美国投射测验运动》("X-Rays of Inner Worlds: The Mid-Twentieth-Century American Projective Test Movement")，《行为科学史杂志》(*Journal of the History of the Behavioral Sciences*) 47.3（2011 年）：第 263 页。

21. A. Irving Hallowell：珍妮弗·S. H. 布朗（Jennifer S. H. Brown）和苏珊·伊莱恩·格雷（Susan Elaine Gray）给 A. 欧文·哈洛韦尔（A. Irving Hallowell）的"编辑前言"，《欧吉布

威研究的贡献：论文，1934—1972 年》(*Contributions to Ojibwe Studies: Essays, 1934-1972*，林肯：内布拉斯加州立大学出版社，2010 年）；哈洛韦尔，《成为人类学家》("On Being an Anthropologist"，1972 年），出处同上，第 1—15 页。除非另有说明，本卷包含下面引用的所有哈洛韦尔的论文。哈洛韦尔在他的论文中使用了更古老的拼写 Ojibwa，在引文中被修正为 Ojibwe。许多欧吉布威人现在称自己为阿尼什纳比人（Anishinaabe）。

22. summers along the Berens：特别参见 "The Northern Ojibwa"（1955 年）和令人回味的 "Shabwán: A Dissocial Indian Girl"（1938 年）。
23. "a country of labyrinthine waterways"：*Shabwán*，第 253 页。
24. "birchbark-covered tipis"：*Northern Ojibwa*，第 35 页。
25. "In this atmosphere"：*Northern Ojibwa*，第 36 页。
26. "the strange word Rorschach"：引用于哈洛韦尔的《贡献》"第七部分注释"，第 467 页；参见哈洛韦尔，《成为人类学家》，第 7 页，以及小乔治·W. 斯托金，《A. I. 哈洛韦尔的波亚斯进化论》("A. I. Hallowell's Boasian Evolutionism")，选自《重要他人：人类学中的人际关系与职业承诺》(*Significant Others: Interpersonal and Professional Commitments in Anthropology*），理查德·汉德勒（Richard Handler）主编（麦迪逊：威斯康星大学出版社，2004 年），第 207 页。
27. "I am going to show you"：引自 Rebecca Lemov，*Database of Dreams: The Lost Quest to Catalog Humanity*（纽黑文：耶鲁大学出版社，2015 年），第 61 页。Ojibwa 被修订为 Ojibwe。
28. dozens of Ojibwe Rorschach protocols：原件在伯特·卡普兰（Bert Kaplan），*Primary Records in Culture and Personality* 第 2 卷（麦迪逊，WI：缩影卡片基金会，1956 年）。哈洛韦尔最终收集了 151 份测试结果。
29. different stages of Ojibwa assimilation：引用和释义来自《罗夏技术显示的文化适应过程和人格变化》(*Acculturation Processes and Personality Changes as Indicated by the Rorschach Technique*，1942 年），转载自谢尔曼，《罗夏读本》以及《价值观、文化适应和心理健康》("Values, Acculturation, and Mental Health"，1950 年）。
30. two groundbreaking articles：《罗夏测验方法在原始社会人格研究中的辅助作用》("The Rorschach Method as an Aid in the Study of Personalities in Primitive Societies"，1941 年）；《罗夏测验技术》("The Rorschach Technique"，1945 年），见第十五章注释 "Prior to 1920" 条。参见《东北地区印第安人的一些心理特征》("Some Psychological Characteristics of the Northeastern Indians"，1946 年），特别是第 491—494 页，他认为罗夏测验在测量智力方面比其他标准化测验做得更好，因为它对西方智力模式的文化偏见较少。他的观点与赫尔曼·罗夏 1920 年写给后来的出版商的信中的观点非常相似。
31. "since psychological meaning"：《罗夏测验技术》("The Rorschach Technique"），第 204 页。
32. while "conceivable"：同上，第 200 页。
33. A 1942 study of Samoans：菲利普·库克（Philip Cook），《罗夏测验在萨摩亚群体中的应用》("The Application of the Rorschach Test to a Samoan Group"，1942 年），见谢尔曼，《罗夏读本》。
34. "one of the best available means"：《罗夏测验技术》("The Rorschach Technique"），第 209 页。
35. president of both：莱莫夫，《梦的数据库》(*Database of Dreams*），第 136 页。
36. "seemed like a mental X-ray machine"：沃尔特·米歇尔（Walter Mischel）将继续进行著名的"棉花糖实验"，将幼儿的自我控制与后来的成功联系起来，引自乔纳·莱勒（Jonah Lehre）的《不要！》("*Don't !*"），(《纽约客》，2009 年 5 月 18 日）。

第十六章　测验之最

1. Within three weeks：ExRS，第 32 页；埃克斯纳等，《社会史》，第 18—20 页。

2. Army General Classiftcation Test：托马斯·W. 哈勒尔（Thomas W. Harrell，帮助设计），《陆军普通分类测验的若干历史》（"Some History of the Army General Classification Test"），《应用心理学杂志》（Journal of Applied Psychology）77.6（1992年）：第875—878页
3. Inspection Technique：露丝·芒罗，《检测技术》（"Inspection Technique"），RRE 5.4（1941年）：第166—191页，以及《检测技术：一种快速评估罗夏测验结果的方法》（"The Inspection Technique: A Method of Rapid Evaluation of the Rorschach Protocol"），RRE 8（1944年）：第46—70页。
4. Group Rorschach Technique：M. R. Harrower-Erickson，《筛选目的的多项选择测验（用于罗夏卡片或幻灯片）》（"A Multiple Choice Test for Screening Purposes (For Use with the Rorschach Cards or Slides"），《心身医学》（Psychosomatic Medicine）5.4（1943年）：第331—341页；参见 Molly Harrower 和 Matilda Elizabeth Steiner，《大规模罗夏测验技术量表：团体罗夏测验与多项选择测验手册》（Large Scale Rorschach Techniques: A Manual for the Group Rorschach and Multiple Choice Tests，多伦多：Charles C. Thomas 出版社，1945年）。
5. "the great difftculties"：《罗夏测验的团体技术》（"Group Techniques for the Rorschach Test"），见《投射心理学：整体人格的临床方法》（Projective Psychology: Clinical Approaches to the Total Personality），Edwin Lawrence 和 Leopold Bellak 主编（纽约：Knopf，1959年），第147—148页。
6. Harrower later commented：同上，第148页。
7. a positive reception：同上，第172页及其后各页。
8. standardized tests：雷斯曼，《临床心理学史》，第271页。
9. "queen of tests"：希尔加德，《美国心理学》第571页n。
10. the turning point：雷斯曼，《临床心理学史》（History of Clinical Psychology），第6、7章；乔纳森·恩格尔，《美国治疗方法：心理疗法在美国的兴起》（American Therapy: The Rise of Psychotherapy in the United States，纽约：Gotham Books，2008年），第3章；伍德，第4、5章；汉斯·珀尔斯（Hans Pols）和斯蒂芬妮·奥克（Stephanie Oak），《20世纪美国精神病学的对策》（"The US Psychiatric Response in the 20th Century"），《美国公共卫生杂志》（American Journal of Public Health）97.12（2007年）：第2132—2142页。
11. 1,875,000 men：威廉·C. 门宁格，《战争中的精神病学经验》（"Psychiatric Experiences in the War"），《美国精神病学杂志》103.5（1947年）：第577—586页；布雷斯兰，《第二次世界大战的精神病学经验教训》（"Psychiatric Lessons from World War II"），《美国精神病学杂志》103.5（1947年）：第587—593页；珀尔斯和奥克，《20世纪美国精神病学的对策》。
12. "pitiful" physical health：恩格尔（Engel），《美国治疗方法》（American Therapy），第46—47页。
13. When the war started：门宁格，《战争中的精神病学经验》；雷斯曼，《临床心理学史》，第298页。
14. "practically every member"：爱德华·A. 斯特雷克（Edward A. Strecker），《"致美国精神病学协会"的总统演讲》（1944年），引自珀尔斯和奥克，《20世纪美国精神病学的对策》。
15. designing complex instrument panels：雷斯曼，《临床心理学史》，第298页。
16. By an accident of timing：直到1951年才有明尼苏达多相人格测验的教科书（伍德，第86页和n14）。
17. second most popular personality test：C. M. Louttit 和 C. G. Browne，《心理测量工具在心理诊所中的应用》（"The Use of Psychometric Instruments in Psychological Clinics"），《咨询心理学杂志》（Journal of Consulting Psychology）11.1（1947年）：第49—54页。
18. dissertation topic：希尔加德，《美国心理学》，第516页。
19. one ftrst lieutenant：马克斯·西格尔（Max Siegel），20世纪80年代美国心理学会主席，参

见埃克斯纳等,《社会史》,第 20 页。
20. operational fatigue:西摩·G. 克莱巴诺夫(Seymour G. Klebanoff),《陆军航空部作战人员作战疲劳的罗夏研究》("A Rorschach Study of Operational Fatigue in Army Air Forces Combat Personnel"),*RRE* 10.4(1946 年):第 115—120 页。
21. case review conferences:希尔加德,《美国心理学》,第 516—517 页。
22. status symbol:伍德,第 97—98 页;恩格尔,《美国治疗方法》,第 16—17、65—70 页。
23. "at a time of emergency":克洛普弗,《罗夏测验技术》,第 4 版。
24. leading educational psychologist:伍德,第 175 页;李·J. 克隆巴赫:引自伍德,第 343 页 n10。
25. Ruth Bochner and Florence Halpern:《罗夏测验的临床应用》(*The Clinical Application of the Rorschach Test*,纽约:Grune and Stratton,1942 年);参见伍德,第 85 页。我几乎没有找到关于露丝·罗滕伯格·博克纳(Ruth Rothenberg Bochner,毕业于瓦萨学院和哥伦比亚大学)和弗洛伦斯·科恩·哈尔彭(Florence Cohn Halpern,1900—1981 年,1951 年获博士学位,活跃于民权运动,并在 60 年代为农村贫困人口提供咨询)的信息。
26. "a carelessly written work":莫里斯·克鲁格曼(Morris Krugman),克洛普弗的罗夏研究所首任所长,博克纳和哈尔彭的评论,《临床应用》,载于《临床心理学杂志》6.5(1942 年):第 274—275 页。塞缪尔 J. 贝克的评论发表在《精神分析季刊》第 11 期(1942 年):第 587—589 页。
27. *Time magazine*:1942 年 3 月 30 日。
28. on the double:选自 Edna Mann 的生动评论,《美国行为矫正精神病学杂志》(*American Journal of Orthopsychiatry*),16.4(1946 年):第 731—732 页。

第十七章　将图像用作听诊器

1. 22.5 million:埃丽卡·多斯,《审视 <生活> 杂志》(*Looking at LIFE Magazine*,华盛顿特区:史密森尼学会出版社,2001 年)。
2. future novelist Paul Bowles:他的测验结果"有点不妥协的强硬,而且相当大胆",并且暗示他的人格"令人惊讶的难懂和个人主义,与'普通人'几乎没有共同之处"(《人格测验:墨迹图用于了解人们的思维方式》,《生活》,1946 年 10 月 7 日,第 55—60 页)。
3. *The Dark Mirror*:参见达拉赫·奥多诺休(Darragh O'Donoghue),《阴阳镜》,Melbourne Cinémathèque Annotations on Film 31(2004 年 4 月);www.sensesof cinema.com/2004/cteq/dark_mirror,最后访问时间为 2016 年 10 月。
4. inkblot in print ads:Marla Eby,载于 *X-Rays of the Soul: Panel Discussion*,2012 年 4 月 23 日,哈佛大学,vimeo.com/46502939。
5. *Life* magazine could look back:Donald Marshman,*Mister See-odd Mack*,《生活》,1947 年 8 月 25 日;西奥德梅克是电影《阴阳镜》的导演。水手照片来自 1945 年 8 月 27 日的《生活》杂志。
6. *Life* headline about Jackson Pollock:1949 年 8 月 8 日。
7. "Most modern painters":1950 年对威廉·赖特(William Wright)的采访;Evelyn Toynton,《杰克逊·波洛克》(*Jackson Pollock*,纽黑文:耶鲁大学出版社,2012 年),第 20、37、52 页。T. J. 克拉克,《告别一种观念:现代主义史的插曲》(*Farewell to an Idea*:*Episodes from a History of Modernism*,纽黑文:耶鲁大学出版社,1999 年),第 308 页;Ellen G. Landau,《杰克逊·波洛克》(Jackson Pollock,纽约:艾布拉姆斯出版社,2000 年),第 159 页;约翰·J. 柯利(John J. Curley),《图片的阴谋:安迪·沃霍尔、格哈德·李希特与冷战时期的艺术》(*A Conspiracy of Images: Andy Warhol, Gerhard Richter, and the Art of the Cold War*,纽黑文:耶鲁

大学出版社，2013 年），第 27—28 页。罗夏也有类似的想法：埃米尔·吕西说罗夏"对艺术本身不感兴趣，他对艺术感兴趣是因为它是心理的表现。他常常将艺术之事判断为其创造者智力、精神、情绪或心理状态的表达。他把主要的中心放在通过感觉或身体，例如手、动作来表达心理上"（WSI）。

8. "as closely identified"：阿瑟·詹森（Arthur Jensen），《罗夏墨迹测验综述》（"Review of the Rorschach Inkblot Test"），载于 Sixth Mental Measurements Yearbook，奥斯卡·克里森·布洛斯（Oscar Krisen Buros）编辑（Highland Park, NJ: Gryphon Press，1965 年）。

9. One German dissertation：作者在 Alfons Dawo 的 Nachweis psychischer Veränderungen 中总结，《罗夏测验文集》第 1 期（1952/1953 年）：第 238—249 页。Dawo 的研究方法很难让人受到鼓舞——例如，第一次给被试看罗夏墨迹，第二次看贝恩 – 埃申堡"替代系列"。

10. Anne Roe：The Making of a Scientist（纽约：多德，米德出版社，1953 年）。C. Grønnerød、G. Overskeid 和 E. Hartmann，Under Skinner's Skin: Gauging a Behaviorist from His Rorschach Protocol，JPA 95.1（2013 年）：第 1—12 页，给出了斯金纳的全部采用结果；感谢格雷格·迈耶（Greg Meyer）的推荐。其他引文：B. F. 斯金纳，《一个行为主义者的塑造》（The Shaping of a Behaviorist，纽约：Knopf 出版社，1979 年），第 174—175 页。

11. not to spend more of his weekends：从 Grønnerød、Overskeid 和 Hartmann 那里偷来的笑话，Under Skinner's Skin。

12. adopted this audio Rorschach：Alexandra Rutherford，《B. F. 斯金纳与听觉墨迹测验》（"B. F. Skinner and the Auditory Inkblot"），《心理学史》（History of Psychology）6.4（2003 年）：第 362—378 页。

13. Edward F. Kerman, MD：《落羽杉膝与盲人》（"Cypress Knees and the Blind"），JPT 23.1（1959 年）：第 49—56 页。

14. A new theory：弗雷德·布朗（Fred Brown），《罗夏测验结果内容中动态因素的探索性研究》（"An Exploratory Study of Dynamic Factors in the Content of the Rorschach Protocol"），JPT 17.3（1953 年）：第 251—279 页，引自第 252 页。

15. Robert Lindner：《罗夏测验结果的内容分析》（"The Content Analysis of the Rorschach Protocol"），选自 Lawrence 和 Bellak 的《投射心理学》（Projective Psychology），第 75—90 页（下文的"电击疗法"是从原文中当前已经过时的术语"痉挛疗法"修订而来的）。

16. Rorschach's own stance：PD，第 123、207 页。

17. David Rapaport：David Rapaport、Merton Gill 和 Roy Schafer，《诊断性心理测验》（Diagnostic Psychological Testing），第 2 卷（芝加哥：Year Book，1946 年），第 473—491 页，特别是第 480、481、485 页。

18. Manfred Bleuler："After Thirty Years of Clinical Experience with the Rorschach Test"，《罗夏测验文集》（Rorschachiana）第 1 卷（1952 年）：第 12—24 页，整段摘自第 22 页，经修订。

19. no conventions：劳伦斯·弗兰克（Lawrence Frank）早在 1939 年就预见了这一争论，同年，他发表了一篇关于投射法的开创性论文：罗夏测验"揭示了个体作为一个个体的人格，"而不是与社会规范有关，"因为被试没有意识到他在说什么，也没有隐藏自己的文化规范"[《罗夏测验方法标准化提议评论》（"Comments on the Proposed Standardization of the Rorschach Method"），RRE 3[（1939 年）：第 104 页]。参见哈洛韦尔在 1945 年写道："由于墨迹的非形象化和非常规的特征，它们是开放的，实际上有无限多种解释。"[《罗夏测验技术》（"The Rorschach Technique"），第 199 页]

20. Rudolf Arnheim：《运动反应的知觉与审美》（"Perceptual and Aesthetic Aspects of the Movement Response"，1951 年），选自《走向艺术心理学》（Toward a Psychology of Art），第 85 页和第 89 页；《一张罗夏墨迹卡片的知觉分析》（"Perceptual Analysis of a Rorschach Card"，1953 年），同上，第 90 页和第 91 页。

21. he too called into question：欧内斯特·沙赫特尔（Ernest Schachtel）认为弗兰克意义上的"投射"过于笼统，以至于毫无意义［《动觉反应中投射及其与创造力和性格态度的关系》"Projection and Its Relation to Creativity and Character Attitudes in the Kinesthetic Responses"，*Psychiatry: Interpersonal and Biological Processes* 13.1（1950）：第69—100页］。
22. calling Klopfer's 1942 manual vague：对克洛普弗和凯利的论文的评论，*Rorschach Technique in Psychiatry: Interpersonal and Biological Processes* 5.4（1942年）：第604—606页，接着是对博克纳和哈尔彭的书的不屑一顾的一段评论："这本书有仓促写成的痕迹……对技术类别的简单描述[和]一些有趣的案例记录。"早在1937年，沙赫特尔就写了一篇关于贝克的犀利的文章：《贝克博士的罗夏墨迹手册中的原始反应和统觉类型》（"Original Response and Type of Apperception in Dr. Beck's Rorschach Manual"），*RRE* 2（1937年）：第70—72页。
23. "not the words"：欧内斯特·沙赫特尔，《动态知觉与形式的象征》（"The Dynamic Perception and the Symbolism of Form,"），*Psychiatry: Interpersonal and Biological Processes* 4.1（1941年）：第93页n37修订版。
24. "the test will become"：克洛普弗和凯利的《罗夏测验技术》的评论。
25. took up Arnheim's 1951 call：阿恩海姆在广泛批评之中，特别批评了沙赫特尔的说法，即墨迹中的任何东西都一定是被投射到其中的[见沙赫特尔《投射及其与创造力的关系》，第76页]，沙赫特尔将这个教训记在了心理。他的书收集和扩展了他早期的论文，赞同地引用了阿恩海姆的文章：欧内斯特·沙赫特尔，《罗夏测验的经验基础》（*Experiential Foundations of Rorschach's Test*，伦敦：Tavistock，1966年），第33页n，第90页n。
26. He analyzed the blots' unity：同上，第33—42页；尺寸：第126—130页。
27. discoveries in the science of perception：沃尔夫冈·克勒，《格式塔心理学：现代心理学的新概念介绍》（*Gestalt Psychology: An Introduction to New Concepts in Modern Psychology*，1947年；重印本，纽约：Mentor出版社，1959年），第118页n8；莫里斯·梅洛-庞蒂（Maurice Merleau-Ponty），《行为结构》（*The Structure of Behavior*，1942年；匹兹堡：杜肯大学出版社，2002年），第119页，和《知觉现象学》（*Phenomenology of Perception*，1945年；伦敦：劳特里奇出版社，2012年），第547页n3；鲁道夫·阿恩海姆，《视觉思维》（*Visual Thinking*，伯克利：加州大学出版社，1969年），第71页。

第十八章　纳粹与罗夏测验

1. the Nuremberg Trials：本章主要参考了埃里克·齐尔默（Eric Zillmer）等著《纳粹人格探索：纳粹战犯的心理调查》（*The Quest for the Nazi Personality: A Psychological Investigation of Nazi War Criminals*，纽约：劳特里奇出版社，1995年；以下简称《探索》）；参见 *Bats and Dancing Bears: An Interview with Eric A. Zillmer*，*Cabinet* 5（2001年），以及杰克·伊尔海（Jack El-Hai）的《纳粹和精神病学家》（*The Nazi and the Psychiatrist*，纽约：PublicAffairs，2013年）。克里斯蒂安·米勒为齐尔默补充了新的原始材料（参见本章注释"Kelley gave the Rorschach"条）道格拉斯·M.凯利对纽伦堡的补充描述，《纽伦堡的22间牢房》（伦敦：W. H. Allen，1947年）；古斯塔夫·M.吉尔伯特（Gustave M. Gilbert），《纽伦堡日记》（1947年；重印本，纽约：Da Capo，1995年）。
2. "In addition to careful medical"：凯利，《纽伦堡的22间牢房》，第7页。
3. on no real authority：吉尔伯特的前任军官约翰·多利布瓦（John Dolibois）说，监狱指挥官安德鲁斯（Andrus）"根本分不清心理学家和鞋匠"，"吉尔伯特从到达那天起，他几乎可以自由活动，他的书在他的脑海里占据了首要地位"（引自齐尔默等，《探索》，第40页）。
4. "could hardly wait"：吉尔伯特，《纽伦堡日记》，第3页。
5. Some of the Nazis：齐尔默等，《探索》，第54—55页。吉塔·塞雷尼（Gitta Sereny），《阿尔

贝特·施佩尔：他与真理的斗争》（*Albert Speer: His Battle with Truth*，纽约：Knopf，1995年），记录了施佩尔认为这些测验是"愚蠢的，"因此回应说"完全是胡说八道"，尤其是罗夏测验。然而，"当他发现心理学家吉尔伯特博士把他的智力评定结果为第十二名时，他似乎相当恼火"（第 573 页）。

6. "chuckled with glee"：吉尔伯特，《纽伦堡日记》，第 15 页。
7. "excellent intelligence bordering"：《纽伦堡的 22 间牢房》，第 44 页。
8. "No Geniuses"：《纽约客》，1946 年 6 月 1 日。
9. "With but a short time"：凯利，《纽伦堡的 22 间牢房》，第 18 页。
10. except into other countries：杰弗里·科克斯（Geoffrey Cocks），《第三帝国的心理治疗》（*Psychotherapy in the Third Reich*），第 2 版（New Brunswick，NJ：Transaction，1997 年），第 306 页，经修订；齐尔默等，《探索》，第 49 页 n。
11. Kelley gave the Rorschach：齐尔默等著《探索》（第 xvii、87、195 页及其后各页）列出了 7 个由凯利实施的测验：鲁道夫·赫斯、赫尔曼·戈林、汉斯·法郎克、罗森堡、邓尼茨、莱伊和施特莱歇尔；附录中给出的所有的测验结果里，他给出了 6 个——没有赫斯，赫斯的测验不在 1992 年恢复的结果档案中。然而，在凯利的论文中发现了赫斯的结果（伊尔海引用过）；在 Marguerite Loosli-Usteri 的论文（HRA Rorsch LU 1:1:16）中，有凯利测验结果的另一份副本，包括没有赫斯的相同的那 6 个，加上一份约阿希姆·冯里宾特洛甫的测验结果，以前不为人知 [克里斯蒂安·米勒，《是谁让精神病人摆脱了枷锁》（波恩：Das Narrenschiff，1998 年），第 289—304 页，特别是第 300—301 页]。
12. The prisoners' results：齐尔默等，《探索》，第 6 章。
13. "lay on his cot"：吉尔伯特，《纽伦堡日记》，第 434—435 页，最后一个省略号来自原文。
14. "essentially sane"：引自齐尔默等，《探索》，第 79 页。
15. "not spectacular types"：凯利，《纽伦堡的 22 间牢房》，第 195 页及其后各页。
16. More likely, they themselves didn't know：齐尔默等，《探索》，第 67 页。
17. "We operated on the assumption"：引自齐尔默等，《探索》，第 60—61 页，此处引文有缩减。
18. The insults and retaliations：齐尔默等，《探索》，第 61—67 页。
19. "only interested in gaining"：引自伊尔海,,《纳粹和精神病学家》，第 175 页。
20. *Criminal Man*：伊尔海，《纳粹和精神病学家》，第 190 页，参见第 188、214 页。
21. uncomfortably close bond：凯利，《纽伦堡的 22 间牢房》，第 10、43 页。
22. "Göring died"：吉尔伯特，《纽伦堡日记》，第 435 页。
23. Kelley committed suicide：这里伊尔海接替了齐尔默等人。参见《纳粹审判中死亡的美国精神病学家》（"U.S. Psychiatrist in Nazi Trial Dies"），《纽约时报》，1958 年 1 月 2 日；《纽伦堡精神病医生的神秘自杀》（"Mysterious Suicide of Nuremburg Psychiatrist"），《旧金山纪事报》，2005 年 2 月 6 日。
24. the Nazi who had been in charge：齐尔默等，《探索》，第 239—240 页；汉娜·阿伦特（Hannah Arendt），《艾希曼在耶路撒冷：一例关于平庸的恶的报告》（*Eichmann in Jerusalem: A Report on the Banality of Evil*，1963 年；重印本，纽约：企鹅出版社，2006 年）；阿尔贝托 A. 佩拉尔塔（Alberto A. Peralta），《阿道夫·艾希曼案》（"The Adolf Eichmann Case"），《罗夏测验文集》23.1（1999 年）：第 76—89 页；Istvan S. Kulcsar，*Ich habe immer Angst gehabt*，《明镜》周刊，1966 年 11 月 14 日；Istvan S. Kulcsar、Shoshanna Kulcsar 和 Lipót Szondi，《鲁道夫·艾希曼和第三帝国》（"Adolf Eichmann and the Third Reich"），载于 *Crime, Law and Corrections*，Ralph Slovenko 编辑（斯普林菲尔德，伊利诺伊州：查尔斯 C. 托马斯出版社，1966 年），第 16—51 页。
25. "The Mentality of SS Murderous Robots"：引自齐尔默等，《探索》，第 89 页和 n。
26. "average, 'normal'; person"：阿伦特，《艾希曼》，第 26 页。

27. a joiner：罗杰·伯科威茨（Roger Berkowitz）的《误读耶路撒冷的艾希曼》（*Misreading Eichmann in Jerusalem*）中使用的一个术语，*Opinionator*，2013年7月7日，opinionator.blogs.nytimes.com/2013/07/07/misreading-hannah-arendts-eichmann-in-jerusalem/。
28. "to think from the standpoint"：阿伦特，《艾希曼》，第49页。参见xiii和xxiii阿伦特的措辞："欠考虑"（thoughtlessness），这是一个用来表示"无法思考"的蹩脚的英语单词；"造成更大破坏"（wreak more havoc）：第278页；"好像一个罪犯"（as if a criminal）：第289页；"从时代精神"（from the Zeitgeist）：第297页；"核心道德问题之一"（one of the central moral questions），第294页；"确实是最后一件事"（truly the last thing），第295页；"公众舆论似乎都不认为"（about nothing does public opinion），第296页。
29. Stanley Milgram：《服从的行为研究》（"Behavioral Study of Obedience"），《变态与社会心理学杂志》（*Journal of Abnormal and Social Psychology*）67.4（1963年）：第371—378页；《服从权威》（*Obedience to Authority*，纽约：哈珀与罗出版公司，1974年）。
30. she never said he was an unwilling：伯科威茨（Berkowitz，《误读〈艾希曼〉》）还写道："阿伦特认为艾希曼只是听从命令的普遍误解，很大程度上源于她的结论与斯坦利·米尔格拉姆的结论的混淆。"
31. "half a dozen psychiatrists"：阿伦特，《艾希曼》，第49页。Kulcsar告诉迈克尔·赛尔泽（Michael Selzer，参见本章注释"The Murderous Mind"条），没有其他精神病学家检查过艾希曼。现在似乎已经证明，阿伦特也误读了艾希曼：最近一本引人入胜的历史侦探作品表明，艾希曼对自己的罪行非常清楚，并对这些罪行充满热情，而不是阿伦特认为的平庸和"不假思索"[Bettina Stangneth，《耶路撒冷之前的艾希曼》（纽约：Knopf，2014年）]。那位以色列灵魂专家可能是对的。
32. not until 1975：齐尔默等，《探索》，第90页及其后几页；"这是一个过度简化"：引自第93页。
33. *The Nuremberg Mind*：纽约：Quadrangle/纽约时报图书公司，1975年；参见齐尔默等，《探索》，第93—96页。
34. "The Murderous Mind"：《纽约时报杂志》，1977年11月27日。
35. a 1980 analysis：Robert S. McCull，《阿道夫·艾希曼的罗夏测验评论》（"A Commentary on Adolf Eichmann's Rorschach"），载于《荣格和罗夏：知觉原型研究》（*Jung and Rorschach: A Study in the Archetype of Perception*，达拉斯：Spring Publications，1987年），第251—260页。

第十九章　形象危机

1. "The Man in the Rorschach Shirt"：《我歌唱令人激动的身体》（*I Sing the Body Electric*，纽约：Knopf，1969年）：第216—227页，以上各段部分引用。
2. "the tough-minded attitude"：伍德，第128页。
3. air force scientists：W. F. Holtzman 和 S. B. Sells，"Prediction of Flying Success by Clinical Analysis of Test Protocols"，《变态心理学杂志》49.1（1954年）：第485—490页。
4. Harrower had already pointed out：莫莉·哈罗尔（Molly Harrower），《投射技术失败的临床表现》（"Clinical Aspects of Failures in the Projective Techniques"），*JPT* 18.3（1954年）：第294—302页，以及《团体技术》（"Group Techniques"），第173—174页。
5. In other studies：见伍德的讨论，第137—153页。这些研究最可能广为阅读的是J. P. 吉尔福特，《飞行心理学的一些经验教训》（"Some Lessons from Aviation Psychology"），《美国心理学家》3.1（1948年）：第3—11页。
6. In one 1959 study：肯尼思·B. 利特尔（Kenneth B. Little）和埃德温·S. 施奈德曼（Edwin S. Shneidman），《心理测验的解释和记忆数据的一致性》（"Congruencies among Interpretations

of Psychological Test and Anamnestic Data"），《心理学专论》（*Psychological Monographs*）73.6（1959年）：整期。
7. was starting to look very different：伍德，第158—174页。
8. JFK saw "a football fteld"：柯利，《图像的阴谋》，第10页。
9. "Cold War crisis of images"：同上；Joel Isaac,《人文科学和冷战时期的美国》（"The Human Sciences and Cold War America"，《行为科学史杂志》47.3（2011年）：第225—231页；保罗·埃里克森等，*How Reason Almost Lost Its Mind: The Strange Career of Cold War Rationality*（芝加哥：芝加哥大学出版社，2013年）。
10. conftscating abstract paintings：柯利，《图像的阴谋》，第17、21—23页。
11. "brainwashing"：莱莫夫《内在世界的X光》（"X-Rays of Inner Worlds"）第266页；乔伊·罗德（Joy Rohde），《心理文化冷战战士的最后一刻》（"The Last Stand of the Psychocultural Cold Warriors"），《行为科学史杂志》47.3（2011年）：第232—250、238页。洗脑有一个资本主义的对手……是当时民众非常感兴趣和焦虑的话题：广告（柯利，《图像的阴谋》，第62—63、131—133页）。
12. five thousand articles：莱莫夫，《X光》。
13. "Cold War-era look-inside-your-head fantasies"：莱莫夫，《梦的数据库》，第233页。
14. "is like a dead planet"：同上，第186页。
15. "You know, this Rorschach"：同上，第65页。
16. Perhaps the low point：罗德，《最后一刻》，引自第232、239页。
17. Walter H. Slote：《越南人人格的心理动力结构》（*Observations on Psychodynamic Structures in Vietnamese Personality*，纽约：Simulmatics Corporation，1966年）；见罗德，《最后一刻》，第241—243页。
18. "almost hypnotically fascinating"：沃德·贾斯特（Ward Just），《研究显示越南人不喜欢美国，但渴望得到美国的保护》，《华盛顿邮报》，1966年11月20日。
19. "extraordinarily perceptive"：罗德，《最后一刻》，第242页。
20. "provide a kind of instamatic psychic X-ray"：莱莫夫，《X光》，第274页。
21. its old champion, Irving Hallowel：第七部分的注释，见哈洛韦尔，《贡献》，第468—469页。
22. Arthur Jensen：《罗夏墨迹测验综述》，特别是第501页和第509页。
23. in 1964, a reviewer：Bruce Bliven Jr.，《纽约时报》，1964年6月7日。
24. Charles de Gaulle would soon：斯坦利·霍夫曼（Stanley Hoffmann），1966年12月18日。
25. Stanley Kubrick's 2001: *A Space Odyssey*：雷纳塔·阿德勒（Renata Adler），1968年5月5日，他给编辑写了一封信："没错，但这真的是罗夏测验；多么令人惊喜的发现。灼人的墨迹。"

第二十章　罗夏测验的体系

1. John E. Exner Jr.：讣告，《阿什维尔市民时报》（*Asheville Citizen-Times*），2006年2月22日；菲利普·埃德贝格（Philip Erdberg）和欧文·B.韦纳（Irving B. Weiner），《小约翰·E.埃克斯纳（1928—2006年）》["John E. Exner Jr. (1928-2006)"]，《美国心理学家》62.1（2007年）：第54页。
2. Zygmunt Piotrowski's idiosyncratic "Perceptanalysis"：彼得罗夫斯基（1904—1985年）是一位受过数学家训练的实验心理学家，他从一个非常不同的角度来研究罗夏测验。他强调该测验的理论基础及其在诊断器质性疾病中的应用（受他的密友和流亡同事库尔特·戈尔茨坦的影响，戈尔茨坦是一位格式塔神经心理学家，30年代在纽约）。他强调评分组件之间有极其复杂的相互依赖关系，这促使他开始开发一个计算机程序来整合这些信息。到1963年，他的程序已经启动并运行，其中包括343个参数和620条规则；到1968年，它有323

个参数和 937 条规则（ExRS，第 121 页及其后几页）。部分原因是他不同的关注点，部分原因是他的综合性著作《知觉分析：一个从根本上重新改写、扩展和系统化的罗夏测验方法》（*Perceptanalysis: A Fundamentally Reworked, Expanded, and Systematized Rorschach Method*，纽约：Macmillan 出版社）到 1957 年才出版，彼得罗夫斯基对罗夏测验主要争论的影响仍然相对较小。

3. "by intuitively adding 'a little Klopfer'"：ExCS（1974 年），x，经修订。
4. where should you sit?：同上，第 24—26 页。
5. Present Distress (eb)：同上，第 147 页和第 315—316 页。3× 反射（r）：这个公式第一次出现在同上，第 293 页；在这个系统的后续版本中增加了"自我中心指数"的名称以及 0.31 和 0.42 的截止值。
6. Exner score WSum6：欧文·B. 韦纳，《罗夏测验解释原则》（*Principles of Rorschach Interpretation*，新泽西州莫瓦市：Lawrence Erlbaum，2003 年），第 126—128 页；马文·W. 阿克林（Marvin W. Acklin），《罗夏测验和司法鉴定心理评估：精神病和精神错乱防御》（"The Rorschach Test and Forensic Psychological Evaluation: Psychosis and the Insanity Defense"），载于《司法鉴定罗夏墨迹评估手册》（*Handbook of Forensic Rorschach Assessment*，以下简称《手册》），卡尔·B. 加科诺（Carl B. Gacono）和 F. 巴顿·埃文斯（F. Barton Evans）主编（纽约：劳特利奇出版社，2008 年），第 166—168 页。
7. data-driven new era：马文·M. 阿克林，《人格评估和管理式护理》（"Personality Assessment and Managed Care"）*JPA* 66.1（1996 年）：第 194—201 页；克里斯·彼得罗夫斯基等，《管理式护理对心理测试实践的影响》（"The Impact of 'Managed Care' on the Practice of Psychological Testing"）*JPA* 70.3（1998 年）：第 441—447 页；兰迪·菲尔普斯（Randy Phelps）、埃莱娜·J. 艾斯曼（Elena J. Eisman）和杰西卡·科胡特（Jessica Kohout），《心理学实践与管理式护理》（"Psychological Practice and Managed Care"），《专业心理学》（*Professional Psychology*）29.1（1998 年）：第 31—36 页。
8. Even in narrow utilitarian terms：T. W. 库比申（T. W. Kubiszyn）等，《临床卫生保健机构心理评估的实证支持》（"Empirical Support for Psychological Assessment in Clinical Health Care Settings"），《专业心理学》31（2000 年）：第 119—130 页。
9. "treatment-relevant and cost-effective information"：James N. Butcher 和 Steven V. Rouse，《人格：个体差异与临床评估》（"Personality: Individual Differences and Clinical Assessment"），《心理学年鉴》（*Annual Review of Psychology*）47（1996 年）：第 101 页。
10. "relevant and valid"：菲尔普斯、艾斯曼和科胡特，《心理学实践》，第 35 页。
11. "quite impossible"：*PD*，第 192 页。
12. As early as 1964, four years：Jill Lepore，《政治与新机器》（"Politics and the New Machine"），《纽约客》，2015 年 11 月 16 日，第 42 页，该术语可追溯到"1960 年，民主党全国委员会雇用 Simulmatics 公司一年以后"。
13. large-format concordance：Caroline Bedell Thomas 等，《罗夏测验反应索引》（*An Index of Rorschach Responses*，巴尔的摩：约翰霍普金斯大学出版社，1964 年）。
14. An unnerving article：C. B. Thomas 和 K. R. Duszynski，《罗夏测验的反馈能够预测疾病或死亡吗？以"旋转"为例》（"Are Words of the Rorschach Predictors of Disease and Death? The Case of 'Whirling'"），《心身医学》47.2（1985 年）：第 201—211 页。
15. "This person appears"：小约翰·E. 埃克斯纳和欧文·B. 韦纳《罗夏测验解释辅助程序 TM 解释性报告》（"Rorschach Interpretation Assistance Program™ Interpretive Report"），2003 年 4 月 25 日。www.hogrefe.se/Global/Exempelrapporter/RIAP5IR%20SAMPLE.pdf；"他/她"及类似短语经修订。
16. damage had been done：相当惊骇中发声的加里森引用了"一个流行节目的广告卖点摘录"

以及"一个自动生成的案例档案"（第284—286页）的摘录。埃克斯纳，《罗夏测验解释中的计算机辅助》（"Computer Assistance in Rorschach Interpretation"）《英国投射心理学杂志》（*British Journal of Projective Psychology*）32（1987年）：第2—19页；他在他写的最后一篇文章中表达了拒绝接受计算机，这是一篇对安妮·安德罗尼科夫（Anne Andronikof）的《科学与灵魂》（"Science and Soul"）的评论，《罗夏测验文集》27.1（2006年）：第3页。"过度依赖解释性程序是一种不良的心理，只是反映了程序拥护的一种天真或是粗心，最终会对客户或专业人士造成严重的伤害。"参见 Andronikof, *Exneriana-II*,《罗夏测验文集》第29期（2008年）：第82页和第97—98页。

17. started praising the rigor：伍德，第212—213页。
18. "Best of all"：赫兹，"Rorschachbound"，第408页。
19. "bookkeepers' manuals"：埃克斯纳，《罗夏测验的现状与未来》（"The Present Status and Future of the Rorschach"），*Revista Portuguesa de Psicologia* 35（2001年）：第7—26页；Andronikof, *Exneriana-II*, 第99页，经修订。
20. 1968 survey：M. H. Thelen 等,《学术临床心理学家对投射技术的态度》（"Attitudes of Academic Clinical Psychologists toward Projective Techniques"），《美国心理学家》23.7（1968年）：第517—521页。
21. not willing or able：格雷戈里·J. 迈耶和约翰·K. 库尔茨（John E. Kurtz），"Advancing Personality Assessment Terminology: Time to Retire 'Objective' and 'Projective' as Personality Test Descriptors", *JPA* 87.3（2006年）：第223—225页。
22. the Rorschach fell：N. D. 松德贝里（N. D. Sundberg），《心理测验在美国临床服务中的实践》（"The Practice of Psychological Testing in Clinical Services in the United States"），《美国心理学家》16.2（1961年）：第79—83页；B. Lubin、R. R. Wallis 和 C. Paine，《心理测验在美国的使用模式：1935—1969年》（"Patterns of Psychological Test Usage in the United States: 1935-1969"），《专业心理学》2.1（1971年）：第70—74页；*William R. Brown* 和 *John M. McGuire*,《心理评估实践现状》（"Current Psychological Assessment Practices"），《专业心理学》7.4（1976年）：第475—484页；B. Lubin、R.M. Larsen 和 J. D. Matarazzo，《心理测验在美国的使用模式：1935—1969年》（"Patterns of Psychological Test Usage in the United States: 1935-1969"），《专业心理学》39（1984年）：第451—454页，克里斯·彼得罗夫斯基，《投射技术的现状：或者，希望不会让它消失》（"The Status of Projective Techniques: Or, Wishing Won't Make It Go Away"），《临床心理学杂志》40.6（1984年）：第1495—1502页。克里斯·彼得罗夫斯基和约翰·W. 凯勒《门诊精神卫生机构中的心理测验》（"Psychological Testing in Outpatient Mental Health Facilities"），《专业心理学》20.6（1989年）：第423—425页；伍德，第211、362页 n114, 第362页 n115。
23. One New York City cop：2014年11月的采访。
24. additional volume of his manual：此处及下文，ExCS, 第3卷：《儿童和青少年评估》（*Assessment of Children and Adolescents*, 纽约：John Wiley, 1982年），特别是第15、342、375—376、394—434页（在书中匿名呈现的病例；为清楚起见，提供了姓名）。
25. norms would often be different：卡罗琳·希尔（见本书引言）的表述更生动："我见过的每个正常12岁男孩在罗夏测验中都会看到爆炸，经验不足的心理学家往往会认为这是个问题，但事实并非如此。他们是男孩。"（采访）。
26. truths but no answers：参见亚当·菲利普斯（Adam Phillips），如《论逢场作戏》（剑桥：哈佛大学出版社，1994年）第3—9页。

第二十一章　仁者见仁，智者见智

1. Rose Martelli：伍德，第 9—16 页；个案的日期来自 2016 年 3 月 J. M. 伍德的采访。名字都是假名。
2. "the use of Rorschach interpretations"：罗宾·M. 道斯（Robyn M. Dawes），《放弃珍贵的想法》，《虐待儿童指控中的问题》（Issues in Child Abuse Accusations）3.4（1991 年），摘自《不确定世界的理性选择（Rational Choice in an Uncertain World，圣迭戈：Harcourt Brace Jovanovich，1988 年），以及《纸牌屋：建立在神话之上的心理学和心理治疗》（纽约：Free Press，1994 年）。
3. Hillary Clinton：沃尔特·夏皮罗，《她到底是谁的希拉里？》，《时尚先生》，1993 年 8 月，第 84 页，以及《编者按：她到底是谁的希拉里？》，《时尚先生》，2016 年 1 月 7 日，classic.esquire.com/editors-notes/whose-hillary-is-she-anyway-2；《希拉里·克林顿是谁？20 年中来自左派的回答》，理查德·克雷特纳（Richard Kreitner，伦敦：I. B. Tauris，2016 年）。
4. "Is the work merely a readymade"：柯利，《图像的阴谋》，第 18 页。
5. "actual, physical work"：Barry Gewen，《隐藏在众目睽睽之下》（"Hiding in Plain Sight"），《纽约时报》，2004 年 9 月 12 日。
6. inkblot paintings：Robert Nickas，《安迪·沃霍尔的罗夏测验》（"Andy Warhol's Rorschach Test"），《艺术杂志》（Arts Magazine），1986 年 10 月，第 28 页；Benjamin H. D. Buchloh，《安迪·沃霍尔专访》（"An Interview with Andy Warhol"），1985 年 5 月 28 日（下文沃霍尔的引文来自这次采访），Rosalind E. Krauss，Carnal Knowledge（纽约：高古轩画廊，1996 年）序言，均载于《安迪·沃霍尔》，Annette Michelson 编，《十月档案》（剑桥：麻省理工学院出版社，2001 年）。
7. "These are abstract paintings"：米娅·法恩曼（Mia Fineman），《安迪·沃霍尔：罗夏图画》（"Andy Warhol: Rorschach Paintings"），Artnet Magazine，1996 年 10 月 15 日，www.artnet.com/Magazine/features/fineman/fineman10-15-96.asp.
8. The Inkblot Record：多伦多：Coach House，2000 年，特别是第 102—103 页。
9. By 1989：彼得罗夫斯基和凯勒，《心理测验》（"Psychological Testing"）；B. Ritzler 和 B. Alter，《APA 批准的临床研究生项目中的罗夏测验教学：10 年后》（"Rorschach Teaching in APA-Approved Clinical Graduate Programs: Ten Years Later"），JPA 50.1（1986 年）：第 44—49 页。
10. solidly in second again：W. J. Camara、J. S. Nathan 和 A. E. Puente，《心理测验的使用：对专业心理学的影响》（"Psychological Test Usage: Implications in Professional Psychology"），《专业心理学》31.2（2000 年）：第 141—154 页。这个排名不包括智力测验，其中两项使用更加频繁。罗夏测验是"美国第二常见的人格评估工具"。
11. estimated six million：伍德，第 2 页，称这是一个"保守的数字"。
12. "Is the Rorschach Welcome in the Courtroom?"：欧文·B. 韦纳、小约翰·. 埃克斯纳和 A. 夏拉（A. Sciara），JPA 67.2（1996 年）：第 422—424 页。
13. real-world standards：加科诺和埃文斯，《手册》，第 57—60 页。1993 年，在多伯特诉梅里尔陶氏制药公司案之后，多伯特规则（Daubert standard）在大多数州取代了 1923 年颁布的没落的弗莱伊规则（Frye standard）。专家证人的证词只有在法官认定其基于客观科学的情况下才可以被接受。标准包括理论或假设是否可检验和可证伪，研究结果是否经过了同行评审和发表，该理论是否已经被科学界普遍接受为有效的。综合系统始终符合多伯特规则。
14. "almost singlehandedly"：美国心理学会专业事务委员会，《授予杰出专业贡献奖：小约翰 E. 埃克斯纳》，《美国心理学家》53.4（1998 年）：第 391—392 页。
15. "Trying to decide"：詹姆斯·M. 伍德、特蕾莎·内兹沃斯基和威廉·J. 斯泰斯卡（William

J. Stejska)，《罗夏测验综合系统：一项批判性检验》（"The Comprehensive System for the Rorschach: A Critical Examination"），《心理科学》7.1（1996 年）：第 3—10 页；霍华德·N. 加布，《呼吁暂停罗夏测验在临床和司法鉴定中的使用》（"Call for a Moratorium on the Use of the Rorschach Inkblot in Clinical and Forensic Settings"），《评估》6.4（1999 年）：第 313 页。

16. four most vocal critics：伍德，建立在多位合著者早期论文的基础上。在正文中，为了方便起见，我把这本书的合著者称为伍德或"他"；"詹姆斯·伍德"指的是个人。

17. "What's Right with the Rorschach?"：作者为 J. M. 伍德、Teresa Nezworski 和 Howard N. Garb，《心理健康科学述评》（Scientific Review of Mental Health Practice）2.2（2003 年）：第 142—146 页。

18. fourteen studies from the 1990s：伍德，第 245 和 369 n111。

19. A more systematic problem：伍德，第 150—151、187—188 页。

20. a problem known about since 2001：伍德，第 240—241 页。

21 hundreds of unpublished studies：伍德，第 219—220 页

22. James Wood admitted：2014 年 1 月的采访。

23. Several reviews：加科诺和埃文斯，《手册》，收录哈勒·马丁（Hale Martin），《科学批评还是证实偏见？》（"Scientific Critique or Confirmation Bias?"，2003 年）；加科诺和埃文斯，《有趣的读物但非科学》（"Entertaining Reading but Not Science"，2004 年；引用自第 571 页）；以及 J. 赖德·梅洛伊（J. Reid Meloy），《关于〈罗夏测验有什么问题〉的一些反思》（"Some Reflections on What's Wrong with the Rorschach?"，2005 年）。该书提供了一个详细检查伍德的参考文献的例子，并发现伍德"细节的歪曲、错误的归因和稻草人谬误的结构。这是一本难以捉摸而巧妙的书，很遗憾玷污了其作者的科学可信度"（第 576 页）。《手册》的编者列出了许多其他科学论文来回应他们所说的由伍德的抨击引起的"伪辩论"（第 5—10 页）。

24. But a 2005 statement：人格评估学会董事会（Board of Trustees for the Society for Personality Assessment），《罗夏测验在临床和法医实践中的地位》（"The Status of the Rorschach in Clinical and Forensic Practice"），JPA 85.2（2005 年）：第 219—237 页。2010 年的一篇后续文章得出了类似的结论：Anthony D. Sciara，《罗夏测验综合系统在法医情境中的使用》（"The Rorschach Comprehensive System Use in the Forensic Setting"），罗夏测验训练计划，未注明日期，2016 年 7 月 11 日访问，www.rorschachtraining.com/the-rorschach-comprehensive-system-use-in-the-forensic-setting。

25. cited three times more frequently：Reid Meloy，《罗夏测验的权威性：更新》（"The Authority of the Rorschach: An Update"），载于加科诺和埃文斯的《手册》，第 79—87 页，该文的结论（第 85 页）是，要么伍德的批评"自相矛盾地为罗夏测验提供了更加坚实的科学基础，"要么法医心理学家和上诉法院"基本上没有注意到"这些争论。另一方面，当测验被滥用时，心理学家的结论"被认为是毫无依据的，是推测性的"，并被法院驳回。

26. "Rorschach cult"：伍德，第 300、318—319、323 页。

第二十二章　超越真假

1. densely quantitative papers：其中一篇文章整理了 125 项关于测验效度的元分析和 800 个检验多元法评估的样本，得出结论："（a）心理测验的效度很高且有说服力。（b）心理测验效度与医学检测的效度相当，（c）不同的评估方法提供了独特的信息来源，（d）完全依赖访谈的临床医生容易产生不完整的认识。"[迈耶等，《心理测验与心理评估：证据与问题综述》，（"Psychological Testing and Psychological Assessment: A Review of Evidence and Issues"），《美国心理学家》56.2（2001 年）：第 128—165 页]

2. "inaccurate" to call it a "schism"：采访，2013 年 9 月。发表的声明见埃拉尔、迈耶和维廖

内,《如实阐述真相:对格利、皮耶霍夫斯基、希恩和格雷(2014 年)在法庭上关于罗夏测验表现评估系统(R-PAS)的可接受性的评论》["Setting the Record Straight: Comment on Gurley, Piechowski, Sheehan, and Gray (2014) on the Admissibility of the Rorschach Performance Assessment System (R-PAS) in Court"],《心理伤害与法律》7(2014 年):第 165—177 页,特别是载于第 166—168 页的历史:R-PAS 并不真正与 CS 竞争,它正在超越 CS,并旨在取代它。

3. Rorschach Performance Assessment System, or R-PAS:迈耶等,《罗夏测验表现评估系统使用手册》(参见"作者的话"注释),以下简称《使用手册》。
4. "not advisable":给圣加伦老师的讲座,1921 年 5 月 18 日(HRA 3:2:1:7),第 1 页。
5. no right or wrong answer:《使用手册》,第 11 页。
6. "How can you get anything":《使用手册》,第 10 页。
7. SPARC, a support group:他们是站在罗夏测验对男性不公平的立场上,而另一边关心对女性不公平的罗夏测验的反对者同样大声疾呼,例如伊丽莎白·J. 凯茨(Elizabeth J. Kates,《重新评估评估者》和《罗夏墨迹心理学测验》:未标明日期,2016 年 7 月 11 日访问,www.thelizlibrary.org/liz/child-custody-evaluations.html 和 www.thelizlibrary.org/therapeutic-jurisprudence/custody-evaluator-testing/rorschach.html)。参见 SPARC 网站,特别是《罗夏测验》和《罗夏测验:附加信息和评论》(www.deltabravo.net/cms/plugins/content/content.php?content.35 and content.36)。2011 年 11 月对 Waylon(SPARC 创始人)的采访。
8. trademarked since 1991:Silvia Schultius,Hogrefe Verlag,私人通信,2016 年。
9. "Has Wikipedia Created Rorschach Cheat Sheet?":作者是 Noam Cohen,《纽约时报》,2009 年 7 月 28 日。
10. "Because the inkblot images":《使用手册》,第 11 页。
11. preliminary 2013 study:D. S. 舒尔茨(D. S. Schultz)和 V. M. 布拉文德尔(V. M. Brabender),《维基百科带来的更多挑战:接触有关罗夏测验的互联网信息对部分综合系统变量的影响》("More Challenges Since Wikipedia: The Effects of Exposure to Internet Information About the Rorschach on Selected Comprehensive System Variables"),JPA 95.2(2013 年):第 149—158 页:"最近的研究旨在调查罗夏测验不受有意识的反应歪曲影响的能力,[得出]了不一致的结论。"另见 Ronald J. Ganellen,《对装病和防御反应的罗夏测验评估》("Rorschach Assessment of Malingering and Defensive Response Sets"),载于加科诺和埃文斯的《手册》,第 89—120 页。
12. test with multiple metrics:伍德、内兹沃斯基和斯泰斯卡,《综合系统》,第 5 页。
13. In 2013, Mihura's ftndings:若尼·米乌拉等,《个体罗夏测验变量的效度》("The Validity of Individual Rorschach Variables"),《心理学公报》139.3(2013 年):第 548—605 页。
14. seems to have come to an end:一些常见的评论家指出,R-PAS 在某些方面做得不够,称其为在真正的经验和科学基础奠定之前仓促形成的半成品(参见下一条注释,以及 2014 年 1 月对詹姆斯·M. 伍德的采访)。与此同时,也有人批评 R-PAS 做得太过分。他们在埃克斯纳去世后重整旗鼓为他辩护,并成立了一个"国际罗夏测验综合系统组织",诚挚声称是 R-PAS 开发者的修正"让心理学界的许多人感到迷茫和困惑"。"我们的目标应该是继续埃克斯纳博士深思熟虑、有条不紊的逐步发展的进程,以建立一个更好的综合系统",尽管当前尚不清楚如何合法地更新任何实际材料,无论是否逐步更新。Carl-Erik Mattlar,《罗夏测验综合系统(RCS)的逐步发展与革命性改变(R-PAS)的争论》["The Issue of an Evolutionary Development of the Rorschach Comprehensive System (RCS) Versus a Revolutionary Change(R-PAS)"],罗夏测验训练项目,2011 年,www.rorschachtraining.com/wp-content/uploads/2011/10/The-Issue-of-an-Evolutionary-Development-of-the-Rorschach-Comprehensive-System.pdf。抛开争论不谈,科学辩论似乎已经尘埃落定。
15. The critics called:詹姆斯·M. 伍德等,《广泛使用的罗夏测验指数的效度的再审视:说明》

("A Second Look at the Validity of Widely Used Rorschach Indices: Comment")《心理学公报》141.1（2015 年）：第 236—249 页。他们仍然有各种各样的抱怨，但要想得到有说服力的反证，请参阅米乌拉等，《罗夏测验元分析中的标准、精确度和偏向问题：回复》("Standards, Accuracy, and Questions of Bias in Rorschach Meta-analyses: Reply")，《心理学公报》141.1（2015 年）：第 250—260 页。

16. legal case for the new system：埃拉尔、迈耶和维廖内，《澄清事实》("Setting the Record Straight")。我无法参考米乌拉和迈耶主编的《罗夏测验表现评估系统（R-PAS）的应用》(纽约：吉尔福德出版社，将于 2017 年出版)，其中有几篇关于该主题的文章。"

17. more than 80 percent：43 个项目中有 35 个，与之相对的 43 个项目中有 23 个 [若尼·L. 米乌拉、马纳利·罗伊（Manali Roy）和罗伯特·A. 格拉切福（Robert A. Graceffo），《临床心理学博士项目中的心理评估培训》，JPA（2016 年在线发布，第 6 页]。

18. Collaborative/Therapeutic Assessment：斯蒂芬·E. 芬恩和玛丽·E. 通萨格（Mary E. Tonsager），《评估信息采集和治疗性模式：互补范式》("Information-Gathering and Therapeutic Models of Assessment: Complementary Paradigms")，《心理评估》(*Psychological Assessment*) 9.4（1997 年）：第 374—385 页，以及《治疗性评估如何成为人本主义评估》("How Therapeutic Assessment Became Humanistic")，《人本主义心理学家》(*Humanistic Psychologist*) 30.1-2（2002 年）：第 10—22 页；斯蒂芬·E. 芬恩，《站在来访者的角度：治疗性评估的理论和技术》(*In Our Clients' Shoes: Theory and Techniques of Therapeutic Assessment*，新泽西州莫瓦市：Lawrence Erlbaum，2007 年）和《穿越死亡之谷的旅程：长程心理治疗中的多元方法心理评估和人格转变》("Journeys Through the Valley of Death: Multimethod Psychological Assessment and Personality Transformation in Long-Term Psychotherapy")，JPA 93.2（2011 年）：第 123—141 页；斯蒂芬·E. 芬恩、康斯坦茨·T. 费希尔 Constance T. Fischer）和莱昂纳德·汉德勒（Leonard Handler），《协作式 / 治疗性评估：案例手册和指南》(*Collaborative/Therapeutic Assessment: A Casebook and Guide*，新泽西州霍博肯：John Wiley，2012 年）；斯蒂芬·E. 芬恩，《2012 年治疗性评估高级培训》，TA Connection newsletter 1.1（2013 年）：第 21—23 页。

19. a man came into Finn's offtce：芬恩和通萨格，《治疗性评估如何变得人性化》("How Therapeutic Assessment Became Humanistic")。

20. "empathy magnifiers"：芬恩和通萨格，《信息采集》("Information-Gathering")。

21. "coming for a psychological assessment"：芬恩、费希尔和汉德勒，《协作式 / 治疗性评估》，第 11 页。

22. But an increasing number of controlled studie：同上，第 13 页及其后各页。

23. 2010 meta-analysis：约翰·M. 波斯顿（John M. Poston）和威廉·E. 汉森（William E. Hanson），《心理评估作为治疗干预的元分析》("Metaanalysis of Psychological Assessment as a Therapeutic Intervention")，《心理评估》22.2（2010 年）：第 203—212 页。S. O. 利林菲尔德、H. N. 加布和 J. M. 伍德，《关于心理评估作为一种治疗干预的有效性的未解决问题：说明》("Unresolved Questions Concerning the Effectiveness of Psychological Assessment as a Therapeutic Intervention: Comment")，以及讨论，《心理评估》23.4（2011 年）：第 1047—1055 页。

24. One woman in her forties：芬恩，《2012 年治疗性评估高级培训》。

25. "We would not necessarily consider"：芬恩和通萨格，《信息采集》，第 380 页。

26. its roots go back furthe：莫莉·哈罗尔，《投射咨询，一项心理治疗技术》("Projective Counseling, a Psychotherapeutic Technique")，《美国心理治疗杂志》(*American Journal of Psychotherapy*) 10.1（1956 年）：第 86 页，经修订。对于历史，参考芬恩、费希尔和汉德勒，《协作式 / 治疗性评估》第 1 章。

27. "At its core, the Rorschach"：《使用手册》，第 1 页。

28. "the Rorschach performance and the experiences"：沙赫特尔，《经验基础》，第 269 页。
29. "the encounter with the inkblot world"：同上，第 51 页。
30. people that other therapies often cannot reach：B. L. 梅塞（B. L. Mercer），《社区精神卫生诊所的儿童心理评估》（"Psychological Assessment of Children in a Community Mental Health Clinic"）；B. 格雷罗（B. Guerrero）、J. 利普金德（J. Lipkind）和 A. 罗森伯（A. Rosenberg），《为什么她在我的饮料里放指甲油？治疗性评估模式在社区精神卫生机构非裔美国寄养儿童中心的应用》（"Why Did She Put Nail Polish in My Drink? Applying the Therapeutic Assessment Model with an African American Foster Child in a Community Mental Health Setting"）；M. E. Haydel、B. L. Mercer 和 E. Rosenblatt，《治疗性评估人员培训》（"Training Assessors in Therapeutic Assessment"）；以及斯蒂芬·E. 芬恩，《治疗性评估"在前线"》（"Therapeutic Assessment 'On the Front Lines'"），全部收录于 *JPA* 93（2011 年）：第 1—6、7—15、16—22、23—25 页。参见 B. L. 梅塞、特里西亚·方（Tricia Fong）和埃琳·罗森布拉特（Erin Rosenblatt），《城市社区儿童评估》（*Assessing Children in the Urban Community*，纽约：劳特里奇出版社，2016 年）。
31. Lanice, an eleven-year-old：格雷罗、利普金德和罗森堡，《为什么她在我的饮料里放指甲油？》。兰妮斯和其他名字都是假名。
32. scrap the old labels：迈耶和库尔茨，《高级人格评估术语》（"Advancing Personality Assessment Terminology"）。埃克斯纳开始淡化无意识，更多地谈论认知过程：《搜寻罗夏测验中的投射》（"Searching for Projection in the Rorschach"），*JPA* 53.3（1989 年）：第 520—536 页。埃克斯纳系统的教科书的最新版本是这样说的："罗夏测验任务的性质引起了一个复杂的过程，包括加工、分类、概念化、决策，并为投射的发生打开了大门。"（（ExCS [2003 年]，第 185 页）而且即使测验参与者在图片上投射了一些东西，这也不完全是主观的或任意的。不同的事物会产生不同的投射；可以说是，不同的事物需要以不同的方式被投射出来。正如精神分析学家和散文家亚当·菲利普斯（Adam Phillips）所写的那样，"投射往往是一种相当微妙的关系"，因为"人和一群人在彼此身上唤起了不同的东西"[《对手》（纽约：Basic Books，2002 年），第 183 页]。
33. the skeptics' view 伍德，第 144 页；他认为罗夏测验作为"一种人际关系情境"根本不可靠（第 151—153 页）。
34. For Meyer and Finn：格雷戈里·迈耶，《罗夏测验和明尼苏达多相人格测验》，*JPA* 67.3（1996 年）：第 558—578 页，以及《论人格评估方法的整合》（"On the Integration of Personality Assessment Methods"），*JPA* 68.2（1997 年）：第 297—330 页；斯蒂芬·E. 芬恩，《整合 MMPI-2 和罗夏测验结果的评估反馈》（"Assessment Feedback Integrating MMPI-2 and Rorschach Findings"），*JPA* 67.3（1996 年）：第 543—557 页，以及《穿越山谷之旅》（*Journeys Through the Valley*）。

第二十三章　展望未来

1. Chris Piotrowski：私人通信，2015 年 7 月。在他看来，"这完全取决于你待查的从业人员的类型——临床心理学家、咨询师、精神科医生等等。如果你看看所有的心理健康从业者，那么罗夏测验可能更准确地排在第十二位（截至 2015 年底和 2016 年）"。另一项调查发布于 2016 年发表，但在 2009 年进行，旨在涵盖整个心理学领域，结果发现罗夏测验的排名低于 MMPI、MCMI 以及数量不详的"症状特异性测量"，如贝克抑郁量表（以及智力测验和认知功能的测量），并略微领先于其他基于表现或投射性的评估 [C. V. 怀特（C. V. Wright）等，《专业心理学家的评估实践：全国性调查结果》（"Assessment Practices of Professional Psychologists: Results of a National Survey"），《专业心理学：研究与实践》（互联网，2016 年）：

第 1—6 页；感谢若尼·米乌拉提供的参考资料]。
2. The Rorschach had become：布鲁斯·L. 史密斯（Bruce L. Smith），2011 年 11 月的采访；克里斯·霍普伍德（Chris Hopwood），2014 年 1 月。
3. also critics of Freud：参见弗雷德里克·克鲁斯对伍德的评论：《滚吧，该死的墨迹！》（"Out, Damned Blot!"，《纽约书评》，2004 年 7 月 15 日），文章的结论不出所料："这个测验是荒诞但有威胁的遗存。"
4. In the popular media：我见过的唯一例外是《罗夏测验：习字簿上的一些墨迹》（"The Rorschach Test: A Few Blots in the Copybook"），《经济学人》，2011 年 11 月 12 日。
5. a 2011 survey：丽贝卡·E. 雷迪（Rebecca E. Ready）和希瑟·巴尼特·韦格（Heather Barnett Veague），《心理评估培训：临床心理学课程的当前实践》（"Training in Psychological Assessment: Current Practices of Clinical Psychology Programs"），《专业心理学：研究与实践》45（2014 年）：第 278—282 页。
6. Piotrowski called the decline：克里斯·彼得罗夫斯基，《论投射技术在专业心理学培训中的衰落》（"On the Decline of Projective Techniques in Professional Psychology Training"），《北美心理学杂志》17.2（2015 年）：第 259—266 页，特别是第 259 页额，第 263 页。
7. course coverage of the Rorschach：米乌拉等，《心理评估培训》，第 7—8 页。正如作者所指出的，很难比较不同研究的数据，这些研究中可能会问到一个主题是否"教授"，是否"在必修课中强调"，是否"学生应该熟悉"，或者其他变化。
8. almost all "practitioner-focused"：同上。
9. The APA requires：同上，第 1 页。
10. might get two three-hour class sessions：克里斯·霍普伍德，2015 年 3 月的采访。
11. "Even for sympathizers"：克里斯·霍普伍德，2014 年 1 月的采访。
12. If a woman：琼·沃尔夫（June Wolf），2015 年 8 月的采访。
13. a Finnish scientist: Emiliano Muzio,《轻度和中度阿尔茨海默病性痴呆的罗夏测验表现》（"Rorschach Performance of Patients at the Mild and Moderate Stages of Dementia of the Alzheimer's Type"），心理评估学会会议，纽约，2015 年 3 月 7 日；这些研究可以追溯到他 2006 年的论文，测验是在 1997 至 2003 年间实施的。
14. "ten ambiguous ftgures": Tomoki Asari 等，《与独特知觉相关的右侧颞极的激活》（"Right Temporopolar Activation Associated with Unique Perception"），*NeuroImage* 41.1（2008 年）：第 145—152 页。
15. "This suggests that emotional activation"：斯蒂芬·E. 芬恩，《神经生物学最新研究对心理评估的影响》（"Implications of Recent Research in Neurobiology for Psychological Assessment"），*JPA* 94.5（2012 年）：第 442—243 页，参考 Tomoki Asari 等，《杏仁核增大与独特知觉的关联》（"Amygdalar Enlargement Associated with Unique Perception"），《大脑皮层》（*Cortex*）46.1（2008 年）：第 94—99 页。
16. our eye movements as we scan：多芬和格林，《正在看着你：罗夏墨迹图的眼动探索》（"Here's Looking at You: Eye Movement Exploration of Rorschach Images"），《罗夏测验文集》33.1（2012 年）：第 3—22 页。
17. "how a person perceives"：罗夏：圣加仑讲座，1921 年 5 月 18 日（HRA 3:2:1:7）。
18. Look closely at this picture: G. Ganis、W. L. Thompson 和 S. M. Kosslyn,《视觉心理意象和视知觉的脑区：一项 fMRI 研究》（"Brain Areas Underlying Visual Mental Imagery and Visual Perception: An fMRI Study"），《认知神经心理学》（*Cognitive Brain Research*）20（2004 年）：第 226—241 页，其基础为 S. M. Kosslyn、W. L. Thompson 和 N. M. Alpert 的《视觉意象与视知觉共享的神经系统：一项 PET 研究》（"Neural Systems Shared by Visual Imagery and Visual Perception: A Positron Emission Tomography Study"），*NeuroImage* 6（1997年）：第 320—334 页。

19. Stephen Kosslyn：《心理意象与大脑》("Mental Images and the Brain")，《认知神经心理学》22.3/4（2005年）：第333—347页。另见《认知科学家斯蒂芬·科林斯：为什么不同的人对同一件事的解释不同》（vimeo.com/55140758）和《斯坦福认知科学家斯蒂芬·科林斯：心理意象与知觉》（vimeo.com/55140759，两个均上传于2012年12月7日）。
20. Kenya Hara：《白》（苏黎世：Lars Müller，2007年），第3页。
21. "In perception, there are three processes"：PD，第17页。罗夏并没有不加批判地接受布洛伊勒的整体框架（参见第十一章注释"a journal"条）。
22. impulsively, dreamily, hesitantly：这些副词来自沙赫特尔，他强调一个人在罗夏墨迹上的观察"可能是犹豫不决地、试探性地、摸索地、困惑地、焦虑地、迷茫地、心不在焉地、冲动地、有魄力地、耐心地、不耐烦地、探寻性地、费力地、直觉地、有趣地、懒惰地、积极好奇地、探究地、全神贯注地、无聊地、恼怒地、阻碍地、尽职地、自发地、恍惚地、批判地，等等"（《经验基础》，第16—17页）。
23. "When we look"：HRA 3:2:1:7。
24. Ernest Schachtel pointed out：《经验基础》，第15—16、24—25页。
25. Being asked "What do you see?"：同上，第73页。
26. psychedelic drugs：对麦角酸二乙基酰胺和其他致幻剂的治疗性能的研究，在20世纪五六十年代非常有前途，在70年代初停滞，现在又开始了，并取得了非凡的成果 [Michael Pollan，《旅行疗法》（"The Trip Treatment"），《纽约客》，2015年2月9日]。
27. One 2007 meta-analysis：M. J. Diener、M. J. Hilsenroth 和 J. Weinberger，《精神动力心理治疗中的心理治疗师影响焦点和患者结局：一项元分析》（"Therapist Affect Focus and Patient Outcomes in Psychodynamic Psychotherapy: A Meta-Analysis"），引自芬恩，《最新研究的影响》，第441页。
28. "Basically, I propose"：同上，第442页，摘要。
29. a troubled eight-year-old girl：Amy M. Hamilton 等，《"为什么我父母不帮我？"——一个儿童和她的家庭的治疗性评估》（"'Why Won't My Parents Help Me?' Therapeutic Assessment of a Child and Her Family"），JPA 91.2（2009年）：第118页。(2009): 118.
30. seeing doesn't precede thinking：阿恩海姆，《视觉思维》，第13、72—79页；参见《为视觉思维一呼》（"A Plea for Visual Thinking"），选自阿恩海姆，《新论文集》，第135—152页。
31. Interest in visual thinking：书中的叙事也得到了充分的尊重，具有里程碑意义的作品包括阿特·斯皮格曼的《鼠族》（1992年）、克里斯·韦尔的《吉米·科瑞根：地球上最聪明的小子》（2000年）和艾莉森·贝奇德尔的《欢乐之家》（2006年）；在非虚构领域，有彼得·门德尔桑德备受赞誉的《当我们阅读时，我们看到了什么》（2014年）和尼克·索萨尼斯的《非平面》（2015年），后者是一本关于视觉思维原则的漫画书，其中引用了阿恩海姆等人的话。
32. Brazilian men and women: Gregory Meyer 和 Philip Erdberg，会议简报，波士顿，2013年10月25日；迈耶在"心灵X光小组讨论"中也讨论了这项研究。
33. "A key point"：日记，1919年11月3日。
34. a "social" connection：阿恩海姆，《视觉思维》，第63页。
35. Jean Starobinski: "L'imagination projective (Le Test de Rorschach)"，摘自 La relation critique（巴黎：Gallimard，1970年），第238页。
36. continue to be recognized：《罗夏对人格研究最具创造性的贡献》[塞缪尔 J. 贝克，《罗夏测验：以经典戏剧和小说为例》（纽约：斯特拉顿洲际医学图书，1976年），第79页]"自从……罗夏的专著以来，测验得来的人类运动反应（M）几乎被一致认为是有关人格动力学的最佳信息来源之一"[皮耶罗·波尔切利等，《罗夏测验中的大脑镜映活动和运动决定因素》，JPA 95.5 (2013年)：第444页，引用了几个过去几十年间的例子]。阿卡维亚第一本将罗夏关于运动的思想置于丰富文化背景当中的书里，不仅将它们与布洛伊勒、弗洛伊德、荣格以及早期的紧张症精神病学家联系起来，还将他们与未来主义、表现主义和达尔克罗兹的"韵律舞蹈"联系起来，后者是一种通过运动教授音乐的瑞士体系。

37. In the early 1990s：马尔科·亚科博尼（Marco Iacoboni）在《镜映人：我们与他人联系的新科学》（*Mirroring People: The New Science of How We Connect to Others*，纽约：法勒、施特劳斯和吉鲁出版社，2009 年）一书中对镜像神经元进行了热情洋溢的综述。持怀疑态度的文章包括克里斯蒂安·贾勒特（Christian Jarrett），《镜像神经元：神经科学中炒作最过度的概念？》（"Mirror Neurons: The Most Hyped Concept in Neuroscience?"），《今日心理学》，2012 年 12 月 10 日，以及艾莉森·高普尼克（Alison Gopnik），《读心细胞？镜像神经元神话对人脑的误解》（"Cells That Read Minds? What the Myth of Mirror Neurons Gets Wrong About the Human Brain"），2007 年 4 月 26 日，萨特尔写道："镜像神经元已经成为 21 世纪的'左脑／右脑'……我们与他人有着深刻而特殊的联系的直觉当然是正确的。毫无疑问，这取决于我们的大脑，因为我们的一切经验都取决于我们的大脑（当然不是因为我们的大脚趾或是我们的耳垂）。但说我们的镜像神经元把我们聚集在一起，这只不过是一个可爱的隐喻。"本·托马斯（Ben Thomas）在《镜像神经元有什么特别之处？》（"What's So Special About Mirror Neurons?"）中对 2012 年辩论各方主要人物的观点做了有益的总结，Scientific American Blog，2012 年 11 月 6 日。

38. connection to the Rorschach：L. 吉罗米尼（L. Giromini）等，《运动的感觉：观察罗夏墨迹卡片的静态、模糊刺激期间镜映活动的脑电图证据》（"The Feeling of Movement: EEG Evidence for Mirroring Activity During the Observations of Static, Ambiguous Stimuli in the Rorschach Cards"），《生物心理学》（*Biological Psychology*）85.2（2010 年）：第 233—241 页。1871 年，罗伯特·费肖尔已经指出了许多可以用镜像神经元来解释的现象："［我们看到的］暗示性的面部表情是在内心进行或重复的"；"在［触觉与视觉］之间有一种非常真实和亲密的联系，孩子们通过触摸来学习看东西"，等等［《视觉的形式》（"Optical Sense of Form"），第 105、94 页］。

39. Further studies of the Rorschach：J. A. 皮内达（J. A. Pineda）等，《Mu 抑制和之于罗夏测验的人类运动反应》（"Mu Suppression and Human Movement Responses to the Rorschach Test"），*NeuroReport* 22.5（2011 年）：第 223—226 页；波尔切利等，《镜映活动》；A. 安多等，《具身模拟和模糊刺激：镜像神经系统的作用》（"Embodied Simulation and Ambiguous Stimuli: The Role of the Mirror Neuron System"），*Brain Research* 1629（2015 年）：第 135—142 页，全部都可以在 the R-PAS Library 网页上面找到。

40. remains controversial：《罗夏测验有什么问题？》一书的合著者之一的一篇评论文章，得到了 R-PAS 联合创始人萨莉·L. 萨特尔（Sally L. Satel）和 S. O. 利林菲尔德的积极评价：《洗脑：无意识神经科学的诱人吸引力》（*Brainwashed: The Seductive Appeal of Mindless Neuroscience*，纽约：Basic Books，2013 年）；杜米特拉斯库和米乌拉，《洗脑》书评，载于《罗夏测验文集》36.1（2015 年）：第 404—406 页。

41. Other recent experiments：亚科博尼，《镜映人》，第 145 页及其他。

42. Empathy has been even more discussed：西蒙·巴龙-科恩（Simon Baron-Cohen）的《邪恶的科学》（*The Science of Evil*，纽约：Basic Books，2011 年）认为邪恶的概念应该被"移情侵蚀"所代替。还有乔恩·龙森（Jon Ronson）的 *The Psychopath Test*（纽约：Riverhead，2011 年）；莱斯利·贾米森（Leslie Jamison），*The Empathy Exams*（明尼阿波利斯：Graywolf Press，2014 年）。

43. Paul Bloom："The Baby in the Well"，《纽约客》，2013 年 5 月 20 日；"Against Empathy"，《波士顿评论》（*Boston Review*），2014 年 9 月 10 日，www.bostonreview.net/forum/paul-bloom-against-empathy，论坛上有莱斯利·贾米森、西蒙·巴龙-科恩、皮特·西格纳等人的回应。

44. Stephen Finn's work：斯蒂芬·E. 芬恩，《经验性、以人为中心、协作性评估中移情的多面性》

("The Many Faces of Empathy in Experiential, Person-Centered, Collaborative Assessment"), *JPA* 91.1（2009 年）：第 20—23 页。这是一篇纪念保罗·勒纳（Paul Lerner）的文章，他率先使用罗夏的精神分析手法，其本人将移情视为施测者处理问题的"核心"。

第二十四章　罗夏测验不只是罗夏测验

1. Dr. Randall Ferriss：名字和可识别细节已更改。
2. Irena Minkovska：WSI，她说其他墨迹都很"活泼"。
3. Franziska Minkovska：在苏黎世跟随布洛伊勒工作时，弗兰齐斯卡·明科夫斯卡撰写了一篇精神分裂症的重要研究之后，她的兴趣转向罗夏测验，发展了一个她自己的使用简便、以情感为中心的系统 [*Le Rorschach: À la recherche du monde des formes*（布鲁日：De Brouwer，1956 年）]。她表弟的悼词里包含了她作为波兰犹太人在纳粹占领下的巴黎生存，以及她每天戴着黄色星星穿过城市，前往医院给癫痫患者和儿童做罗夏测验的惊人细节。"她使用自己直接的情感融洽和移情的方法，根据罗夏测验的经典方法对答案进行评分和定量解释，明科夫斯卡特别关注测验被试如何拿起卡片，握住它或是移动它，以及他如何使用语言，他的句子结构，时间词的使用，以及测验过程中反应和行为的转变，并从这些要素中得出结论。"根据她的丈夫的另一篇悼词："她总是恭敬地谈论罗夏的思想，他对探索视觉形式的世界的基本见解，并'坚信'她会忠于这些思想。" [米茨瓦夫·明科夫斯基，《瑞士神经学和精神病学档案》，68，1952 年：第 413 页；欧仁·明科夫斯基，《在布格霍尔茨的讲话》，1951 年 1 月 26 日，收录于于《弗朗索瓦·明科夫斯卡博士：悼词》（*Dr. Françoise Minkowska: In Memoriam*，巴黎：布雷斯尼亚克出版社，1951 年），第 58—74、71 页》
4. people often do have startled responses：沙赫特尔认为，这可能与测验中"突然的意外变化"有很大关系，也与颜色本身有关（《经验基础》，第 48 页）。在伍德的叙述中（第 153—154、289、36—37 页），1949 年，"色彩冲击的观念开始瓦解"；50 年代其他几项研究使这个概念"名誉扫地"；他引用了 1993 年版的埃克斯纳手册，总结道，色彩冲击"被证明是无用的"（"平淡无奇"，"总体上令人沮丧"）。在引用的页面上，埃克斯纳实际上在阐述罗夏的更广泛的观点，即颜色反应与情感反应有关。"不幸的是，大部分争议并没有集中在"一般性问题上，"而是集中在'色彩冲击'这个概念上。"埃克斯纳声称，对颜色–情感理论的整体研究大体上支持这一概念（(ExCS，第 421 页；参见 1999 年黑尔格·马尔姆格伦（Helge Malmgren）的一篇综述，《色彩冲击：它存在吗？它取决于颜色吗？》("Colour Shock: Does It Exist, and Does It Depend on Colour?"), captainmnemo.se/ro/hhrotex/rot excolour.pdf。
5. A long essay：甘博尼。
6. Inventing Abstraction：这篇论文来自彼得·加里森，《具体的抽象》("Concrete Abstraction")，载于《抽象的发明，1910—1925 年：一个激进的想法如何改变现代艺术》（*Inventing Abstraction, 1910-1925: How a Radical Idea Changed Modern Art*），Leah Dickerman 主编（纽约：现代艺术博物馆，2012 年），第 350—357 页。他是《自我形象》的作者，也是哈佛科学中心 2012 年展览"心灵 X 光"（"X-Rays of the Soul"）的共同组织者，该展览将心理学中的墨迹图与它们在更广泛的文化中所扮演的角色联系起来。
7. countless visual connections：对墨迹的研究在其他领域也蓬勃发展——在科学领域之外也是如此。2011 年一本由弗里德里希·韦尔奇恩（Friedrich Weltzien）撰写的关于尤斯蒂努斯·肯纳的墨迹的质量极高的书——《墨迹：自我创造的形象》（*Fleck—Das Bild der Selbsttätigkeit*），将肯纳关于他的墨迹来自另一个世界的说法与创造自我的想法联系在一起，这是 19 世纪众多学科思想的核心：被视为"创造自我的图片"的摄影；自动记录仪器，如地震仪；工业自动化（产品能够自己制造自己的梦想），以及它的黑暗面——失控的自动化（写于 1797 年的寓言《魔法师的学徒》）。进化论是一种关于"生命力"的理论；在黑格尔看来，世界精神是通过时间展开的，这一理念被叔本华的奋斗意志和尼采的权力意志重新塑造。

8. "the place where our brain and the universe meet"：保罗·克利引用，随后又由莫里斯·梅洛－庞蒂引用 [《"眼睛和心理"在知觉中的首要地位》(*Eye and Mind" in The Primacy of Perception*，埃文斯顿，伊利诺伊州：西北大学出版社，1964 年)，第 180 页)]。
9. 85 percent：Stephen Apkon，《图像时代：在屏幕世界中重新定义读写能力》(*The Age of the Image: Redefining Literacy in a World of Screens*，纽约：Farrar, Straus and Giroux，2013 年)，第 75 页，无引用来源。
10. "the negative space"：克里斯蒂安·鲁德尔（Christian Rudder），《数据大爆炸：但我们自认为无人注意时，我们是谁》(*Dataclysm: Who We Are When We Think No One's Looking*，纽约：皇冠出版集团，2014 年)，第 158—169 页。
11. Barack Obama：彼得·贝克在大选后发表的一篇文章《他到底是谁的总统？》("Whose President Is He Anyway?")，《纽约时报》，2008 年 11 月 15 日。贝克接着说："罗夏的部分可能会随着竞选的结束而消失，但测验的部分还在这里。"
12. the metaphor has shifted：道格拉斯·普雷斯顿（Douglas Preston），"The El Dorado Machine"，《纽约客》，2013 年 5 月 6 日；劳伦·塔巴－班克（Lauren Tabach-Bank），"Jeff Goldblum, Star of the Off-Broadway Play 'Domesticated'"，*T Magazine*，《纽约时报》，2013 年 12 月 18 日。
13. "ends up being given wrongly"：卡罗琳·希尔（化名），2014 年 1 月的采访。
14. judges regularly grant parole：《我想我们是时候吃午饭了》("I Think It's Time We Broke for Lunch")，《经济学人》，2011 年 4 月 14 日；本雅明·阿佩尔鲍姆（Binyamin Appelbaum），《假释：最好希望你是第一个被列入候审名单的人》("Up for Parole? Better Hope You're First on the Docket")，Economix（纽约时报博客），2011 年 4 月 14 日，economix.blogs.nytimes.com/2011/04/14/time-and-judgment。
15. Finally, Card I：Gary Klien，《女孩在马林猥亵案中获 800 万美元赔偿》("Girl Gets $8 Million in Marin Molest Case")，《马林独立日报》(*Marin Independent Journal*)，2006 年 8 月 12 日；皮特·菲姆里特（Peter Fimrite），《青少年在涉嫌虐待案中获 840 万美元赔偿》("Teen Gets $8.4 Million in Alleged Abuse Case")，《旧金山纪事报》，2006 年 8 月 12 日；Robin Press 博士和 Basia Kaminska，私人通信，2015 年。
16. clear everyday language：加科诺和埃文斯，《手册》，第 7 页。

附录

1. After Hermann Rorschach's death：布卢姆/威斯奇，第 72—83 页。
2. twenty-five francs：埃伦贝格尔，第 194 页。
3. H.R.'s development：奥莉加·罗夏文章的第二部分 © 1965, Verlag Hans Huber Bern。经 Hogrefe Verlag Bern 许可，翻译并收录于此。

索引

(词条所标页码为本书英文版页码，对应本书页边码)

A

abstract art, 97–98, 242
  inkblot images rooted in, 6, 8, 265, 307
  response to, 81, 83–85, 295
Abstract Expressionism, 210–11, 264
abstraction, 81, 84–85
Abstraction and Empathy (Worringer), 84–85, 98
academic aptitude testing, 140–41
Addams, Jane, 168
Adler, Alfred, 157
adolescents, 139, 141, 177, 257–58
advertising industry, 182–83, 373n
  Rorschach images in, 211, 310–11
Advertising the American Dream (Marchand), 182
aesthetics, 81–84
affect, 134–35, 142, 305
  see also emotion
Alcock, Theodora, 169
alcohol, abstinence from, 42, 47, 50, 72
Alor, Netherlands East Indies, and the Alorese, 190–93, 195, 242
Alzheimer's disease, 288
ambiequal personality, 136, 138, 322
ambiguity, 241–42
  of perception, 261–70, 271
America:

counterculcural influence in, 7, 9, 237–47, 309
political scene in, 228–29
popular culture in, see popular culture, American
psychological scene in, 76, 148–49, 168–70
receptivity to Rorschach test in, 180
Rorschach test introduced to, 168–80, 217
Rorschach test proliferation in, 198–207
World War II mental health crisis in, 201–5
American Anthropological Association, 197
American Anthropology, 186–87
American Psychological Association (APA), 262, 267, 286
amygdala, 289
Anatomy responses (Anat.), 121, 197, 200, 213
Andreyev, Leonid, 73, 92
Animal responses (A), 121, 123
anthropology, 183, 186–88, 207, 242–43, 245
  Rorschach test in, 8, 149, 188–97
Antonianers, 89–90
  see also sects
appendicitis, 162–63, 165
Appenzellers, 103, 105, 130, 207
Arbon, Switzerland, 13, 18, 31, 72, 85, 102, 108
Arendt, Hannah, 233–36, 311
"Are Words of the Rorschach

Predictors of Disease and Death?," 253
Arnheim, Rudolf, 218–21, 219, 297
Arp, Hans/Jean, 98
art, 80, 91, 100–101, 297
as expression of the artist's
psychology, 210, 264, 369n
art (continued):
inkblot use in, 8, 9, 210–11, 264–65, 264
movement in, 92, 97, 120
original inkblots as, 306–7
personal interpretation of, 33, 263–65
in Rorschach test analysis, 138
science and, 26, 219
see also specific movements
Art Forms in Nature (Haeckel), 26–27, 27, 115
Art Nouveau, 27, 33, 307
art therapy, 69–70, 77, 99–100, 105, 185, 339n
Aschaffenburg, Gustav, 46
auditory memory, 24
auditory sensation, 86
authority, 56, 234–47, 309

B

"banality of evil," 233, 236
Beck, Samuel, 171–78, 194, 206, 219, 229, 230, 248–49, 255, 266, 275, 290
see also "Rorschach Test and Personality Diagnosis, The"
Klopfer's feud with, 174–78, 186, 207, 249, 362–63n
behaviorism, 91, 169, 172, 173, 187, 213, 245
Behn-Eschenburg, Gertrud, 165
Behn-Eschenburg, Hans, 139–42, 155, 162, 165
Bell, Donald (pseud.), see Martelli, Rose
Bender-Gestalt Test, 236
Benedict, Ruth, 187–88, 192–94, 207, 265
Bergdorf Goodman window display, 7
Berlin, HR's stay in, 54–56
Bernese, 103, 105, 149, 207, 321
bestiaries, medieval, 137–38
Binet, Alfred, 76, 116
Binggeli, Johannes, 88–89, 101, 128, 143
see also sects
Binswanger, Ludwig, 148, 165
Bircher, Ernst, 130, 143–45, 318

Blake, William, v, 295
Bleuler, Anna-Paulina (Eugen's sister), 43, 47
Bleuler, Eugen, 45–48, 67, 81, 103, 112, 119, 138, 141, 188, 217, 287, 292, 293, 336n
doctor-patient relationship of, 42–44, 50
HR influenced by, 49–51, 85
pioneering advances in mental illness treatment of, 38–48, 132
supports HR, 131–32, 147, 165, 322
Bleuler, Manfred, 44, 45, 132, 188–90, 192, 196, 217, 221, 242
Bleuler, Richard, 188–90, 192, 196
blind, Rorschach test modified for, 214
blind diagnosis, 131–32, 144, 151–53, 235–36
multiple interpretations of, 176–77, 240
Rorschach test validated through, 178, 204
Bloom, Paul, 303–4
Boas, Franz, 172, 187, 193
Bochner, Ruth, 205–7, 215, 368n
"Bombed Child and the Rorschach Test, The," 169
botulism, botox, 74
Bowles, Paul, 208
Bradbury, Ray, 237–38, 246, 247, 278, 294
brain, 49, 193, 296
HR's dream of slicing of, 78–79, 86
in perception of movement, 301–2
in visual perception, 289, 291, 297, 307
brainwashing, 242
Brauchli, Greti, 126–29, 136, 280
Brauchli, Ulrich, 67–68, 87, 89, 126
fictionalized by Glauser, 344n
Brazil, Paul's residence in, 108, 132, 144, 163
Brethren of the Free Spirit, 90
Breton, André, 100
Brokaw, Immanuel (character), 237, 247, 265, 278, 294
Buddha, Buddhism, 143, 243
Burghölzli hospital, 40–48, 50, 99, 112, 132
Burri, Hans, 127–29, 158, 280
Busch, Wilhelm, 22, 33, 70, 97

C

capitalism, communism vs., 241
Carnival, 70–71, 110, 111

catatonia, catatonics, 42, 71, 85, 100, 104, 133, see also schizophrenia
Cat Symphony (von Schwind), 25
Cézanne, Paul, 307
character, personality vs., 181
Chekhov, Anton, 92
Chicago, 168, 171, 174, 177
Child Guidance clinics, 168, 171, 201, 204
children, 26, 232, 261
Child Protective Services, 261–62
collaborative approach used with, 281–83
custody battles over, 258–60, 261–62, 266, 273
mental health services for, 168, 171, 201
psychology of, 45, 183
as Rorschach test subjects, 139, 177, 221, 257–59, 313–15
"shaken baby" case, 6, 295
troubled, 258, 281–83
Christmas, 11–12
Clinical Application of the Rorschach Test, The (Bochner and Halpern), 205–7
clinical psychology, 203–4, 213, 224, 238, 246–48, 256, 258, 269, 288, 290
Clinton, Hillary, 263, 309
Cloud Pictures test, 185
cognition, visual perception and, 296–297
cognitive-behavioral therapy, 93
Cold War, 241–46
Collaborative/Therapeutic Assessment (C/TA), 276–84, 303
collective unconscious, 49
Color-Form responses (CF), 120, 135, 257
color perception, 292
Color responses (C), 30, 119–21, 122, 123, 124, 125, 142, 143, 144, 149, 150, 151–52, 154, 159, 170, 185, 197, 213, 216, 251, 257, 289
as key to personality, 133–37
color shock, 135, 239, 305, 306, 386n
Columbia University, 171–73, 178, 191
communism, 107, 241
complexes, 44–45, 46, 49, 51, 87, 90, 119, 150, 154
Comprehensive System (Exner), 250–52, 257–60, 262, 286–87, 311, 312

debate over, 266–70, 271, 290
frozen by Exner's estate, 271–72
meta-analysis of, 274–76
R-PAS vs., 276, 379–80n
computers, 253–54
confabulation, 117, 150
content analysis, 216–17, 265, 290, 312
counterculture, 7, 9, 237–47, 309
criminal justice system, 231
psychological testing in, 45, 49
Rorschach test used in, 5, 258–60, 266, 288, 311–12
Criminal Man (TV show), 230
Cronbach, Lee J., 205
Cuban missile crisis, 241
cults, HR's study of, see sects
cultural relativism, 187–88, 235, 247, 308–312
see also relativism
culture, 293–94
American mass, see popular culture, American
indigenous, 188–97, 242–44
psychological implications of, 49, 90–94, 101, 186
Culture and Personality studies, 187, 245, 293
culture of personality, 9, 181–88
culture of character superseded by, 181
Rorschach test redefined for, 183–86, 210, 309
cyanide, suicide by, 231–32
cypress knees, 214, 295

D

Dadaism, 98
daguerreotypes, see photography
Dark Mirror, The (film), 209–10, 209
Darwin, Charles, 25–26, 28
"database of dreams," 242–43
data science, 253
Daubert standard, 267
Dawes, Robyn, 262, 267
deaf-mutes, 160
Decoded (Jay-Z), 310
Defense Department, Advanced Research Projects Agency (DARPA), 243

de Gaulle, Charles, 247
delusions, 116–17
dementia, 40, 122, 135, 288
dementia praecox, 41–42, 95
    see also schizophrenia
depression, manic vs. schizophrenic, 123
Detail responses (D), 119, 121, 152–53, 176, 185, 249, 251, 279
Diagnostic and Statistical Manual of Mental Disorders (DSM), 255
differential psychology, 187
Dijon, France, 29–31, 34, 36, 54, 57
dissociation, 51–52
Dostoyevsky, Fyodor, 22, 85, 320, 345n
"Draft" (1918 version of Rorschach test), 117–125, 130
Draw-a-Person Test, 238
dream analysis, 45, 71, 87, 153
    Bleuler's, 336n
    Freudian, 80, 83–84
    HR's personal experience in, 78–79, 86
    technique for, 128–29
drip paintings (Pollock), 210–11
Du Bois, Cora, 190–93, 196, 242
Dubois, Paul, 92–93
Dukhobors, 30, 89
dynamic psychiatry, 151, 154–55
Dynamism of a Dog on a Leash (Balla), 97

E

education, 257–58, 297
    of HR, 21–28, 29, 31–37, 40
    Rorschach test used in, 8, 140–41, 148, 179–80, 200
EEG, 193, 302
Egocentricity Index, 4, 251, 262
Eichmann, Adolf, trial of, 232–36
Eichmann in Jerusalem (Arendt), 233
Einfühlung (feeling-in), see empathy
Einstein, Albert, 10, 147, 307
Ellenberger, Henri, 10, 216–17, 221
emotion, 81–82
    Color responses and, 134–36, 289, 300, 306
    rapport in, 302
    in visual perception, 295–96

empathy, 82–84, 96, 115, 190, 233, 265, 303
    of Bleuler, 42–43
    of HR, 19, 24, 50, 53–54, 71–72, 87
    projection as, 186
    psychological application of, 82–87, 127
    revealed in Rorschach test, 133–34
    three modes of, 303–4
empathy gene, 82
empathy magnifiers (Finn), 278, 297
encryption, 241–42
Ernst, Max, 97
ethnicity, in Rorschach testing, 149, 358–59n
Etkind, Alexander, 91
Etter, Hedwig, 356n
existential psychology, 148
Exner, John E., Jr., 174–75, 248–52, 257–60, 262, 265–70, 271, 274, 279, 290
Exner System, see Comprehensive system (Exner)
Experience Type, 136–38, 142, 160, 322
Expressionism, 97, 98, 209
extraversion, 85, 127, 139, 147, 149, 151, 195, 197, 322
    HR's theories of, 98, 159
    in Jung's types, 155, 156, 158, 160
    revealed in Rorschach test, 133, 136–38, 170
extratensives, 137–38
eye movements, in response to inkblots, 289–90, 290

F

facial expressions, mimicry of, 302–3
Farrell, Dan, 266
fashion, inkblots in, 6–7
    see also "Man in the Rorschach Shirt"; Mayakovsky
Faust (Goethe), 70
Feeling-and-Doing questionnaire, 238
"feeling-in," "feeling-into," see empathy

Ferriss, Randall (pseud.), 305–6, 312–13
Fibonacci sequence, 299
film noir, 208–10
Finn, Stephen, 276–84, 296, 302–4

Fipps (monkey), 70–71, 70
Flexibility of Thinking Index, 4
Forel, Auguste, 41, 43
Forest Brotherhood, 88–89
Form-Color responses (FC), 120, 135–36, 197
"Form Interpretation Test Applied to Psychoanalysis" (H. Rorschach), 151–55, 168, 171, 207
Form responses (F), 119–21, 122, 124, 134–37, 144, 152, 289
Frank, Hans, 223, 226
Frank, Lawrence K., 183–87, 193, 370n
fraternities, 21–22, 24–25
Frazer, James, 187
free association, 51–52, 112, 154, 294–95
Freud, Sigmund, 41, 44, 80, 83–84, 97, 104, 141, 148, 149, 164, 207, 287
  HR's qualified acceptance of, 48–50, 320
  and Jung, 10, 39, 46–48, 50, 93
  on HR's death, 361n
  Freudian psychology, 70, 79–81, 93, 112, 128, 132, 139, 146, 157, 158, 185–86, 187–88, 216, 295
  in America, 169–70, 183, 246–47
  declining regard for, 246–47, 286, 287
  pioneering developments of, 40, 45–46, 83–84, 91, 95
  in popular culture, 201, 208, 214
  Rorschach test in, 151–54
  as talk based, 307–8
Futurism, 94–98, 101, 184

G

Galison, Peter, 185, 307, 352n, 365n, 375n
Gamboni, Dario, 75, 307, 352n
Garfield, James, 181–82
Gehring, Konrad, and wife, 73–74, 77, 96
gender equality, 177
  HR's support of, 24, 50, 58–59, 63
Geneva, HR's wedding in, 68
geriatrics, 288
Germans, Germany, 56, 148
  Rorschach test use in, 226
  see also Nazis
Gilbert, Gustave, 224–27, 229–31, 235, 236

Glauser, Friedrich, 344n
Gogol, Nikolai, 69, 339n
Goldblum, Jeff, 310
Goldstein, Kurt, 172
Goodenough Draw-a-Man Test, 204
"good" responses, 120–21, 173, 199, 207, 250
Göring, Hermann, 223–28, 231
Göring, Matthias, 224
graphology, 341n
Green Henry (Keller), 166
Group Rorschach Technique, 198–201, 199, 221, 229
Gymnasium, 21–22, 25

H

Haeckel, Ernst, 26–28, 27, 115, 132, 307, 331n, 332n
Hallowell, A. Irving, 193–97, 242, 245
hallucinations, 51, 65, 78–81, 86, 92, 138
  see also reflex hallucinations
Halpern, Florence, 205–7, 215, 368n
Hara, Kenya, 292
Harrower, Molly, 198–201, 229–30, 235, 236, 239, 253, 280
Helmholtz-Kohlrausch effect, 116
Hens, Szymon, 112–17, 114, 132, 350–52n
hereditary psychosis, 123
Herisau, Switzerland, 100, 102–12, 128, 131, 138, 140–43, 147, 148, 150, 158, 160, 162–65, 317
  see also Krombach hospital
"Hermann Rorschach's Life and Character" (O. Rorschach Shtempelin), 318, 319–22
Hertz, Marguerite, 175–77, 194, 229, 248–49
Hess, Rudolf, 226
Hill, Caroline (pseud.), 1, 4–5, 311–12, 376n
Hitler, Adolf, 222, 224, 226, 228, 229, 230, 233
Hodler, Ferdinand, 33, 122
Holocaust, 221–36
Hopwood, Chris, 287
horizontal (bilateral) symmetry, see symmetry
House of Cards (Dawes), 262
House-Tree-Person Test, 236, 257

Human Figure Drawing test, 257, 285
Human figure responses (H), 121, 123, 288
Huxley, Aldous, 295
hypnosis, 51–52, 92, 104, 112

I
imagination, 116–18, 132
inkblots as measurement of, 76–77, 96, 112, 132
Im Hof, Walter, 22–23, 332n
In Matto's Realm (Glauser), 344n
Inkblot Record, The (Farrell), 266
inkblots, 74–77
 alternate, 300
 in games, 75, 211
 Hens's experiment and dissertation on, 112, 113, 114, 116
 HR's early experimentation with, 77, 96
 of Kerner, 74–75, 113, 307
 in psychology, 75–77
 of Roemer, 148, 154–55
 in Rorschach test, see Rorschach inkblot test, images
 of Warhol, 264–65, 264
intelligence (IQ) tests, 1, 5, 6, 76, 204, 232, 257, 277, 313–14
in Nuremberg Trials, 224–26
International Watch Company (IWC Schaffhausen), 23
internet, Rorschach test accessible on, 1–2, 273–74
Interpretation of Dreams, The (Freud), 40, 45, 83–84, 148
introversion, 85, 127, 139, 149, 151–52, 195, 322
 HR's theories of, 98, 156, 159, 160–61
 in Jung's types, 155–56, 158
 revealed in Rorschach tests, 133, 136–38, 170, 274
 years of, 143, 216
introversives, 137–38
Inventing Abstraction, 307
"Is the Rorschach Welcome in the Courtroom?," 266

J
Jensen, Arthur, 212, 246, 254–55, 265
Jerusalem, Eichmann trial in, 221
Jews, 171–72, 222, 224, 232
 see also Holocaust
job interviews, 1, 4–5, 172, 280
judgment, moral dilemma of responsibility and, 233–34, 236
Jung, Agathe, 45
Jung, Carl, 9, 10, 34–35, 38–39, 44–50, 70, 75, 97, 141, 156–59, 172, 175, 183, 185, 187–88, 308
 dissertation of, 74
 feud between Bleuler and, 46–48
 four psychological types and functions of, 155–56
 Freud and, 46–48
 HR's qualified acceptance of, 49
 pioneering developments of, 38–39, 49, 91
Jung, Emma Rauschenbach, 23, 34–35, 47–48
Jungian analysis, 80, 85, 90, 93, 137
Juvenile Psychopathic Institute, Chicago, 168

K
Kaminska, Basia, 313–15
Kardiner, Abram, 191–92
Kazan, Russia, 35–36, 60–62, 99, 107, 306
Keats, John, 82–83, 86
Keller, Gottfried, 33, 166, 295, 319, 320
Kelley, Douglas, 175, 205, 236
 in Nuremberg Trials, 223–32
Kennedy, John F., 241
Kerman, Edward F., 214
Kerner, Justinus, inkblots of, 74–75, 75, 113, 210, 226, 307
kinesthesia, 81, 86–87, 96, 128, 160
 see also movement
Kinsey reports, 212
Klecksographien (Kerner's blotograms), 74
Klee, Paul, 307
"Klex" (inkblot), 21–22, 25, 28
klexography, 75, 75, 113, 119, 132, 210, 307
Klopfer, Bruno, 171–78, 184, 186, 187, 197, 198, 204, 205–6, 207, 220, 223, 229, 230, 239, 248–49, 255, 265, 266, 275

see also Beck, Samuel: Klopfer's feud with
  Koller, Arnold, 103–4, 107, 109, 138, 162, 317
Koller, Eddie (Arnold's son), 350n
Koller, Rudi (Arnold's son), 104, 109, 166
Koller, Rudolph (painter), 33
Koller, Sophie (Arnold's wife), 109
Korean War, 242, 248
Kosslyn, Stephen, 291–92
Kraepelin, Emil, 41–43, 345n
Kroeber, Alfred, 183
Krombach hospital (Herisau), 102–5, 110–12, 131–33, 138, 140, 317
Kronfeld, Arthur, 147–48
Kruchenykh, Aleksei, 95, 346n
Kryukovo clinic, 91–94, 98–99, 110
Kubin, Alfred, 98, 347n
Kubrick, Stanley, 247
Kulbin, Nikolai, 95, 184, 346n
Kulcsar, Istvan, 232–33, 235
Künstlergütli museum, Zurich, 33

L
Lake Constance, Switzerland, 11, 14, 60, 68, 70, 72, 79, 102, 318
language, 191, 194, 197
  dialectical barriers of, 41, 43, 47
  HR's proficiency in, 29, 30, 35, 61, 72–73
Lanice (child subject, pseud.), 281–83
Lawrence, T. E., 189
"Lecture on Psychoanalysis" (H. Rorschach), 48, 93–94
legal system, Rorschach test use in, 8, 258–60, 261–62, 266–67, 269, 275–76, 313–15
Lenin, Vladimir, 10, 34
Leonardo da Vinci, 76, 307, 342n
Levy, David Mordecai, 168, 170–71, 175, 230
Life, 208–10
"Life and Works of Hermann Rorschach, The" (Ellenberger), 217
Life of the Dream, The (Scherner), 84
Lindner, Robert, 215
literature, inkblot references in, 265–66
Long, Huey, 228
Lüthy, Emil, 138, 142–43, 165, 306, 355–56n, 369n

M
managed health care, cost issues in, 5, 252–53, 257, 260, 279, 287
Manchurian Candidate, The, 242
manic depression, 67, 123, 200
"Man in the Rorschach Shirt, The" (Bradbury), 237–38, 246, 247, 278, 294
Marchand, Roland, 182
Marden, Orison Swett, 181–82
Marinetti, F. T., 94
Marshall, George C., 202
Martelli, Rose (pseud.), 261–62, 267, 269, 311
Masterful Personality (Marden), 182
Matyushin, Mikhail, 95, 346n
Mayakovsky, Vladimir, 95, 346n
Mead, Margaret, 183, 187
memory, 24, 80, 292–93
Menninger, William C., 202–5
Menominee tribe, 243
menstruation, 212–13
mental illness treatment, 38–52, 246
  American proliferation of, 198–207
  threat of managed care to, 252–53
  traditional methods in, 66–67
Mental Measurements Yearbook, The, 201, 246
Mental Patient as Artist, A (Morgenthaler), 100
Merleau-Ponty, Marcel, 221, 307
Mesmer, Franz Anton, 74
mesmerism, 40, 74
Meyer, Gregory, 271–72, 274, 281, 283, 297, 302
Miale, Florence R., 235–36
Microcard Publications of Primary Records in Culture and Personality ("database of dreams"), 242
Mihura, Joni, 272, 274–75, 285
Milgram, Stanley, 234–36, 238
military, Rorschach test use by, 8, 142, 198–205, 208, 223, 238–39
mimicry, 302–3
mind, 49, 297
  dynamic process of, 154–55

Minkovska, Franziska, 306, 385–86n
Minkovska, Irena, 75, 306
Minnesota Multiphasic Personality Inventory (MMPI), 1, 5, 256–57, 266, 275, 283–85, 296
mirror neurons, 301–3
Mischel, Walter, 197
modernism, 33, 97–98, 307
European, 9–10, 13–14
Russian, 91, 94–98
Monakov Constantin von, 162–63, 353–54n
Monakov, Paul von, 162–63
monkey, used for therapy, 70–71, 70
Morgenthaler, Walter, 99–100, 106, 143, 144–47
Morocco, 188–90, 217, 242
Moscow, 62, 85
HR's stays in, 11, 56–57, 91–94
motion pictures, 13
Rorschach test images in, 208–10, 209
motor synchrony, 302–3
Mourly Vold, John, 87
movement, 110–11, 301–2
art and, 92, 97
HR's interest in, 25, 25, 96, 138
visual perception of, 86–87, 92, 120, 300–303
Movement responses (M), 120, 121, 122, 123, 124, 125, 127, 142, 143, 149, 151–52, 154–55, 159, 160, 170, 174, 185, 186, 213, 216, 218, 249, 251, 265, 274, 300–304, 310
as key to personality, 133–34, 136–37
"Multiple-Choice Test (For Use with Rorschach Cards or Slides)," 199–200, 204, 229, 239
Munroe, Ruth, 178–79, 198, 229
Münsingen asylum, near Bern, 89–91, 126, 127
fictionalized by Glauser, 344n
Münsterlingen, Switzerland, 68, 69, 70, 318
Münsterlingen Clinic, 61, 64, 65–74, 78–79, 85, 89, 99, 108, 110, 115, 126
"Murderous Mind, The" (Selzer), 235
Museum of Modern Art, New York, 307
Myers-Briggs test, 155, 183
mysticism, 74, 143
mythologies, 49

archetypal, 90

N

National Mental Health Act (1946), 203
nature, HR's love for, 23, 25–26, 55, 320
Navarro, Fernando Allende, 148
Nazi personality type, 228–29, 232–33, 236
Nazis, 172, 222–36, 238
Rorschach test administered to, 223, 226–30, 232–36
Neuwirth, Johannes (pseud.), 51–52, 93, 112
New York, N.Y., scientific and academic scene in, 170–73, 178, 207
New York Institute for Child Guidance, 170–71
New York Psychoanalytic Society, 178
Niehans, Theodor, 344n, 346n
Nietzsche, Friedrich, 74, 138, 331n, 345n
Norris, Victor (pseud.), 1, 4–5, 311
Nuremberg Diary (Gilbert), 227
Nuremberg Mind, The (Miale and Selzer), 235–36
Nuremberg trials, 9, 222–32

O

Obama, Barack, 117, 309–10
obedience, 234–35
Oberholzer, Emil, 131, 138, 146, 149, 162–63, 168, 171–72, 174, 178, 191–93, 195, 354n
blind diagnosis of patient of, 151–53
objective methods, see projective methods
in Rorschach test interpretation, 130–31, 173–77, 178, 185, 218, 283, 300, 308–9
obsessive-compulsive behavior, 152
Ojibwe (Anishinaabe) people, 193–96, 242, 245, 366n
"On 'Reflex Hallucinations' and Related Phenomena" (Rorschach's dissertation), 85–87, 118, 120, 159, 168, 171, 302
Origin of Species, The (Darwin), 26
Osipov, Nikolai, 92, 93
"Outline of a Theory of Form" (U.

Rorschach), 16, 27
outsider art, 100

P
pain, 79, 104
Panorama of Film Noir, A, 209
Papen, Franz von, 224
paranoia, 71, 115, 244
paranormal psychology, 50
Patterns of Culture (Benedict), 188, 207
Pearl Harbor, Japanese attack on, 198, 223
People of Alor, The (Du Bois), 192
Perceptanalysis, 248–49, 374n
perception, 49, 77, 107, 290
  ambiguity of, 241, 261–70, 271
  cultural influence on, 89–91, 293–94
  management layer of, 294–95
  as psychological vs. physical, 291–93
  see also visual perception
personality:
  in American culture, see culture of personality
  cultural determination of, 191, 193
  Rorschach test as indicator of, 133–38, 159, 183–86, 188, 193
"Personality Tests: Ink Blots Are Used to Learn How People's Minds Work" (Life magazine), 208
personality types, 183
PERSON-ALYSIS (game), 211–12
Pfister, Oskar, 143, 146–47, 164, 357n
phenomenology, 171
photography, 13, 67, 69, 241
  Kerner's klexography as spiritual, 74–75, 341n
  of HR's patients, 65–66, 89
Picabia, Francis, 210
Picture Without Words, A (H. Rorschach), 25
pineal gland, 49, 71
Piotrowski, Chris, 285, 286
Piotrowski, Zygmunt, 248–49, 374n
play therapy, 168, 185
Poe, Edgar Allan, 302–3
poetry, 95, 166, 266
  inkblots and, 74

Romantic use of empathy in, 82–83
"Poetry and Painting" (lecture; H. Rorschach), 25–26, 33
politics, 228–29, 263
Pollock, Jackson, 210–11, 264
"poor" responses, 120–21, 123, 173, 199–200, 207, 250
popular culture, American, 207, 208–21, 242, 247
  current, 308–12
  peak use of Rorschach test in, 212, 212
  personal interpretation in, 261–70
  Rorschach test images in, 6–9, 208–10, 263–66, 274
Power of the Center, The (Arnheim), 221
presidential elections, U.S.:of 1960, 243
  of 2008, 117, 309–10
  of 2016, 263
projection, Freudian, 185–86
projective counseling, 280
projective methods, 193, 235–36, 238, 242, 253, 295
  refutation of, 218–21, 245, 256, 280, 283
  Rorschach test redefined as, 184–85, 206–7, 208, 213–14
"Projective Methods for the Study of Personality" (L. Frank), 183
Projective Test Movement, 242
protocols (written Rorschach test records), 121, 124–25, 132, 138, 144, 159, 176, 178, 191, 194, 284
  in blind diagnosis of Oberholzer's patient, 151–53
  Nazi, 229, 235
  profusion of, 147
psychedelic drugs, 294–95
psychiatric social workers, 204
psychiatry, 37, 38–52, 93
  distinction between psychology and, 39, 170, 201, 204, 246
psychiatry (continued):
  psychoanalysis vs., 46, 170
  religion in, 89
psychoanalysis, 85, 89, 146, 253
  for children, 168

controversy over, 46–47
convergence of anthropology and, 187–88
cultural implications of, 49
embraced in America, 201
HR's approach to, 93, 95
limitations of, 48
research psychology vs., 171–78
Rorschach test applied to, 151–53
in Russia, 92–93
word association in, 44–45
Psychodiagnostics (H. Rorschach), 9, 146–49, 150, 155, 156, 165, 171–72, 207, 215, 292, 318, 321
publishing delays and problems with, 125, 128–30, 133, 137, 139, 142–47, 145, 149
psychological aesthetics, 81–84
psychological anthropology, 187
Psychological Bulletin, 275
psychological testing, 8, 71, 201, 285
for children, 313–14
origin and overuse of, 45
seating for, 250
see also specific tests
Psychological Types (Jung), 155–59, 175, 308, 360n, 361n
HR's attempted review of, 158–59
psychology, 38–52, 213
anthropology and, 192–97, 242
cultural implications of, 90–91
distinction between psychiatry and, 39, 170, 201, 204, 246
HR's overriding interest in, 29–37
and national security, 242–43
in Russia, 91–92
statistical basis of, 307–8
"Psychology of Futurism, The"
(H. Rorschach), 94–96
psychometrics, 169, 172, 175, 177
psychopathologists, 39–40
psychopharmaceuticals, 246
psychophysics, 39–40
psychosis, psychotics, 40, 42, 45, 85, 123, 138, 232
psychotherapy, 40, 92, 200, 208, 276
critics of, 286

puppetry, 110–11, 111, 120
"Purloined Letter, The" (Poe), 302–3

R
race, in Rorschach testing, 149, 177
racism, 228–29
Radin, E. P., 346n
Rapaport, David, 215, 229
rational therapy, 92–93
Ray, Nicholas, 231
Rebel Without a Cause (book and film), 215, 231, 265
red, implications of color, 116
Reflection responses (r), 251, 262
reflex hallucinations, 85–87, 120, 302, 304
relativism, 7, 159, 308–12
religion, 28, 89, 128
relocalization, of sensation, 79
responsibility:
moral quandries of, 222–36
obedience and, 234–35
Resurrection (Tolstoy), 30
Revolt in the Desert (Lawrence), 189
Ribbentrop, Joachim von, 223, 226
Riddles of the Universe, The (Haeckel), 26
Riklin, Franz, 44, 51
see also word association test
Rilke, Rainer Maria, 100
Roemer, Georg, 140–42, 147–49, 154–55, 160–61, 216, 321–22, 359–60n
Rorschach test results of, 356n
Rorschach, Anna (sister), 15, 17–20, 29, 50
HR's correspondence with, 32–34, 36, 53–54, 57–61, 68, 69–70, 73, 217
marriage of, 108
in Russia, 57–60, 63, 98, 108
Rorschach, Elisabeth (Lisa; daughter), 108–9, 111, 126, 163–65, 317, 318
Rorschach, Hermann: appearance and personal style of, 9–10, 31, 35
artistic talent of, 16–17, 17, 20, 22, 24–25, 25, 31, 32–33, 35, 57, 66, 87, 97, 97, 100, 104, 109, 111, 120, 307, 369n
birth of, 9, 12–14, 308
childhood of, 12–17

courtship of, 60–62
death of, 162–64, 166, 168, 185, 249, 290, 317, 322
earliest childhood memory, 355n
education and formative years of, 21–28, 29–37, 40
as a father, 108–10, 163–64
financial concerns of, 23, 31, 32–33, 54, 73, 107–8, 111, 132–33, 164, 204
funeral and burial of, 164–65
intellect of, 22–23, 33–34, 73
itinerant lifestyle of, 20, 57, 91, 98, 100–101, 102–3, 369n
legacy of, 165–67
marriage of, 11–12, 67–70, 72–74, 89, 91, 98–99, 100, 103, 108–11, 141, 163–64, 306
nickname "Klex," 21–22
Olga's biographical lecture on, 317–22
posthumous tributes to, 164–65
as reserved and introspective, 15, 22–23, 54, 83, 98, 103
self-experimentation by, 23–24, 87
silhouette self-portrait of, 322
as understanding and compassionate, 19, 24, 50, 53–54, 71–72, 87, 128, 164
as vitally curious, 59, 69, 89
Rorschach, Hermann, career:
Bleuler's influence on, 44
combined approaches in, 51–52
dissertation of, 85–87, 118, 120
doctor-patient rapport in, 12, 22, 50, 65–66, 71–72, 100, 110, 128, 289
founding myth for, 28
innovative therapies of, 68–70, 110–11
Jung's influence on, 49, 155–59, 337n
organized documentation of patients in, 65–66
posthumous acclaim for, 164–65, 168, 217
writings of, 70–73, 90, 123; see also specific works
Rorschach, Olga Vasilyevna Shtempelin "Lola," 11, 49, 54–55, 106, 126, 128, 217, 306, 317
biographical lecture on HR given by, 317–22
courtship of, 60–62
death of, 318

HR idealized by, 109, 164
and HR's critical illness and death, 162–65
after HR's death, 317–18
HR's letters destroyed by, 323, 338n
HR's meeting with, 35–36, 60
intellect of, 36
marriage of, 11–12, 67–70, 72–74, 89, 91, 98, 103, 104, 108–11, 141, 163–64
medical career of, 60, 67, 89, 104, 109, 317–18
Rorschach, Paul (brother), 18–19, 23
birth of, 14
HR's correspondence with, 55, 72, 102, 103, 106–9, 132, 144
HR's relationship with, 72, 163
informed of HR's death, 163–65
marriage of, 108
Rorschach test results of, 350n
Rorschach, Philippine Wiedenkeller (mother), 13–17, 19–20, 22
death of, 17, 58
Rorschach, Regina (stepmother), 12, 17–19, 23, 29, 32, 62, 72, 108, 110
Rorschach, Regina "Regineli" (half sister), 18–19, 72, 108, 109, 163, 165
Rorschach, Ulrich (father), 13–20, 28, 32, 57, 330–31n
as artist and art teacher, 13–14, 16, 17, 18, 24, 27, 28, 98
as cultured and intellectual, 16–17
death of, 18, 22, 31, 58, 163
speech impediment of, 16, 18, 23–24
Rorschach, Ulrich Wadim (son), 108–9, 111, 126, 163–65, 166, 317, 318
Rorschach (Warhol), 8, 264–65, 264, 310
Rorschach, The: A Comprehensive System (Exner), 249
Rorschachiana, 217
Rorschach inkblot test:
administered to author, 305–6, 312
Rorschach inkblot test (continued): administered to Nazi defendants, 223, 226–30, 232–36
anthropological application of, 188–97
copyright and trademark issues in, 273
current and future trends for, 285–304

declining regard and use of, 236, 237–47, 256–57, 285–87
development and evolution of, 112–25, 130
discredited accuracy of, 239–41, 246, 262, 267–68
five main midcentury systems of, 248–49; see also Comprehensive System; R-PASfrequency of use of term, 212
global reach of, 169, 178, 188–97
growing awareness and popularity of, 138–39, 143, 147–49, 203–4
HR's personal input and influence on, 77, 154–55, 159, 167
HR's publication of, see Psychodiagnostics
HR's rethinking of, 158–61
innovations to, 176, 205–7, 213–16, 271–75
as instrument of healing and change, 126–29, 276–80
lack of theoretical underpinning for, 148, 149, 151, 289–91
metaphorical use of term, 6–9, 247, 263, 305, 309–10
modified for mass use, 198–201
professional acceptance of, 164
professional controversy over, 5–6, 141, 147–48, 169–78, 216, 254–55, 266–70, 271–75, 312–13
professional skepticism of, 132, 238–41, 260, 267, 283, 311–12
public skepticism of, 6, 286
recast for the modern world, 248–60, 271–84
redefined as personality test, 183–96
restored regard for, 266–68, 275, 285, 287–90
thoughtful professional reflections on, 216–21
training courses for, 178, 286–87
validation of, 124, 131–32, 152, 176–80, 192–93, 196–97, 204–5, 217, 254, 255, 262, 275, 285, 313–15
Rorschach inkblot test, administration procedure, 1, 4–5, 115, 248–50
collaborative and interactive approach to, 276–83
examiner's influence in, 160, 240, 250
questions used in, 118, 294–95
streamlining of, 198–201, 205–7
Rorschach inkblot test, cards: Card I, 4, 119, 134, 199, 215, 218–19, 219, 250, 290, 313–14
Card II, 4, 124, 218, 298, 305
Card III, 152, 218, 305
Card V, 117, 145, 192, 298–99, 305, 314
Card VI, 243
Card VIII, 117, 119, 121, 124, 150, 218, 277, 305
originally ten, 119, 353n
shortage of during World War II, 204
Rorschach inkblot test, images, 114
artistic value of, 306–7
criticism of, 213, 307
determining and designing of, 113–16, 154, 220–21, 265, 297–301
as impediment to publishing, 129–30, 142–45, 145, 149
internet accessibility of, 273–74
original ten, 4, 6, 8, 9, 119, 137, 144, 149, 154, 205, 206, 248, 265, 290, 301
in popular culture, 265–66
precursors to, 8, 12, 74–77, 307
in slide form, 198, 221
symmetry of, 27, 115–16, 300
unique value of, 142–43, 154–55, 210, 297–301, 306
use of color in, 114, 116, 129, 135, 138, 142, 145, 226, 305; see also Color responses
Rorschach inkblot test, interpretation, 151
computerization of, 253–54
criticism of, 148
errors in, 261–62, 268, 269, 311–12
as open-ended, 4–5, 7, 113–15, 247, 254, 272, 294–95
in popular culture, 214–16
streamlining of, 198–201, 205–7, 215
subjective vs. objective, 173–77, 178
synthesizing of multiple systems of, see Comprehensive (Exner) System
visual approach to, 218–21, 219
Rorschach inkblot test, responses: author's, 305–6
bizarre, original, or unusual, 124, 152
categorizing and coding of, 119–21,

134–36, 148, 151, 159, 173, 185, 192, 215–16, 250–53, 260
as common or uncommon, 130–31
content in, 151–55, 215–17
eye movements in, 289–90
frequency of, 289, 298–99, 298
of indigenous cultures, 188–97
multiple-choice, 199–201
personal and individual variation in, 7, 124, 247, 263, 298
verbalization in, 213, 216
Rorschach inkblot test, results:
age and gender in, 139, 141
analysis of, 297–301
author's, 305
mental disorders revealed through, 1, 4–5, 123–25
quantitative framing of, 250–53
written records of, see protocols
Rorschach Institute (Klopfer), 173, 197, 198, 223
Rorschach Interpretation Assistance Program (Exner), 254
"Rorschach Method as an Aid in the Study of Personalities in Primitive Societies, The" (Hallowell), 196
Rorschach Performance Assessment System, see R-PAS
Rorschach Research Council, 271–72, 274
Rorschach Research Exchange, 173, 176
Rorschach Systems, The (Exner), 249
Rorschach Technique, The (Klopfer and Kelley), 205, 223
"Rorschach Technique in the Study of Personality and Culture, The" (Hallowell), 196
"Rorschach Test and Personality Diagnosis, The" (Beck), 171
Rorschach volunteer unit (World War II), 198
Rorschach Workshops, 255, 269
Roschach, Hans Jakob "the Lisboner," 13
Rosenberg, Alfred, 226
R-PAS, 272, 274–75, 279, 280, 285, 287, 302, 311, 379–80n
Russia, Russians, 75, 101, 169, 334n, 347n

Anna's residence in, 57–61, 107, 108, 338n
Futurism in, 94–98, 101
HR's affinity for, 29–31, 34–37, 56–63, 94–95
HR's disillusionment with, 63–64, 98–99
HR's visits to, 11, 56–57, 61–63, 72, 91–94, 98–99
Olga's stays in, 54, 60–61, 67, 98–99
political upheaval in, 106–8
psychology in, 76, 91–94
Russian Revolution, 9, 30, 60, 106, 108
Rybakov, Fyodor, 76
Sainte Vierge, La (Picabia), 210
sanity, determination of, 227–28, 235
Sapir, Edward, 187
Sarah Lawrence College, 178–80, 192, 198, 257
Scaphusia fraternity, 21–22, 24–28
Schacht, Hjalmar Horace Greeley, 224, 225, 226
Schachtel, Ernest, 219–21, 229, 281, 290, 294, 383n
Schafer, Roy, 215
Schafer-Rapaport system, 248–49
Schaffhausen, Switzerland, 31, 32, 34, 69, 72, 108
as HR's childhood home, 14, 20, 21–22, 29, 73–74, 102, 107, 110
Scherner, Karl Albert, 84, 343n
schizophrenia, 22, 40, 41–42, 47, 67, 69, 90, 106, 114, 190, 255
schizophrenia (continued):
as evidenced in patients, 65, 71, 78–80, 86, 100
Futurism and, 95–96
origin of term, 42–43
in Rorschach test subjects, 117, 120, 121, 123–24, 130–31
Rorschach's major essay on, 344n
School of Applied Arts, Zurich, 14, 355n
Schwarz, Martha, 141–42, 162
Schweitzer, Albert, 149, 359n
Schwerz, Franz, 32
sects, Swiss, HR's study of, 89–91, 105, 132, 143, 146, 149, 357n
Seeress of Prevorst (Kerner), 74
self-help trends, 181–82
self-presentation, 4, 181–83, 240, 257, 309
self-revelation, through Rorschach test, 4–5,

126–27
Selzer, Michael, 235
sensation, 79–86, 120, 292
see also perception, synesthesia
Sentence Completion test, 257, 285
Separated Parenting Access and Resource Center (SPARC), 273
Sex and Character (Weininger), 63
sexual abuse, 4–5, 261, 313
sexuality, 58, 88–89, 197
in complexes, 44–46, 49
Freudian interpretation of, 157, 212
in popular culture, 212
Shapiro, Walter, 263
Shelley, Mary, 14
Shtempelin, Wilhelm Karlovitch and Yelizaveta Matveyevna, 36
Simulmatics Corporation, 243, 375n
Skinner, B. F., 213
Slote, Walter H., 243–45, 246
Small Detail responses (Dd), 119, 123, 127, 160, 189–90, 213
social class, inequity and bias in, 23, 47–48, 50, 54, 287
social media, 309
Society of Personality Assessment, 270
sociology, 89
Speer, Albert, 224, 226
Spielrein, Sabina, 35, 44, 93
spiritualism, paranormal, 50, 74
Spring Awakening (Böcklin), 33
Springer, Julius (possible publisher), 125, 129, 131
Starobinski, Jean, 301
"Status of the Rorschach in Clinical and Forensic Practice, The" (Board of Trustees for the Society for Personality Assessment), 269
Stern, William, 148, 187
Streicher, Julius, 222, 224, 225
subjectivity, 157–59, 171, 311
in anthropology, 187–88
of projective methods, 184–85, 216, 236
in Rorschach test interpretation, 173–77, 178, 218, 236, 283, 300

suicide, 231–32, 313
predictors of, 253, 274, 287
Suicide Card, 215, 305
Suicide Constellation, 4
Surrealism, Surrealists, 33, 97, 100, 210, 216, 343n
Swiss Psychiatry Association, 126, 131–32
Swiss Psychoanalytical Society, 105, 143, 151, 349n
symmetry, 8, 27, 115–16, 208, 213, 218, 221, 251, 300, 352n
synesthesia, 24, 60, 81, 85–86, 92, 292
Szondi Test, 238
Thematic Apperception Test (TAT), 1, 5, 185, 204, 213, 232, 244, 294
Thoreau, Henry David, 75, 342n
Thought, The (Andreyev), 73
Tolstoy, Leo, 22, 30, 35, 36–37, 58, 68, 92, 93, 107, 132, 137, 295, 320
Transformations and Symbols of the Libido (C. Jung), 49
"Treatise on Painting" (Leonardo), 76
Tregubov, Ivan Mikhailovich, 29–31, 36–37, 56–58, 89
trial blot, 176
Tufte, Edward, 297
Turner, J. M. W., 14
22 Cells in Nuremberg (D. Kelley), 228, 231
2001: A Space Odyssey (film), 247
types, 87, 156–57
Jungian, 85, 155–59, 183, 308
Uchida, Yuzaburo, 169
unconscious mind, 52, 158, 245
revelations from, 44, 50, 84, 150–55, 295
Unternährer, Antoni, 89, 128, 143
Verizon, ad campaign of, 310–11
Vienna, 46, 49, 50, 148, 187
Vietnamese, flawed psychological evaluation of, 243–45
Vietnam war, 9, 243, 258
Viglione, Donald, 272, 302
"Virtuoso, The" (Busch), 97
Vischer, Robert, 81–86, 115, 384n
Visual Display of Quantitative Information, The (Tufte), 297

visualization, 291–92, 302–3
visual memory, 24, 80
visual perception, 27, 290–304
 of adults vs. children, 221
 as basis of Rorschach test
 interpretation, 118
 bodily sensation transposed into, 80–81, 83
 crisis of images in, 241
 eye movements in, 289–90
 HR's focus on, 25–26, 29–37, 166, 307
 and mental states, 96, 101
 movement and, 86–87, 96, 120
 other senses vs., 295, 307–8
 and sensation, 80–85, 120, 292
 tree-visualization experiment in, 291–92
visual thinking, 296–97
Waldau hospital, 99–100, 106, 143
War and Peace (Tolstoy), 30, 57
Warhol, Andy, 8, 263–65, 310
Watchmen (Moore), 263
Wechsler Intelligence Scale for Children (WISC-Ⅲ), 314
WestCoast Children's Clinic, 281–83
"What's Right with the Rorschach?," 267
What's Wrong with the Rorschach? Science Confronts the Controversial Inkblot (Wood et al.), 267–69, 279, 285–86, 314
Whipple, Guy Montrose, and the name "inkblot," 76
Whole responses (W), 119, 121, 123, 124, 153, 185, 249, 250, 251, 279
Wikipedia, 273–74
Wildflowers: Poems for Heart and Mind (U. Rorschach), 16
Winnipeg, Canada, 193–96
Wölfli, Adolf, 100–101
"Wolf Man" (patient), 93
women, 127, 212–13
 education for, 34–35, 178
 Freud and Jung on, 50
 HR's unbiased regard for, 24, 50, 58–59, 63
 Ojibwe, 195
 traditional restraints on, 34–35, 63, 177, 317
Wood, James M., 267–70, 271, 274–75, 279, 285–86

word association test, 44–46, 49, 51–52, 71, 112
work therapy, 42
World War I, 9, 99, 103, 106, 130, 147, 201
World War II, 198, 201–5, 208, 223
 aftermath of, 221
 Rorschach test modifications in, 198–207, 199
Worringer, Wilhelm, 84–85, 98
Wyss, Walter von, 33, 165
Yad Vashem Studies, 232
Zipf distribution, 298–300
Zurich, 10, 13, 14, 31–37, 54, 60, 62, 67–68, 72, 105, 116, 162, 163, 166, 321
 as center of advancement in mental illness treatment, 39–41, 46, 49–50, 56–57, 71, 81, 111–12, 131, 132
Zurich, University of, 40–41, 318
 HR's education at, 31–37, 48, 50
Zurich School, 49, 85, 95